Matemà-tiques 3

ESO

DOSSIER

W0239002

Programa
Ada Lovelace

BARCANOVA INNOVA

ÍNDEX

1

FRACCIONS I DECIMALS. POTÈNCIES I ARRELS

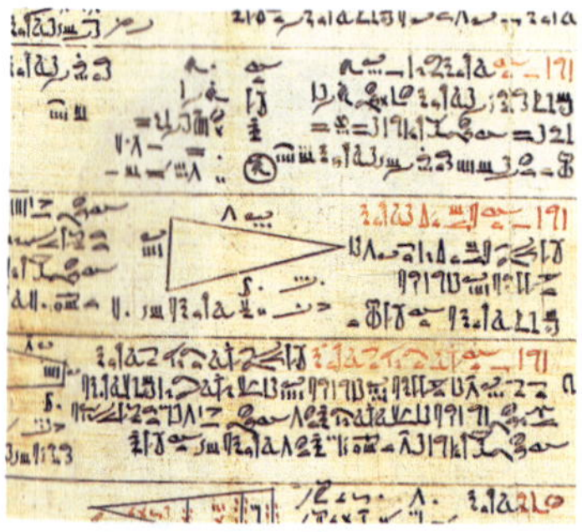

2

3

4

5

6

7

8

9

10

11

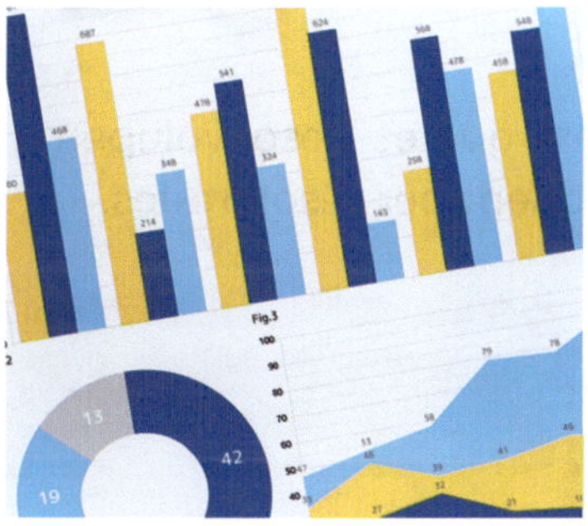

12

13

*NOTA: Les unitats 11 i 13 són específiques per als ensenyaments acadèmics. Tanmateix, l'alumnat d'ensenyaments aplicats haurà d'haver cursat aquests continguts en finalitzar l'ESO.

» PRESENTACIÓ I ESTRUCTURA

Els continguts del programa **Ada Lovelace** per a 3r d'ESO s'estructuren en 13 unitats que es desenvolupen a partir d'informació clara i contenen un gran nombre d'activitats, amb l'espai corresponent per resoldre-les.

Blocs competencials, que es tracten en totes les unitats.

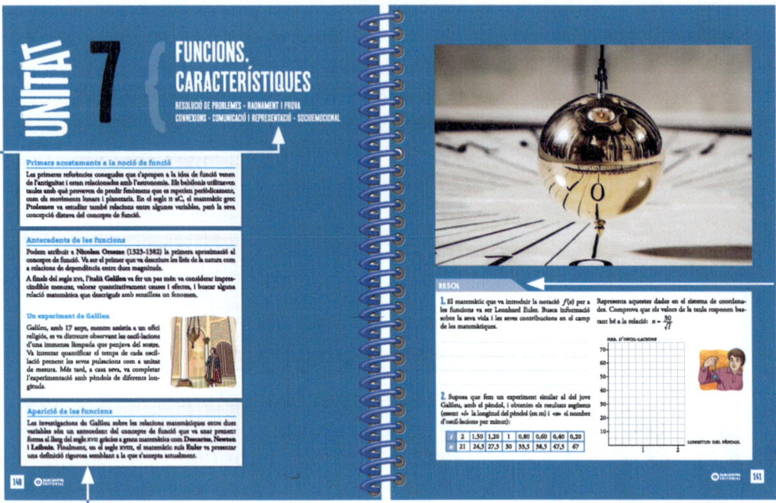

Resol. S'ofereixen una sèrie d'activitats motivadores amb la finalitat d'identificar els coneixements previs de l'alumne.

Cada unitat comença amb una breu introducció històrica dels continguts que es treballaran.

Notes al marge amb explicacions complementàries, exemples, recordatoris, càlcul mental, calculadora...

Observa, raona i resol. Estratègies, suggeriments, pistes i maneres de pensar que resultaran útils per afrontar la resolució de problemes semblants.

Destacats en color. Definicions i procediments principals.

Exercicis i problemes resolts per practicar els procediments més importants.

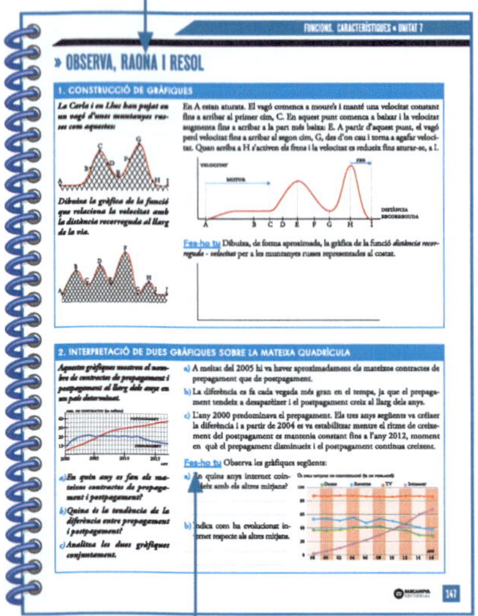

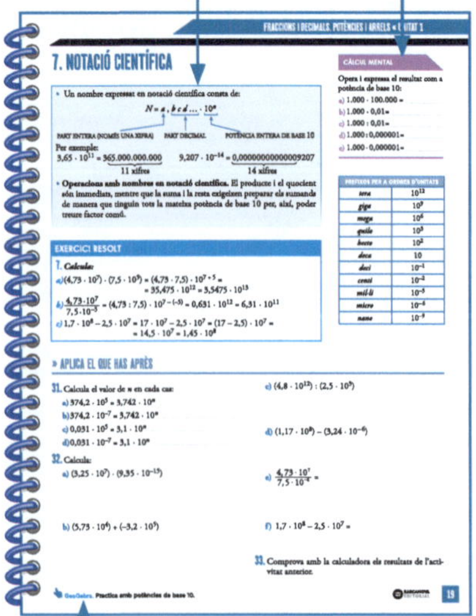

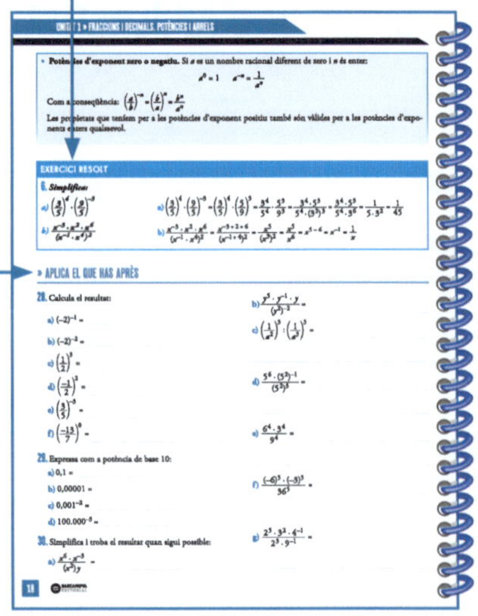

Fes-ho tu. Exercicis i problemes per practicar les estratègies que s'acaben de mostrar.

GeoGebra. Activitats amb GeoGebra que complementen els continguts. Les trobareu al web *www.espaibarcanova.cat.*

Aplica el que has après. Activitats per posar en pràctica els coneixements que s'acaben d'adquirir.

Exercita les teves competències. Al final de cada unitat hi ha una **bateria d'activitats**, per aplicar els coneixements adquirits i per desenvolupar les diferents competències. En cada activitat s'indica el nivell de dificultat:

baix mitjà alt

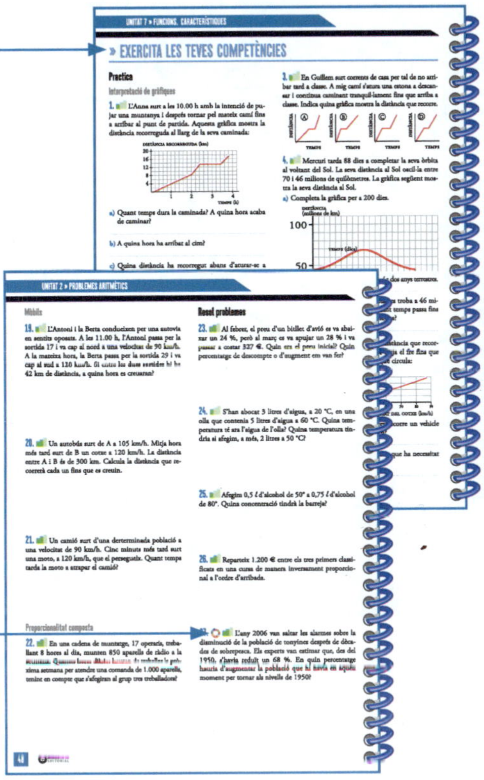

És el teu torn. Activitats competencials per demostrar diferents habilitats matemàtiques.

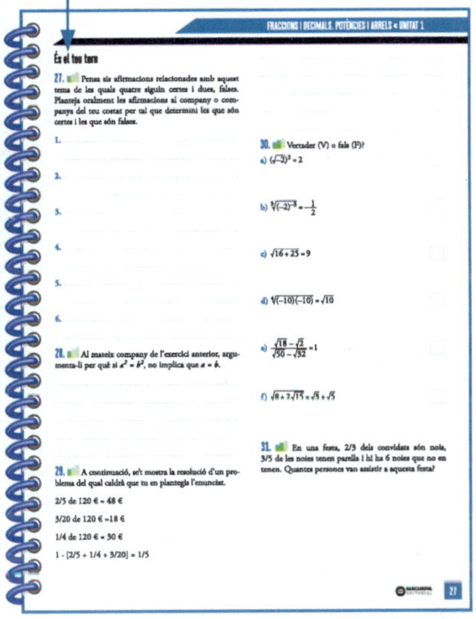

Aquesta icona indica que és una activitat relacionada amb algun dels 17 **objectius de desenvolupament sostenible** aprovats per l'ONU.

Taller de matemàtiques. Lectures, curiositats, informacions interessants... amb activitats de caire més lúdic.

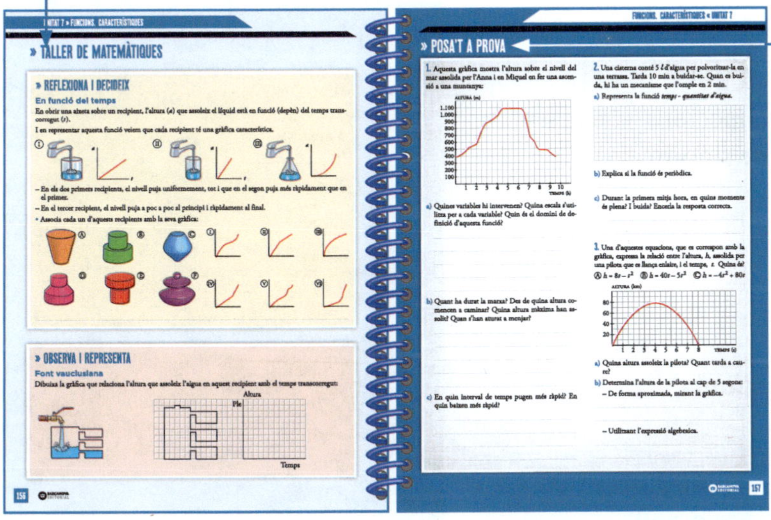

Posa't a prova. Avaluació per comprovar si l'aprenentatge és satisfactori.

Matemàtiques en context. Situació d'aprenentatge que parteix d'un context real i que cal resoldre mitjançant l'aplicació d'estratègies i coneixements matemàtics.

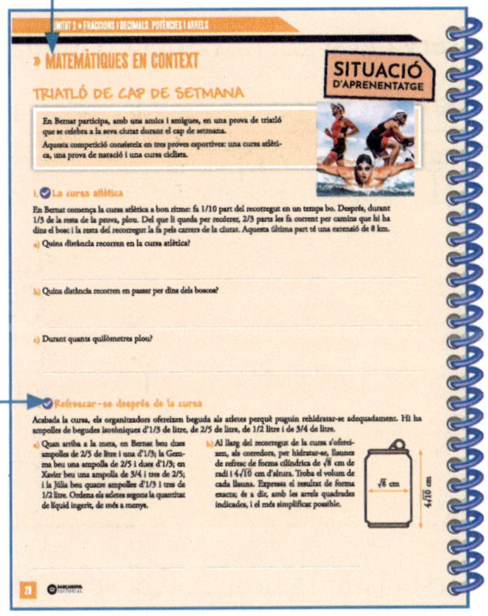

Situació d'aprenentatge. Al final de cada trimestre es planteja, a partir d'un context real, un repte que cal resoldre aplicant estratègies i coneixements matemàtics diversos. Per abordar aquesta experiència oferim recursos web en l'espai personal del web *www.barcanova.cat*.

Aquesta icona indica que és una activitat per avaluar per dimensions.

UNITAT 1

FRACCIONS I DECIMALS. POTÈNCIES I ARRELS

RESOLUCIÓ DE PROBLEMES · RAONAMENT I PROVA
CONNEXIONS · COMUNICACIÓ I REPRESENTACIÓ · SOCIOEMOCIONAL

Fraccions sexagesimals

A l'antiga Mesopotàmia, els babilonis escrivien els nombres en el sistema sexagesimal. I per expressar parts de la unitat van utilitzar fraccions sexagesimals: amb denominador igual a una potència de base 60.

Així, per expressar $\frac{2}{5}$ posaven $\frac{24}{60}$, i per a $\frac{1}{80}$, $\frac{45}{3.600} = \frac{45}{60^2}$.

Per expressar les parts de la unitat es recorria a les fraccions sexagesimals. Per exemple, per escriure 1,4125 posaven 1;24,45, que significava:

$$1 + \frac{24}{60} + \frac{45}{60^2}$$

El sistema sexagesimal dels babilonis

Observa la següent tauleta d'argila de l'antiga Mesopotàmia:

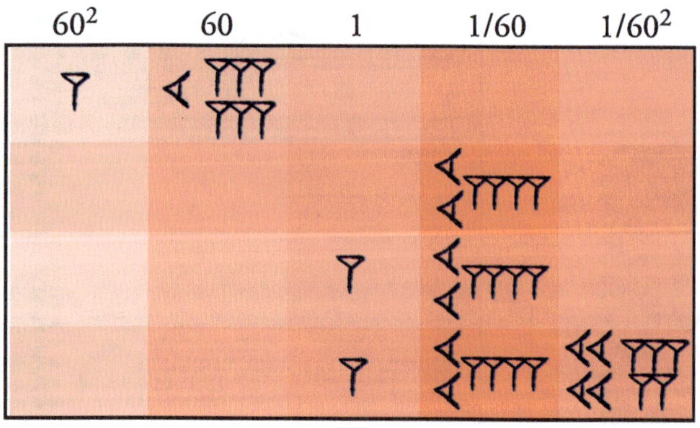

→ $3.600 \cdot 1 + 60 \cdot 16 =$ $= 4.560$

→ $\frac{24}{60} = \frac{2}{5} = 0,4$

→ $1 + \frac{24}{60} = 1,4$

→ …? = 1,4125

Aquest sistema només feia servir dos signes (ᐸ = 10 i Y = 1) i els utilitzaven per escriure els nombres de l'1 al 59. Aquests nombres, segons la posició que ocupaven, multiplicaven el seu valor per 1, per 60, per 60^2... o bé per 1/60, per $1/60^2$... (sistema posicional).

Decimals

No va ser fins a finals del segle XVI que es va popularitzar l'ús dels decimals per expressar parts de la unitat. El francès **Viète** i el flamenc **Stevin** van ser els principals impulsors del canvi.

Potències

La primera referència que tenim de les potències es remunta a algunes taules babilòniques de fa uns 4.000 anys, que tractaven de quadrats i cubs de nombres naturals.

A Grècia, els pitagòrics (segle VI aC) van relacionar els nombres amb la geometria. A ells els devem els termes *quadrat* i *cub* referits a les potències de nombres.

RESOL

1. Expressa en forma decimal el nombre 3;8,29,44, escrit per un matemàtic italià del segle XV.

2. Com escriuries, a la taula d'unitats sexagesimals, els nombres següents 780, 3/5 i 1,6?

	60^2	60	1	1/60	$1/60^2$
780 =					
3/5 =					
1,6 =					

1. NOMBRES RACIONALS

- **Fraccions.** Una fracció és el quocient indicat de dos nombres enters. Els **nombres racionals** són els que es poden posar en forma de fracció i es designen amb la lletra **Q**. Els **nombres racionals** es poden representar en la recta.
- **Simplificació de fraccions.** Si el numerador i el denominador d'una fracció es poden dividir per un mateix nombre (diferent d'1 i de –1), en fer-ho direm que hem **simplificat** o **reduït** la fracció. Quan una fracció no es pot reduir més i el seu denominador és positiu, direm que és **irreductible.**

  Per exemple: $\frac{25}{15}=\frac{5}{3}$; $\frac{8}{-12}=\frac{4}{-6}=\frac{-2}{3}$; $\frac{3.000}{4.500}=\frac{30}{45}=\frac{2}{3}$

- **Fraccions equivalents.** Es diu que dues **fraccions** són **equivalents** quan, en simplificar-les, donen lloc a la mateixa fracció irreductible.

  Per exemple: $\frac{18}{30}$ i $\frac{21}{35}$ són equivalents, ja que $\frac{18}{30}=\frac{18:6}{30:6}=\frac{3}{5}$ i $\frac{21}{35}=\frac{21:7}{35:7}=\frac{3}{5}$

» APLICA EL QUE HAS APRÈS

1. Situa de forma aproximada a la recta els nombres següents:

$$\frac{17}{3},\ -\frac{11}{4},\ \frac{20}{5},\ \frac{2}{3},\ \frac{16}{7},\ -\frac{21}{5},\ -\frac{7}{2}$$

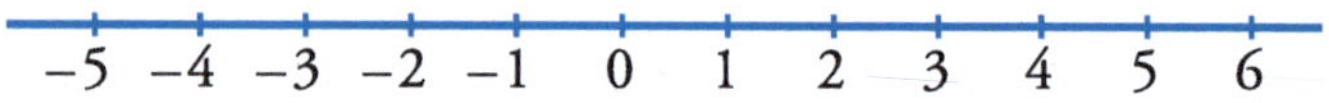

2. A quines fraccions corresponen els punts indicats en la recta?

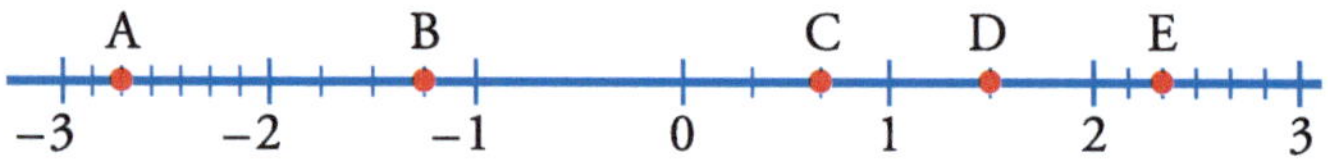

A = ______ B = ______ C = ______ D = ______ E = ______

3. Simplifica aquestes fraccions:

a) $\frac{2}{4}$

b) $\frac{2}{6}$

c) $\frac{40}{-60}$

d) $\frac{10}{15}$

e) $\frac{-20}{30}$

4. Relaciona cada fracció amb la fracció irreductible corresponent:

a) $\frac{6}{18}$ b) $\frac{15}{20}$ I) $\frac{3}{4}$ II) $\frac{-2}{5}$

c) $\frac{-15}{40}$ d) $\frac{14}{-35}$ III) $\frac{1}{3}$ IV) $\frac{-3}{8}$

5. Simplifica les següents fraccions i agrupa les que siguin equivalents:

$$\frac{24}{36},\ \frac{26}{65},\ \frac{225}{400},\ \frac{26}{39},\ \frac{66}{165},\ \frac{343}{539}$$

- **Comparació de fraccions.** Per **comparar fraccions** es busquen les fraccions equivalents que tinguin el mateix denominador. Per comparar dues fraccions amb diferent denominador, es redueixen a comú denominador. Per comprovar si dues fraccions són equivalents es poden utilitzar els **productes creuats:**

$$\frac{a}{b} = \frac{c}{d} \text{ si } a \cdot d = c \cdot b$$

Per exemple, $\frac{18}{30}$ i $\frac{21}{35}$ són equivalents perquè $18 \cdot 35 = 630 = 21 \cdot 30$.

EXERCICI RESOLT

1. *Compara* $\frac{7}{12}$, $\frac{5}{8}$ *i* $\frac{9}{16}$.

Prenem com a denominador comú el MCM(12, 8, 16) = 48.

$48 : 12 = 4 \rightarrow \frac{7}{12} = \frac{7 \cdot 4}{12 \cdot 4} = \frac{28}{48}$

$48 : 8 = 6 \rightarrow \frac{5}{8} = \frac{5 \cdot 6}{8 \cdot 6} = \frac{30}{48}$

$48 : 16 = 3 \rightarrow \frac{9}{16} = \frac{9 \cdot 3}{16 \cdot 3} = \frac{27}{48}$

Evidentment:

$$\frac{27}{48} < \frac{28}{48} < \frac{30}{48}$$

Per tant:

$$\frac{9}{16} < \frac{7}{12} < \frac{5}{8}$$

» APLICA EL QUE HAS APRÈS

6. Redueix a comú denominador i ordena de més petit a més gran.

$$\frac{11}{24} \quad -\frac{7}{4} \quad -\frac{3}{8} \quad -\frac{1}{6} \quad \frac{5}{12} \quad -\frac{5}{3}$$

7. Indica si les fraccions són o no equivalents simplificant i mitjançant el mètode dels productes creuats:

a) $\frac{12}{20}$ i $\frac{21}{35}$ →

b) $\frac{36}{102}$ i $\frac{78}{221}$ →

8. Ordena, de més petita a més gran, aquestes fraccions:

a) $\frac{7}{12}, \ \frac{5}{8}, \ \frac{9}{16}$

b) $\frac{7}{12}, -\frac{6}{4}, \frac{4}{6}, -\frac{3}{15}, \frac{5}{9}, -\frac{1}{2}, \frac{3}{4}, \frac{13}{18}$

2. OPERACIONS AMB FRACCIONS

- **Suma i resta de fraccions.** Per **sumar (o restar) fraccions amb el mateix denominador**, se sumen (o es resten) els seus numeradors i el denominador es deixa igual. Per **sumar (o restar) fraccions amb diferent denominador**, prèviament cal transformar aquestes fraccions en altres d'equivalents amb el mateix denominador.

Per exemple: $\frac{7}{10}-\frac{5}{12}+2=\frac{42}{60}-\frac{25}{60}+\frac{120}{60}=\frac{42-25+120}{60}=\frac{137}{60}$

- **Producte i quocient de fraccions.** Per **multiplicar** i **dividir fraccions**, s'apliquen els procediments següents:

$$\frac{a}{b}\cdot\frac{c}{d}=\frac{a\cdot c}{b\cdot d} \qquad \frac{a}{b}:\frac{c}{d}=\frac{a}{b}\cdot\frac{d}{c}=\frac{a\cdot d}{b\cdot c}$$

Per exemple: $\frac{8}{3}\cdot\frac{7}{10}=\frac{8\cdot 7}{3\cdot 10}=\frac{56}{30}=\frac{28}{15}$; $\frac{9}{4}:\frac{5}{7}=\frac{9}{4}\cdot\frac{7}{5}=\frac{63}{20}$

- **Operacions combinades amb fraccions.** Per trobar el **resultat d'operacions combinades**, primer es resolen les operacions de dins els parèntesis i els claudàtors i, després, es fan la resta d'operacions, tenint en compte que els productes i els quocients s'han de calcular abans que les sumes i les restes.

$$2-\frac{1}{3}\left(1-\frac{1}{4}\right)+\frac{2}{3}(-2)=2-\frac{1}{3}\cdot\frac{3}{4}+\frac{2}{3}(-2)=2-\frac{1}{4}-\frac{4}{3}=\frac{24}{12}-\frac{3}{12}-\frac{16}{12}=\frac{5}{12}$$

- **Fracció d'una quantitat.** Per trobar una **fracció *a/b* d'una quantitat** *Q*, es multiplica *a/b* · *Q*. Per trobar la **part *a/b* d'una altra *c/d* d'una quantitat *Q***, es multiplica *a /b* · *c/d* · *Q*.

EXERCICIS RESOLTS

2. ***Un carter ha de repartir els 3/28 d'un total de 4.004 cartes. Quantes cartes li corresponen?***

$\frac{3}{28}$ de 4.004 = $\frac{3}{28}\cdot 4.004=3\cdot\frac{4.004}{28}=3\cdot 143=429$ cartes.

3. ***La Berta és propietària de 7/20 d'una empresa. Aquest any li corresponen 37.800 € en el repartiment de beneficis. Quins han estat els guanys totals de la companyia?***

Si per $\frac{7}{20}$ li corresponen 37.800 €, per $\frac{1}{20}$ li corresponen $\frac{37.800}{7}=5.400$ €.

Per tant, al total $\left(\frac{20}{20}\right)$ li corresponen 20 · 5.400 = 108.000 €.

També es pot arribar a aquest resultat multiplicant la part que correspon a la Berta (37.800 €) per la inversa de la fracció que té de l'empresa, $\frac{20}{7}$.

$\frac{7}{20}$ *del total* = 37.800 → *total* = 37.800 · $\frac{20}{7}$ = 108.000 €.

4. ***D'una herència de 104.000 €, l'Albert en rep 3/8; la Berta 5/12, i la Clàudia, la resta. La Clàudia destina 2/5 de la seva part a pagar deutes. Quant li queda?***

$1-\frac{3}{8}-\frac{5}{12}=\frac{24-9-10}{24}=\frac{5}{24}$ és la fracció de la Clàudia.

Com que gasta $\frac{2}{5}$ del que li toca, li queden $\frac{3}{5}$ de la seva fracció:

$\frac{3}{5}\cdot\frac{5}{24}\cdot 104.000=\frac{1}{8}\cdot 104.000=13.000$ € li queden.

» APLICA EL QUE HAS APRÈS

9. Fes les operacions següents i simplifica els resultats:

a) $\frac{7}{9} + \frac{11}{12} =$ **b)** $6 - \frac{11}{4} =$

c) $3 \cdot \frac{4}{5} =$ **d)** $\frac{4}{5} : \frac{1}{6} =$

10. Opera i simplifica:

a) $\left(\frac{3}{4} + \frac{7}{6} - \frac{7}{8}\right) : \frac{25}{12} =$

b) $\left(\frac{13}{15} - \frac{7}{25}\right) \cdot \left(\frac{9}{22} + \frac{-13}{33}\right) =$

c) $\dfrac{\frac{1}{2} - \left(\frac{3}{4} - 1\right)}{\frac{3}{4} + 1} =$

d) $\dfrac{(-3) \cdot \left(\frac{3}{5} - \frac{1}{3}\right)}{(-2) \cdot \left(\frac{4}{3} - \frac{6}{5}\right)} =$

e) $\dfrac{3 - \frac{1}{4} \cdot \left(\frac{3}{5} - \frac{2}{15}\right)}{6 + \frac{4}{25} \cdot \left(\frac{1}{2} - \frac{3}{4}\right)} =$

11. Un ciclista ha recorregut els 5/9 de l'etapa d'avui, de 216 km. Quants quilòmetres ha fet?

12. D'una bassa amb 5.250 litres d'aigua, 4/15 corresponen a la Teresa; 2/5, a l'Enric, i la resta, al Roger. El Roger dedica 3/10 de la seva part a regar tomàquets, i la resta als fruiters. Quanta aigua dedica el Roger als fruiters?

CÀLCUL MENTAL

a) $\frac{2}{3} + \frac{5}{3} - \frac{4}{3} =$

b) $\frac{1}{2} + \frac{1}{4} =$

c) $\frac{17}{5} - 3 =$

d) $3 \cdot \frac{7}{9} =$

e) $\frac{1}{2} \cdot \frac{12}{13} =$

f) $\frac{6}{5} : \frac{3}{5} =$

CÀLCUL MENTAL

Digues, en cada cas, la quantitat total:

a) $\frac{1}{2}$ del total és 350. →

b) $\frac{2}{3}$ del total és 400. →

c) $\frac{7}{10}$ del total és 350. →

Observa

Les diferents parts (fraccions) d'un tot sumen 1.

CÀLCUL MENTAL

Digues, en cada cas, quina fracció falta per completar la unitat:

a) $\frac{1}{2}, \frac{1}{4}$ i — b) $\frac{2}{3}, \frac{1}{6}$ i —

3. NOMBRES DECIMALS

- **Tipus de nombres decimals.** Els nombres decimals poden ser:
  - **Decimal exacte** si té un nombre limitat de xifres decimals. Per exemple 0,5 o 5,3.
  - **Decimal periòdic** si té infinites xifres decimals que es repeteixen periòdicament. Inclou els **periòdics purs** (aquells el període dels quals comença immediatament després de la coma, com ara 7,81818181... = $7,\widehat{81}$ i els **periòdics mixtos** (que són aquells nombres que tenen altres xifres decimals abans del període, com ara 18,35222222... = $18,35\widehat{2}$.
  - **Decimals no exactes ni periòdics.** Són nombres decimals que tenen infinites xifres que no es repeteixen periòdicament. S'anomenen **nombres irracionals,** com ara $\sqrt{2}$ = 1,4142135...; π = 3,14159265...
- **Pas de fracció a decimal.** Per obtenir l'expressió decimal d'una fracció, s'efectua la divisió del numerador entre el denominador. Com a resultat es pot obtenir:
  - Un **nombre enter**, quan el numerador és múltiple del denominador.
  - Un **nombre decimal exacte**, si el denominador nomes té els factors primers 2 i 5.
  - Un **nombre decimal periòdic**, si el denominador té factors primers diferents de 2 i 5.

» APLICA EL QUE HAS APRÈS

13. Indica quin tipus de nombre decimal és cada un dels següents:

a) 3,52 → ....

b) $2,\widehat{8}$ → ....

c) $1,\widehat{54}$ → ....

d) $\sqrt{3}$ = 1,7320508... → ....

e) 2,7 → ....

f) 3,5222... → ....

g) $\pi - 2$ = 1,1415926... → ....

14. Ordena de més petit a més gran aquests nombres:

$2,\widehat{5}$ 2,5 $2,3\widehat{5}$ 2,505005...

....

15. Escriu tres nombres compresos entre 2,5 i $2,\widehat{5}$.

....

16. Vertader (V) o fals (F)?

a) $0,\widehat{3} + 0,\widehat{6} = 1$ ☐

b) $\frac{1}{3} = 0,333... = 0,\widehat{3}$

$\frac{3}{3} = 3 \cdot 0,333... = 0,999... = 0,\widehat{9}$

Com que $\frac{3}{3} = 1$, resulta que $0,\widehat{9} = 1$. ☐

c) $5,\widehat{4} = 5,\widehat{44}$ ☐

d) $3,\widehat{72} = 3,7272727... = 3,7\widehat{27}$ ☐

17. Sense fer la divisió, i fixant-te només en el denominador de la fracció simplificada, digues si les fraccions següents donaran lloc a decimals exactes o a decimals periòdics:

a) $\frac{44}{150}$ → ....

b) $\frac{42}{150}$ → ....

c) $\frac{101}{1.024}$ → ....

18. Escriu un valor de k perquè la fracció $84/k$ sigui:

a) Un nombre enter. ....

b) Un decimal exacte. ....

c) Un decimal periòdic. ....

4. PAS DE DECIMAL A FRACCIÓ

- **De decimal exacte a fracció.** Es divideix el nombre decimal sense comes entre la potència de 10 elevada al nombre de xifres decimals.
- **De decimal periòdic pur a fracció.** El procediment per convertir el nombre decimal, *N*, en fracció és el següent:
  1 Multipliquem *N* per una potència de base 10 per trobar un altre nombre amb la mateixa part decimal.
  2 Es resten els dos nombres i s'obté un nombre enter.
  3 S'aïlla *N* i es troba la fracció buscada.
- **De decimal periòdic mixt a fracció.** El procediment per convertir el nombre decimal, *N*, en fracció és el següent:
  1 Multipliquem *N* dues vegades per potències de base 10 per tal d'aconseguir dos decimals periòdics purs amb el mateix període.
  2 Es resten els dos nombres i s'obté un nombre enter.
  3 S'aïlla *N* i es troba la fracció buscada.

» APLICA EL QUE HAS APRÈS

19. Expressa en forma de fracció:

a) 6,2

b) 0,63

c) 1,0004

d) $3,\widehat{5}$

e) $0,\widehat{1}$

f) $0,\widehat{23}$

20. Expressa com a fracció els decimals següents:

a) $6,2\widehat{5}$

b) $0,00\widehat{1}$

21. Quins dels següents nombres són racionals? Posa'ls en forma de fracció:

a) 3,51 → ....

b) 5,202002000… → ....

c) $5,\widehat{03}$ → ....

d) 0,3212121… → ....

e) π = 3,141592… → ....

5. FRACCIONS I DECIMALS AMB LA CALCULADORA

Les indicacions que mostrem a continuació són vàlides per a la calculadora Casio Classwiz, que és la més utilitzada en aquest nivell.

- **Configuració.** Per escollir el **mode matemàtic**, en el qual es visualitzen les fraccions, les arrels i les potències de la forma habitual, hem de prémer la tecla configuració [SHIFT] [CONFIG]. A continuació, triem **1:Entrada/Sortida** i, després, seleccionem **1:E Mat/S Mat** (tant ENTRADA com SORTIDA en mode matemàtic). També és important configurar la calculadora perquè la SORTIDA, a més de matemàtica, sigui en forma de fracció i no com a nombre mixt. Per fer-ho, entrem en configuració (([SHIFT] [CONFIG]) i premem la fletxa ▼ per anar a la següent pantalla, on triem l'opció **1:Result fracció.** A continuació, escollim **2:d/c.**
- **Fraccions.** Per introduir les fraccions, utilitzem la tecla [▭/▭] i les fletxes ▶▼▲◀. Si escrivim una fracció i premem la tecla [=], la fracció se simplifica.
- **Operacions amb fraccions.** Cal escriure la cadena d'operacions i prémer la tecla [=].

  Per exemple: [▭/▭] 2 ▼ 3 ▶ [+] 5 [×] [▭/▭] 1 ▼ 6 ▶ [−] [▭/▭] 11 ▼ 12 ▶ [=] $\frac{2}{3}+5\times\frac{1}{6}-\frac{11}{12}$ → $\frac{7}{12}$

- **Decimals.** Els nombres decimals no periòdics s'escriuen de forma natural tenint en compte que, en comptes de la coma, s'hi posa un punt, [.].

  Per escriure un decimal periòdic utilitzarem les tecles [ALPHA] [√▭]. Per exemple:

  $5{,}4\widehat{91}$ → 5 [.] 4 [ALPHA] [√▭] 91 [=] → $5.4\overline{91}$ → $\frac{5437}{990}$ [S⇔D] → $5.4\overline{91}$

» APLICA EL QUE HAS APRÈS

22 Introdueix a la calculadora aquestes expressions i comprova que, en prémer [=], se simplifiquen les fraccions o s'obtenen les fraccions corresponents.

a) $\frac{3}{5}$ ____ **b)** $\frac{8}{12}$ ____

c) $\frac{27}{15}$ ____ **d)** 3,25 ____

e) 0,27 ____ **f)** 0,321 ____

23. Obtén, amb la calculadora, les fraccions generatrius dels nombres decimals següents:

a) 2,354 = ____ **b)** $3{,}0\widehat{02}$ = ____

c) $0{,}02\widehat{43}$ = ____ **d)** $3{,}7\widehat{01}$ = ____

e) $0{,}1\widehat{25}$ = ____ **f)** $2{,}0\widehat{9}$ = ____

g) $0{,}12\widehat{33}$ = ____ **h)** $1{,}\widehat{1}$ = ____

24. Fes aquesta operació amb ajuda de la calculadora. Expressa el resultat en forma de fracció i com a nombre decimal:

$$\frac{\left(\frac{4}{5}+1\right):\frac{2}{5}}{\left(\frac{4}{9}-\frac{5}{3}\right)\cdot\frac{7}{\frac{8}{3}-1}} =$$ ____

25. Fes aquestes operacions amb fraccions i nombres decimals amb la calculadora. Obtén els resultats en forma de fracció i de nombre decimal (exacte o periòdic):

a) $\frac{5}{4}-\frac{2}{7}=$ ____

b) $\left(\frac{4}{9}+2\right)\cdot\frac{-3}{5}=$ ____

c) $\left(-3+\frac{1}{3}\right):\frac{2}{5}=$ ____

6. POTENCIACIÓ

- **Potències d'exponent positiu.** Es compleix que:

$$a^1 = a \qquad a^n = \underbrace{a \cdot a \cdot \ldots \cdot a}_{n \text{ vegades}}$$

- **Propietats de les potències:**

① $a^m \cdot a^n = a^{m+n}$

② $(a \cdot b)^n = a^n \cdot b^n$ ④ $\dfrac{a^m}{a^n} = a^{m-n}$

③ $(a^m)^n = a^{m \cdot n}$ ⑤ $\left(\dfrac{a}{b}\right)^n = \dfrac{a^n}{b^n}$

CALCULADORA

Per trobar potències amb la calculadora, utilitzem les tecles següents:

- Per al quadrat: [x²]
  5 [x²] = 25
- Per al cub: [SHIFT] [x²] (x^3)
  2 [SHIFT] [x²] (x^3) = 8
- Per a qualsevol potència: [xʸ]
  3 [xʸ] 4 = 81

EXERCICI RESOLT

5. ***Calcula:***

a) $5^2 \cdot 5^6 \cdot 5^3$ *b)* $(2^3)^4$ *c)* $\dfrac{5^8}{5^6}$ *d)* $\dfrac{14^5}{7^5}$ *e)* $2^2 \cdot 5^3$ *f)* $(15^4 : 3^3) : 5^4$ *g)* $4^2 \cdot \left(\dfrac{3}{2}\right)^4$

a) $5^2 \cdot 5^6 \cdot 5^3 = 5^{2+6+3} = 5^{11}$ (Propietat ①)

b) $(2^3)^4 = 2^{3 \cdot 4} = 2^{12}$ (Propietat ③)

c) $\dfrac{5^8}{5^6} = 5^{8-6} = 5^2$ (Propietat ④)

d) $\dfrac{14^5}{7^5} = \left(\dfrac{14}{7}\right)^5 = 2^5$ (Propietat ⑤)

e) $2^2 \cdot 5^3 = 2^2 \cdot 5^2 \cdot 5 = (2 \cdot 5)^2 \cdot 5 = 10^2 \cdot 5 = 100 \cdot 5 = 500$

f) $(15^4 : 3^3) : 5^4 = [(5^4 \cdot 3^4) : 3^3] : 5^4 = (5^4 \cdot 3) : 5^4 = 3$

g) $4^2 \cdot \left(\dfrac{3}{2}\right)^4 = (2^2)^2 \cdot \dfrac{3^4}{2^4} = 2^4 \cdot \dfrac{3^4}{2^4} = 3^4 = 81$

» APLICA EL QUE HAS APRÈS

26. Redueix a una sola potència:

a) $4^3 \cdot 4^4 \cdot 4 =$ ______

b) $(5^6)^3 =$ ______

c) $\dfrac{7^6}{7^4} =$ ______

d) $\dfrac{15^3}{3^3} =$ ______

e) $2^{10} \cdot 5^{10} =$ ______

f) $\dfrac{12^5}{3^5 \cdot 4^5} =$ ______

g) $(a^6 \cdot a^3)^2 : (a^2 \cdot a^4)^3 =$ ______

h) $(6^2)^3 \cdot 3^5 \cdot (2^7 : 2^2) =$ ______

27. Calcula utilitzant propietats de les potències:

a) $2^3 \cdot 5^4 =$ ______

b) $(6^5 : 2^4) : 3^5 =$ ______

c) $\left(\dfrac{2}{3}\right)^6 \cdot \left(\dfrac{3}{4}\right)^3 =$ ______

d) $2^8 \cdot \left(\dfrac{5}{2}\right)^4 =$ ______

e) $(3^3)^2 : 3^5 =$ ______

f) $(2^5)^3 \cdot [(5^3)^4 : 2^3] =$ ______

- **Potències d'exponent zero o negatiu.** Si a es un nombre racional diferent de zero i n és enter:

$$a^0 = 1 \qquad a^{-n} = \frac{1}{a^n}$$

Com a conseqüència: $\left(\frac{a}{b}\right)^{-n} = \left(\frac{b}{a}\right)^{n} = \frac{b^n}{a^n}$

Les propietats que teníem per a les potències d'exponent positiu també són vàlides per a les potències d'exponents enters qualssevol.

EXERCICI RESOLT

6. ***Simplifica:***

a) $\left(\frac{3}{5}\right)^4 \cdot \left(\frac{9}{5}\right)^{-3}$

b) $\frac{x^{-3} \cdot x^2 \cdot x^6}{(x^{-1} \cdot x^4)^2}$

a) $\left(\frac{3}{5}\right)^4 \cdot \left(\frac{9}{5}\right)^{-3} = \left(\frac{3}{5}\right)^4 \cdot \left(\frac{5}{9}\right)^{3} = \frac{3^4}{5^4} \cdot \frac{5^3}{9^3} = \frac{3^4 \cdot 5^3}{5^4 \cdot (3^2)^3} = \frac{3^4 \cdot 5^3}{5^4 \cdot 3^6} = \frac{1}{5 \cdot 3^2} = \frac{1}{45}$

b) $\frac{x^{-3} \cdot x^2 \cdot x^6}{(x^{-1} \cdot x^4)^2} = \frac{x^{-3+2+6}}{(x^{-1+4})^2} = \frac{x^5}{(x^3)^2} = \frac{x^5}{x^6} = x^{5-6} = x^{-1} = \frac{1}{x}$

» APLICA EL QUE HAS APRÈS

28. Calcula el resultat:

a) $(-2)^{-1} =$

b) $(-2)^{-2} =$

c) $\left(\frac{1}{2}\right)^3 =$

d) $\left(\frac{-1}{2}\right)^2 =$

e) $\left(\frac{3}{5}\right)^{-3} =$

f) $\left(\frac{-13}{7}\right)^0 =$

29. Expressa com a potència de base 10:

a) $0{,}1 =$

b) $0{,}00001 =$

c) $0{,}001^{-2} =$

d) $100.000^{-3} =$

30. Simplifica i troba el resultat quan sigui possible:

a) $\frac{x^6 \cdot x^{-3}}{(x^2)\,y} =$

b) $\frac{y^5 \cdot y^{-1} \cdot y}{(y^2)^{-2}} =$

c) $\left(\frac{1}{a^2}\right)^3 : \left(\frac{1}{a^3}\right)^3 =$

d) $\frac{5^6 \cdot (5^2)^{-1}}{(5^2)^3} =$

e) $\frac{6^4 \cdot 3^4}{9^4} =$

f) $\frac{(-6)^5 \cdot (-3)^5}{36^5} =$

g) $\frac{2^5 \cdot 3^2 \cdot 4^{-1}}{2^3 \cdot 9^{-1}} =$

7. NOTACIÓ CIENTÍFICA

- Un nombre expressat en notació científica consta de:

$$N = a\,,\underbrace{b\,c\,d\,\dots}\cdot\underbrace{10^n}$$

PART ENTERA (NOMÉS UNA XIFRA) PART DECIMAL POTÈNCIA ENTERA DE BASE 10

Per exemple:

$3{,}65 \cdot 10^{11} = \underbrace{365.000.000.000}_{11\text{ xifres}}$ $9{,}207 \cdot 10^{-14} = \underbrace{0{,}00000000000009207}_{14\text{ xifres}}$

- **Operacions amb nombres en notació científica.** El producte i el quocient són immediats, mentre que la suma i la resta exigeixen preparar els sumands de manera que tinguin tots la mateixa potència de base 10 per, així, poder treure factor comú.

EXERCICI RESOLT

7. ***Calcula:***

a) $(4{,}73 \cdot 10^7) \cdot (7{,}5 \cdot 10^5) = (4{,}73 \cdot 7{,}5) \cdot 10^{7+5} = $
$= 35{,}475 \cdot 10^{12} = 3{,}5475 \cdot 10^{13}$

b) $\dfrac{4{,}73 \cdot 10^7}{7{,}5 \cdot 10^{-5}} = (4{,}73 : 7{,}5) \cdot 10^{7-(-5)} = 0{,}631 \cdot 10^{12} = 6{,}31 \cdot 10^{11}$

c) $1{,}7 \cdot 10^8 - 2{,}5 \cdot 10^7 = 17 \cdot 10^7 - 2{,}5 \cdot 10^7 = (17 - 2{,}5) \cdot 10^7 =$
$= 14{,}5 \cdot 10^7 = 1{,}45 \cdot 10^8$

CÀLCUL MENTAL

Opera i expressa el resultat com a potència de base 10:

a) $1.000 \cdot 100.000 =$ ______

b) $1.000 \cdot 0{,}01 =$ ______

c) $1.000 : 0{,}01 =$ ______

d) $1.000 : 0{,}000001 =$ ______

e) $1.000 \cdot 0{,}000001 =$ ______

PREFIXOS PER A ORDRES D'UNITATS	
tera	10^{12}
giga	10^9
mega	10^6
quilo	10^3
hecto	10^2
deca	10
deci	10^{-1}
centi	10^{-2}
mil·li	10^{-3}
micro	10^{-6}
nano	10^{-9}

» APLICA EL QUE HAS APRÈS

31. Calcula el valor de *n* en cada cas:

a) $374{,}2 \cdot 10^5 = 3{,}742 \cdot 10^n$ ______

b) $374{,}2 \cdot 10^{-7} = 3{,}742 \cdot 10^n$ ______

c) $0{,}031 \cdot 10^5 = 3{,}1 \cdot 10^n$ ______

d) $0{,}031 \cdot 10^{-7} = 3{,}1 \cdot 10^n$ ______

32. Calcula:

a) $(3{,}25 \cdot 10^7) \cdot (9{,}35 \cdot 10^{-15})$

b) $(5{,}73 \cdot 10^4) + (-3{,}2 \cdot 10^5)$

c) $(4{,}8 \cdot 10^{12}) : (2{,}5 \cdot 10^3)$

d) $(1{,}17 \cdot 10^8) - (3{,}24 \cdot 10^{-6})$

e) $\dfrac{4{,}73 \cdot 10^7}{7{,}5 \cdot 10^{-5}} =$

f) $1{,}7 \cdot 10^8 - 2{,}5 \cdot 10^7 =$

33. Comprova amb la calculadora els resultats de l'activitat anterior.

GeoGebra. Practica amb potències de base 10.

8. ARRELS I RADICALS

- **Arrels.** Si $a = b^n$, llavors $\sqrt[n]{a} = b$.
  En l'expressió $\sqrt[n]{a}$ (es llegeix arrel enèsima de a), n és **l'índex** i a, el **radicand.**
  Si $\sqrt[n]{a}$ és un nombre racional (enter o fraccionari), llavors es diu que l'arrel és **exacta**.
  Per exemple: $\sqrt{81} = 9$ perquè $9^2 = 81$, $\sqrt[3]{125} = 5$ perquè $5^3 = 125$.
- **Radicals.** Són les expressions en què hi apareixen arrels indicades.
  Quan una arrel no és exacta, se sol deixar en forma de radical, per exemple: $\sqrt[3]{24}$.

EXERCICI RESOLT

8. ***Calcula les arrels següents:***

a) $\sqrt{\frac{49}{16}}$

b) $\sqrt[3]{\frac{1.000}{64}}$

a) $\left(\frac{7}{4}\right)^2 = \frac{7^2}{4^2} = \frac{49}{16}$. Per tant, $\sqrt{\frac{49}{16}} = \frac{7}{4}$.

b) $1.000 = 10^3$, $64 = 4^3$. Per tant, $\sqrt[3]{\frac{1.000}{64}} = \frac{10}{4} = \frac{5}{2}$.

» APLICA EL QUE HAS APRÈS

34. Calcula les arrels següents:

a) $\sqrt[6]{64} =$

b) $\sqrt[3]{216} =$

c) $\sqrt{14.400} =$

d) $\sqrt[6]{\frac{1}{64}} =$

e) $\sqrt[3]{\frac{64}{216}} =$

f) $\sqrt[3]{\frac{3.375}{1.000}} =$

g) $\sqrt[3]{1,728 \cdot 10^{21}} =$

35. Vertader (V) o fals (F)?

a) Com que $(-5)^2 = 25$, llavors $\sqrt{25} = -5$.

b) -5 és una arrel quadrada de 25.

c) 81 té dues arrels quadrades: 3 i -3.

d) 27 té dues arrels cúbiques: 3 i -3.

e) 7 té dues arrels quartes: $\sqrt[4]{7}$ i $-\sqrt[4]{7}$.

f) $\sqrt{-4} = -2$ i $\sqrt{4} = 2$.

- **Operacions amb radicals.** A continuació, se't mostren algunes operacions amb radicals. Observa la manera de treballar-hi:
  - **Producte de radicals del mateix índex:**

    $\sqrt{3}\cdot\sqrt{2}=\sqrt{3\cdot 2}=\sqrt{6}$ $\qquad$ $\sqrt[3]{5}\cdot\sqrt[3]{15}=\sqrt[3]{5\cdot 15}=\sqrt[3]{75}$
  - **Extracció de factors fora d'una arrel:**

    $\sqrt{18}=\sqrt{3^2\cdot 2}=\sqrt{3^2}\cdot\sqrt{2}=3\sqrt{2}$ $\qquad$ $\sqrt[3]{81}=\sqrt[3]{3^4}=\sqrt[3]{3^3\cdot 3}=\sqrt[3]{3^3}\cdot\sqrt[3]{3}=3\sqrt[3]{3}$
  - **Potència d'un radical:**

    $\left(\sqrt{2^3}\right)^4=\sqrt{\left(2^3\right)^4}=(2^3)^2=2^6$ $\qquad$ $\left(\sqrt[4]{10}\right)^8=\sqrt[4]{10^8}=10^2$
  - **Suma i resta de radicals:**

    Dos radicals diferents no poden sumar-se si no és obtenint les seves expressions decimals aproximades, per exemple $\sqrt{3}+\sqrt{2}$ o $\sqrt{7}-\sqrt[3]{7}$. Només poden sumar-se radicals idèntics.

CÀLCUL MENTAL

Descompon i treu fora del radical:

a) $\sqrt{50}=$

b) $\sqrt[3]{24}=$

c) $\sqrt[3]{2.000}=$

» APLICA EL QUE HAS APRÈS

36. Simplifica les expressions que puguis:

a) $8\sqrt{5}-6\sqrt{3}=$

b) $3\sqrt{5}+4\sqrt{5}=$

c) $\sqrt[3]{25}-\sqrt{8}=$

d) $\sqrt{5}-\sqrt[3]{5}=$

e) $\sqrt{6}\cdot\sqrt{7}=$

f) $\sqrt{6}\cdot\sqrt[3]{7}=$

g) $\sqrt{2}\cdot\sqrt{8}=$

h) $\sqrt[3]{7}\cdot\sqrt[3]{49}=$

i) $\sqrt[3]{5}-\sqrt[6]{5}=$

j) $\left(\sqrt{5}\right)^{10}=$

k) $\left(\sqrt{6}\right)^{7}=$

l) $\left(\sqrt[5]{7}\right)^{10}=$

37. Extreu fora del radical els factors que puguis:

a) $\sqrt{3^2\cdot 5^4}=$

b) $\sqrt[3]{2^5\cdot 3^2}=$

c) $\sqrt[4]{5^5}=$

d) $\sqrt{180}=$

e) $\sqrt{720}=$

f) $\sqrt[3]{375}=$

38. Opera i simplifica:

a) $\sqrt{3}+\sqrt{27}+\sqrt{12}=$

b) $\sqrt[3]{2}+\sqrt[3]{16}+\sqrt[3]{54}=$

c) $\sqrt{1.125}:\sqrt{15}=$

d) $\sqrt[3]{12}\cdot\sqrt[3]{18}=$

e) $(3\sqrt{2}+\sqrt{8})^2=$

9. NOMBRES RACIONALS I IRRACIONALS

- **Nombres racionals.** Són els que es poden posar en forma de fracció. És a dir, els que es poden obtenir com a quocient de dos nombres enters. Tots els nombres enters són **racionals** i també ho són aquells l'expressió decimal dels quals és exacta o periòdica. El conjunt de tots els nombres racionals es designa amb la lletra $\mathbb{Q}$.

RACIONALS $\mathbb{Q}$	ENTERS $\mathbb{Z}$	NATURALS	$\mathbb{N}$	0, 1, 2, 3, 4, 5, …
		NATURALS NEGATIUS		–1, –2, –3, –4, –5, …
	FRACCIONARIS	DECIMALS EXACTES		0,84; 17,23; …
		DECIMALS PERIÒDICS		$2,\widehat{3}; 0,\widehat{084}$; …

- **Nombres irracionals.** Inclou tots els nombres no racionals i el seu conjunt es designa amb la lletra $\mathbb{I}$. Són nombres irracionals aquells l'expressió decimal dels quals no és exacta ni periòdica. Inclouen:

  – Totes les arrels no exactes, per exemple:

  $\sqrt{2} = 1{,}41421256\ldots$ $\quad\quad$ $\sqrt[3]{4} = 1{,}58740105\ldots$

  – El nombre $\pi = 3{,}14159265\ldots$

  Hi ha infinits nombres irracionals més.

Nombres reals

El conjunt de tots els nombres racionals i irracionals són els nombres reals. Aquest conjunt es designa amb la lletra $\mathbb{R}$.

$$\mathbb{R} = \mathbb{Q} + \mathbb{I}$$

EXERCICI RESOLT

9. ***Situa cada un dels nombres següents en les caselles corresponents. Cada nombre pot anar en més d'una casella:***

$$24;\ 0{,}71;\ 0{,}7\widehat{1};\ -5;\ \frac{3}{5};\ \sqrt{7};\ -\sqrt{9};\ \frac{28}{7};\ \pi - 1$$

NATURALS, $\mathbb{N}$	24; 28/7 = 4
ENTERS, $\mathbb{Z}$	24; –5; $-\sqrt{9} = -3$; 28/7 = 4
FRACCIONARIS	0,71; $0{,}7\widehat{1}$; 3/5
RACIONALS, $\mathbb{Q}$	24; 0,71; $0{,}7\widehat{1}$; –5; 3/5; $-\sqrt{9} = -3$; 28/7 = 4
IRRACIONALS, $\mathbb{I}$	$\sqrt{7}$; $\pi - 1$

» APLICA EL QUE HAS APRÈS

39. Situa cada un dels nombres següents en les caselles corresponents. Tingues en compte que cada nombre pot anar en més d'una casella.

$$107;\ 3{,}95;\ 3{,}\widehat{95};\ -7;\ \sqrt{20};\ \frac{36}{9};\ \sqrt{\frac{4}{9}};\ -\sqrt{36};\ \frac{7}{3};\ \pi - 3$$

NATURALS, $\mathbb{N}$	
ENTERS, $\mathbb{Z}$	
FRACCIONARIS	
RACIONALS, $\mathbb{Q}$	
IRRACIONALS, $\mathbb{I}$	

GeoGebra. Representació de nombres irracionals. Classifica nombres. Aparella expressions amb el mateix valor.

» OBSERVA, RAONA I RESOL

1. OPERACIONS AMB FRACCIONS

Calcula i simplifica:

$$1+\cfrac{1}{1+\cfrac{1}{1+\cfrac{1}{2}}}$$

$$1+\cfrac{1}{1+\cfrac{1}{\left(1+\frac{1}{2}\right)}}=1+\cfrac{1}{1+\cfrac{1}{\frac{2+1}{2}}}=1+\cfrac{1}{1+\left(1:\frac{3}{2}\right)}=1+\cfrac{1}{1+\frac{2}{3}}=$$

$$=1+\left(1:\frac{5}{3}\right)=1+\frac{3}{5}=\frac{8}{5}$$

Fes-ho tu Calcula: $\cfrac{1}{3+\cfrac{5}{3+\cfrac{1}{2}}}=$

2. NOTACIÓ CIENTÍFICA

Una nau espacial surt de la Terra cap a un planeta situat a 10^6 km. Després de recórrer 1/4 del seu trajecte, perd el contacte per ràdio i el recupera quan està a 10^5 km de la seva destinació. Quants quilòmetres va recórrer sense ràdio?

Abans de perdre el contacte per ràdio, havia recorregut:

$$\frac{1}{4}10^6 = 0{,}25 \cdot 10^6 = 2{,}5 \cdot 10^5 \text{ km}$$

Quan el recupera, li falten 10^5 km per arribar al final. Per tant, ja ha recorregut:

$$10^6 - 10^5 = 10 \cdot 10^5 - 10^5 = (10-1)10^5 = 9 \cdot 10^5 \text{ km}$$

Si d'aquesta quantitat en restem el que va recórrer abans de perdre el contacte, tindrem la distància demanada:

$9 \cdot 10^5 - 2{,}5 \cdot 10^5 = 6{,}5 \cdot 10^5$ km són els que va recórrer sense ràdio.

Fes-ho tu Si perd el contacte després de recórrer la meitat del seu trajecte, i el recupera a 10^4 km del planeta, quants quilòmetres va recórrer sense ràdio?

» EXERCITA LES TEVES COMPETÈNCIES

Practica

Fraccions i decimals

1. Troba, en cada cas, el valor que hi falta:

a) $\frac{\square}{18} = \frac{35}{42}$ b) $\frac{32}{\square} = \frac{12}{15}$

2. Determina, sense fer la divisió, quins són decimals exactes i quins decimals periòdics.

a) $\frac{3}{2} \rightarrow$ b) $\frac{4}{5} \rightarrow$

c) $\frac{13}{9} \rightarrow$ d) $\frac{7 \cdot 11}{3 \cdot 5^2} \rightarrow$

e) $\frac{19}{2^2 \cdot 5} \rightarrow$ f) $\frac{3 \cdot 7^2 \cdot 23}{5 \cdot 7} \rightarrow$

3. Ordena de més petit a més gran en cada apartat:

a) $3{,}56;\ 3{,}5\widehat{6};\ 3{,}\widehat{5};\ 3{,}\widehat{56}$

b) $-1{,}32;\ -1{,}3\widehat{2};\ -1{,}\widehat{32};\ -1{,}\widehat{3}$

c) $2{,}\widehat{3};\ \frac{8}{3};\ 2{,}34;\ \frac{32}{15};\ \frac{21}{10}$

4. Expressa en forma de fracció:

a) $-1{,}03 =$ b) $14{,}\widehat{3} =$

c) $-2{,}\widehat{5} =$ d) $0{,}3\widehat{2} =$

e) $0{,}0\widehat{12} =$ f) $5{,}34\widehat{5} =$

Operacions amb fraccions

5. Redueix a una sola fracció:

a) $\dfrac{3+\frac{1}{2}}{7-\frac{3}{2}} =$

b) $\dfrac{\frac{1}{4}-\frac{2}{3}}{\frac{5}{6}-\frac{7}{12}} =$

6. Efectua i simplifica descomponent en factors, com en l'exemple:

• $\mathbf{\frac{15}{21} \cdot \frac{7}{25} = \frac{15 \cdot 7}{21 \cdot 25} = \frac{3 \cdot 5 \cdot 7}{3 \cdot 7 \cdot 5 \cdot 5} = \frac{1}{5}}$

a) $\frac{3}{5} \cdot \frac{20}{21} =$

b) $\frac{6}{25} \cdot \frac{5}{18} =$

c) $\frac{12}{7} \cdot \frac{35}{36} =$

d) $\frac{9}{16} \cdot \frac{20}{27} =$

e) $\frac{13}{12} \cdot \frac{84}{65} =$

7. Opera i expressa cada resultat amb una fracció irreductible:

a) $\frac{3}{5} - \frac{1}{2}\left(-1+\frac{2}{3}\right) - \frac{7}{15} : \left(\frac{4}{5} - 1 + \frac{2}{3}\right) =$

b) $\left(\frac{3}{5}+\frac{1}{3}\right) - \left[1 - \left(\frac{3}{4}-\frac{1}{2}\right) + \frac{2}{3} - \frac{3}{20}\right] =$

Potències

8. Expressa com a potència de base 2 o 3:

a) $64 =$

b) $243 =$

c) $\frac{1}{32} =$

d) $\frac{1}{3} =$

e) $-\frac{1}{27} =$

9. Redueix a una sola potència:

a) $(11^7 \cdot 11^4) : 11^8 =$

b) $(a^8 : a^5)^4 =$

c) $(a^{-2})^3 \cdot a^9 =$

d) $(a^{-3} \cdot a^2)^{-4} : a^{-6} =$

10. Expressa com a potència única:

a) $\left(\frac{3}{4}\right)^{-3} : \left(\frac{3}{4}\right)^2 =$

b) $\frac{2^5 \cdot 2^{-7}}{2^{-4}} =$

c) $\left[\left(\frac{1}{2}+1\right)^{-1}\right]^3 =$

d) $\left(\frac{1}{2}\right)^3 : \left(\frac{1}{4}\right)^2 =$

e) $\left(\frac{2}{3}\right)^2 \cdot \left(\frac{-3}{2}\right)^4 =$

11. Simplifica:

a) $\frac{2^3 \cdot (-3)^2 \cdot 4^2}{6^3 \cdot 9^2} =$

b) $\frac{2^{-4} \cdot 4^2 \cdot 3 \cdot 9^{-1}}{2^{-5} \cdot 8 \cdot 9 \cdot 3^2} =$

Potències de base 10

12. Vertader (V) o fals (F)?

a) $(0{,}001)^{-3} = 10^9$ ☐ b) $(0{,}001)^4 = 10^{12}$ ☐

c) $(0{,}01)^3 = 10^{-6}$ ☐ d) $(10^{-2})^5 = (0{,}1)^{10}$ ☐

Notació científica

13. Escriu en notació científica:

a) 13.800.000 =

b) 4.800.000.000 =

c) 0,0000173 =

d) $153 \cdot 10^4 =$

14. Calcula, expressa el resultat en notació científica i comprova amb la calculadora:

a) $(2{,}5 \cdot 10^7) \cdot (8 \cdot 10^3) =$

b) $(5 \cdot 10^{-3}) : (8 \cdot 10^5) =$

c) $(7{,}4 \cdot 10^{13}) \cdot (5 \cdot 10^{-6}) =$

d) $(1{,}2 \cdot 10^{11}) : (2 \cdot 10^{-3}) =$

15. Calcula i escriu el resultat amb totes les xifres:

a) $5{,}3 \cdot 10^{11} - 1{,}2 \cdot 10^{12} + 7{,}2 \cdot 10^{10} =$

b) $4{,}2 \cdot 10^{-6} - 8{,}2 \cdot 10^{-7} + 1{,}8 \cdot 10^{-5} =$

c) $(2{,}25 \cdot 10^{22}) \cdot (4 \cdot 10^{-15}) : (3 \cdot 10^{-3}) =$

Arrels i radicals

16. Extreu de cada radical els factors que sigui possible:

a) $\sqrt[4]{32} =$

b) $\sqrt[3]{81} =$

c) $\sqrt[3]{200} =$

e) $\sqrt[4]{144} =$

17. Extreu factors fora de cada arrel:

a) $\sqrt{2^2 \cdot 5^3} =$

b) $\sqrt[3]{2^6 \cdot 7^3} =$

c) $\sqrt[4]{2^2 \cdot 3^6} =$

d) $\sqrt{5^2 \cdot 7^4 \cdot 3^5} =$

18. Calcula:

a) $\sqrt{50} + \sqrt{72} - 10\sqrt{2} =$

b) $\sqrt{80} - \sqrt{45} - \sqrt{20} =$

c) $-\sqrt{48} + 3\sqrt{75} - \sqrt{108} =$

d) $\sqrt{175} + \sqrt{28} - 5\sqrt{63} =$

e) $\sqrt[3]{250} - \sqrt[3]{128} + \sqrt[3]{2} =$

Resol problemes

19. A la Júlia li regalen 120 € pel seu aniversari. Si se'n gasta 2/5 en roba, 1/4 en llibres i 3/20 en activitats de lleure, quants diners s'ha gastat en cada cosa? Quina fracció dels diners li queda?

20. La informació nutricional d'una marca de llet diu que hi ha 120 mg de calci per cada 100 mℓ de llet. Aquesta quantitat de calci és 3/20 de la que és recomanable que prengui diàriament una persona. Calcula la quantitat de calci diària recomanada.

21. Dels 28 estudiants d'una classe, 4/7 van aprovar totes les assignatures i, d'aquests, 1/4 van treure un excel·lent de nota mitjana. Quants estudiants van treure excel·lent? Quina part de la classe va suspendre alguna assignatura?

22. D'un solar es van vendre 2/3 de la seva superfície i després 3/5 del que quedava. Els 600 m^2 restants es van destinar a camins i jardins. Quina era la superfície del solar?

23. Expressa en notació científica el nombre de segons que té un any. Quina edat tindria una persona que hagi viscut 2.000 milions de segons?

24. Un centímetre cúbic d'aigua conté $3{,}35 \cdot 10^{22}$ molècules d'aigua. Si en el nostre planeta hi ha, aproximadament, $1{,}39 \cdot 10^{9}$ km^3 d'aigua, quantes molècules d'aigua hi ha a la Terra? I en un got de 2/5 de litre?

25. En un triangle rectangle, la hipotenusa mesura $2\sqrt{6}$ m, i un dels catets $2\sqrt{3}$ m. Quant mesura l'altre catet? I l'àrea del triangle? Dona els valors exactes; és a dir, amb radicals.

26. El diàmetre d'un virus és $5 \cdot 10^{-4}$ mm. Quants d'aquests virus són necessaris per envoltar la Terra? (Radi mitjà de la Terra: 6.371 km).

És el teu torn

27. Pensa sis afirmacions relacionades amb aquest tema de les quals quatre siguin certes i dues, falses. Planteja oralment les afirmacions al company o companya del teu costat per tal que determini les que són certes i les que són falses.

1.

2.

3.

4.

5.

6.

28. Al mateix company de l'exercici anterior, argumenta-li per què si $a^2 = b^2$, no implica que $a = b$.

29. A continuació, se't mostra la resolució d'un problema del qual caldrà que tu en plantegis l'enunciat.

2/5 de 120 € = 48 €

3/20 de 120 € =18 €

1/4 de 120 € = 30 €

1 - [2/5 + 1/4 + 3/20] = 1/5

30. Vertader (V) o fals (F)?

a) $(\sqrt{-2})^2 = 2$

b) $\sqrt[3]{(-2)^{-3}} = -\frac{1}{2}$

c) $\sqrt{16+25} = 9$

d) $\sqrt[4]{(-10)(-10)} = \sqrt{10}$

e) $\frac{\sqrt{18}-\sqrt{2}}{\sqrt{50}-\sqrt{32}} = 1$

f) $\sqrt{8+2\sqrt{15}} = \sqrt{3}+\sqrt{5}$

31. En una festa, 2/3 dels convidats són nois, 3/5 de les noies tenen parella i hi ha 6 noies que no en tenen. Quantes persones van assistir a aquesta festa?

» MATEMÀTIQUES EN CONTEXT

SITUACIÓ D'APRENENTATGE

TRIATLÓ DE CAP DE SETMANA

En Bernat participa, amb uns amics i amigues, en una prova de triatló que se celebra a la seva ciutat durant el cap de setmana.

Aquesta competició consisteix en tres proves esportives: una cursa atlètica, una prova de natació i una cursa ciclista.

1. La cursa atlètica

En Bernat comença la cursa atlètica a bon ritme: fa 1/10 part del recorregut en un temps bo. Després, durant 1/3 de la resta de la prova, plou. Del que li queda per recórrer, 2/3 parts les fa corrent per camins que hi ha dins el bosc i la resta del recorregut la fa pels carrers de la ciutat. Aquesta última part té una extensió de 8 km.

a) Quina distància recorren en la cursa atlètica?

b) Quina distància recorren en passar per dins dels boscos?

c) Durant quants quilòmetres plou?

2. Refrescar-se després de la cursa

Acabada la cursa, els organitzadors ofereixen beguda als atletes perquè puguin rehidratar-se adequadament. Hi ha ampolles de begudes isotòniques d'1/3 de litre, de 2/5 de litre, de 1/2 litre i de 3/4 de litre.

a) Quan arriba a la meta, en Bernat beu dues ampolles de 2/5 de litre i una d'1/3; la Gemma beu una ampolla de 2/5 i dues d'1/3; en Xavier beu una ampolla de 3/4 i tres de 2/5; i la Júlia beu quatre ampolles d'1/3 i tres de 1/2 litre. Ordena els atletes segons la quantitat de líquid ingerit, de més a menys.

b) Al llarg del recorregut de la cursa s'ofereixen, als corredors, per hidratar-se, llaunes de refresc de forma cilíndrica de $\sqrt{8}$ cm de radi i $4\sqrt{10}$ cm d'altura. Troba el volum de cada llauna. Expressa el resultat de forma exacta; és a dir, amb les arrels quadrades indicades, i el més simplificat possible.

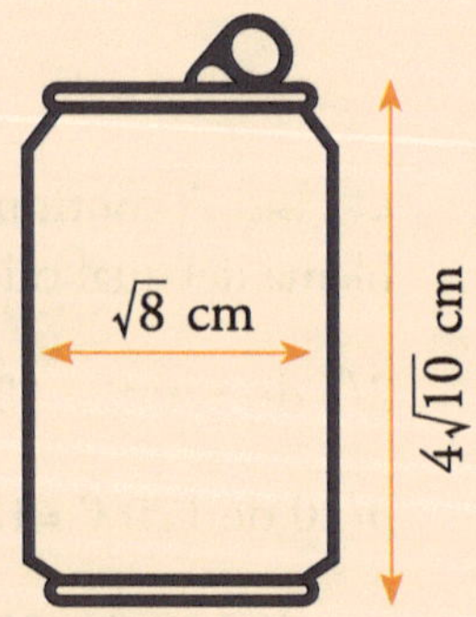

3. La piscina i les aixetes

La piscina on han de fer les proves de natació s'omple per mitjà de dues aixetes: A i B. Cada una de les aixetes omple la piscina per separat; així, l'aixeta A omple la piscina en 10 hores i l'aixeta B, en 12 hores. Una avaria en el desguàs de la piscina fa que, quan aquesta és plena, es buidi en 20 hores.

a) Quantes hores tarda a omplir-se la piscina?

I si s'hagués arreglat l'avaria en el desguàs i no perdés gens d'aigua, quant tardaria a omplir-se?

b) Les mides de la piscina són: 50 m de llargada, 10 m d'amplada i 2,5 m de profunditat. Troba la seva capacitat en m^3 i en litres. Expressa aquesta última mesura en notació científica.

4. La cursa ciclista

La Júlia, després de la cursa i de la prova de natació, anava primera, però estava molt cansada, per la qual cosa la seva velocitat mitjana en la cursa ciclista ha estat una mica baixa: d'uns 20 km/hora. Ha tardat 3 hores a recórrer la distància que separa la seva ciutat de la localitat on hi ha l'arribada.

a) Quina distància separa les dues poblacions?

b) La Gemma va començar la prova ciclista mitja hora després que la Júlia. L'haurà atrapada si va a 25 km/h? Quant haurà tardat a fer-ho i a quina distància de la sortida ho haurà aconseguit?

c) Cada hora la Júlia perd $5{,}4 \cdot 10^{-3}$ litres d'aigua en forma de suor. Quanta aigua perd al llarg de la cursa ciclista?

» TALLER DE MATEMÀTIQUES

» LLEGEIX I CALCULA

Codis d'identificació i dígits de control

En el món actual s'utilitzen codis a fi d'identificar productes de forma única. Molts d'aquests codis tenen associat un dígit la funció del qual és controlar els errors que es puguin produir en escriure'ls: són els **dígits de control**. Vegem-ne un exemple:

Els codis de barres

Segur que has vist molts codis de barres. Les barres i els espais en blanc formen una codificació en un sistema binari (format per uns i zeros) que, amb ajuda d'un dispositiu òptic, identifiquen l'article.

Codi del país (2 o 3 dígits) 84 → Espanya | Codi que indica l'empresa i el producte (9 o 10 dígits) | Dígit de control (1 dígit)

84 3448504835 6

Hi ha diferents tipus de codis de barres, però el més habitual té 13 dígits agrupats en tres parts, com el que pots veure damunt d'aquestes línies. Vegem com es calcula el dígit de control:

1. Se sumen els dígits de les posicions senars, començant per l'esquerra (el dígit de control, x, queda indicat en la suma).
2. Al resultat anterior se li afegeix la suma dels dígits de les posicions parelles multiplicada per 3. Es dona el valor adequat a x perquè el resultat total sigui múltiple de 10.

Vegem un exemple del codi de barres d'un llibre com aquest que estàs llegint –el 978 inicial correspon a l'ISBN (Número Internacional Normalitzat per a Llibres)–.

9 7 8 8 4 4 8 9 5 0 8 1 x

Sumem els dígits de les posicions senars: $9 + 8 + 4 + 8 + 5 + 8 + x = 42 + x$.

Sumem els dígits de les posicions parelles: $7 + 8 + 4 + 9 + 0 + 1 = 29$.

Multipliquem per 3 el resultat anterior: $3 \cdot 29 = 87$.

La suma total és: $42 + x + 87 = 129 + x$. Ha de ser múltiple de 10.

L'únic nombre d'un sol dígit vàlid per a x és 1, així la suma és 130.

El nombre, per tant, quedaria així: **9 7 8 8 4 4 8 9 5 0 8 1 1**.

- Calcula els dígits de control que falten en aquests codis de barres:

ISBN 978-84-9935-142-1

9 788499 351421

REF.: DC050290

8 413240 400295

» FES SERVIR L'ENGINY

Una qüestió de comes

Posant una coma en el lloc adequat, la següent expressió és certa:

«CINC PER QUATRE VINT MÉS UN, VINT-I-DOS»

Podries aclarir la qüestió?

» POSA'T A PROVA

1. Calcula i simplifica el resultat.

$$1+\frac{5}{8}\cdot\left(\frac{5}{3}+1\right)-\frac{1}{3}:\frac{2}{5}$$

2. Indica el tipus de decimal que correspon a cada fracció sense fer la divisió:

	DECIMAL EXACTE	DECIMAL PERIÒDIC PUR	DECIMAL PERIÒDIC MIXTE
89/50			
113/12			
23/32			
18/7			

3. Calcula el resultat d'aquesta operació, passant prèviament els decimals a fraccions:

$$\left(0,\widehat{18}-1,8\widehat{9}+\frac{8}{11}\right)\cdot 1,1$$

4. Opera.

$$(-3)^{-2}+\left(\frac{3}{4}\right)^{-1}-2^{-3}\left(1-\frac{1}{2}\right)^{-2}$$

5. Aplica les propietats de les potències per simplificar aquesta expressió:

$$\frac{(6^2)^3\cdot 2^{-4}}{12\cdot(-9)^2}$$

6. Expressa en notació científica:

a) $758\cdot 10^{-5}=$

b) $0,035\cdot 10^{13}=$

c) $101\cdot 10^{11}=$

d) $0,1001\cdot 10^{-7}=$

7. Vertader (V) o fals (F)?

a) Totes les fraccions són nombres racionals. ☐

b) Tots els nombres racionals són fraccionaris. ☐

c) Una fracció sempre equival a un nombre decimal periòdic. ☐

d) Un nombre decimal periòdic és racional. ☐

8. Simplifica quan sigui possible.

a) $\sqrt{3}\sqrt{27}=$

b) $\frac{1}{2}\sqrt{3}+\sqrt{3}=$

c) $\sqrt{4\cdot 5}+\sqrt{5}-\sqrt{9\cdot 5}=$

d) $\sqrt[3]{54}-2\sqrt[3]{2}=$

9. Amb la tercera part de l'oli que tinc en un bidó, puc omplir 20 ampolles de 3/5 de litre. Quants litres hi havia al bidó? Quantes ampolles de 3/4 de litre podré omplir amb la resta?

10. La reserva de gas natural més gran de l'Àsia Central conté un volum de $9\cdot 10^{11}$ m^3. Si la seva producció anual és d'$1,8\cdot 10^{13}$ litres i es manté el mateix ritme al llarg del temps, quants anys es podrà explotar aquest recurs energètic?

UNITAT 2

PROBLEMES ARITMÈTICS

RESOLUCIÓ DE PROBLEMES · RAONAMENT I PROVA
CONNEXIONS · COMUNICACIÓ I REPRESENTACIÓ · SOCIOEMOCIONAL

De la intuïció quotidiana...

El raonament matemàtic relacionat amb la proporcionalitat apareix, des de l'inici de la civilització, en la resolució de problemes pràctics: intercanvis, compres, repartiments, collites, etc. Trobem problemes d'aquests tipus en textos egipcis, xinesos, hindús..., tots anteriors a la nostra era.

Un problema del papir de Rhind

El papir de Rhind, també anomenat d'Ahmes en honor a l'escriba que el va copiar fa gairebé 4.000 anys, és un rotlle de papir de prop de 6 metres de llarg. Conté una gran col·lecció de problemes resolts. Un d'aquests problemes diu així:

Si deu gerres de greix han de durar un any, quant greix pot utilitzar-se en un dia?

Un problema babilònic

En una de les milers de tauletes babilòniques que es conserven de l'època d'Hammurabi (1800 aC), s'hi pot llegir el problema següent:

Quant tardarà a duplicar-se una quantitat de diners a un interès del 20 % anual?

Naturalment, a la tauleta no deia «20 %», sinó «12 de cada 60».

...a l'explicació teòrica

El grec **Tales de Milet** va calcular l'altura de la piràmide de Kheops relacionant l'altura del seu cos i la longitud de la seva ombra amb l'altura de la piràmide i l'ombra d'aquesta, a la mateixa hora del dia. Els grecs, des de **Pitàgores** fins a **Euclides**, també van estudiar la proporcionalitat.

Auge àrab i retrocés occidental a l'edat mitjana

Als segles VIII i IX, en els tractats dels matemàtics àrabs, ja apareixen procediments com la regla de tres. Tanmateix, a Occident, aquesta època va tenir un interès matemàtic menor.

L'impuls al Renaixement

A Europa, a partir dels segles XIV i XV, el creixement del comerç en el Renaixement impulsa el desenvolupament de l'aritmètica comercial: percentatges, descomptes, deutes, interessos, terminis...

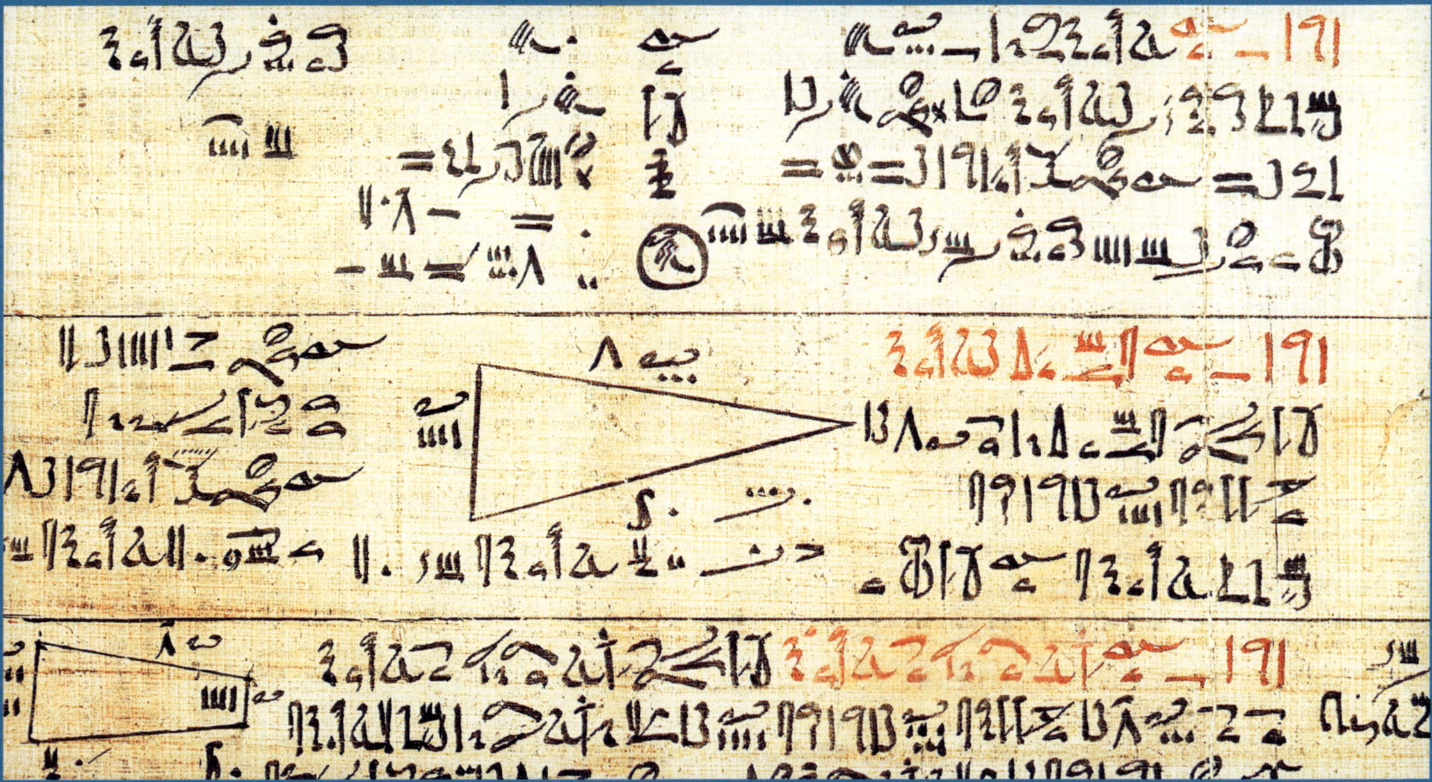

RESOL

Un banquer presta diners a un interès del 6 % anual.

a) Quins interessos obtindrà en deixar 100 doblons durant un any? I si els deixa durant un mes? I si ho fa durant set mesos?

b) Quin interès obtindrà per prestar 500 doblons durant set mesos?

1. APROXIMACIONS I ERRORS

- **Quantitats exactes i quantitats aproximades.** En el llenguatge corrent utilitzem moltes quantitats: unes són exactes, com, per exemple, «la Maria avui fa 16 anys», i n'hi ha d'altres que són aproximades, com, per exemple, «aquest arbre fa uns 16 metres d'alçària».
- **Per què s'utilitzen les quantitats aproximades?** Hi ha, bàsicament, dos motius:
  – Perquè desconeixem la quantitat exacta.
  – Perquè encara que coneixem la quantitat exacta, no es considera necessari donar-la amb precisió.
- **Xifres significatives.** S'anomenen xifres significatives aquelles amb les quals s'expressa un nombre aproximat. Només s'han d'utilitzar aquelles l'exactitud de les quals ens consti. Els zeros que posem al final d'un nombre són xifres significatives únicament si podem assegurar que la xifra és 0. Per exemple, quan diem que la població de Catalunya és de 7.600.000 habitants, el 7 i el 6 són xifres significatives, però els zeros no ho són.

  Si el nombre es troba en notació científica, les xifres significatives són les que apareixen en el nombre decimal. Per exemple: $3{,}4 \cdot 10^5$ té 2 xifres significatives i $3{,}40 \cdot 10^5$ té 3 xifres significatives.

» APLICA EL QUE HAS APRÈS

1. Expressa amb un nombre de xifres significatives que et sembli raonable les quantitats següents:

a) Nombre d'assistents a tots els concerts que hi va haver l'any 2017 a Catalunya: 2.893.040.

b) Nombre d'abelles que pertanyen a un cert rusc: 78.421.

c) Altura (en cm) que té la torre Burj Khalifa (Dubai): 82.816.

d) Nombre d'estrelles que componen la galàxia Andròmeda: 985.428.372.491.

e) Població mundial: 7.683.589.082 habitants.

f) PIB (producte interior brut) del 2018 a Catalunya: 242.313.149.957 €.

2. Expressa amb un nombre raonable de xifres significatives aquestes quantitats. Ofereix la dada també en forma d'interval.

a) Trucades a urgències d'una comunitat en un any: 5.117.341.

b) Assistents als carnavals d'una ciutat: 137.223.

c) Cèl·lules que hi ha al cos humà: 29.845.237.821.984.

- **Control de l'error comès.** Quan donem una mesura aproximada, cometem un error que s'anomena *error absolut* i que es calcula amb l'expressió matemàtica següent:

$$\textbf{Error absolut} = |\text{Valor real} - \text{Valor aproximat}|$$

- L'error absolut generalment és desconegut perquè no coneixem el valor real, però pot controlar-se. Com que l'error absolut va estretament lligat a la magnitud que està mesurant, es treballa amb l'*error relatiu,* que es defineix com el quocient entre l'error absolut i la mesura exacta.

$$\textbf{Error relatiu} = \frac{\text{Error absolut}}{\text{Valor real}}$$

- Has de saber que com més xifres significatives s'utilitzin per donar la mesura aproximada, més petit serà l'error relatiu comès.

» APLICA EL QUE HAS APRÈS

3. Què podem dir de l'error absolut d'aquests mesuraments?

a) Volum d'una banyera, 326 litres.

b) Volum d'una piscina, 326 m^3.

c) Volum d'un pantà, 326 hm^3.

d) Volum d'un asteroide, $3{,}26 \cdot 10^6$ km^3.

– Ara compara l'error relatiu dels mesuraments anteriors.

4. Compara l'error relatiu comès en fer les pesades següents:

a) Una balena, 37 tones.

b) Un gall dindi, 3 kg.

c) El senyor Anselm, 87,3 kg.

d) La Terra, $5{,}972 \cdot 10^{21}$ tones.

5. Compara els errors relatius comesos en aquests mesuraments i indica en quin cas es comet l'error relatiu més gran i més petit.

a) 87 m
b) 453 km
c) 5 km
d) $4{,}53 \cdot 10^{11}$ km

6. Observa aquestes imatges i els mesuraments que se n'han fet:

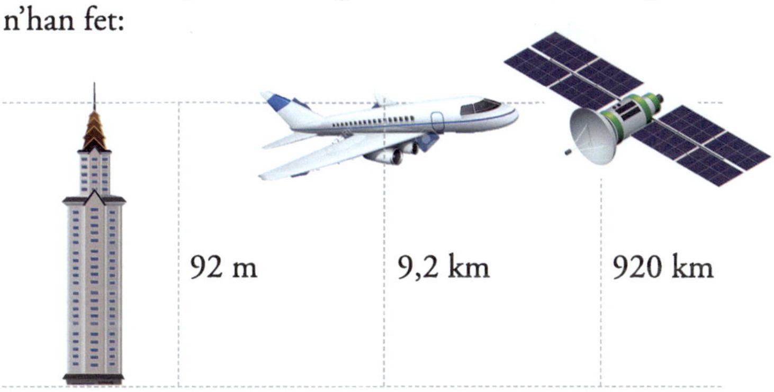

– Què podem dir de l'error absolut i de l'error relatiu d'aquests mesuraments?

2. CÀLCULS AMB PERCENTATGES

- **Càlcul d'un tant per cent d'una quantitat.** Per trobar un tant per cent d'una quantitat, s'expressa el tant per cent en forma decimal i es multiplica la quantitat per aquest valor. Per exemple:

$$\text{El } 16\ \% \text{ de } 5.000 \text{ és } \frac{16}{100} \cdot 5.000 = 0{,}16 \cdot 5.000 = 800.$$

- **Obtenció del tant per cent corresponent a una proporció.** Per trobar quin tant per cent representa una quantitat, *a*, respecte d'un total, *C*, es calcula $\frac{a}{C}$ i es multiplica per 100. Per exemple, si en una població de 5.000 persones, 800 són menors d'edat, aquest col·lectiu representa el 16 % de la població, ja que:

$$\frac{800}{5000} = 0{,}16, \text{ que correspon al } 16\ \%.$$

CÀLCUL MENTAL

Expressa en forma decimal els percentatges següents:

a) 10 % ______ b) 7 % ______

c) 160 % ______ d) 127 % ______

Quin tant per cent representa cada quantitat respecte del seu total?

a) 15 respecte de 30. ______

b) 2 respecte de 10. ______

c) 30 respecte de 3.000. ______

» APLICA EL QUE HAS APRÈS

7. Indica el tant per cent corresponent a cada un d'aquests decimals:

a) 0,1 → ______ b) 0,5 → ______

c) 0,9 → ______ d) 0,25 → ______

e) 1 → ______ f) 1,5 → ______

g) 1,1 → ______ h) 2 → ______

8. Calcula:

a) El 24 % de 300 → ______

b) El 112 % de 560 → ______

c) El 3 % de 83.200 → ______

d) El 30 % de 83.200 → ______

9. Calcula el tant per cent que representa:

a) 45 respecte de 225 → ______

b) 6.160 respecte de 56.000 → ______

c) 4.230 respecte de 9.000 → ______

d) 1.922 respecte de 1.240 → ______

e) 6.000 respecte de 4.000 → ______

10. Calcula el 35 % de 3.780 € i el 160 % de 36.200 persones.

______

- **Càlcul d'augments i de disminucions percentuals.** En aquest tipus de problemes cal tenir en compte el següent:
  - El nombre pel qual s'ha de multiplicar la quantitat inicial per obtenir la quantitat final es denomina **índex de variació**.
  - En els **augments percentuals**, l'índex de variació és **1 més l'augment percentual expressat en forma decimal**.
  - En les **disminucions percentuals**, l'índex de variació és **1 menys la disminució percentual expressada en forma decimal**.
  - Per calcular el valor final en un augment o en una disminució percentual, cal trobar l'índex de variació i multiplicar-lo per la quantitat inicial:

VALOR FINAL = VALOR INICIAL · ÍNDEX DE VARIACIÓ

Per exemple:

Si un rellotge de 50 € augmenta el seu preu un 16 %, acabarà valent 58 € perquè:

$$50\ (1 + 0{,}16) = 50 \cdot 1{,}16 = 58\ €$$

Si es rebaixa un 40 % el preu d'un article que val 620 €, acabarà valent 372 €, perquè:

$$620 \cdot (1 - 0{,}4) = 620 \cdot 0{,}6 = 372\ €$$

» APLICA EL QUE HAS APRÈS

11. Unes accions que, a començaments d'any, valien 13,70 € s'han apujat un 35 %. Quant valen ara?

12. En una comarca hi havia 69.580 aturats. Han disminuït un 15 %. Quants n'hi ha ara?

13. L'aigua recollida en un pantà, 680 hm^3, ha disminuït un 23 %. Quanta aigua hi ha ara?

14. Per quin nombre cal multiplicar la quantitat inicial per obtenir la final en cada cas?

a) Augmenta un 12 % → ....

b) Disminueix un 37 % → ....

c) Augmenta un 150 % → ....

d) Disminueix un 2 % → ....

15. Calcula mentalment l'índex de variació que correspon a aquestes augments percentuals.

a) 25 % → ....

b) 5 % → ....

c) 40 % → ....

16. Calcula mentalment l'índex de variació que correspon a aquestes disminucions percentuals.

a) 25 % → ....

b) 5 % → ....

17. Calcula l'índex de variació i la quantitat final:

a) 325 augmenta el 28 % → ....

b) 87 disminueix el 80 % → ....

- **Càlcul de la quantitat inicial coneixent la variació percentual i la quantitat final.** Si coneixem la quantitat final que resulta després d'haver aplicat una variació percentual, la quantitat inicial s'obté dividint la quantitat final per l'índex de variació.

QUANTITAT INICIAL = QUANTITAT FINAL : ÍNDEX DE VARIACIÓ

- **Encadenament de variacions percentuals.** Per encadenar augments i disminucions percentuals, es multipliquen els índexs de variació dels successius passos.

EXERCICIS RESOLTS

1. ***En uns grans magatzems, tots els articles s'han rebaixat un 35 %. Hem comprat un quadre per 195 € i un llibre per 14,30 €. Quant valia cada cosa abans de les rebaixes?***

En els dos casos, l'índex de variació és 1 – 0,35 = 0,65.

Per tant, els preus dels articles abans de les rebaixes eren:

Quadre → 195 : 0,65 = 300 €

Llibre → 14,30 : 0,65 = 22 €

2. ***Una guitarra de 800 € s'apuja el 50 %. Després, s'abaixa el 50 %. Queda igual el preu?***

800 —(+50 %, · 1,50)→ 800 · 1,50 = 1.200 —(–50 %, · 0,50)→ 1.200 · 0,50 = 600

El preu no queda igual. En total, s'abaixa 200 €.

ÍNDEX DE VARIACIÓ TOTAL = ÍNDEX 1a VARIACIÓ · ÍNDEX 2a VARIACIÓ

1,50 · 0,50 = 0,75 = 1 – 0,25. Correspon a una baixada del 25 %.

» APLICA EL QUE HAS APRÈS

18. En estirar una goma elàstica, la seva longitud augmenta un 30 % i, en aquesta posició, fa 104 cm. Quant fa sense estirar?

19. En unes rebaixes en les quals es fa el 30 % de descompte, en Robert ha comprat una càmera fotogràfica per 50,40 €. Quin era el seu preu inicial?

20. Un carter ha repartit el 36 % de les cartes que tenia. Encara n'hi queden 1.184. Quantes en tenia abans de començar el repartiment?

21. Un comerciant augmenta el preu dels seus productes un 30 % i després, pretenent deixar-los al preu inicial, els rebaixa un 30 %. Ho aconseguirà? Vegem-ho.

a) Un ordinador que inicialment costava 1.000 €, quant costarà en cada pas del procés?

b) Quina és la variació percentual que experimenten els articles respecte del preu inicial?

22. Un capital de 42.000 € es diposita en un banc al 5 % anual. En quina quantitat s'haurà convertit en un any? I en dos anys?

3. INTERÈS COMPOST

- Si dipositem una certa quantitat C de diners en un compte d'estalvis d'una entitat bancària, aquesta ens paga interessos. Si el tipus d'interès pactat és, per exemple, un 6 % anual, en complir-se un any del dipòsit, el banc ens dona el capital C i uns interessos de $C \cdot 0{,}06$. És a dir, ens torna $C \cdot 1{,}06$. Si en comptes d'emportar-nos els diners els deixem tot un any més, la quantitat creix novament un 6 %. Per això, es torna a multiplicar per 1,06. És a dir, el banc ens torna $C \cdot 1{,}06^2$. Si això es repeteix n anys, el banc ens tornarà $C \cdot 1{,}06^n$.

INICIAL		1 ANY		2 ANYS		n ANYS
C	$\xrightarrow{\cdot 1{,}06}$	$1{,}06C$	$\xrightarrow{\cdot 1{,}06}$	$1{,}06 \cdot (1{,}06C) = 1{,}06^2C$	$\xrightarrow{\dots}$ …	$1{,}06^nC$

- El capital final C_F al cap de n anys de dipositar un capital C al r % anual és: $C_F = C \cdot \left(1 + \frac{r}{100}\right)^n$
- Si el banc paga els interessos cada mes, es diu que el **període de capitalització** és **mensual**. En aquest cas, el tant per cent mensual equival a la dotzena part del tant per cent anual ($r/12$).

EXERCICI RESOLT

3. ***Un banc paga el 4,8 % anual per dipòsits a termini fix. Hi dipositem 160.000 €. Quants diners podrem retirar al cap de 4 anys?***

Cada any, el capital augmenta un 4,8 %; és a dir, es multiplica per 1,048. Al cap de 4 anys s'haurà multiplicat per $1{,}048^4$. Per tant, el capital final que podrem retirar és:

$$C_F = 160.000 \cdot 1{,}048^4 = 193.003{,}47 \text{ €}$$

» APLICA EL QUE HAS APRÈS

23. En quina quantitat es transforma un capital inicial de 20.000 € col·locat al 3,6 % anual durant 5 anys?

24. En quina quantitat es transformen 20.000 € col·locats durant 5 anys al 3,6 % anual, amb pagament d'interessos mensual?

25. En quina quantitat es transformen 160.000 € dipositats 4 anys al 4,8 % anual, si el període de capitalització és mensual?

26. Calcula en quina quantitat es transformen 60.000 € col·locats a interès compost en els següents casos si el període de capitalització és mensual:

a) Al 3 % anual durant 2 anys.

b) Al 5,4 % anual durant 9 mesos.

c) Al 0,36 % mensual durant un any i mig.

4. PROBLEMES CLÀSSICS

- **Problemes de repartiments proporcionals.** En els repartiments proporcionals, les diferents fraccions en què es parteix el total han de sumar 1.
- **Problemes de barreges.** En aquests problemes, la mitjana s'obté repartint la suma de les quantitats parcials, aportades pels components, entre el pes total de la barreja (suma dels pesos parcials).

EXERCICIS RESOLTS

4. ***Dos socis posseeixen el 27,82 % i el 39,91 % d'una companyia, i el tercer, la resta. Si s'han obtingut uns beneficis de 327.842 €, quant li toca al tercer?***

El tercer soci és propietari del 100 % – (27,82 % + 39,91 %) = 32,27 %. Per tant, li corresponen:

32,27 % de 327.842 € = 105.794,61 ≈ 105.800 €

Aproximant fins als centenars d'euros, podem assegurar que l'error comès és inferior a 50 €.

5. ***Es molen conjuntament 50 kg de cafè de 8,80 €/kg i 30 kg d'un altre cafè d'inferior qualitat, de 6,40 €/kg. A quin preu surt el quilo de la barreja obtinguda?***

	QUANTITAT	PREU	COST
CAFÈ SUPERIOR	50 kg	8,80 €/kg	50 · 8,80 = 440 €
CAFÈ INFERIOR	30 kg	6,40 €/kg	30 · 6,40 = 192 €
BARREJA	80 kg		632 €

$$\text{Preu de la barreja} = \frac{\text{Cost total}}{\text{Pes total}} = \frac{632\ €}{80\ \text{kg}} = 7{,}90\ €/\text{kg}$$

» APLICA EL QUE HAS APRÈS

27. Tres socis van aportar 2, 3 i 6 milions d'euros, respectivament, per crear una empresa. Si els guanys del primer any van ser de 75.900 €, quant correspondrà a cada un?

28. Com es podrien repartir 2.310 € entre tres germans de manera que al més gran li correspongui la meitat del que li correspon al més petit, i a aquest, el triple del que li correspon al mitjà?

29. Si barregem 12 kg de cafè de 12,40 €/kg amb 8 kg de cafè de 7,40 €/kg, quin serà el preu de la barreja?

30. Un joier vol fondre un lingot de 2 kg d'or de llei 0,85 amb un altre lingot d'1,5 kg d'or la llei del qual és 0,9. Quina és la llei del lingot resultant?

- **Problemes de moviments.** Dos objectes que s'apropen movent-se en la mateixa direcció poden anar en sentits oposats (es trobaran) o en el mateix sentit (el més ràpid, si surt després, atraparà el més lent).

  – Si van en **sentits oposats**, tindrem en compte que els mòbils s'aproximen a una velocitat relativa igual a la **suma** de les seves velocitats absolutes.

  – Si van en el **mateix sentit**, tindrem en compte que els mòbils s'aproximen a una velocitat relativa igual a la **diferència** de les seves velocitats absolutes.

EXERCICI RESOLT

6. ***Un ciclista professional avança per una carretera a 38 km/h. Més endavant, a 22 km, un cicloturista avança en el mateix sentit a 14 km/h. Quant tarda el ciclista professional a atrapar el cicloturista?***

S'aproximen a una velocitat de 38 – 14 = 24 km/h.

Calculem el temps fins a la trobada sabent que els separen 22 km:

$$t = \frac{d}{v} = \frac{22}{24} = \frac{11}{12} \text{ d'hora} = 55 \text{ min}$$

» APLICA EL QUE HAS APRÈS

31. Un cotxe va a 120 km/h i un camió, a 90 km/h.

a) Si el cotxe segueix el camió a 75 km de distància, quant tardarà a atrapar-lo?

b) Si estan a 504 km i es dirigeixen l'un cap a l'altre, quant tardaran a creuar-se?

32. La capacitat d'un pantà és de 980 hm^3. Actualment es troba al 43 % del total, està rebent una aportació de 45 m^3/s i se'n desembassen 3.200 ℓ/s. Si es mantenen aquests cabals, quant temps tardarà a omplir-se fins a un 95 % de la seva capacitat?

33. La Via Làctia es dirigeix cap a Andròmeda a una velocitat de 112,2 km/s. La galàxia Andròmeda es dirigeix cap a la Via Làctia a una velocitat de 75,4 km/s. Les separa una distància de 2,5 milions d'anys llum. Si mantinguessin les seves velocitats, quant tardarien a col·lisionar?

34. Dues aixetes aboquen 17 ℓ/min i 14 ℓ/min en una pica de 1.200 ℓ el desguàs de la qual expulsa 13 ℓ/min. Si s'obren alhora les dues aixetes i el desguàs, quant tarda a omplir-se la pica?

5. PROPORCIONALITAT COMPOSTA EN PROBLEMES ARITMÈTICS

- En els problemes de proporcionalitat composta intervenen, almenys, tres magnituds que, per parelles, són directament o inversament proporcionals.

EXERCICI RESOLT

7. ***Un ramat de 23 porcs es menja, en 50 dies, 2.990 kg de pinso. Quants dies duren 6.240 kg de pinso a 75 porcs?***

Més porcs, menys dies dura → Inv.

Més kg, més dies dura → Dir.

23 porcs en 50 dies es mengen 2.990 kg de pinso.

- 2.990 : 23 = 130 kg menja 1 porc en 50 dies.
- 130 : 50 = 2,6 kg menja 1 porc en 1 dia.
- Per tant, 6.240 : 2,6 = 2.400 dies en què un porc menja aquesta quantitat.

2.400 : 75 = **32 dies** que mengen aquesta quantitat els 75 porcs.

Resolució esquemàtica:

23 porcs	—— 50 dies	—— 2.990 kg
75 porcs	—— x	—— 6.240 kg

Porcs-dies. Proporcionalitat inversa. Assenyalem la quantitat que no és a la fila de la x.

Quantitat-dies. Proporcionalitat directa. Assenyalem el valor que és a la fila de la x.

$$x = 50 \cdot \frac{23 \cdot 6240}{75 \cdot 2990} = 32 \text{ dies}$$

» APLICA EL QUE HAS APRÈS

35. En els treballs d'una autopista, 20 camions treballant 8 h diàries aconsegueixen portar fins a l'abocador 4.000 m^3 de terra cada dia.

Més camions, més sorra → Dir.

Més hores, més sorra → Dir.

Quanta terra mouran en un dia 12 camions treballant en torns de 10 h diàries?

36. Per collir les olives d'una finca, es necessiten 10 operaris que treballin 8 h al dia durant 40 dies.

Més operaris, menys dies → Inv.

Més hores diàries, menys dies → Inv.

Quants dies tardaran 4 operaris que treballin 5 h diàries?

37. Per escalfar 100 g d'oli, des de la temperatura ambient, 20 °C, fins a 70 °C, s'han necessitat 2.350 calories. Si subministrem 39.151 calories a 1 litre d'oli (980 g) a temperatura ambient…

Més grams, menys pujada de temperatura → Inv.

Més calories, més pujada de temperatura → Dir.

a) Quina temperatura assolirà?

b) Quantes calories es necessitaran per escalfar 1/2 ℓ d'oli des de 15 °C fins a 75 °C?

38. Per escalfar una peça de ferro de 1.240 g des de 10 °C fins a 150 °C s'han necessitat 18.228 cal. Quantes calories caldran per augmentar la temperatura d'una peça de ferro de 3.480 g des de 0 °C fins a 210 °C?

39. Per escalfar una peça de ferro de 1.240 g des de 10 °C fins a 150 °C s'han necessitat 18.228 cal. Quina temperatura assolirà una peça de ferro de 5 kg que es troba a 20 °C, si se li subministren 20.000 cal?

40. En un menjador d'empresa, 113 treballadors han consumit 840 iogurts en 20 dies feiners. En tindran prou amb una reserva de 200 iogurts per als pròxims cinc dies en què es preveu una afluència mitjana de 120 treballadors/dia?

41. Si 4 miners perforen 15 m en 9 dies, quants metres perforaran 6 miners en 15 dies?

42. Hem tardat 5 dies i 2 hores a fer una ruta de 384 km amb bicicleta, pedalant 6 h al dia.

a) Quant vam recórrer cada dia?

b) Si pedalem 5 h al dia, quants dies necessitarem per fer 600 km?

» OBSERVA, RAONA I RESOL

1. ÍNDEX DE VARIACIÓ

Una moto costava 2.320 € el mes d'agost. A l'octubre es va apujar fins a 3.248 € i al gener es va abaixar fins a 2.436 €.

a) Calcula l'índex de variació (Iv) i el percentatge de pujada i baixada en cada canvi de preu.

b) Troba l'índex de variació total.

a) Primer canvi: $2.320 \cdot Iv = 3.248 \longrightarrow Iv = \dfrac{3248}{2320} = 1{,}4$

$1{,}4 = 1 + 0{,}4$. Correspon a un augment del 40 %.

Segon canvi: $3.248 \cdot Iv = 2.436 \longrightarrow Iv = \dfrac{2436}{3248} = 0{,}75$

$0{,}75 = 1 - 0{,}25$. Correspon a un descompte del 25 %.

b) Índex de variació total $= 1{,}4 \cdot 0{,}75 = 1{,}05$

$1{,}05 = 1 + 0{,}05$. Correspon a un augment del 5 %.

Fes-ho tu Troba l'índex de variació d'una quantitat que disminueix un 40 % i augmenta un 120 %. És un augment o una disminució?

2. REPARTIMENTS INVERSAMENT PROPORCIONALS

Es reparteixen 5.000 € entre els tres guanyadors d'un concurs de manera inversament proporcional al nombre d'errades que va cometre cada un. Si el primer va cometre 2 errades, el segon 3, i el tercer 5, quant correspon a cada un?

Repartir de manera inversament proporcional a 2, 3 i 5 és el mateix que repartir de manera directament proporcional a 1/2, 1/3 i 1/5.

$$\frac{1}{2} + \frac{1}{3} + \frac{1}{5} = \frac{31}{30}$$

Al primer li corresponen $\dfrac{1}{2} : \dfrac{31}{30} = \dfrac{15}{31}$ del total; al segon, $\dfrac{1}{3} : \dfrac{31}{30} = \dfrac{10}{31}$; i al tercer, $\dfrac{1}{5} : \dfrac{31}{30} = \dfrac{6}{31}$ del total. Calculem el que s'emporta cada un:

Primer: $\dfrac{15}{31} \cdot 5.000 = 2.419{,}35$ € Segon: $\dfrac{10}{31} \cdot 5.000 = 1.612{,}90$ €

Tercer: $\dfrac{6}{31} \cdot 5.000 = 967{,}74$ €

Fes-ho tu Reparteix 10.000 € de manera inversament proporcional a 8, 10 i 12.

» EXERCITA LES TEVES COMPETÈNCIES

Practica

Aproximacions i errors

1. Escriu amb dues xifres significatives aquestes quantitats i valora l'error comès en cada aproximació:

a) Nombre de vots emesos en unes eleccions: 4.392.891.

b) Nombre de vots obtinguts per un partit polític: 193.246.

c) Sou anual d'un treballador: 42.121 €.

d) Preu d'un equip de música: 3.246 €.

e) Mida d'un microprocessador: 43,257 nanòmetres.

f) Superfície d'una targeta SIM: 4.620,68 mm^2.

2. Compara l'error absolut comès en les aproximacions següents:

a) Altura d'un arbre: 3,58 m.

b) Distància de casa meva al gimnàs: 1,5 km.

c) Longitud d'una etapa ciclista: 98 km.

d) Preu d'un pis: 240.000 €.

e) Pressupost de la construcció d'un xalet: 790.000 €.

f) Audiència d'un programa de televisió: 2.400.000 persones.

En quina d'aquestes aproximacions es comet un error relatiu més petit?

Percentatges

3. Calcula mentalment:

a) 20 % de 340 →

b) 2,5 % de 400 →

c) 75 % de 4.000 →

d) 150 % de 200 →

e) 60 % de 250 →

f) 12 % de 12 →

4. Quin percentatge representa?

a) 78 de 300 →

b) 420 de 500 →

c) 25 de 5.000 →

d) 340 de 200 →

5. Troba, en cada cas, la quantitat inicial x, com en l'exemple:

- **120 % de x = 450 → 1,2x = 450 →**
  x = 450 : 1,2 = 375

a) 28 % de x = 98 →

b) 15 % de x = 28,5 →

6. Calcula el valor de x, com es fa en l'exemple:

- **x% de 320 = 48 → 48 : 320 = 0,15 → x = 15 %**

a) x% de 300 = 60 →

b) x% de 60 = 59,4 →

c) x% d'1.600 = 720 →

d) x% de 98 = 107,8 →

7. Calcula l'índex de variació i la quantitat final

a) 125 disminueix el 2 % →

b) 45 augmenta el 40 % i el 30 %. →

c) 350 disminueix el 20 % i el 12 %. →

8. Quin percentatge d'augment o de disminució correspon a aquests índexs de variació?

a) 1,54 → b) 0,18 →

c) 0,05 → d) 2,2 →

e) 1,09 → f) 3,5 →

9. Quin percentatge és?

a) El 40 % del 40 % →

b) El 25 % del 20 % →

c) El 30 % del 120 % →

d) El 150 % del 20 % →

10. Calcula, en cada cas, la quantitat que hi falta:

QUANTITAT INICIAL	VARIACIÓ PERCENTUAL	QUANTITAT FINAL
850	↑18 %	
4.500	↓48 %	
75	↑110 %	
5.600		4.592
326		603,1
	↑32 %	165
	↓0,8 %	4.140

11. Relaciona fraccions, decimals (índexs de variació) i percentatges:

FRACCIÓ	13/20				
DECIMAL		0,38		1,15	
PERCENTATGE			$24,\widehat{8}$		$13,\widehat{6}$

Resol problemes bàsics

Percentatges

12. L'any passat, un litre d'oli costava 3,95 €, i aquest any, 4,90 €. Quin tant per cent s'ha apujat?

13. En un partit d'handbol, un jugador A ha anotat 2/5 de 30 intents; un altre, B, 6 de 16, i un tercer, C, el 36 % de 25 intents. Quants gols ha marcat cada un? Quin percentatge de gols respecte del total ha anotat cada un?

14. El preu d'un videojoc es va apujar un 28 % i després es va abaixar un 30 %. Si el preu inicial era de 58 €, calcula l'índex de variació i el preu final.

Repartiments proporcionals

15. Entre l'Anna, la Berta i la Carla han cobrat 900 € per repartir publicitat. Si l'Anna va repartir 150 fullets, la Berta 250, i la Carla 200, quant toca a cada una?

16. Per omplir una piscina de 42.000 ℓ, s'utilitzen tres mànegues els cabals de les quals són 240 ℓ/min, 360 ℓ/min i 480 ℓ/min. Quina quantitat d'aigua ha aportat cada una?

Barreges

17. En un celler es barregen 7 *hℓ* de vi d'alta qualitat que va a 450 € l'hectolitre, amb 11 *hℓ* de vi de qualitat inferior que va a 280 €/*hℓ*. Quin preu tindrà el litre del vi resultant? (Aproxima fins a les dècimes i digues l'ordre de l'error comès.)

18. Hem barrejat 30 kg de cafè de 9 €/kg amb 50 kg d'un altre cafè de qualitat inferior. La barreja resultant es ven a 7,50 €/kg. Quin és el preu per quilogram del cafè de qualitat inferior?

Mòbils

19. L'Antoni i la Berta condueixen per una autovia en sentits oposats. A les 11.00 h, l'Antoni passa per la sortida 17 i va cap al nord a una velocitat de 90 km/h. A la mateixa hora, la Berta passa per la sortida 29 i va cap al sud a 120 km/h. Si entre les dues sortides hi ha 42 km de distància, a quina hora es creuaran?

20. Un autobús surt de A a 105 km/h. Mitja hora més tard surt de B un cotxe a 120 km/h. La distància entre A i B és de 300 km. Calcula la distància que recorrerà cada un fins que es creuin.

21. Un camió surt d'una derterminada població a una velocitat de 90 km/h. Cinc minuts més tard surt una moto, a 120 km/h, que el persegueix. Quant temps tarda la moto a atrapar el camió?

Proporcionalitat composta

22. En una cadena de muntatge, 17 operaris, treballant 8 hores al dia, munten 850 aparells de ràdio a la setmana. Quantes hores diàries hauran de treballar la pròxima setmana per atendre una comanda de 1.000 aparells, tenint en compte que s'afegiran al grup tres treballadors?

Resol problemes

23. Al febrer, el preu d'un bitllet d'avió es va abaixar un 24 %, però al març es va apujar un 28 % i va passar a costar 327 €. Quin era el preu inicial? Quin percentatge de descompte o d'augment em van fer?

24. S'han abocat 3 litres d'aigua, a 20 °C, en una olla que contenia 5 litres d'aigua a 60 °C. Quina temperatura té ara l'aigua de l'olla? Quina temperatura tindria si afegim, a més, 2 litres a 50 °C?

25. Afegim 0,5 ℓ d'alcohol de 50° a 0,75 ℓ d'alcohol de 80°. Quina concentració tindrà la barreja?

26. Reparteix 1.200 € entre els tres primers classificats en una cursa de manera inversament proporcional a l'ordre d'arribada.

27. L'any 2006 van saltar les alarmes sobre la disminució de la població de tonyines després de dècades de sobrepesca. Els experts van estimar que, des del 1950, s'havia reduït un 68 %. En quin percentatge hauria d'augmentar la població que hi havia en aquell moment per tornar als nivells de 1950?

28. Calcula.

a) Si l'àrea d'un quadrat ha disminuït un 25 %, en quin percentatge ha disminuït el seu costat?

b) El volum d'un cub augmenta un 20 %. En quin percentatge augmentarà la seva aresta?

29. En Miquel vol aplicar un herbicida a la seva finca. Sap que ha d'afegir aigua al producte, de manera que tingui una concentració del 5 %, com a mínim, perquè sigui eficaç. Barreja 1/2 litre d'herbicida amb 5 litres d'aigua i comença a aplicar-lo.

Quan ha gastat 3 litres de la barreja, s'adona que no en tindrà prou per a tota la finca i hi afegeix 2 litres d'aigua. Tindrà la concentració adequada en tot moment?

30. Què és millor: invertir 5.000 € al 4,2 % durant 2 anys o invertir la mateixa quantitat al 0,4 % mensual durant 20 mesos?

És el teu torn

31. Vertader (V) o fals (F)?

a) Si el preu d'un article augmenta un 40 % i després un 60 %, el preu es duplica. ☐

b) Si una quantitat augmenta un 200 %, es triplica. ☐

c) Si a 35 hi afegiu el 25 %, obteniu 47,5. ☐

d) El 150 % del 50 % és el 200 %. ☐

e) Si compro un cotxe per 12.000 € i em fan un descompte d'un 15 %, pagaré 10.200 €. ☐

f) Si la quota anual d'un club esportiu era de 360 € i ha passat a ser de 414 €, l'han apujat un 115 %. ☐

g) Si una quantitat es duplica, ha augmentat un 100 %. ☐

32. Observa les imatges següents i proposa un enunciat per a resoldre aquest problema. Una vegada hagis plantejat l'enunciat, proposa una resolució del problema.

255 €
sense IVA

240 €
Rebaixat!

33. Al supermercat compres un batut de 330 mℓ que conté el 15 % de fruita i 10 % de llet. Quan arribes a casa t'adones que a la nevera en tenies la meitat d'un altre d'igual que havies comprat ahir. Decideixes barrejar el contingut dels dos en una ampolla per tal d'emportar-te'l d'excursió. Raona si el % de fruita i llet que diu l'etiqueta es conservarà en la barreja que has fet.

» MATEMÀTIQUES EN CONTEXT

SITUACIÓ D'APRENENTATGE

EL SUPERMERCAT

L'Anna és una jove emprenedora que vol posar en marxa un negoci propi. Ha pensat d'obrir un supermercat al el seu barri. Per fer-ho, disposa del suport d'uns socis que l'ajudaran amb la inversió.

1. Un impost: l'IVA

L'Anna i els seus socis han de comprar un local comercial per poder-hi instal·lar el supermercat. En les pàgines web d'immobiliàries hi han trobat dos anuncis que els han interessat.

- L'un és de la immobiliària CASES. Ofereixen un local de 590 m^2 per 225.000 €. Fan un descompte del 10 % per pagament immediat i després hi afegeixen l'IVA: un 21%.
- L'altre l'ofereix la immobiliària PONTS. Es tracta d'un local de 550 m^2, però és més cèntric. El preu, curiosament, és el mateix, 225.000 €, però primer hi afegeixen l'IVA del 21 % i, després, hi fan un descompte del 10 %, ja que fan oferta de nous locals comercials.

a) Calcula el preu dels següents productes després d'aplicar-los l'IVA corresponent:

ARTICLES	PREU SENSE IVA	IVA APLICAT	PREU FINAL (AMB IVA)
Capsa de tiretes	2,50 €	10 %	
Perfum	25 €	21 %	
Bitllet d'autobús	1,25 €	10 %	
Barra de pa	0,50 €	4 %	
Automòbil	18.000 €	21 %	
Llibre	20 €	4 %	

b) Calcula, mitjançant índexs de variació, quant haurien de pagar l'Anna i els seus socis per cada un dels dos locals que han vist anunciats.

c) Pots explicar per què obtenim els mateixos resultats en les dues immobiliàries (tingues present els índexs de variació).

BARCANOVA EDITORIAL

d) L'IVA és un impost que la immobiliària ha de pagar a Hisenda. Quina de les dues immobiliàries pagarà més per la venda del local?

e) Què els resulta millor, a les immobiliàries: que els apliquin primer l'IVA i que després els facin el descompte o a l'inrevés?

2. Descomptes

L'Anna ja ha obert el seu negoci. Durant la primera setmana, al supermercat hi podem trobar les següents ofertes en diferents productes:

- Emporti-se'n tres i pagui'n dos.
- Segona unitat a meitat de preu.
- Descompte del 30 % en cada unitat.

a) Quin percentatge de descompte s'aplica, en cada unitat de producte, en cada cas?

b) Així, doncs, quina és l'oferta més avantatjosa per al client?

3. Composicions

Al supermercat de l'Anna ens fixem en l'etiqueta d'un paquet de galetes que porta la informació següent:

INFORMACIÓ NUTRICIONAL MITJANA	PER 100 g
Valor energètic	1.990 kJ / 474 kcal
Lípids	19 g
d'aquests, saturats	5,4 g
Hidrats de carboni	68 g
d'aquests, sucres	21 g
Proteïnes	6,5 g
Sal	1,0 g

a) Quina és la concentració en tant per cent de lípids, hidrats de carboni, proteïnes i sal?

b) Quin tant per cent dels lípids són greixos saturats? Quin tant per cent dels hidrats de carboni són sucres?

c) Si l'única substància que no surt en l'etiqueta és l'aigua, quin tant per cent d'aigua hi ha a les galetes?

» TALLER DE MATEMÀTIQUES

» BUSCA REGULARITATS I GENERALITZA

Un joc de fitxes i un repte

OBJECTIU: Posar les fitxes vermelles en el lloc de les verdes i les verdes en el lloc de les vermelles.

NORMES:

- Les vermelles només es desplacen cap a la dreta, i les verdes només cap a l'esquerra.
- Els moviments es fan avançant cap a la següent casella o saltant sobre una fitxa contrària.

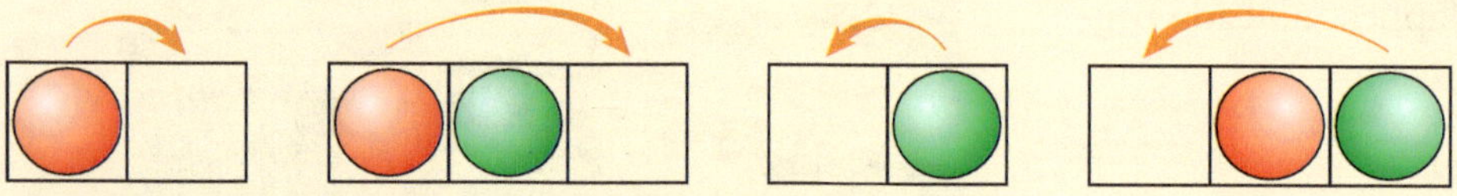

COMPTA I COMPLETA LA TAULA:

NOMBRE DE FITXES DE CADA COLOR	1	2	3	4	...
NOMBRE DE MOVIMENTS	...	8	...	...	...

EL REPTE

Series capaç de calcular el nombre de moviments necessaris per fer l'intercanvi, en funció del nombre de fitxes de cada color?

Observa els resultats, busca regularitats i, si pots, generalitza: Quants moviments cal fer per a *n* fitxes de cada color?

» LLEGEIX I DESCOBREIX

Incògnita difícil d'aclarir

Observa els dos missatges escrits a la targeta. I ara pregunta't:

Hi ha cap veritat o cap mentida en alguna de les cares de la targeta?

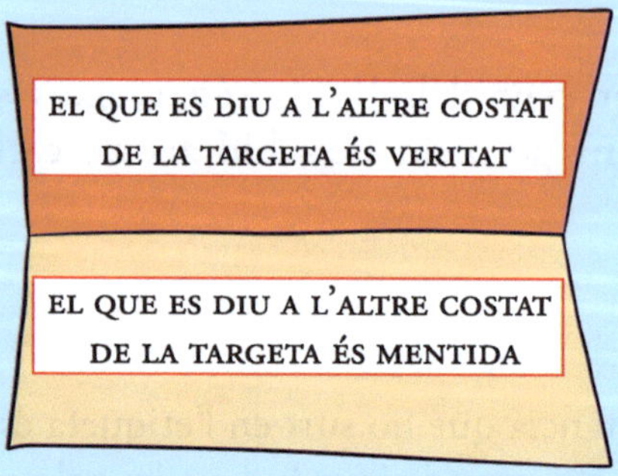

» REFLEXIONA I TREU CONCLUSIONS

En un supermercat comparen les vendes de cada trimestre amb les del trimestre anterior:

– EL COMPTABLE: El primer trimestre de l'any ha estat dolent, les vendes han baixat un 10 %. Però en el segon trimestre han tornat a pujar un 10 %.

– EL GERENT: Llavors, durant el semestre, ni hem baixat ni hem pujat.

– EL COMPTABLE: No; hem perdut un 1 %.

Quin dels dos té raó?

BARCANOVA EDITORIAL

» POSA'T A PROVA

1. Indica l'índex de variació i la quantitat final en cada cas:

a) 300 disminueix un 12 % i després un 35 %.

b) 1.520 disminueix un 90 % i després augmenta un 150 %.

2. Indica el percentatge d'augment o de disminució que correspon a cada un dels següents índexs de variació:

a) 1,07 → ______

b) 0,78 → ______

c) 2,2 → ______

3. Després d'una pujada d'un 3,5 %, un pis costa 258.600 €.

a) Quin era el preu abans de la pujada?

b) Si expresses el resultat amb dues xifres significatives, què pots dir de l'error absolut comès?

4. El preu d'un telèfon mòbil s'ha apujat un 20 % i després s'ha abaixat un 25 %. Si l'he comprat per 135 €, quin era el seu preu inicial?

5. Dues pales carregadores, treballant 10 hores diàries, fan un desboscament en 9 dies. Quant tardarien a fer aquesta feina tres pales a un ritme de 12 hores al dia?

6. Barregem 20 kg de farina d'1,25 €/kg amb 35 kg d'una altra farina de 0,75 €/kg. Quin serà el preu de la barreja?

7. Dos trens surten a les 8.00 h del matí de dues ciutats, A i B, que disten 780 km l'una de l'altra. Si el que surt de A cap a B circula a una velocitat de 110 km/h, i el que surt de B cap a A va a 90 km/h, a quina hora es trobaran?

8. S'ha repartit un premi entre tres concursants de manera proporcional als punts aconseguits: 12, 13 i 15 respectivament. El concursant que ha obtingut menys punts s'ha emportat 420 €. Quants diners es van repartir?

UNITAT 3

PROGRESSIONS

RESOLUCIÓ DE PROBLEMES · RAONAMENT I PROVA
CONNEXIONS · COMUNICACIÓ I REPRESENTACIÓ · SOCIOEMOCIONAL

Progressions geomètriques en el segle III aC

Euclides (segle III aC) va ser el fundador de l'escola matemàtica d'Alexandria, on va escriure la seva monumental obra *Elements*. Aquesta obra es compon de 13 llibres, quatre dels quals estan dedicats a l'aritmètica. En un d'aquests llibres, el IX, va tractar les progressions geomètriques, tot i que la nomenclatura utilitzada en aquell temps era molt diferent de la que utilitzan avui dia.

I les aritmètiques, en el segle I

En el segle I, **Nicòmac** va recopilar el que llavors se sabia d'aritmètica, gairebé tot conegut des de l'època d'Euclides. Es va dedicar, entre altres coses, a l'estudi de les progressions aritmètiques, que Euclides no havia tractat quatrecents anys abans.

Una successió recurrent del segle XIII

Caldrà esperar fins al segle XIII perquè aparegui la successió més coneguda de la història, la de **Fibonacci**:

1 1 2 3 5 8 13 21 34 ...

El seu autor, **Leonardo de Pisa** o Fibonacci (fill de Bonaccio), la va descriure en el seu *Liber Abaci* aplicada al context de la descendència dels conills. En l'actualitat, aquest tipus de successions les anomenem *recurrents*, perquè els termes es van calculant a partir dels anteriors.

L'espiral de Fibonacci

En estudiar la successió de Fibonacci, es descobreixen connexions amb els camps més diversos: la biologia (reproducció dels conills), la geometria, la teoria de jocs, les ciències de la computació, etc.

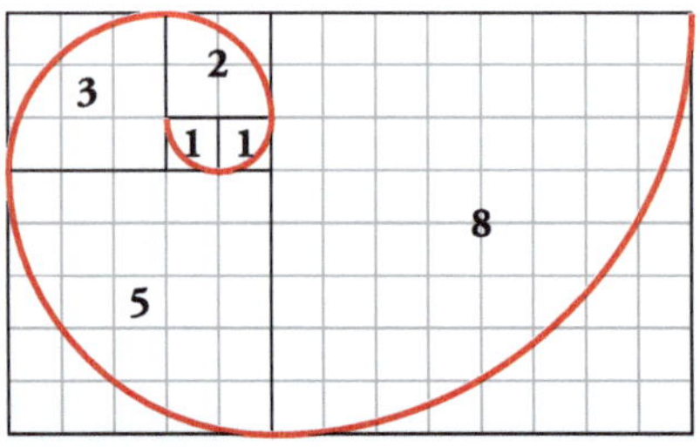

Observa, a l'esquerra, l'espiral que s'obté en unir arcs de circumferència els radis dels quals coincideixen amb els termes de la successió de Fibonacci.

La successió de Fibonacci

Fibonacci va introduir la seva successió de la manera següent: «Quantes parelles de conills es produiran al llarg d'un any, començant per una sola parella, si cada mes qualsevol parella engendra una altra parella que es reprodueix, al seu torn, des del segon mes?».

Observa:

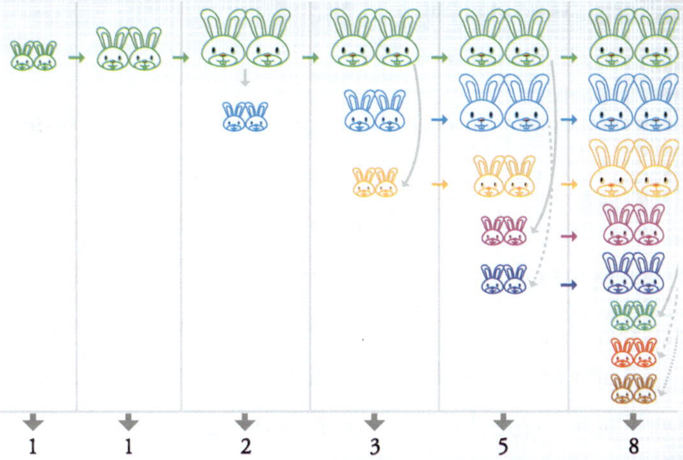

RESOL

1. Dibuixa en un paper quadriculat l'espiral de Fibonacci amb dos arcs més.

2. Quin criteri cal seguir per obtenir més termes en la successió de Fibonacci?

3. Dibuixa en un paper a part les dues columnes que que segueixen en l'esquema que mostra l'evolució de la descendència d'una parella de conills.

Quantes parelles de conills hi hauria el sisè mes? I el setè?

1. SUCCESSIONS

- Les successions són conjunts de nombres donats ordenadament. Per exemple:

  a) 1, 5, 9, 13, 17, ...; **b)** 1, 4, 9, 16, 25, 36, ...; **c)** 1, 1, 2, 3, 5, 8, 13, ...; **d)** 1, 3, 6, 8, 16, 18, 36, ...

  Cada una de les successions anteriors es construeix seguint un criteri determinat. Alguns són evidents i d'altres no:

  – Es passa d'un terme a l'altre sumant (o multiplicant per) la mateixa quantitat en tots els casos.

  – Alternativament, sumem o multipliquem per un mateix nombre.

  – Cada terme és el quadrat del lloc que ocupa en la successió.

  – Cada terme s'obté sumant els dos anteriors.

- Anomenem **successió** el conjunt de nombres donats ordenadament de manera que es puguin numerar: primer, segon, tercer...

  Els elements de la successió s'anomenen **termes** i se solen designar mitjançant una lletra amb subíndex. El subíndex de cada element indica el lloc que ocupa en la successió: s_1, s_2, s_3, s_4, s_5, s_6,...

» APLICA EL QUE HAS APRÈS

1. Esbrina el criteri amb què s'ha format cada una de les successions del principi de la pàgina i afegeix tres termes més a cada una.

2. Forma cinc successions amb criteris similars als anteriors. En algun cas, inventa un criteri propi i original.

3. Esbrina el criteri amb què s'ha format cada una de les successions següents:

a) 1/2, 2/3, 3/4...

b) 3, 4, 5, 6...

c) 1, 8, 27...

4. Indica quina és la relació $\frac{s_2}{s_1} = \frac{s_3}{s_2} = \ldots$ entre cada dos termes consecutius de les successions:

a) 2, 4, 8, 16, 32, 64, ...

b) 1, –3, 9, –27, 81, –243, ...

BARCANOVA EDITORIAL

- **Terme general d'una successió.** És l'expressió que representa un terme qualsevol d'aquesta successió; se simbolitza per s_n.
- Hi ha successions el terme general de les quals pot expressar-se mitjançant una fórmula, $s_n = f(n)$, en la qual, donant a n un cert valor, s'obté el terme corresponent.
- Les successions els termes de les quals s'obtenen a partir dels anteriors es diu que estan donades en **forma recurrent**.

LLOC QUE OCUPA	1r	2n	3r	...	n-èsim
TERME	a_1	a_2	a_3	...	a_n
EXEMPLE	1	5	9	...	$4n - 3$

Per exemple, en la successió 1, 1, 2, 3, 5, 8, 13..., cada terme és la suma dels dos anteriors. La successió es pot definir d'aquesta manera: $e_1 = 1$, $e_2 = 1$, $e_n = e_{n-1} + e_{n-2}$

» APLICA EL QUE HAS APRÈS

5. Comprova, per a les successions següents, que:

a) 1, 4, 9, 16, 25, 36, ... → $a_n = n^2$

b) 2, 4, 8, 16, 32, 64, ... → $b_n = 2^n$

c) 1, −3, 9, −27, 81, −243, ... → $c_n = (-3)^{n-1}$

6. Escriu els cinc primers termes de les successions:

a) $a_n = n^3$ →

b) $b_n = n^2 - 3n + 7$ →

c) $c_n = \dfrac{n-3}{n+4}$ →

7. Forma una successió recurrent amb aquestes dades:

$j_1 = 2 \qquad j_2 = 3 \qquad j_n = j_{n-1} + j_{n-2}$

8. Construeix una successió la llei de recurrència de la qual sigui $a_n = a_{n-1} + n$. (Dona al primer terme el valor que vulguis.)

9. Escriu els quatre primers termes de les successions que tenen, per terme general, els següents:

a) $a_n = 3 + 5(n-1)$ →

b) $b_n = 3\left(\dfrac{1}{2}\right)^{n-1}$ →

c) $c_n = (n-1)(n-2)$ →

10. Descobreix la llei de recurrència i afegeix un nou terme a cada una de les successions següents:

a) 1, −4, 5, −9, 14, −23, ... (Diferència)

b) 1, 2, 2, 1, 1/2, 1/2, 1, ... (Quocient)

11. Comprova i troba.

a) Comprova que el terme general de la successió −1, 1, −1, 1, −1, 1... és $s_n = (-1)^n$.

b) Troba el terme general d'aquestes successions:

a_n → 1, −1, 1, −1, 1, −1, ...

b_n → 1, −2, 3, −4, 5, −6, ...

2. PROGRESSIONS ARITMÈTIQUES

- Una **progressió aritmètica** és una successió en la qual es passa de cada terme al següent sumant un mateix nombre (positiu o negatiu), que s'anomena **diferència**, *d*, de la progressió.

  Per exemple, els nombres 2, 5, 8, 11, 14, 17, … formen un progressió aritmètica on $d = 3$.
- **Obtenció del terme general.** El terme general a_n d'una progressió aritmètica el primer terme de la qual és a_1 i la diferència, *d*, és:

$$a_n = a_1 + (n - 1) \cdot d$$

  Per obtenir aquesta expressió, n'hi ha prou amb tenir en compte que, per passar de a_1 a a_n, fem $n - 1$ passos d'amplitud *d*.

» APLICA EL QUE HAS APRÈS

12. El primer terme d'una progressió aritmètica s és $s_1 = 5$ i la diferència és $d = 2{,}5$. Escriu-ne els deu primers termes.

Fes el mateix per a una altra progressió aritmètica t el primer terme de la qual sigui $t_1 = 20$ i la diferència, $d = -3$.

13. Ateses les progressions:

a) 120, 140, 160, 180, ...

b) 9, 7, 5, 3, 1, –1, ...

c) 5,83; 5,87; 5,91; 5,95; ...

Calcula els termes a_6, b_8, c_{10}

14. Troba el terme general de les progressions a), b) i c) de l'activitat 13. (Prova de fer-ho sense aplicar la fórmula; simplement raonant.)

Calcula el termes a_{26}, b_{31}, $c_{1.000}$

15. Esbrina i troba.

a) Si dos dels termes d'una progressió aritmètica s són $s_1 = 6$ i $s_3 = 9$, esbrina el valor de la diferència, *d*.

b) Troba el terme general de la progressió, s_n.

- **Suma dels *n* primers termes d'una progressió aritmètica.** En una progressió aritmètica de *n* termes, la suma de dos termes equidistants dels extrems és sempre la mateixa.

$$\left.\begin{array}{r} a_2 = a_1 + d \\ a_{n-1} = a_n - d \end{array}\right\} a_2 + a_{n-1} = a_1 + a_n; \qquad \left.\begin{array}{r} a_3 = a_1 + 2d \\ a_{n-2} = a_n - 2d \end{array}\right\} a_3 + a_{n-2} = a_1 + a_n$$

- La **suma** $S_n = a_1 + a_2 + a_3 + \ldots + a_{n-1} + a_n$ dels ***n*** **primers termes** d'una progressió aritmètica és:

$$S_n = \frac{(a_1 + a_n) \cdot n}{2}$$

» APLICA EL QUE HAS APRÈS

16. Troba la suma de tots els nombres imparells més petits que 100.

17. Calcula.

a) Si $a_1 = 5$ i $d = 5$, calcula S_{15}.

b) Si $b_1 = 5$ i $b_2 = 7$, calcula b_{40} i S_{40}.

c) Si $c_1 = 5$ i $c_2 = 12$, calcula S_{32}.

18. Si el primer terme d'una progressió aritmètica és $c_1 = 17$ i el cinquè és $c_5 = 9$, troba la suma S_{20}.

19. Els primers termes d'una progressió aritmètica són $a_1 = 4$, $a_2 = 7$. Troba aquesta suma:

$$a_{10} + a_{11} + a_{12} + \ldots + a_{19} + a_{20}$$

20. Calcula la suma de tots els múltiples de 5 que tenen dues xifres.

3. PROGRESSIONS GEOMÈTRIQUES

- Una **progressió geomètrica** és una successió en la qual es passa de cada terme al següent multiplicant per un nombre fix, r, anomenat **raó**. Per exemple:

  a) 3, 6, 12, 24, 48, 96, … Cada terme s'obté multiplicant l'anterior per 2; per tant, la raó és 2.

  b) 80; 40; 20; 10; 5; 2,5; … La seva raó és 0,5.

  c) 3, –6, 12, –24, 48, –96, … La seva raó és –2.

- **Obtenció del terme general.** El terme general a_n d'una progressió geomètrica el primer terme de la qual és a_1 i la raó, r és:

$$a_n = a_1 \cdot r^{n-1}$$

Per obtenir aquesta expressió, n'hi ha prou amb tenir en compte que, per passar de a_1 a a_n, hem de fer $n - 1$ passos; i cada pas consisteix a multiplicar per r.

EXERCICI RESOLT

1. ***Els primers termes d'una progressió geomètrica són $a_1 = 250$ i $a_2 = 300$. Calcular r, a_6 i a_n.***

$a_2 = a_1 \cdot r \rightarrow 300 = 250 \cdot r \rightarrow r = \frac{300}{250} = 1,2$

$a_6 = a_1 \cdot r^{6-1} = 250 \cdot (1,2)^5 = 622,08$

Terme general: $a_n = 250 \cdot 1,2^{n-1}$

Amb la calculadora, els primers termes es troben d'aquesta manera:

250 ⊜⊗ 1,2 ⊜ ⊜ …

» APLICA EL QUE HAS APRÈS

21. Construeix una progressió geomètrica el primer terme de la qual sigui 125 i la raó, 0,4.

22. D'una progressió geomètrica en coneixem $a_1 = 0,625$ i $a_3 = 0,9$. Troba'n la raó i els sis primers termes.

23. En una progressió geomètrica de termes positius, $a_1 = 2$ i $a_3 = 6$, troba a_n, a_{11} i a_{12}.

24. En una progressió geomètrica, el primer terme és $a_1 = 5$ i la raó és $r = 1,4$. Esbrina, amb l'ajuda de la calculadora, quin és el terme més avançat el valor del qual és inferior a 1.000.000.

- **Suma dels *n* primers termes d'una progressió geomètrica.** La suma $S_n = a_1 + a_2 + a_3 + \ldots + a_n$ dels n primers termes d'una progressió geomètrica de raó r és aquesta:

$$S_n = \frac{a_n \cdot r - a_1}{r-1} = \frac{a_1 \cdot r^n - a_1}{r-1} = \frac{a_1 \cdot (r^n - 1)}{r-1}, \text{ ja que } a_n = a_1 \cdot r^{n-1}$$

- **Suma dels infinits termes d'una progressió geomètrica amb |r|<1.** La suma de «tots» els termes d'una progressió geomètrica en què la raó verifica $|r| < 1$ s'expressa com a S_∞ i s'obté així:

$$S_\infty = \frac{a_1}{1-r}$$

EXERCICIS RESOLTS

2. ***Si al començament de cada any ingressem 1.000 € en un banc al 4 % anual, quants diners tindrem al final del cinquè any?***

El capital disponible al final del cinquè any és la suma de cinc termes que estan en progressió geomètrica de raó $r = 1{,}04$.

$$a_1 = 1.000 \cdot 1{,}04; \; a_2 = 1.000 \cdot 1{,}04^2; \; \ldots; \; a_5 = 1.000 \cdot 1{,}04^5$$

$$\text{SUMA} = \frac{a_5 \cdot r - a_1}{r-1} = \frac{1.000 \cdot 1{,}04^6 - 1.000 \cdot 1{,}04}{1{,}04 - 1} = 5.632{,}98 \text{ €}$$

3. ***Calcula la suma dels infinits termes d'una progressió geomètrica en què:***

$$a_1 = 10 \qquad r = \frac{2}{3}$$

Atès que $r = \frac{2}{3}$ és positiu i més petit que 1, podem aplicar la fórmula:

$$S_\infty = \frac{a_1}{1-r} = \frac{10}{1-(2/3)} = \frac{10}{1/3} = 30$$

» APLICA EL QUE HAS APRÈS

25. Calcula la suma dels deu primers termes d'una progressió geomètrica amb $a_1 = 8{,}192$ i $r = 2{,}5$.

26. Si al començament de cada any ingressem 6.000 € al 5 % anual, quin capital tindrem al final del sisè any?

27. En una progressió geomètrica, $a_1 = 8$ i $r = 0{,}75$. Calcula la suma dels seus infinits termes.

28. En una progressió geomètrica, $a_1 = 30$ i $r = -0{,}2$. Calcula la suma de «tots» els seus termes.

29. En una progressió geomètrica, el quart terme és $a_4 = 10$ i el sisè és $a_6 = 0{,}4$. Troba: la raó, r; el primer terme, a_1; el vuitè terme, a_8; la suma dels vuit primers termes, S_8; i la suma dels seus infinits termes, S_∞.

4. PROGRESSIONS GEOMÈTRIQUES SORPRENENTS

- **Retribució a l'inventor dels escacs.** Una llegenda explica que un rei, meravellat amb el joc dels escacs, va oferir al seu inventor de concedir-li el que li demanés. Aquest, li va contestar: «Només demano 1 gra de blat per la 1a casella del tauler, 2 per la 2a, 4 per la 3a, 8 per la 4a i, així successivament, fins a arribar a la 64a». Al rei li va semblar una minúcia, però quan va ordenar al seu administrador que fes comptes per pagar el deute... A quants grans de blat correspon el deute que el rei va contreure amb l'inventor dels escacs?

  El nombre de grans de blat de les successives caselles és una progressió geomètrica amb $a_1 = 1$, $r = 2$ i $a_{64} = 2^{63}$.

  La suma dels 64 primers termes és: $S_{64} = \dfrac{a_{64} \cdot r - a_1}{r-1} = \dfrac{2^{63} \cdot 2 - 1}{2-1} = 2^{64} - 1$

- **Fent doblecs en un full de paper.** Imagina't que tens un full de paper de 0,14 mm de gruix. Cada vegada que el doblegues, el gruix es duplica. Quan has fet sis o set doblecs, ja no el pots doblegar més, però imagina que poguessis fer-ho deu, vint i, fins i tot, cinquanta vegades. Quin gruix creus que arribaria a assolir aquest full?

  El gruix del full després de fer un doblec és de 0,28 mm i amb cada nou doblec es duplica. Per tant, es tracta d'una progressió geomètrica en què $g_1 = 0{,}28$ i $r = 2$. El terme general d'aquesta successió és $g_n = 0{,}28 \cdot 2^{n-1}$, en què n és el nombre de doblecs i g_n el gruix en mil·límetres.

- **Aquil·les i la tortuga.** Zenó, filòsof grec del segle v aC, va descriure la paradoxa següent:

  Aquil·les corre per atrapar una tortuga que fuig d'ell. Quan arriba on era la tortuga, aquesta ja ha avançat un tros. Mentre Aquil·les recorre aquest tros, la tortuga n'avança un altre. I així successivament: quan Aquil·les arriba on era la tortuga, aquesta ja ha avançat un altre tros. Per tant, mai no l'atraparà.

  Tots sabem que acabarà atrapant-la, però, com podem rebatre l'argument de Zenó?:

  Suposem que Aquil·les tarda 10 s a arribar a la posició inicial de la tortuga, i que després tarda 1 s a assolir la 2a posició i, així successivament; cada vegada tarda un temps igual a la desena part de l'anterior. La suma dels infinits temps és aquesta:

  $10 + 1 + \dfrac{1}{10} + \dfrac{1}{100} + \ldots$ Es tracta d'una progressió geomètrica de raó $\dfrac{1}{10}$.

  La suma és, per tant: $S_\infty = \dfrac{10}{1-(1/10)} = \dfrac{10}{9/10} = \dfrac{100}{9} = 11{,}\hat{1}$ s En poc més d'onze segons, Aquil·les atraparà la tortuga.

» APLICA EL QUE HAS APRÈS

30. Si en 1 cm^3 hi caben 15 grans de blat, calcula el volum que ocupen els grans que rep l'inventor dels escacs.

– Comprova que amb aquesta quantitat de blat es podria cobrir la ciutat de Nova York, que té una superfície de 786 km^2, fins a una altura de 1,5 km.

31. Comprova que el gruix d'un paper de 0,14 mm…

a) Doblegat 22 vegades supera l'altura de la Torre Eiffel, de 324 m.

b) Doblegat 50 vegades supera la distància de la Terra al Sol, que són 150.000.000 km.

» OBSERVA, RAONA I RESOL

1. INTERÈS COMPOST

Dipositem, en un banc, 2.000 € al 2,5 % anual al començament d'un cert any. Calcula el capital disponible al final de cada any, durant 5 anys, si no retirem els diners.

En la unitat anterior vam veure que un capital C, posat al r % anual durant n anys, es transforma en la quantitat següent:

$$C_F = C \cdot \left(1 + \frac{r}{100}\right)^n$$

Els valors d'aquesta expressió amb $r = 2{,}5$ per a $n = 1$, $n = 2$, $n = 3$, ... formen una progressió geomètrica de raó $\left(1 + \frac{2{,}5}{100}\right)$:

$$C_1 = 2.000 \cdot \left(1 + \frac{2{,}5}{100}\right)^1 = 2.050\ € \qquad C_2 = 2.000 \cdot \left(1 + \frac{2{,}5}{100}\right)^2 = 2.101{,}25\ €$$

$$C_3 = 2.153{,}78\ € \qquad C_4 = 2.207{,}63\ € \qquad C_5 = 2.262{,}82\ €$$

Fes-ho tu Obrim un compte, al començament d'any, amb 500 € a l'1,25 % trimestral i el mantenim 3 anys. Quants diners tindrem al final de cada any?

2. SUMA DELS *N* PRIMERS TERMES D'UNA PROGRESSIÓ GEOMÈTRICA

Una empresa cobra 100 € pel primer metre perforat i, per als metres següents, el preu augmenta un 20 % cada vegada. Quant costarà obrir un pou amb una profunditat d'entre 8 i 10 m?

Els costos de cada metre perforat són 100; 120; 144; 172,8; ... que podem expressar com a 100; $100 \cdot 1{,}2$; $100 \cdot 1{,}2^2$; $100 \cdot 1{,}2^3$; ... Formen una progressió geomètrica amb $a_1 = 100$ i $r = 1{,}2$.

Volem saber la suma dels 8 i dels 10 primers termes:

$$a_8 = 100 \cdot 1{,}2^7 = 358{,}32 \qquad a_{10} = 100 \cdot 1{,}2^9 = 515{,}98$$

$$S_8 = \frac{a_8 \cdot r - a_1}{r - 1} = \frac{358{,}32 \cdot 1{,}2 - 100}{1{,}2 - 1} = 1.649{,}92\ €$$

$$S_{10} = \frac{a_{10} \cdot r - a_1}{r - 1} = \frac{515{,}98 \cdot 1{,}2 - 100}{1{,}2 - 1} = 2.595{,}88\ €$$

El preu del pou estarà entre 1.650 € i 2.600 € aproximadament.

Fes-ho tu Si una altra empresa cobra 120 € pel primer metre i un 15 % més per cada un dels metres següents, quina empresa és més rendible per perforar un pou de 10 m?

» EXERCITA LES TEVES COMPETÈNCIES

Practica

Successions

1. Calcula els quatre primers termes i el que ocupa el lloc 25 de les successions següents:

a) $a_n = \frac{n}{2} - 5$

b) $b_n = n - \frac{1}{n}$

2. Troba els cinc primers termes de les successions següents, definides per recurrència:

a) $a_1 = 1;\ a_n = 2a_{n-1} + 3$

b) $a_1 = 2;\ a_2 = 3;\ a_n = a_{n-1} : a_{n-2}$

3. Esbrina el criteri amb què s'han format aquestes successions i escriu dos termes més en cada una:

a) $1, \frac{3}{2}, 2, \frac{5}{2}, 3, \ldots$

b) $1, -2, 4, -8, 16, \ldots$

c) $0, 3, 8, 15, 24, \ldots$

d) $1, \frac{1}{2}, \frac{1}{3}, \frac{1}{4}, \ldots$

4. Troba el terme general d'aquestes successions:

a) $12, 14, 16, 18, \ldots$

b) $\frac{1}{2}, \frac{2}{3}, \frac{3}{4}, \frac{4}{5}, \ldots$

c) $1, 3, 9, 27, \ldots$

5. Busca una llei de recurrència per definir les successions següents:

a) 8, 10, 2, –8, –10, …

b) 4, 1, 3, –2, 5, …

c) 7, 9, 12, 16, 21, …

Progressions

6. Escriu els quatre primers termes, el terme general i calcula la suma dels vint primers termes de les progressions aritmètiques següents:

a) $a_1 = 1{,}5$; $d = 2$

b) $a_1 = 32$; $d = -5$

c) $a_1 = -3$; $d = -4$

7. Troba el terme general i calcula la suma dels quinze primers termes en cada una de les progressions següents:

a) 25, 18, 11, 4, …

b) 1,4; 1,9; 2,4; 2,9; …

8. Escriu els quatre primers termes de les progressions geomètriques següents i el seu terme general:

a) $a_1 = 0{,}3$; $r = 2$

b) $a_1 = -3$; $r = \frac{1}{2}$

c) $a_1 = 200$; $r = -0{,}1$

d) $a_1 = \frac{1}{81}$; $r = 3$

9. Calcula la suma dels deu primers termes de les progressions geomètriques següents:

a) 3, –6, 12, –24, ...

b) 0,7; 1,4; 2,8; 5,6...

10. Identifica les progressions aritmètiques, les geomètriques i les successions que no són progressions. Troba el terme general de cada una:

a) $1, \frac{9}{8}, \frac{5}{4}, \frac{11}{8}, \ldots$

b) $\sqrt{1}, \sqrt{2}, \sqrt{3}, \sqrt{4}, \ldots$

c) 0,2; 0,02; 0,002; ...

Resol problemes

11. Troba la diferència d'una progressió aritmètica en què $a_1 = 12$ i $a_{10} = -6$. Calcula la suma dels 25 primers termes.

12. D'una progressió aritmètica, en coneixem $a_{20} = 92$ i la suma dels seus 20 primers termes, que és 890. Calcula el primer terme i la diferència.

13. Durant les vacances, l'Alba es va gastar 75 € el primer dia, i cada un dels dies següents, 5 € menys que l'anterior. Si els diners li van durar 15 dies, quants diners es va gastar en total?

BARCANOVA EDITORIAL

14. Un nadó ha anat guanyant aproximadament un 20 % de pes cada mes. Si, en néixer, pesava 2.850 g, quant pesarà al final del sisè mes?

15. L'Eva s'entrena durant 10 dies per a una cursa. El primer dia corre 30 min i, cada un dels dies següents, 15 min més que el dia anterior. Explica a un amic que l'últim dia va córrer gairebé 3 h. És veritat? Quant temps va córrer durant tot l'entrenament?

16. El Bartomeu s'ha comprat un cotxe per 16.000 €. Sabent que els cotxes cada any perden aproximadament un 15 % del seu valor, quin serà el preu del cotxe al cap de 4 anys?

17. En un teatre, la segona fila és a 4,2 m de l'escenari, i la vuitena, a 8,7 m. A quina fila seu una persona si la seva distància a l'escenari és de 14,7 m?

18. En una progressió geomètrica, el primer terme és 4. Quina ha de ser la raó perquè la suma dels seus infinits termes sigui 5?

19. En una progressió geomètrica es coneixen $a_1 = 64$ i $r = 0{,}75$.

a) Calcula el primer terme no enter.

b) Amb l'ajuda de la calculadora, troba quin és el primer terme més petit que 1.

20. La suma de deu múltiples de 3 consecutius és 255. Quins són el primer i l'últim dels múltiples sumats?

21. Les edats de 4 germanes estan en progressió aritmètica i sumen 34 anys. La més gran té 13 anys. Quina és l'edat de cada una?

22. Troba el primer terme i la raó d'una progressió geomètrica en què $a_4 = 3\sqrt{6}$ i $a_2 = \sqrt{6}$.

23. Es deixa caure una pilota des d'una altura de 18 m i en cada rebot perd 2/5 de l'altura anterior. Quina altura assolirà després de tocar a terra per tercera vegada? Calcula la suma de l'espai recorregut fins que s'atura.

24. Una empresa ofereix a un empleat un sou mensual de 1.200 € i una pujada de 100 € mensuals cada any. Una altra li ofereix el mateix sou amb una pujada del 10 % anual. Comprova quina de les dues ofertes és millor comparant el sou d'aquí a 10 anys.

25. Dipositem en un banc 6.000 €, al 5 % anual, al començament d'un any determinat. Esbrina el capital disponible al final de cada any, durant 6 anys.

26. Al començament de cada any ingressem, en un compte d'estalvis, 2.000 € a un interès del 3,5 % anual i ho fem durant 8 anys.

a) En quants diners es converteix el primer ingrés al cap de 8 anys?

b) I el segon al cap de 7 anys?

27. Quants punts tindrà la desena figura d'aquesta sèrie? Esbrina quin és el seu terme general.

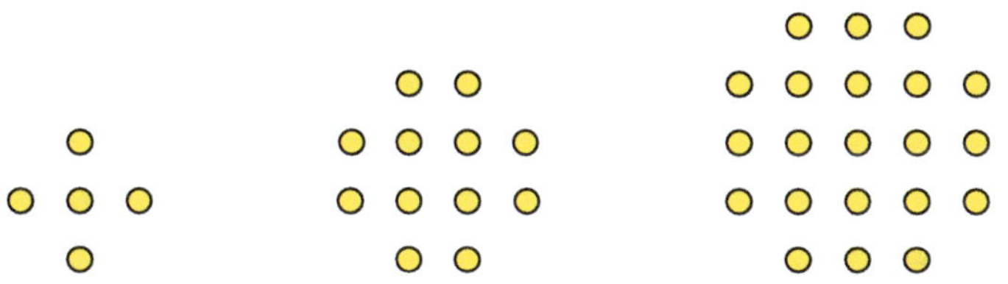

Quina posició ocuparà la figura amb 837 punts?

Reflexiona

28. Vertader (V) o fals (F)? Justifica les teves respostes.

a) La diferència en les progressions aritmètiques és sempre un nombre negatiu.

b) No es pot trobar la suma dels infinits termes d'una progressió geomètrica creixent.

c) La successió 3, 3, 3, 3... no és cap progressió.

d) En totes les progressions aritmètiques es verifica que $a_2 + a_{13} = a_{15}$.

És el teu torn

29. Al principi de la unitat has conegut qui era Fibonacci i la successió que va descobrir. Sabies que la podem trobar present en molts aspectes diferents de la natura? Per exemple, si busques un parell de margarides, veuràs com el nombre de pètals que tenen són dos nombres de la successió de Fibonacci.

Busca un parell d'exemples més on estigui present la sèrie de Fibonacci i realitza una petita presentació per a explicar als companys de la classe els teus descobriments.

» MATEMÀTIQUES EN CONTEXT

SITUACIÓ D'APRENENTATGE

L'AEROPORT DE JOSEP TARRADELLAS BARCELONA-EL PRAT: OBRES, FUTUR I PERILLS.

Cal fer reformes a la terminal T2 de l'aeroport de Josep Tarradellas Barcelona - El Prat. En una de les zones d'embarcament, el terra ja està molt desgastat i la direcció de les instal·lacions vol substituir una part del paviment. A més a més, un informe sobre el canvi climàtic ha alertat alguns directius sobre la incertesa del futur de les instal·lacions i de les inversions previstes. Per acabar-ho d'embolicar tot, hi ha hagut una alerta radioactiva en una nau propera a un dels hangars del Cargoparc.

Pots ajudar els directius a valorar la magnitud de les amenaces que podrien afectar l'aeroport?

1. Un nou paviment de marbre per a la zona d'embarcament.

S'ha decidit posar un paviment de marbre i s'ha contactat amb una pedrera del Garraf que subministrarà el marbre en lloses de 40 cm × 30 cm × 2 cm.

a) La superfície que cal pavimentar és de 3.000 m². Si en un dia s'enllosa el 2,5 % del terra, quants metres quadrats de terra s'hauran pavimentat el desè dia? I el vint-i-cinquè dia?

b) De la pedrera s'han extret 1.000 m³ de marbre en un any. Es preveu que cada any se n'extregui un 10 % més que l'any anterior. Si la pedrera té unes reserves aproximades de 15.000 m³, en quants anys s'esgotarà la pedrera avançant a aquest ritme d'extracció?

2. L'escalfament global i el nivell del mar

Una de les conseqüències més temudes de l'escalfament global i del canvi climàtic és la pujada del nivell del mar com a resultat de la fusió del gel de l'Àrtic.

L'augment del nivell del mar s'està accelerant més del que es pensava, ja que si, fins a l'any 1990, era d'1,2 mm per any, el 2010 ja arribava a 3 mm anuals. Les previsions per al futur no són gens optimistes i l'aeroport es troba a 4 m per sobre del nivell del mar!

Si aquest any s'ha enregistrat una pujada del nivell del mar de 4 mm, i suposant que a partir d'ara es produeixi un augment d'un 3 % anual, calcula els anys que tardaran a inundar-se els terrenys on es troba l'aeroport i, per tant, aquest deixarà de ser operatiu. Cal que els directius de l'aeroport estiguin preocupats per aquest fet?

Pensa una altra pregunta relacionada amb el canvi climàtic per plantejar-la a un company o companya de la classe. Primer l'has de resoldre tu per comprovar que està ben plantejada i per saber quina és la solució correcta.

3. Alerta al Cargoparc!

Els serveis de seguretat han detectat uns bidons que contenen residus radioactius en una nau propera al Cargoparc. L'aspecte exterior d'un del bidons presentava alguns cops i s'ha declarat una alerta per la proximitat de l'aeroport i d'altres instal·lacions. Els bidons contenien cesi-137, un dels isòtops del cesi utilitzat en la indústria, la medicina i la investigació. Aquest material és radioactiu; per això, els seus residus s'han d'emmagatzemar sota terra fins que, passat un temps, el seu nivell de radiació deixi de ser perillós.

La taula conté la radiació emesa per una certa quantitat de cesi-137 al llarg de 5 anys.

ANY	QUANTITAT DE RADIACIÓ EMESA EN UNITATS DE BECQUEREL (BQ)
1	3
2	2,9250
3	2,8518
4	2,7805
5	2,7110

a) Quin és el ritme de desintegració del cesi-137?

b) Quina quantitat de radiació emetrà el setè, el novè i el divuitè any?

c) Calcula la quantitat total de radiació que s'emetrà al llarg de 30 anys amb aquest ritme de desintegració del cesi-137.

» TALLER DE MATEMÀTIQUES

» INFORMA-TE'N

Fa poc més de dos segles, un mestre alemany que volia pau i tranquil·litat a la seva classe va proposar als seus alumnes de 5 anys que calculessin la suma dels nombres de l'1 al 100.

A un nen que es deia Carl Friedrich Gauss se li va ocórrer el següent:

$$1 + 100 = 2 + 99 = 3 + 98 = \ldots = 50 + 51 = 101$$

Evidentment, la suma era $50 \cdot 101 = 5.050$.

Al pobre mestre li va durar poc la tranquil·litat.

Carl Friedrich Gauss (1777-1855). Juntament amb Newton i Arquimedes forma el trio de matemàtics més rellevants de la història. La seva obra va tenir una influència permanent en el desenvolupament posterior de la ciència matemàtica.

» LLEGEIX I COMPRÉN

Les abelles mascles neixen d'ous no fertilitzats; és a dir, tenen mare però no pare. Les abelles femelles neixen d'ous fertilitzats.

L'esquema de sota ens permet observar el nombre d'avantpassats d'una abella mascle en les diferents generacions:

- Quants antecessors té una abella mascle en la desena generació d'avantpassats?

- Quina és la llei de formació de la successió obtinguda (1, 1, 2, 3, 5, ...)?

- Recordes com s'anomena aquesta successió?

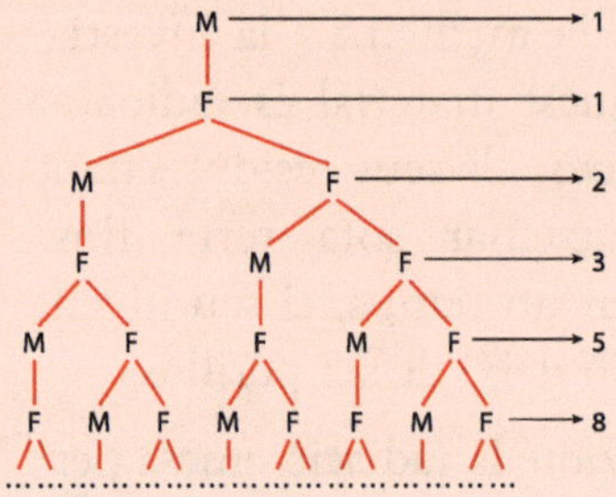

» ENTRENA'T RESOLENT ALTRES PROBLEMES

- Els participants en una desfilada poden agrupar-se de 3 en 3, de 5 en 5 o de 25 en 25, però no poden fer-ho ni de 4 en 4 ni de 9 en 9.

  Quin és el nombre de participants si sabem que està entre 1.000 i 1.250?

- Quantes de les monedes de la dreta hem de desplaçar perquè les tres cares siguin a l'esquerra i les tres creus a la dreta?

» POSA'T A PROVA

1. Escriu el terme general de cada successió:

a) 3; 0,6; 0,12; 0,024; …

b) 1,2; 2,3; 3,4; 4,5; …

2. Defineix per recurrència la successió 8, 14, 6, –8... i escriu els tres termes següents.

3. Calcula la suma dels deu primers termes de les progressions següents:

a) 9; 6,5; 4; 1,5; …

b) 2, –4, 8, –16, …

4. En una progressió aritmètica, coneixem $a_5 = 22$ i $a_9 = 38$. Calcula a_{25} i el lloc que ocupa un terme el valor del qual és 58.

5. La suma dels 20 primers termes d'una progressió aritmètica és 200 i $a_1 = 0{,}5$. Troba a_{20} i la diferència.

6. Un avió recorre 5 m en 1 s i augmenta la seva velocitat, de tal manera que cada segon avança 2 m més que en el segon anterior. Quina distància recorrerà en un minut?

7. En una progressió geomètrica de raó 1/2, el quart terme és igual a 1.

a) Troba el primer terme.

b) Calcula la suma dels infinits termes.

8. Vertader (V) fals (F)?

a) Si la diferència d'una progressió aritmètica és més petita que 0, la progressió és decreixent.

b) No hi pot haver una progressió geomètrica que tingui tots els termes negatius.

c) Si multipliquem, terme a terme, dues progressions aritmètiques, s'obté una progressió geomètrica.

d) La raó d'una progressió geomètrica pot ser un nombre més petit que 0.

e) Si una progressió geomètrica té raó negativa, a partir d'un determinat terme, els termes següents són tots negatius.

UNITAT 4

EL LLENGUATGE ALGEBRAIC

RESOLUCIÓ DE PROBLEMES · RAONAMENT I PROVA
CONNEXIONS · COMUNICACIÓ I REPRESENTACIÓ · SOCIOEMOCIONAL

Primers passos, «àlgebra retòrica»

Els problemes algebraics són presents en totes les antigues civilitzacions, gairebé sempre lligats a qüestions pràctiques: repartiments, herències, càlcul de superfícies...

Els antics mesopotàmics i egipcis practicaven una àlgebra «retòrica», utilitzant el llenguatge natural.

Un problema retòric

Aquí tens un exemple d'un antic problema egipci:

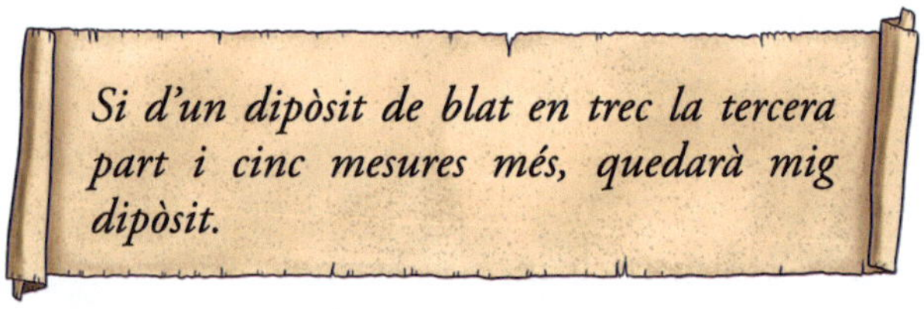

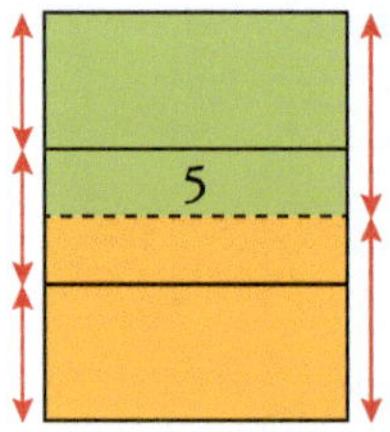

Primers símbols, «àlgebra sincopada»

L'evolució de l'àlgebra es reflecteix en la millora del simbolisme i en la sistematització de les tècniques per resoldre equacions.

En el segle III, **Diofant d'Alexandria** va inventar una notació simbòlica que, encara que era rudimentària, va comportar un important progrés («àlgebra sincopada»).

Una igualtat algebraica utilitzant la geometria

Vegem un exemple de com els matemàtics grecs utilitzaven figures geomètriques per justificar certes igualtats algebraiques. Veus la transformació geomètrica? I la seva traducció a l'àlgebra?

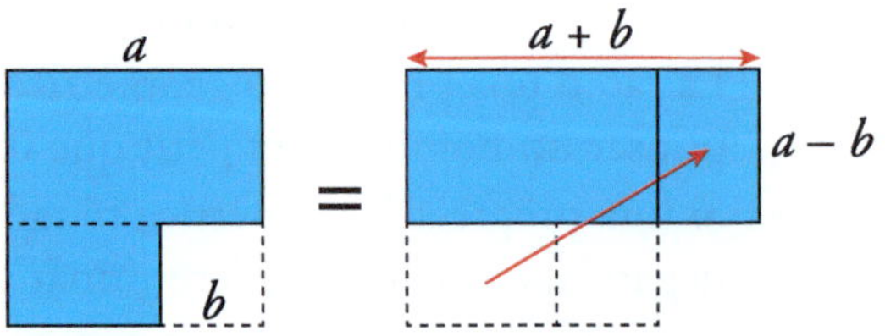

$a^2 - b^2 = \ldots$

BARCANOVA EDITORIAL

Els àrabs i «l'art de la cosa»

En el segle IX, Al-Hwarizmi va escriure un manual en el qual es feia servir l'expressió *la cosa* per referir-se a la incògnita, nomenclatura que va passar a Europa, on l'àlgebra es va arribar a anomenar «l'art de la cosa».

Un problema amb «la cosa»

Saps per què utilitzem la x per representar la incògnita en una equació? *Cosa*, en àrab, es pronuncia *xai*, i així va ser transcrita a altres llengües, com el castellà o el català. A poc a poc va ser substituïda per la seva lletra inicial, la x.

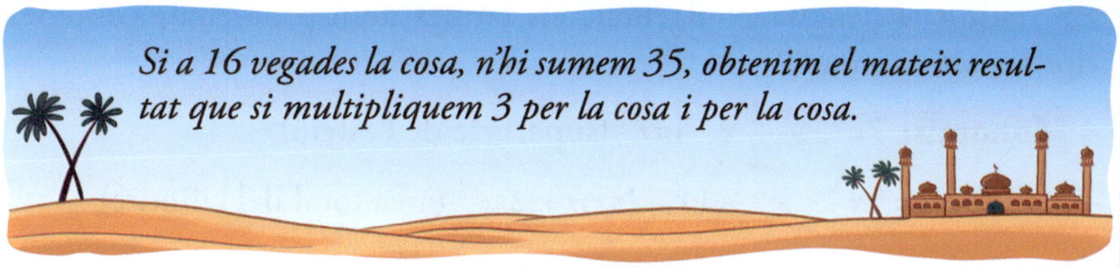

RESOL

1. Quina d'aquestes igualtats associes a l'enunciat del problema retòric de la pàgina anterior? Quantes *mesures* té el *dipòsit de blat*?

(I) $x - \frac{1}{3} - 5 = \frac{1}{2}$ (II) $x - \frac{x}{3} - 5 = \frac{x}{2}$ (III) $\frac{x}{3} + 5 = \frac{x}{2}$

2. Completa la igualtat que relaciona les àrees de les dues figures geomètriques que tens a la pàgina anterior:

$a^2 - b^2 =$ ......

3. Tradueix al llenguatge algebraic (a l'estil actual) l'enunciat del problema amb *la cosa*, descrit més amunt. Després, esbrina, per tempteig, el valor de l'esmentada *cosa*.

1. EXPRESSIONS ALGEBRAIQUES

- En àlgebra fem servir relacions numèriques en les quals una o més quantitats es desconeixen. Aquestes quantitats desconegudes s'anomenen **variables** o **incògnites** i es representen amb lletres.
- En traduir al llenguatge algebraic els termes d'un problema, s'obtenen **expressions algebraiques.** N'hi ha de tipus molt diferents:

– **Monomis:** $7x^3$, $-\frac{3}{2}x$, $4\pi r^2$ (superfície de l'esfera)

– **Polinomis:** $5x^3 + x^2 - 11$, $2\pi rh + 2\pi r^2$ (àrea total del cilindre)

Algunes expressions algebraiques contenen el signe igual (=):

– **Identitats:** $5(x + 4) = 5x + 20$. La segona part de la igualtat s'aconsegueix operant en la primera.

– **Equacions:** $5(x + 4) = x + 44$. La igualtat només és certa per a algun valor de la incògnita x. En aquest cas, per a $x = 6$.

EXERCICI RESOLT

1. ***Si gasto 3/5 del que tinc i, a més, 90 €, em quedaré amb la tercera part del que tinc.***

Obtindrem raonadament l'expressió algebraica a què dona lloc aquest enunciat:

TINC	DESPESA	EM QUEDA	RELACIÓ OBTINGUDA
x	$\frac{3}{5}x + 90$	$x - \left(\frac{3}{5}x + 90\right)$	$x - \left(\frac{3}{5}x + 90\right) = \frac{1}{3}x$
↑ MONOMI	POLINOMIS		↑ EQUACIÓ

La solució d'aquesta equació és $x = 1.350$. Per tant, tinc 1.350 €.

» APLICA EL QUE HAS APRÈS

1. Expressa algebraicament:

a) El triple d'un nombre menys quatre unitats.

b) El triple del resultat de restar quatre unitats d'un nombre.

c) El perímetre d'un rectangle un dels costats del qual és el triple de l'altre, és 60 cm:

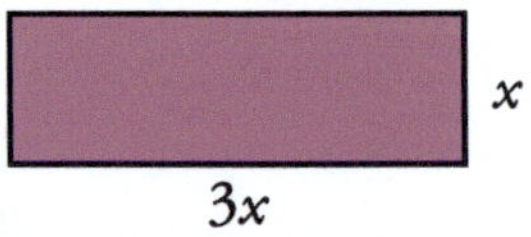

2. Descriu mitjançant una expressió algebraica cada un dels enunciats següents:

a) El doble d'un nombre menys la seva tercera part.

b) El doble del resultat de sumar tres unitats a un nombre.

c) L'àrea d'aquest triangle és 36 cm^2.

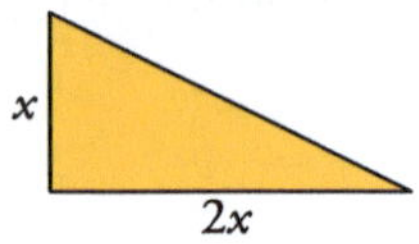

2. MONOMIS

- **Monomi** és el producte d'un nombre per una o diverses lletres (variables). En un monomi, *les lletres* (**part literal**) *representen nombres* de valor desconegut o indeterminat. Per això conserven totes les propietats dels nombres i les operacions corresponents.
  - El **coeficient** d'un monomi és el nombre que multiplica la part literal. Per exemple: 7 és coeficient de $7a^2$ i $5 + \sqrt{2}$ de $(5 + \sqrt{2})x^5$.
  - S'anomena **grau** d'un monomi el nombre total de factors que formen la seva part literal; per exemple, el grau de $7a^2 = 7(a \cdot a)$ és 2 i el de $4xy^2 = 4(x \cdot y \cdot y)$ és 3. Els nombres són monomis de grau zero, ja que $x^0 = 1$.
  - Dos **monomis** són **semblants** quan tenen idèntica la part literal. Per exemple: $5ab\,x^2$ i $-7ab\,x^2$.
- **Operacions amb monomis.** Els monomis es poden operar:
  - La **suma** (o **resta**) de monomis semblants és un altre monomi, també semblant a aquests, el coeficient del qual és la suma (o resta) dels coeficients respectius. Per exemple: $7x^5 + 11x^5 = 18x^5$, $3abx^2 - 8abx^2 = -5abx^2$.

    Si dos monomis no són semblants, la seva suma no es pot simplificar i s'ha de deixar indicada. En aquest cas, el resultat no és un monomi.
  - El **producte** de dos o més monomis és un altre monomi el coeficient del qual és el producte dels coeficients respectius, i la seva part literal, el producte de les parts literals dels factors. Per exemple: $(3x^2ab) \cdot (5xac) = 15x^3a^2bc$.
  - El **quocient** de dos monomis és el resultat de dividir els seus coeficients i les seves parts literals. Pot ser un monomi o pot no ser-ho.

    Per exemple, $\dfrac{3x^5y}{6x^2y} = \dfrac{1}{2}x^3$ és un monomi, però $\dfrac{3x^5y}{6x^2y^4} = \dfrac{x^3}{2y^3}$ no ho és.

» APLICA EL QUE HAS APRÈS

3. Quin és el grau de cada un dels monomis següents?

a) $-5xy^2z^3 \rightarrow$ ____________________

b) $11xy^2 \rightarrow$ ____________________

4. Fes les sumes dels monomis següents:

a) $5x + 3x^2 - 11x + 8x - x^2 + 7x$

b) $6x^2y - 13x^2y + 3x^2y - x^2y$

c) $2x - 5x^2 + 3x + 11y + 2x^3$

5. Fes els productes dels monomis següents:

a) $\left(\dfrac{2}{9}x^2\right) \cdot \left(-\dfrac{3}{5}x^3\right) =$ ____________________

b) $(7xy^2) \cdot (2y) =$ ____________________

c) $(5xyz) \cdot (-3x^2z) =$ ____________________

6. Simplifica cada un dels quocients següents:

a) $\dfrac{5x^4y}{3xy^2} =$ ____________________

b) $\dfrac{5x^4y^2}{3x^3y} =$ ____________________

c) $\dfrac{\sqrt{3}x^2}{5x^4} =$ ____________________

3. POLINOMIS

- Un **polinomi** és la suma de dos o més monomis. Cada un dels monomis que el formen s'anomena **terme**. Es considera que un polinomi està expressat en forma reduïda quan no conté monomis semblants.
- El **grau d'un polinomi** és el més gran dels graus dels monomis que formen part del polinomi expressat en forma reduïda. Per exemple: el grau de $3x^2y + 5x - 8y$ és 3, ja que és el grau de $3x^2y$.
- El **valor numèric d'un polinomi** per a $x = a$ és el nombre que s'obté en substituir la x per a. Per exemple: el valor de $2x^3 - 5x^2 + 7$ per a $x = 2$ és $2 \cdot 2^3 - 5 \cdot 2^2 + 7 = 2 \cdot 8 - 5 \cdot 4 + 7 = 3$.
- **Suma i resta de polinomis.** Per sumar dos polinomis, agrupem els seus termes i sumem els monomis semblants. Per restar dos polinomis, se suma el primer amb l'oposat del segon.

  Per exemple, siguin $A = 6x^2 - 4x + 1$ i $B = x^3 + 2x^2 - 11$:

$$\begin{array}{rcl} A & \rightarrow & 6x^2 - 4x + 1 \\ +B & \rightarrow & x^3 + 2x^2 \qquad - 11 \\ \hline A + B & \rightarrow & x^3 + 8x^2 - 4x - 10 \end{array} \qquad \begin{array}{rcl} A & \rightarrow & 6x^2 - 4x + 1 \\ -B & \rightarrow & -x^3 - 2x^2 \qquad + 11 \\ \hline A - B & \rightarrow & -x^3 + 4x^2 - 4x + 12 \end{array}$$

» APLICA EL QUE HAS APRÈS

7. Simplifica, quan sigui possible, cada un d'aquests polinomis i indica'n el grau:

a) $x^6 - 3x^4 + 2x^2 + 3 \rightarrow$

b) $5x^2 + x^4 - 3x^2 - 2x^4 + x^3 \rightarrow$

c) $x^3 + 3x^2 - 2x^3 + x + x^3 - 2 \rightarrow$

d) $x - 1 + 3x^2 - 4 \rightarrow$

8. Siguin $A = 5x^3 - 2x + 1$, $B = x^4 - 2x^2 + 2x - 2$, $C = x^3 - 1$ i $D = x^4 - x^3 + x^2$.

Fes les operacions següents:

a) Col·locant-los l'un a sobre de l'altre:

i) $A + B$

ii) $A + C$

iii) $C - D$

b) Agrupant els monomis semblants:

i) $A + B - C$

ii) $A + B + C + D$

GeoGebra. Grau, termes i coeficients d'un polinomi. Practica la suma de polinomis.

- **Producte d'un monomi per un polinomi.** Es multiplica el monomi per cada terme del polinomi i se sumen els resultats. Per exemple:

$$(3x^2) \cdot (x^3 - 2x^2 - 1) = 3x^2 \cdot x^3 - 3x^2 \cdot 2x^2 - 3x^2 \cdot 1 = 3x^5 - 6x^4 - 3x^2$$

- **Producte de dos polinomis.** Es multiplica cada monomi d'un dels factors per tots i cada un dels monomis de l'altre factor i després se sumen els monomis obtinguts.

Per exemple: $P = 5x^3 - 2x^2 - 1$, $Q = 6x - 3$

$$\begin{array}{rcl} 5x^3 - 2x^2 - 1 & \longleftarrow & P \\ 6x - 3 & \longleftarrow & Q \\ \hline -15x^3 + 6x^2 + 3 & \longleftarrow & \text{producte de } -3 \text{ per } P \\ 30x^4 - 12x^3 - 6x & \longleftarrow & \text{producte de } 6x \text{ per } P \\ \hline 30x^4 - 27x^3 + 6x^2 - 6x + 3 & \longleftarrow & P \cdot Q \end{array}$$

Aquesta manera de disposar els càlculs permet multiplicar polinomis de manera ordenada i segura. Quan hi falta algun terme, cal deixar un buit en el lloc corresponent.

- **Productes notables.** Són les igualtats següents:
  - **Quadrat d'una suma:** $(a + b)^2 = a^2 + b^2 + 2ab$ Per exemple: $(x + 5)^2 = x^2 + 5^2 + 2 \cdot x \cdot 5 = x^2 + 10x + 25$
  - **Quadrat d'una diferència:** $(a - b)^2 = a^2 + b^2 - 2ab$ Per exemple: $(5x - 3)^2 = (5x)^2 + 3^2 - 2 \cdot 5x \cdot 3 = 25x^2 - 30x + 9$
  - **Suma per diferència:** $(a + b) \cdot (a - b) = a^2 - b^2$ Per exemple: $(4x - 3) \cdot (4x + 3) = (4x)^2 - 3^2 = 16x^2 - 9$

» APLICA EL QUE HAS APRÈS

9. Tenint $P = 4x^2 + 3$, $Q = 5x^2 - 3x + 7$ i $R = 5x - 8$, calcula:

a) $P \cdot Q$

b) $P \cdot R$

10. Opera i simplifica l'expressió resultant.

a) $x(5x^2 + 3x - 1) - 2x^2(x - 2) + 12x^2$

b) $15 \cdot \left[\dfrac{2(x-3)}{3} - \dfrac{4(y-x)}{5} + \dfrac{x+2}{15} - 7\right]$

11. Desenvolupa els quadrats següents:

a) $(x + 4)^2 =$

b) $(2x - 5)^2 =$

12. Fes els productes següents:

a) $(x + 1)(x - 1) =$

b) $(2x + 3)(2x - 3) =$

GeoGebra. Practica el producte de polinomis. Practica amb els productes notables. Justificació geomètrica dels productes notables.

4. IDENTITATS

- Una **identitat** és una **igualtat algebraica** que és certa per a qualsevol valor de les lletres que hi intervenen. Per exemple: $a^m \cdot a^n = a^{m+n}$, $a \cdot (x + y) = a \cdot x + a \cdot y$, $a - (b + c) = a - b - c$
Els **productes notables** també són identitats.
- **Utilitat de les identitats.** Serveixen per transformar una expressió algebraica en una altra que resulti més còmoda per treballar-hi.
- **Extreure factor comú.** És una de les tècniques per obtenir expressions més simplificades que la inicial. Per exemple: $xy + x^2 + x = x\,(y + x + 1)$.

» APLICA EL QUE HAS APRÈS

13. D'aquestes igualtats, quines són identitats?

a) $a + a + a = 3a$ **b)** $3a + 15 = 3 \cdot (a + 5)$

c) $x^2 \cdot x = 27$ **d)** $a + a + a = 15$

e) $x \cdot x \cdot x = x^3$ **f)** $a + 5 + a = 2a + 5$

g) $(2x - 3) \cdot (2x + 3) = 4x - 9$

h) $m^2 - m - 6 = (m + 2) \cdot (m - 3)$

14. Partint de cada una de les següents expressions, arriba, mitjançant identitats, als resultats que s'indiquen:

a) $(x + 3)^2 - (x^2 + x + 6) \rightarrow 5x + 3$

b) $(x + 2) \cdot (x + 6) - (x + 2) \cdot (x + 5) \rightarrow x + 2$

c) $(x^2 + 1) \cdot (x + 1) \cdot (x - 1) \rightarrow x^4 - 1$

15. Extreu factor comú en cada expressió:

a) $5x^2 - 15x^3 + 25x^4$

b) $\frac{x^4}{3} - \frac{x}{9} - \frac{1}{15}$

c) $2x^3y^5 - 3x^2y^4 + 2x^7y^2 + 7x^3y^3$

d) $2x^2y - 5x^3y(2y - 3)$

e) $2(x - 3) + 3(x - 3) - 5(x - 3)$

f) $\frac{(x^2 - 3)}{2}(y - 1) - \frac{7}{2}(y - 1)$

16. Expressa en forma de quadrat d'una expressió algebraica o de producte de dues expressions.

a) $4x^2 - 25 =$ ________________

b) $x^2 + 16 + 8x =$ ________________

c) $x^2 + 2x + 1 =$ ________________

d) $9x^2 + 6x + 1 =$ ________________

e) $4x^2 + 25 - 20x =$ ________________

f) $\frac{x^2}{4} + x + 1 =$ ________________

g) $144(x^2)^2 - x^2 =$ ________________

h) $\frac{(x^3)^2}{25} + \frac{x^3}{5} + \frac{1}{4} =$ ________________

i) $16x^4 - 9 =$ ________________

j) $\frac{x^6}{100} + \frac{8x^3}{5} + 64 =$ ________________

17. Completa aquestes igualtats perquè siguin identitats:

a) $x^2 - \ldots + 1 = (x - \ldots)^2$

b) $4x^2 + \ldots + 36 = (\ldots + 6)^2$

c) $9x^2 - \ldots = (3x + \ldots)(\ldots - 5)$

18. Associa cada expressió algebraica (a l'esquerra) amb el factor comú que se'n pot extreure (a la dreta):

$12x^3 - 8x^5 + 4x^2y^2 - \frac{4}{3}x^2$	$2(x-2)$
$(x^2 - 1) + (x^2 - 2x + 1) - (4x - 4)$	$3x$
$6(x^2 - 4x + 4) - (2x^2 - 8) + (30x - 60)$	$x - 1$
$9x^2 - 18xy^2 - 6xyz + 6x$	$4x^2$

Escriu les expressions simplificades després d'extreure els factors.

19. Multiplica i simplifica el resultat:

a) $\frac{x}{2} + \frac{x}{4} - \frac{x}{8} - \frac{3x}{4} - \frac{1}{4}$ per 8

b) $x + \frac{2x-3}{9} + \frac{x-1}{3} - \frac{12x+4}{9}$ per 9

c) $\frac{3(x+2)}{4} + \frac{3x+5}{2} - \frac{5(4x+1)}{6} + \frac{25}{12}$ per 12

5. DIVISIÓ DE POLINOMIS

- **Divisió d'un polinomi entre un monomi.** Per dividir un polinomi entre un monomi, es divideix cada un dels termes del polinomi entre el monomi. Per exemple:

$$\frac{4x^5 - 3x^3 + 2x^2}{3x^2} = \frac{4}{3}x^3 - x + \frac{2}{3}$$

- **Divisió de polinomis.** En dividir dos polinomis, s'obté un *quocient* i un *residu*. Observa:

① Dividend ordenat. Es deixen buits en els termes que falten.

② Divisor ordenat.

$$\begin{array}{rrrrrr|l}
x^5 & -3x^4 & \boxed{} & +8x^2 & -3x & +1 & x^2-2x+1 \\ \cline{7-7}
-x^5 & +2x^4 & -x^3 & & & & \boxed{x^3} - x^2 - 3x + 3 \\ \cline{1-6}
 & -x^4 & -x^3 & +8x^2 & -3x & +1 & \\
 & x^4 & -2x^3 & +x^2 & & & \\ \cline{2-6}
 & & -3x^3 & +9x^2 & -3x & +1 & \\
 & & 3x^3 & -6x^2 & +3x & & \\ \cline{3-6}
 & & & 3x^2 & & +1 & \\
 & & & -3x^2 & +6x & -3 & \\ \cline{4-6}
 & & & & \boxed{6x} & \boxed{-2} &
\end{array}$$

③ Es divideix el primer terme del dividend entre el primer terme del divisor, $x^5 : x^2 = x^3$. Aquest és el primer terme del quocient.

④ Producte de x^3 per $x^2 - 2x + 1$. Es canvia de signe, se situa sota el dividend i se suma.

⑤ El primer residu és $-x^4 - x^3 + 8x^2 - 3x + 1$. A partir d'aquí, tornem a procedir com en els passos ③ i ④.

⑥ El procés acaba quan el residu obtingut és de grau inferior al de $x^2 - 2x + 1$.

- La relació entre el dividend $P(x)$, el divisor $Q(x)$, el quocient $C(x)$ i el residu $R(x)$ és $P(x) = Q(x) \cdot C(x) + R(x)$.
- Quan $R(x) = 0$, la divisió és exacta i $P(x) = Q(x) \cdot C(x)$. Llavors diem que $P(x)$ **és divisible** per $Q(x)$.

» APLICA EL QUE HAS APRÈS

20. Troba el quocient i el residu d'aquestes divisions:

a) $(x^5 - 7x^4 + 3x^2 - 8) : (x^2 - 3x + 1)$

b) $(x^4 + 3x^3 + 2) : (x^4 + 3x)$

c) $(3x^5 - 2x^4 + 4x - 5) : (x^3 - 2x + 1)$

- **Regla de Ruffini.** Serveix per dividir un polinomi per $x - a$. Les operacions (sumes i multiplicacions per a) es fan una a una. S'obtenen, així, els coeficients del quocient i el residu de la divisió.

Per exemple: $(7x^4 - 11x^3 - 94x + 7) : (x - 3)$

	7	−11	0	−94	7
3		21	30	90	−12
	7	10	30	−4	−5

COEFICIENTS DEL QUOCIENT — RESIDU

Quocient: $7x^3 + 10x^2 + 30x - 4$
Residu: −5

La regla de Ruffini només es pot aplicar quan el divisor és del tipus $(x - a)$.

EXERCICI RESOLT

2. ***Divideix el polinomi:***

$P(x) = x^3 - 13x + 12$

entre $Q(x) = x - 1$.

És $P(x)$ divisible per $Q(x)$?

Col·loquem els coeficients en fila, tenint en compte que falta el terme en x^2, per la qual cosa afegim un 0 en el lloc corresponent.

	1	0	−13	12
1		1	1	−12
	1	1	−12	0

QUOCIENT: 1 1 −12, que correspon a: $x^2 + x - 12$ RESIDU: 0

$P(x) : (x - 1) = x^2 + x - 12 \rightarrow P(x) = (x - 1)(x^2 + x - 12)$

Com que el residu és 0, podem dir que el polinomi $P(x)$ és divisible per $Q(x)$.

» APLICA EL QUE HAS APRÈS

21. Troba el quocient i el residu d'aquestes divisions:

a) $(x^5 - 7x^4 + 3x^2 - 8) : (x^2 - 3x + 1)$

b) $(6x^4 + 3x^3 - 2x) : (3x^2 + 2)$

22. Indica si el polinomi $R(x) = x^4 - 2x^3 - 2x^2 + 6x - 4$ és divisible per $(x + 1)$ o per $(x - 2)$.

23. En aquests apartats s'ha aplicat la regla de Ruffini per efectuar divisions. Indica, en cada cas, el dividend, el divisor, el quocient i el residu i expressa'ls d'aquesta manera:

$$\frac{P(x)}{Q(x)} = C(x) + \frac{R(x)}{Q(x)}$$

a)

	1	−1	−2	9	3
−2		−2	6	−8	−2
	1	−3	4	1	1

b)

	1	−2	0	−9
3		3	3	9
	1	1	3	0

6. FACTORITZACIÓ DE POLINOMIS

- Es diu que un polinomi està **factoritzat** quan es presenta descompost en producte d'altres polinomis (factors) del grau més petit possible. Per exemple: $2x^3 - 9x^2 + 3x + 4 = (x - 1)(x - 4)(2x + 1)$
- Tot polinomi pot factoritzar-se, però el procés pot ser molt complicat. Algunes tècniques senzilles són:
  - Extreure factor comú x o alguna potència de x: $x^4 + 5x^3 - 2x^2 = x^2 \cdot (x^2 + 5x - 2)x^3 - x = x \cdot (x^2 - 1)$
  - Utilitzar identitats notables: $4x^2 - 12x + 9 = (2x - 3)^2$ $\quad 16x^4 - 36 = (4x^2 + 6) \cdot (4x^2 - 6)$
  - Recórrer a la regla de Ruffini i fer una divisió per $(x - a)$. Si el polinomi és divisible, es pot expressar com a $P(x) = C(x) \cdot (x - a)$ i si té coeficients enters, les arrels enteres són divisors del terme independent.

EXERCICI RESOLT

3. ***Factoritza el polinomi següent mitjançant la regla de Ruffini:***

$P(x) = x^3 - 4x^2 + x + 6$

Els divisors del terme independent, 6, són 1, 2, 3 i 6 i els seus oposats, –1, –2, –3 i –6. Entre aquests vuit nombres hi ha les seves arrels enteres. Les buscarem:

	1	–4	1	6
1		1	–3	–2
	1	–3	–2	4

1 no és arrel.

	1	–4	1	6
–1		–1	5	–6
	1	–5	6	0

–1 sí que és arrel.

Per tant, la divisió és exacta i es compleix que $P(x) = (x + 1) \cdot (x^2 - 5x + 6)$.

Ara busquem els divisors de $x^2 - 5x + 6$. Provem amb –1 i veiem que ja no és arrel. Provem després amb 2 i veiem que sí que és arrel. Llavors $(x^2 - 5x + 6) = (x - 2)(x - 3)$.

	1	–5	6
2		2	–6
	1	–3	0

Per tant, $P(x) = (x + 1)(x^2 - 5x + 6) = (x + 1)(x - 2)(x - 3)$. Aquesta és la descomposició factorial del polinomi inicial.

» APLICA EL QUE HAS APRÈS

24. Expressa els següents polinomis com a producte de factors. Aplica la regla de Ruffini:

a) $P(x) = x^3 + 4x^2 - 11x - 30$

b) $P(x) = x^4 - x^3 - 4x^2 + 4x$ (extreu factor comú x)

c) $P(x) = x^4 - 3x^3 - 15x^2 + 19x + 30$

d) $P(x) = x^4 + x^3 - x^2 + x - 2$

7. FRACCIONS ALGEBRAIQUES

- Anomenem **fracció algebraica** el quocient indicat de dos polinomis.

Per exemple: $\frac{x}{3x^2-5}$, $\frac{1}{x+1}$, $\frac{3x+1}{x^2+6x-3}$

- **Simplificació.** Es divideix el numerador i el denominador per un o més factors comuns.

Per exemple: $\frac{3x(x+1)^2}{6x^2(x+1)} = \frac{\cancel{3x}\,\cancel{(x+1)}\,(x+1)}{\cancel{3}\cdot 2\cdot x\cdot \cancel{x}\cdot \cancel{(x+1)}} = \frac{x+1}{2x}$

- **Reducció a comú denominador.** Se substitueix cada fracció per una altra d'equivalent, de manera que totes tinguin el mateix denominador.

Per exemple: $\frac{3}{x}$, $\frac{5}{x-2}$

$\downarrow$ $\downarrow$

$\frac{3\cdot(x-2)}{x\cdot(x-2)}$, $\frac{5x}{(x-2)\cdot x}$

- **Suma i resta.** Es redueixen a comú denominador, s'operen els numeradors i es deixa el mateix denominador comú.

Per exemple: $\frac{3}{x} + \frac{5}{x-2} = \frac{3(x-2)}{x(x-2)} + \frac{5x}{x(x-2)} =$

$= \frac{3x-6+5x}{x(x-2)} = \frac{8x-6}{x^2-2x}$

» APLICA EL QUE HAS APRÈS

25. Simplifica les fraccions següents:

a) $\frac{5x^2}{5x^2(x-1)} =$

b) $\frac{5(x-1)^2}{10(x-1)} =$

c) $\frac{5(x+2)-(x+2)}{2(x+2)} =$

d) $\frac{2x^2(x+3)}{4x(x+3)^2} =$

26. Opera:

a) $\frac{3x+5}{2x+3} - \frac{x-7}{2x+3} =$

b) $\frac{5x+4}{x} + \frac{x-2}{2x} =$

27. Opera i simplifica:

a) $\frac{2}{x} + \frac{3}{2x} + \frac{x-2}{x} =$

b) $\frac{3}{x+1} + \frac{2(x+1)}{x(x+1)^2} - \frac{2}{x} =$

c) $\frac{3}{x+2} - \frac{3x}{(x-2)(x+2)} + \frac{1}{x-2} =$

- **Producte.** El producte de dues fraccions algebraiques és el producte dels seus numeradors dividit pel producte dels seus denominadors. Per exemple:

$$\frac{2x}{x-3}\cdot\frac{5x+1}{x^2}=\frac{2x\cdot(5x+1)}{(x-3)\cdot x^2}=\frac{10x^2+2x}{x^3-3x^2}$$

- **Quocient.** El quocient de dues fraccions algebraiques és el producte de la primera per la inversa de la segona (producte creuat de termes). Per exemple:

$$\frac{x+1}{x}:(x^2-1)=\frac{x+1}{x}\cdot\frac{1}{x^2-1}=\frac{x+1}{x(x+1)(x-1)}=\frac{1}{x(x-1)}$$

S'anomena **inversa** d'una fracció algebraica la que s'obté intercanviant numerador i denominador.

La inversa de $\frac{5}{x+2}$ és $\frac{x+2}{5}$.

La inversa de x^2+1 és $\frac{1}{x^2+1}$.

» APLICA EL QUE HAS APRÈS

28. Opera i simplifica:

a) $\frac{2x-7}{x}\cdot\frac{3}{x+1}=$

b) $\frac{5}{x-3}:\frac{x}{x^2+1}=$

c) $\frac{x^2}{(x-2)}\cdot\frac{(x-2)^2}{2x}=$

29. Efectua les següents operacions i simplifica:

a) $\frac{(x-1)(x+1)}{x}:(x+1)=$

b) $6x^2\cdot\frac{x-3}{x^3}=$

c) $\frac{2x}{x-1}:\frac{4x^2}{2(x-1)}=$

d) $\frac{2x^2}{3x}\cdot\frac{6x}{4x^3}=$

30. Tingues en compte els productes notables abans d'operar i simplificar:

a) $\frac{x^2-1}{x}:(x+1)=$

b) $\frac{x(x-2)}{x}:\frac{x^2-4}{x+2}=$

c) $\frac{x^2-2x+1}{x}:\frac{x-1}{x}=$

d) $\frac{3x-3}{x^2}\cdot\frac{x(x+1)}{x^2-1}=$

BARCANOVA EDITORIAL

» OBSERVA, RAONA I RESOL

1. UTILITZACIÓ D'IDENTITATS

Simplifica l'apartat a) i transforma en producte els apartats b) i c).

a) $\dfrac{3x^3 - 12x}{x^2 + 4x + 4}$

b) $(2x + 3)^2 - (x - 5)^2$

c) $(3x - 2)^2 - (x + 4)(3x - 2)$

a) Transformem en producte el numerador i el denominador. Per fer-ho, extraiem factor comú en el numerador i observem que el denominador és el quadrat d'una suma:

$$\frac{3x(x^2-4)}{(x+2)^2} = \frac{3x(\cancel{x+2})(x-2)}{(x+2)(\cancel{x+2})} = \frac{3x(x-2)}{x+2}$$

b) Es tracta d'una diferència de quadrats: $a^2 - b^2 = (a + b) \cdot (a - b)$

En aquest cas $a = 2x + 3$, $b = x - 5$. Per tant:

$$(2x + 3 + x - 5)\,(2x + 3 - x + 5) = (3x - 2)\,(x + 8)$$

c) Observem que $(3x - 2)$ és factor comú. L'extraiem:

$$(3x - 2)\,(3x - 2 - x - 4) = (3x - 2)\,(2x - 6)$$

Fes-ho tu Simplifica:

$\dfrac{x^2 - 10x + 25}{3x^3 \quad 15x^2} =$

2. FACTORITZAR ELS POLINOMIS

Factoritza els polinomis següents:

a) $P(x) = x^3 + 2x^2 - 9x - 18$

b) $T(x) = x^4 - 2x^3 - 3x^2$

a) Apliquem la regla de Ruffini per trobar un divisor de $P(x)$. Busquem alguna arrel de $P(x)$ entre els divisors del seu terme independent (–18):

	1	2	–9	–18
–2		–2	0	18
	1	0	–9	0

Com que el residu és 0, $P(x)$ és divisible per $(x + 2)$ i es compleix que $P(x) = (x + 2)\,(x^2 - 9)$.

El quocient $(x^2 - 9)$ és una diferència de quadrats. Per tant:

$$P(x) = (x + 2)(x + 3)(x - 3)$$

b) Extraiem factor comú $x^2 \rightarrow T(x) = x^2(x^2 - 2x - 3)$

Busquem alguna arrel de $x^2 - 2x - 3$ entre els divisors de –3:

	1	–2	–3
–1		–1	3
	1	–3	0

El polinomi $x^2 - 2x - 3$ és divisible per $(x + 1)$:

$$x^2 - 2x - 3 = (x + 1)(x - 3)$$

Per tant: $T(x) = x^4 - 2x^3 - 3x^2 = x^2(x + 1)(x - 3)$

Fes-ho tu Factoritza els polinomis:

a) $x^3 - 3x^2 - 6x + 8 =$

b) $x^3 - 3x - 2 =$

» EXERCITA LES TEVES COMPETÈNCIES

Traducció a llenguatge algebraic

1. Expressa en llenguatge algebraic utilitzant una sola incògnita:

a) El doble d'un nombre més el seu quadrat.

b) El producte de dos nombres consecutius.

c) El preu d'una raqueta després d'aplicar-li un descompte del 20 %.

d) El preu d'un llibre després de carregar-li un 4 % d'IVA.

2. Utilitza dues incògnites per expressar en llenguatge algebraic aquests enunciats:

a) Un nombre més la meitat del quadrat d'un altre.

b) El quadrat de la diferència de dos nombres.

c) La suma de les edats d'un pare i el seu fill fa 5 anys.

d) L'edat de l'Andrea, d'aquí a 7 anys, serà el doble de la que tingui la Laura.

3. Associa cada una de les expressions següents al perímetre o a l'àrea dels rectangles A, B i C que tens a sota:

a) $12x$ **b)** $4x - 2$ **c)** $4x + 6$

d) $4x + 12$ **e)** $x^2 + 3x$ **f)** $x^2 - x - 2$

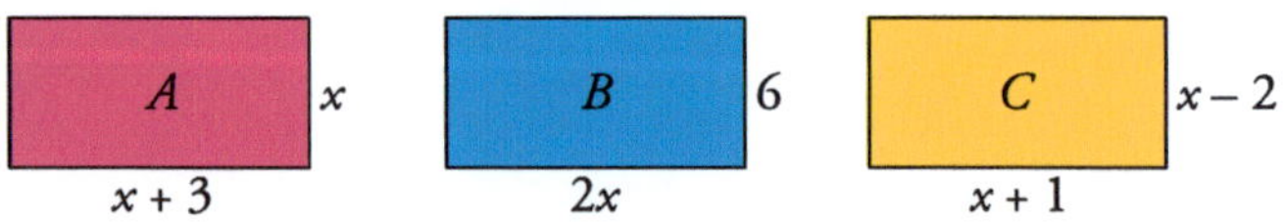

Monomis i polinomis

4. En cada un dels monomis següents, indica el coeficient, el grau i el seu valor numèric per a $x = -2$ i $y = 1/3$.

a) $-5xy \rightarrow$

b) $(-7x)^3 \rightarrow$

c) $(xy)^2 \rightarrow$

d) $\dfrac{-3y^2x^2}{5} \rightarrow$

5. Simplifica aquests polinomis:

a) $\dfrac{5}{2}x - x^2 + \dfrac{3}{2}x^2 - 2x + 2 =$

b) $x^2y^2 - 3x^2y - 5xy^2 + x^2y + xy^2 =$

6. Efectua els productes dels monomis següents:

a) $(6x^2)(-3x) =$

b) $(2xy^2)(4x^2y) =$

c) $\left(\dfrac{3}{4}x^3\right)\left(\dfrac{1}{2}x^3\right) =$

d) $\left(\dfrac{1}{4}xy\right)\left(\dfrac{3xz}{2}\right) =$

7. Calcula, redueix i digues quin és el grau del polinomi resultant en cada cas:

a) $x(x^2 - 5) - 3x^2(x + 2) - 7(x^2 + 1)$

b) $5x^2(-3x + 1) - x(2x - 3x^2) - 2 \cdot 3x$

8. Opera i simplifica:

a) $(2x^2 + 3)(x - 1) - x(x - 2)$

b) $(x^2 - 5x + 3)(x^2 - x) - x(x^3 - 3)$

c) $(x^3 - 13x + 2)\cdot(x^2 - 1)$

d) $\left(x - \frac{1}{2}\right) \cdot (2x + 2) \cdot (4x - 1)$

9. Redueix les expressions següents:

a) $6\left(\frac{5x - 4}{6} + \frac{2x - 3}{2} - \frac{x - 1}{3}\right)$

b) $12\left(\frac{x + 6}{3} - \frac{x + 1}{2} + \frac{3x - 1}{4}\right)$

10. Multiplica cada expressió pel MCM dels denominadors i simplifica el resultat:

a) $\frac{3 + x}{8} - \frac{5 - x}{6} - \frac{x + 1}{12}$

b) $\frac{3x - 3}{5} - \frac{x + 1}{3} + \frac{1}{2}$

Productes notables. Factor comú

11. Desenvolupa aquestes expressions:

a) $(x + 6)^2 =$

b) $(7 - x)^2 =$

c) $\left(x + \frac{1}{2}\right)^2 =$

d) $(2x^2 - 3y^2)^2 =$

12. Expressa com a diferència de quadrats:

a) $(x + 7)(x - 7) =$

b) $(3 + 4x)(3 - 4x) =$

c) $\left(\frac{1}{2}x - 1\right)\left(\frac{1}{2}x + 1\right) =$

13. Completa amb el terme que falta perquè cada expressió sigui el quadrat d'una suma o d'una diferència:

a) $x^2 +$ ______ $+ 4x$

b) $x^2 +$ ______ $- 10x$

c) $x^2 + 9 +$ ______

d) $x^2 + 16 -$ ______

e) $4x^2 + 1 +$ ______

f) $9x^2 +$ ______ $+ 12x$

g) $25x^2 + y^2 -$ ______

h) $x^2 +$ ______ $+ x$

14. Extreu factor comú:

a) $12x^3 - 8x^2 - 4x =$

b) $-3x^3 + x - x^2 =$

c) $2xy^2 - 4x^2y + x^2y^2 =$

d) $\frac{2}{3}x^2 + \frac{1}{3}x^3 - \frac{5}{3}x =$

15. Expressa com a quadrat d'una suma o d'una diferència, com en l'exemple.

- $x^2 + 25 + 10x = x^2 + 5^2 + 2 \cdot 5x = (x + 5)^2$

a) $x^2 + 49 - 14x =$ ______

b) $x^2 + 1 - 2x =$ ______

16. Reconeix els productes notables i transforma aquestes expressions en productes:

a) $49x^2 - 16 =$ ______

b) $x^2 - 18x + 81 =$ ______

c) $9x^2 + 12x + 4 =$ ______

d) $25 - 100y^2 =$ ______

e) $4x^2 + 16x + 16 =$ ______

f) $36x^2 - 1 =$ ______

17. Extreu factor comú i transforma en producte, com es fa en l'exemple.

- $x^3 + 2x^2 + x = x(x^2 + 2x + 1) = x(x + 1)^2$

a) $x^3 - 4x =$ ______

b) $3x^4 - 24x^3 + 48x^2 =$ ______

Divisió de polinomis. Regla de Ruffini

18. Fes les divisions següents:

a) $(12x^2 - 9x) : 3x$

b) $(25x^3 + 15x^2 - 5x) : 5x$

c) $(18x^5 - 12x^3 + 3x^2) : 6x^2$

19. Troba el quocient i el residu d'aquestes divisions:

a) $(x^2 - 5x + 6) : (x - 2)$

b) $(x^3 - 3x^2 + 5) : (x + 1)$

c) $(2x^3 - 4x + 7) : (x - 1)$

20. Quines d'aquestes divisions són exactes?

a) $(3y^2 - 7y + 2) : (y - 2)$

b) $(3b^3 + 13b^2 + 5b) : (b + 4)$

c) $(-m^3 + 2m - 6) : (m + 2)$

21. Comprova si els següents polinomis són divisibles per $(x - 2)$ o per $(x + 1)$:

a) $x^2 - x - 2$

b) $x^4 - 5x^2 + x + 2$

22. Calcula el quocient i el residu d'aquestes divisions:

a) $(2x^2 - 2x + 5) : (x^2 - 3)$

b) $(3x^2 - 7x - 4) : (x^2 + 2x - 3)$

c) $(5x^3 + 3x^2 - 2x + 4) : (x^2 + x + 1)$

Factorització de polinomis

23. Aplica la regla de Ruffini per transformar en producte els polinomis següents:

a) $x^2 + 2x - 3$

b) $x^2 - x - 6$

c) $x^3 - x^2 - 4x + 4$

24. Factoritza aquests polinomis:

a) $x^3 - 3x^2 + 2x$

b) $x^3 - x^2 - 5x - 3$

c) $4x^2 + 13x - 12$

Fraccions algebraiques

25. Simplifica aquestes fraccions algebraiques:

a) $\dfrac{9x}{12x^2} =$

b) $\dfrac{x(x+1)}{5(x+1)} =$

c) $\dfrac{2x^2 - 4x}{x - 2} =$

d) $\dfrac{x^2 - 2x}{3x} =$

26. Simplifica les fraccions algebraiques següents. Per fer-ho, extreu factor comú:

a) $\dfrac{3x + 3}{(x+1)^2} =$

b) $\dfrac{2x^2 + 4x}{x^3 + 2x^2} =$

c) $\dfrac{5x^3 + 5x}{x^4 + x^2} =$

27. Simplifica. Per fer-ho, transforma en producte el numerador i el denominador.

a) $\frac{2x+4}{3x^2+6x} =$

b) $\frac{x+1}{x^2-1} =$

c) $\frac{x^2-4}{x^2+4x+4} =$

28. Simplifica:

a) $\frac{x^3-6x^2+9x}{x^4-9x^2}$

b) $\frac{x^3-3x^2+2x}{x^3-x^2-4x+4}$

c) $\frac{x^4-2x^3-3x^2}{x^3-4x^2-5x}$

29. Redueix a mínim comú denominador i opera en aquestes expressions:

a) $\frac{3}{x}+\frac{1}{2x}-\frac{5}{3x}$

b) $\frac{3-x}{x}+\frac{x-1}{x^2}$

c) $\frac{5}{2x}-\frac{3}{x^2}$

30. Opera i redueix:

a) $\frac{x-3}{2x}\cdot\frac{x^2}{x-3} =$

b) $\frac{5}{x-2}:\frac{x-1}{x-2} =$

c) $\frac{x+5}{5x}:\frac{x+5}{x^2} =$

Resol problemes

31. Expressa en llenguatge algebraic.

a) La quantitat d'aigua que queda en un dipòsit d'on es treu 1/3 i després 2/5 del que queda.

b) Els diners que vaig pagar per un entrepà, un suc i una xocolatina, si l'entrepà costa el triple que el suc i el suc 1 € més que la xocolatina.

32. La meitat d'un nombre és 20 unitats més petita que el seu triple. Tria l'expressió d'aquest enunciat.

a) $\frac{x-20}{2} = 3x$ b) $\frac{x}{2} - 20 = 3x$ c) $\frac{x}{2} + 20 = 3x$

33. Si en Jordi té 12 anys i la seva mare 38, quants anys, x, han de passar perquè l'edat de la seva mare sigui el doble de la d'en Jordi? Indica la igualtat que representa aquesta situació.

a) $2(x + 38) = x + 12$ b) $38 = 2(x + 12)$

c) $38 + x = 2(12 + x)$

34. Si sumem 10 a un nombre de dues xifres, obtenim el doble del nombre que resulta en invertir les seves xifres. Escriu aquest enunciat de forma algebraica.

35. Expressa algebraicament l'àrea de la part pintada.

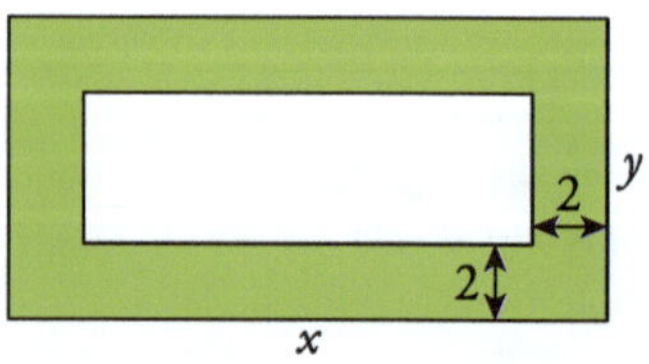

BARCANOVA EDITORIAL

36. Quants nombres de dues xifres verifiquen que la suma de les seves dues xifres més el producte d'aquestes ens dona el nombre inicial?

Reflexiona

37. Vertader (V) o fals (F)? Justifica la resposta.

a) El grau de la suma de dos polinomis de graus 2 i 3 és sempre 3.

b) En multiplicar dos polinomis de graus 2 i 3, se n'obté un altre de grau 5.

38. El polinomi $P(x) = (x^2 - 4)(x^2 + 2x + 1)$ pot descompondre's en quatre factors de primer grau. Quins són?

39. Pensa i completa sense fer operacions:

a) $x^4 - 16 = (x^2 + \_\_\_)(x + \_\_\_)(x - \_\_\_)$

b) $(2x + 1)^2 - (x - 2)^2 = (\_\_\_ x - 1)(x + \_\_\_)$

És el teu torn

40. Observa aquestes zones enjardinades:

A

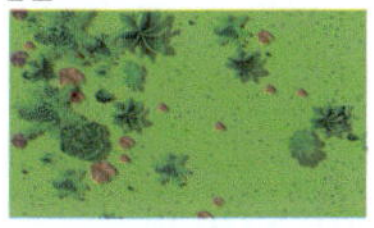

Perímetre $3x + 8$

B

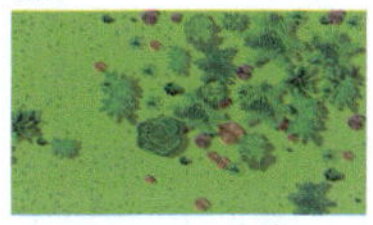

Perímetre $2x^2 + 8$

C

Perímetre $10x^2$

a) Determina què val cada costat de la zona enjardinada perquè es compleixin els perímetres indicats.

b) Compara amb el teu company/a si els valors obtinguts són els mateixos, si no ho són, determineu perquè és possible obtenir diversos resultats amb el mateix perímetre. Comenteu-ho entre els vostres companys per arribar a la mateixa conclusió.

c) Si el costat petit de la zona enjardinada val 10 m, en parelles, busqueu les dimensions de les zones enjardinades.

d) Es vol tancar la zona enjardinada i per a fer-ho es vol comprar una tanca que té un preu de 50 €/m. Quin cost tindrà la tanca per a les tres zones enjardinades?

» MATEMÀTIQUES EN CONTEXT

SITUACIÓ D'APRENENTATGE

A CLASSE DE MATEMÀTIQUES

La Judit és la professora de Matemàtiques de la Júlia. A la Júlia li agrada molt com fa les classes perquè, com ella diu: «els ajuda a pensar i a reflexionar, no tan sols per a l'assignatura, sinó per a tota la vida»; a més, mira de fer les classes atractives i una mica divertides, però «sense passar- se». Avui, la Judit els proposarà una sèrie de reptes per estimular-los a pensar. Els diu que faran àlgebra. La Júlia està intrigada.

1. Enigmes

La Judit planteja a la Júlia i als seus companys i companyes tot un seguit d'enigmes. Diu que es resolen mitjançant l'àlgebra. Pots ajudar la Júlia a resoldre'ls?

a) «Pensa un nombre, suma-n'hi 5, resta'n 2, multiplica'l per 2, suma-n'hi 6, divideix-lo entre 2 i resta'n el nombre que havies pensat al principi. Oi que et dona 6? Ho he endevinat!» –diu la Judit.

Prova de fer-ho tu amb diversos nombres i comprova que s'obté sempre el mateix resultat. Demostra-ho matemàticament.

b) «Pensa un altre nombre, suma-n'hi 8, resta'n 5, multiplica'l per 3, resta'n 6, divideix-lo entre 3 i resta'n el nombre que havies pensat. Ho tornaré a endevinar! El resultat és 1!»

Comprova amb altres nombres que s'obté sempre el mateix resultat i demostra-ho matemàticament.

c) Finalment els proposa una *endevinalla algebraica* –tal com l'anomena la Judit.

«Si la meva mare tenia 25 anys quan va néixer la meva germana, i d'aquí a 5 anys l'edat de la meva mare serà el doble de l'edat de la meva germana, quants anys té la meva germana?»

Planteja el problema i troba l'edat de la germana de la Judit.

2. Caixes

La Judit vol encarregar unes caixes de cartó per desar el material d'aula de Matemàtiques i vol que els seus alumnes l'ajudin a decidir les mides que han de tenir les caixes. N'hi ha d'haver de dos tipus diferents, però han de complir unes condicions determinades: l'altura de les caixes ha de ser fixa i la base anirà variant en funció del costat x, com es veu en les figures (les mides es donen en centímetres).

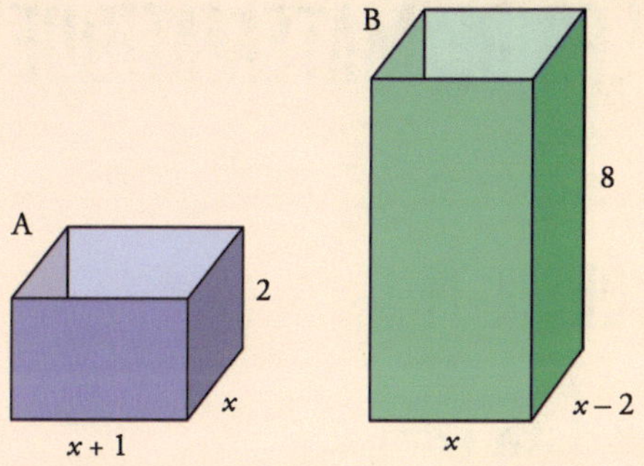

a) Troba una expressió algebraica per determinar el volum de cada tipus de caixa.

b) Troba una expressió algebraica per determinar la quantitat total de cartó necessària per construir cada caixa. (Pensa que cada caixa té una tapa amb una superfície igual a la de la base.)

c) Per a quin valor de x el volum de les dues caixes serà el mateix?

d) Per a aquest valor de x, quina de les dues caixes necessitarà més quantitat de cartó per a la seva construcció?

3. El despatx de la Judit

La Judit vol posar plaques de suro al terra del seu despatx per aïllar-lo millor. El seu despatx té forma rectangular i el costat llarg mesura el doble que el costat curt. Proposa, a la Júlia i a la resta de la classe, les qüestions següents:

a) Troba l'expressió algebraica de la superfície del despatx en funció del costat curt.

b) Quines són les dimensions del despatx si la seva superfície és de 18 m^2?

c) Les plaques de suro poden ser de 30 × 30 cm o de 60 × 60 cm, estan guardades en caixes, i en cada caixa n'hi caben 10. Quantes caixes de cada tipus haurà de comprar la Judit per cobrir tota la superfície del despatx?

» TALLER DE MATEMÀTIQUES

» INFORMA-TE'N

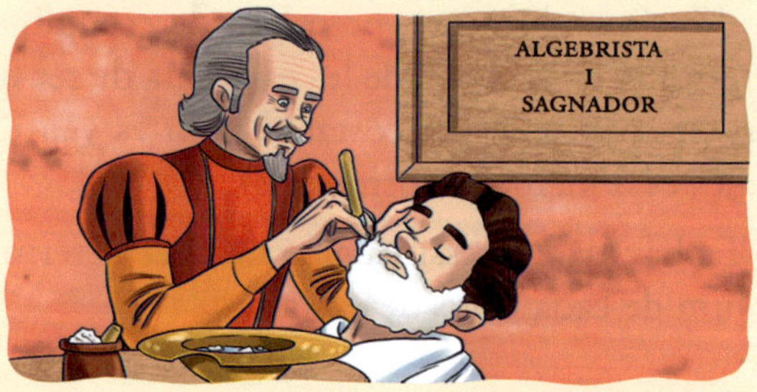

Algebrista i sagnador

La paraula *àlgebra* ve del terme àrab *al-jabr*, que significa 'la recomposició o restitució'. D'aquí que el concepte d'*àlgebra*, abans que ciència matemàtica, va significar, per a aquells àrabs, 'l'art de recompondre els ossos trencats'. I aquest significat va passar al castellà i al català. Així, els barbers del segle XVI, que, a més d'afaitar, treien queixals, feien sagnies i arreglaven ossos, solien posar, en el rètol amb què s'anunciaven, el següent: «ALGEBRISTA I SAGNADOR».

» INVESTIGA

Un triangle curiós

La col·lecció de nombres que tens a la dreta, que s'estén indefinidament cap avall, té moltes regularitats curioses, però, abans que res, esbrina com es construeix. Podries completar la cinquena fila?

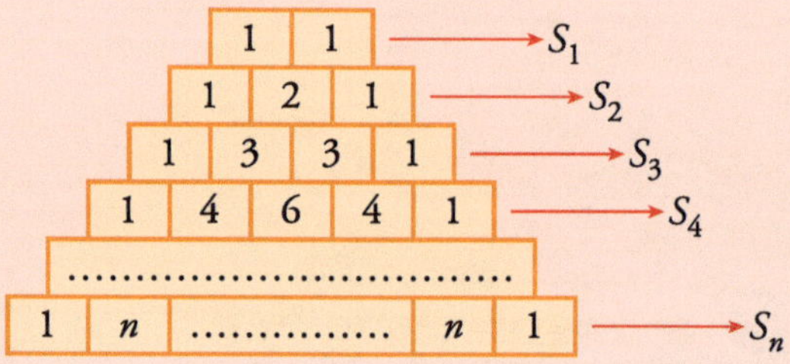

S_1	S_2	S_3	S_4	S_5	…	S_n
2	4	8			…	

- Suma els nombres de cada casella i completa la taula.
- Escriu una expressió algebraica per calcular la suma dels termes de la fila enèsima, *Sn*.

» ENTRENA'T RESOLENT ALTRES PROBLEMES

- Dos ciclistes surten del mateix lloc, a la mateixa hora i en el mateix sentit. Les seves velocitats respectives són 30 km/h i 24 km/h.

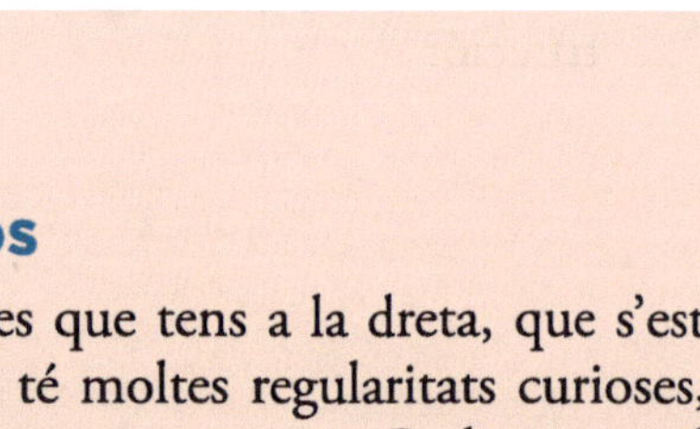

Quin avantatge portarà el primer al segon quan hagi transcorregut una hora i quaranta minuts?

- Dels 30 joves que van ser entrevistats en una sala de ball, 15 van declarar que eren aficionats al rock, i 13, a la música electrònica. D'aquests, 6 van assegurar que eren aficionats a tots dos estils musicals.

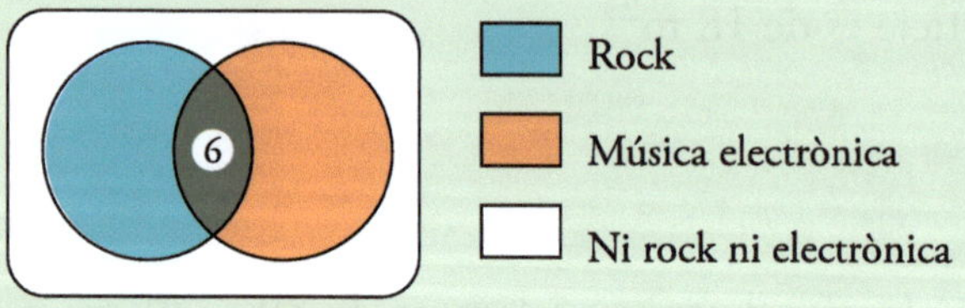

Quants joves no són aficionats ni a un estil musical ni a l'altre?

» POSA'T A PROVA

1. Descriu, mitjançant una expressió algebraica, els enunciats següents:

a) El preu de la pintura que s'obté en barrejar 5 kg d'una pintura de 3 €/kg amb 7 kg d'una altra de x €/kg.

b) El que hem de pagar per un gelat, un refresc i un cafè, si el gelat costa el triple que el cafè i el refresc la meitat que el gelat.

2. Opera i redueix:

a) $x(3x-2)^2-(x-3)(2x-1)x$

b) $4\left[(x-2)^2-\frac{3}{4}x^2-4\right]$

3. Transforma en productes el numerador i el denominador i simplifica la fracció següent:

$$\frac{4x^2-12x+9}{4x^2-9}$$

4. Calcula el quocient i el residu:
$(3x^4-x^3+2x^2+4):(x^2+x)$

5. Factoritza aquests polinomis:

a) $2x^3-9x^2+7x+6$

b) $3x^4-30x^3+75x^2$

6. Escriu de forma algebraica l'àrea i el volum d'un ortoedre les dimensions del qual són tres nombres naturals consecutius.

7. Venc 1/5 de la meva col·lecció de minerals i després en compro 54 més. Ara en tinc el doble que al principi. Expressa algebraicament aquest enunciat.

» SITUACIÓ D'APRENENTATGE. AL SUPERMERCAT

El supermercat del centre comercial pertany a una gran cadena amb més de quatre-centes sucursals, que estan repartides per tot el país.

En un supermercat a part del personal que trobem quan hi anem a comprar (dependents, caixers, reponedors, etc.), hi ha moltes altres feines d'administració, gerència...

1. El gerent del supermercat està confeccionant una taula amb la distribució de la facturació del mes passat.

Estudia les dades que ja ha recollit el gerent, calcula i completa la taula:

DISTRIBUCIÓ DE LES VENDES			
FRUITES I VERDURES	1/8		
CARN I PEIX		16 %	
ALIMENTACIÓ	7/20		
DIETÈTICA			0,04
DROGUERIA I PERFUMERIA		15 %	
EQUIPAMENT DE LA LLAR		10 %	
ALTRES			

a) Quin percentatge de les vendes representen les fruites i verdures?

b) Quina fracció de les vendes ocupen els productes de drogueria i perfumeria?

c) Tenint en compte que les vendes de productes dietètics s'expressen amb el decimal 0,04:

- Quin nombre decimal correspon a fruites i verdures?
- I a l'apartat «Alimentació»?

d) Expressa amb una fracció, amb un percentatge i amb un nombre decimal, la part de les vendes que correspon a l'apartat «Altres».

2. Si sabem que el mes passat es van vendre fruites i verdures per valor de 46.570 €, a quant pugen les vendes de l'apartat «Equipament de la llar»? Quin és l'import total de les vendes del mes?

3. Les vendes del mes de desembre van pujar un 22 % en relació a les del novembre, que havien estat de 587.247,34 €. Al gener, en canvi, van baixar un 35 % en relació al desembre. Calcula les vendes del desembre i del gener.

4. Si haguessis de donar els resultats de l'activitat anterior en un informe breu, en una conversa telefònica:

a) Quines xifres donaries de manera aproximada?

b) Quin seria l'error absolut en cada cas? i l'error relatiu?

5. Amb les dades que tens fins ara, relacionades amb els mesos de novembre, desembre i gener, estima, en centenes de miler, les vendes de tot un any.

6. Una auditoria que s'ha fet en la botiga de la qual parlem, estima el seu valor en 12,5 milions d'euros, i la cadena té en tot el país 487 botigues que tenen un mateixos criteris i d'un valor mitjà semblant. Quina de les quantitats següents creus que s'acosta més al valor, en euros, de tota la cadena? Encercla la resposta.

7×10^9 $6{,}1 \times 10^{10}$ $6{,}1 \times 10^9$ $60{,}8 \times 10^8$ $6{,}09 \times 10^9$

7. Un fons d'inversions, que pretén comprar la cadena de supermercats, fa una oferta de compra per cinc mil cinc-cents milions d'euros. Discuteix l'oferta, estimant la quantitat en què el fons d'inversions sobreestima o subestima el valor d'aquesta empresa.

8. L'empresa propietària de la cadena de supermercats decideix convertir-la en societat anònima i treure-la a borsa dividida en un milió d'accions amb un valor inicial de 500 € per acció. Creus que seria interessant invertir en la compra d'aquestes accions? Justifica la resposta.

UNITAT 5 EQUACIONS

RESOLUCIÓ DE PROBLEMES · RAONAMENT I PROVA
CONNEXIONS · COMUNICACIÓ I REPRESENTACIÓ · SOCIOEMOCIONAL

Temptejos inicials: Egipte i Babilònia

Els primers intents coneguts de resolució d'equacions provenen dels egipcis i els babilonis. Van ser, com és natural, poc sòlids i responien a situacions concretes de la vida quotidiana. Per exemple, en el *papir egipci de Rhind* (segle XVI aC) apareix resolt el problema següent:

La quantitat més un setè de la quantitat és igual a 24. Quina és la quantitat?

S'inicia el camí teòric: matemàtica grega

El primer que va afrontar la resolució d'equacions de forma rigorosa va ser el grec **Diofant**, en el segle III, conegut com el pare de l'àlgebra. En el seu llibre *Aritmètica*, que és una col·lecció de problemes més que un llibre de teoria, va tractar la resolució d'equacions de primer grau i algunes de segon grau. Els problemes que va proposar van preparar el terreny per consolidar la teoria d'equacions, que es va desenvolupar uns quants segles més tard. Diofant va ser un dels primers a utilitzar símbols per representar les incògnites. En la seva obra apareixen problemes d'aquest tipus:

Si al nombre d'elefants que beuen aigua al riu els sumo el nombre d'ullals i el nombre de potes, obtinc el seu quadrat. Quants elefants són?

Un problema sobre Diofant

Una llegenda explica que, en morir Diofant, els seus deixebles van gravar sobre la tomba un epitafi, en forma d'endevinalla, la interpretació del qual permetia esbrinar l'edat fins a la qual va viure el mestre. Deia així:

La seva joventut va ocupar la sisena part de la seva vida. Durant la dotzena part següent, la seva galta es va cobrir de pèl moixí. Va passar una setena part més abans de casar-se. Cinc anys després va tenir un fill. Aquest va morir a la meitat de l'edat que va morir el seu pare. Diofant encara va viure quatre anys després de la mort del seu fill.

Avenços significatius: matemàtica àrab

Al segle IX, a Bagdad, va aparèixer un personatge clau per al desenvolupament de l'àlgebra: l'àrab **Al-Hwarizmi**.

El seu llibre *Al-jabr wa-l-muqabala*, referent fonamental en la història de l'àlgebra, al·ludeix a les operacions que es fan amb els coeficients per aclarir la incògnita. El llibre va acabar sent anomenat, simplement, *Al-jabr*, (~ àlgebra).

Recursos geomètrics

Els àrabs van enginyar mètodes per resoldre geomètricament alguns tipus d'equacions. Observa com resolien $x^2 + 12x = 64$:

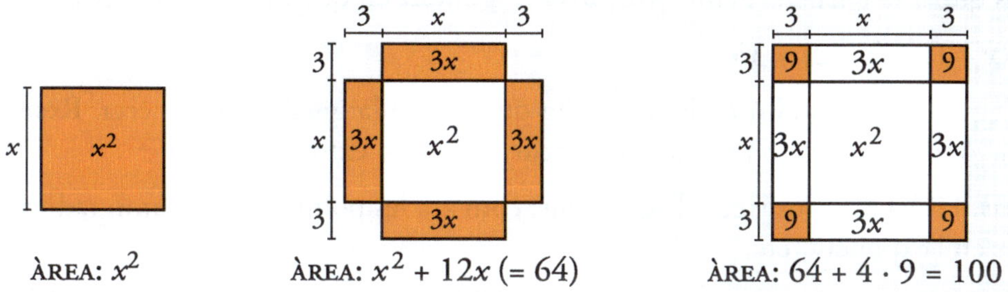

L'àrea de l'últim quadrat és 100. Per tant, el seu costat és 10 i $x = 4$.

RESOL

1. Tradueix a llenguatge algebraic i resol per tempteig el problema del *papir de Rhind* de la pàgina anterior: *La quantitat més un setè de la quantitat...*

2. Selecciona, entre les següents equacions, la traducció algebraica del problema dels elefants. Resol-la per tempteig.

(I) $x + x^2 + x^4 = 2x$ (II) $x + 2x + 4x = x^2$

(III) $x + 2x + 4x = (6x)^2$

3. Quina de les següents equacions resol l'epitafi de Diofant?

(I) $\frac{x}{6} + \frac{x}{12} + \frac{x}{7} + 5 + \frac{x}{2} + 4 = x$

(II) $\frac{x}{6} + \frac{x}{12} + \frac{x}{7} + \frac{5}{x} + \frac{x}{2} + \frac{4}{x} = 1$

A quina edat va morir?

1. EQUACIONS. SOLUCIÓ D'UNA EQUACIÓ

- Una **equació**, més que una igualtat, és una **proposta d'igualtat** en què intervé una lletra anomenada **incògnita**.

  Per exemple: $x + (x + 1) + (x + 2) = 33$

  Una **solució** de l'equació és un valor de la incògnita que fa que la igualtat sigui certa. **Resoldre** una equació és trobar la seva solució, o solucions, o arribar a la conclusió que no existeix solució.
- **Tipus d'equacions.** Hi ha diversos tipus d'equacions, com ara les polinòmiques, amb radicals, amb la x al denominador, amb la x en l'exponent, etc.
- **Resolució d'equacions per tempteig.** És un mètode vàlid per resoldre equacions, especialment si la solució és entera.

» APLICA EL QUE HAS APRÈS

1. El valor 5 és solució d'alguna de les equacions següents? Justifica la teva resposta:

a) $8x + 3 = 11x - 12 \rightarrow$

b) $x^4 - x^3 = 500 \rightarrow$

c) $3x - 7 = x^2 - 10 \rightarrow$

d) $1^x = 5 \rightarrow$

2. Temptejant, troba la solució entera de les equacions següents:

a) $2x^2 = 50 \rightarrow$

b) $2x^3 + x^2 = 20 \rightarrow$

c) $4 \cdot 10^x = 40.000 \rightarrow$

d) $3^x = 2.187 \rightarrow$

e) $\sqrt{7x + 4} = 9 \rightarrow$

3. Troba la solució, aproximant fins a les dècimes, de les següents equacions. Fes-ho per tempteig amb l'ajut de la calculadora:

a) $x^2 = 1.000$

b) $x^3 + 1 = 100$

c) $x^5 = 1.500$

2. EQUACIONS DE PRIMER GRAU

- Una **equació de primer grau** és una expressió que es pot reduir a la forma $ax + b = 0$, essent $a \neq 0$. Té una única solució: $x = -\frac{b}{a}$. La solució d'una equació també s'anomena **arrel**.
- **Equacions equivalents.** Dues equacions són equivalents si tenen la mateixa solució o si no tenen solució. Per transformar una equació en una altra d'equivalent es pot:
  – Sumar o restar la mateixa quantitat en els dos membres.
  – Multiplicar o dividir els dos membres pel mateix nombre diferent de 0.
- **Passos per resoldre equacions de primer grau.** Són els següents:
  1. Eliminem els denominadors, si n'hi ha. Per a això, multipliquem els dos membres de l'equació per un múltiple comú dels denominadors; preferiblement, el MCM.
  2. Eliminem els parèntesis, si n'hi ha.
  3. Passem els termes en x a un membre i els nombres a l'altre membre.
  4. Simplifiquem cada membre.
  5. Aïllem la x. Obtenim, així, la solució.
  6. Comprovació: substituïm la solució en cada membre de l'equació inicial per comprovar que els resultats coincideixen.

$$\frac{3x-1}{20} - \frac{2(x+3)}{5} = \frac{4x+2}{15} - 5$$

1 MCM (20, 5, 15) = 60

Multipliquem per 60 els dos membres.

$$3(3x-1) - 24(x+3) = 4(4x+2) - 60 \cdot 5$$

2 ↓

$$9x - 3 - 24x - 72 = 16x + 8 - 300$$

3 ↓

$$9x - 24x - 16x = 8 - 300 + 3 + 72$$

4 ↓

$$-31x = -217$$

5 ↓

$$x = \frac{-217}{-31}.\ \textit{Solució: } x = 7$$

6 ↓

$$\left.\begin{array}{l} \frac{3 \cdot 7 - 1}{20} - \frac{2(7+3)}{5} = -3 \\ \frac{4 \cdot 7 + 2}{15} - 5 = 2 - 5 = -3 \end{array}\right\}$$

Coincideixen. La solució és correcta.

» APLICA EL QUE HAS APRÈS

4. Troba l'error en cada transformació:

a) $3(x + 1) = 21 \rightarrow 3(x) = 21 - 1$

b) $5(x - 2) + 3 = 10 \rightarrow (x - 2) + 3 = \frac{10}{5}$

c) $3 - \frac{x}{2} = 6 \rightarrow 3 - x = 6 \cdot 2$

d) $\frac{(4x - 9)}{3} = 5 \rightarrow \frac{4x}{3} = 5 + 9$

e) $10(x + 3) = 40 - x \rightarrow x + 3 = \frac{40}{10} - x$

» APLICA EL QUE HAS APRÈS

5. Resol les equacions següents:

a) $\frac{3x}{15} - x = -\frac{3x}{3} + \frac{9}{5}$

b) $\frac{x}{2} + \frac{x-3}{8} + \frac{2x+2}{16} = \frac{x-2}{2}$

c) $3x - \frac{x+3}{4} = 13$

d) $\frac{x}{2} - \frac{2(x+2)}{7} = \frac{x-3}{4}$

e) $\frac{(1+x)^2}{5} = \frac{2x+4}{25} + \frac{x^2}{5} + \frac{1}{5}$

f) $x + \frac{9(5+x)}{5} = 9 - x$

g) $(x-3)(x+3) = \frac{3(x-1)}{2} + x^2$

h) $\frac{x-7}{4} + \frac{25(x-2)}{3} = \frac{5x+35}{4} + \frac{5}{2}(x-7)$

3. EQUACIONS DE SEGON GRAU

- Una equació de segon grau és de la forma següent: $ax^2 + bx + c = 0$, amb $a \neq 0$.

  La solució d'una equació de segon grau s'obté a partir de l'expressió següent: $x = \dfrac{-b \pm \sqrt{b^2 - 4ac}}{2a}$

  El doble signe (±) vol dir que hi pot haver dues solucions: $x_1 = \dfrac{-b + \sqrt{b^2 - 4ac}}{2a}$ $\quad x_2 = \dfrac{-b - \sqrt{b^2 - 4ac}}{2a}$

- **Nombre de solucions.** El **discriminant**, $\Delta = b^2 - 4ac$, és l'expressió que hi ha dins de l'arrel en les solucions d'una equació de segon grau. El signe del discriminant determina el nombre de solucions:

  – Si $\Delta > 0$, l'equació té **dues solucions**:

  $$x_1 = \frac{-b + \sqrt{\Delta}}{2a} \quad \text{i} \quad x_2 = \frac{-b - \sqrt{\Delta}}{2a}$$

  – Si $\Delta = 0$, només hi ha una solució: $x = \dfrac{-b}{2a}$. S'anomena **solució doble.**

  – Si $\Delta < 0$, $\sqrt{\Delta}$ no té sentit. L'equació **no té solució.**

» APLICA EL QUE HAS APRÈS

6. Resol les equacions següents:

a) $x^2 - 5x + 6 = 0$

b) $9x^2 + 6x + 1 = 0$

c) $9x^2 - 6x + 1 = 0$

d) $5x^2 - 7x + 3 = 0$

e) $2x^2 + 5x - 3 = 0$

f) $x^2 - 3x + 15 = 0$

- **Equacions de segon grau incompletes.** Les equacions de segon grau $ax^2 + bx + c = 0$ en què els coeficients b o c són zero s'anomenen **incompletes**: $ax^2 + c = 0$ i $ax^2 + bx = 0$.
  - Per resoldre les equacions del tipus $ax^2 + c = 0$, s'aïlla la incògnita: $x^2 = -\frac{c}{a} \rightarrow x = \pm\sqrt{-\frac{c}{a}}$

    Per exemple: $2x^2 - 98 = 0 \rightarrow 2x^2 = 98 \rightarrow x^2 = \frac{98}{2} = 49 \rightarrow x = \pm\sqrt{49} = \pm 7$

    Les solucions són $x_1 = 7$, $x_2 = -7$.
  - Per resoldre les equacions del tipus $ax^2 + bx = 0$, podem extreure com a factor comú la x i igualar a zero cada un dels factors: $x \cdot (ax + b) = 0 \rightarrow$ Solucions: $x_1 = 0$, $x_2 = -\frac{b}{a}$

    Per exemple: $5x^2 + 95x = 0 \rightarrow x(5x + 95) = 0 \rightarrow \begin{cases} x_1 = 0 \\ 5x + 95 = 0 \rightarrow x_2 = -\frac{95}{5} = -19 \end{cases}$

» APLICA EL QUE HAS APRÈS

7. Resol aquestes equacions:

a) $7x^2 - 28 = 0$

b) $7x^2 + 28 = 0$

c) $4x^2 - 9 = 0$

d) $3x^2 + 42x = 0$

e) $3x^2 = 42x$

f) $11x^2 - 37x = 0$

g) $2(x + 5)^2 + (x - 3)^2 = 14(x + 4)$

GeoGebra. Practica les equacions incompletes amb $b = 0$.
Practica les equacions incompletes amb $c = 0$.

- **Regles per resoldre equacions de segon grau.** No oblidis el següent:
  - Si l'equació de segon grau és completa, aplica la fórmula.
  - Si l'equació té una fisonomia complicada, arregla-la: elimina'n els denominadors, suprimeix-ne els parèntesis, agrupa els termes i passa'ls tots al primer membre. A continuació, aplica la fórmula.
  - Comprova les solucions sobre l'equació inicial.

» APLICA EL QUE HAS APRÈS

8. Resol les equacions següents:

a) $3x^2 - 2(x + 5) = (x + 3)^2 - 19$

b) $(3x + 4)(5x - 7) = (2x + 7)^2 + 53$

c) $(2x + 4)(x - 1) + (3x + 5)^2 = 3(2x + 5)^2 + x$

d) $(x - 2)(4x + 2) + (3 - 3x)^2 = 4(5x + 1)^2 - (x - 1)$

e) $(2x - 3)(3x - 2) - 2x + 3 = 0$

f) $3(x - 1)^2 + 4x = 4$

- **Resolució amb la calculadora.** Has de seguir el procediment següent:

  1 Selecciona [MENÚ], busca amb la fletxa ▶ l'opció **A:Equació/Funció** i prem [=].

  2 Escull **2:Polinòmica** i escriu el grau de l'equació. Si tens configurada la sortida matemàtica (E Mat/S Mat): obtindràs solucions amb les arrels i les fraccions indicades i no en forma decimal.

Per introduir l'equació de segon grau, transforma-la fins a arribar a una expressió de la forma $ax^2 + bx + c = 0$. En triar el grau 2, apareixerà una pantalla semblant a la següent. Hauràs d'escriure els valors dels coeficients *a* ,*b*, i *c*, i prémer la tecla [=] dues vegades, una per a cada solució.

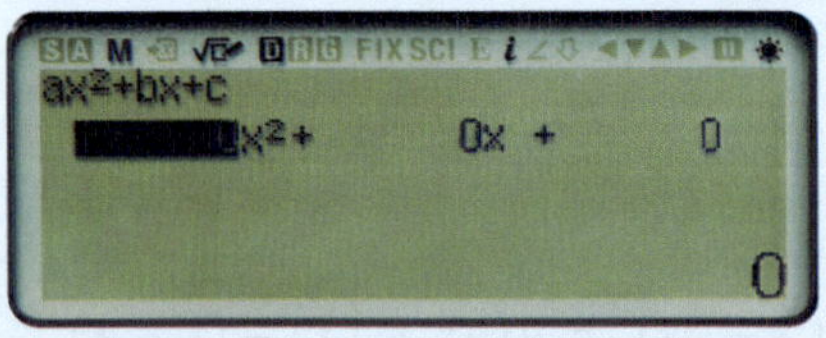

Per exemple, per resoldre l'equació $4x^2 + 4x - 3 = 0$, s'introdueixen els coeficients prement 4 [=] 4 [=] [−] 3 [=].

En prémer una altra vegada [=], s'obté $x_1 = \frac{1}{2}$ i, en tornar a prémer, [=], surt $x_2 = -\frac{3}{2}$.

» APLICA EL QUE HAS APRÈS

9. Resol aquestes equacions manualment i amb la calculadora. Comprova que els resultats coincideixen.

a) $3x(x+1) - \frac{(x-2)^2}{2} = (x+1)(x-1) + 15$

b) $\frac{(x+1)^2}{2} - \frac{3(x-1)}{4} + \frac{3x(x+1)}{2} = \frac{3}{2}$

c) $\frac{3x}{2} - \frac{1}{x} = \frac{3}{2}$

d) $\frac{x}{3} - 1 + \frac{1}{x} = 1 - \frac{2}{3x}$

BARCANOVA EDITORIAL

4. EQUACIONS POLINÒMIQUES DE GRAU MÉS GRAN QUE DOS

- **Equacions senzilles.** Es poden utilitzar els procediments següents:
  - Treure una potència de x com a **factor comú**. Per exemple:

$$x^4 + 3x^3 = 0 \rightarrow x^3(x+3) = 0 \rightarrow \begin{cases} x^3 = 0 \rightarrow x_1 = 0 \\ x + 3 = 0 \rightarrow x_2 = -3 \end{cases}$$

  - **Trobar les solucions enteres, aplicant la regla de Ruffini.** Per exemple, aplicant Ruffini al polinomi següent, hem obtingut les arrels $x_1 = 2$ i $x_2 = -3$.

    Per tant: $x^4 + 2x^3 - 6x^2 - 7x + 6 = (x-2)(x+3)(x^2+x-1)$

    A continuació, resolem l'equació de segon grau $x^2 + x - 1 = 0$:

$$x = \frac{-1 \pm \sqrt{1^2 - 4 \cdot 1 \cdot (-1)}}{2 \cdot 1} = \frac{-1 \pm \sqrt{5}}{2} = \begin{cases} x_3 = \dfrac{-1+\sqrt{5}}{2} \\ x_4 = \dfrac{-1-\sqrt{5}}{2} \end{cases}$$

$$x_1 = 2,\ x_2 = -3,\ x_3 = \frac{-1+\sqrt{5}}{2} \text{ i } x_4 = \frac{-1-\sqrt{5}}{2}$$

La igualtat

$$(x-a)(x-b)(x-c) = 0$$

es compleix si qualsevol dels factors s'anul·la.

Per tant, l'equació té per solucions $x_1 = a$, $x_2 = b$ i $x_3 = c$.

» APLICA EL QUE HAS APRÈS

10. Resol extraient factor comú:

a) $x^5 + x^4 - 2x^3 = 0$

b) $x^4 - 2x^3 = 3x^2$

c) $x^5 - 8x^4 + x^3 = x^3$

11. Resol amb ajuda de la regla de Ruffini. Recorda que les arrels enteres del polinomi es troben entre els divisors del terme independent.

a) $x^3 - 3x^2 - 13x + 15 = 0$

b) $x^4 - 6x^3 + 4x^2 + 25x - 30 = 0$

- **Equacions biquadrades: $ax^4 + bx^2 + c = 0$.** Són equacions de quart grau sense termes de grau senar. Per resoldre-les, es fa el **canvi de variable $z = x^2$**, amb la qual cosa $x^4 = z^2$. D'aquesta manera resulta una equació de segon grau amb z com a incògnita: $az^2 + bz + c = 0$. Resolem l'equació de segon grau i obtenim els valors de z. A partir d'aquests valors, desfem el canvi de variable per determinar els valors de x.

  Per exemple: $x^4 + x^2 - 20 = 0 \rightarrow$ Es fa el canvi de variable $z = x^2$ i s'obté $z^2 + z - 20 = 0$.

  Es resol aquesta equació:

  $$z = \frac{-1 \pm \sqrt{1^2 - 4 \cdot 1 \cdot (-20)}}{2 \cdot 1} = \frac{-1 \pm \sqrt{81}}{2} = \frac{-1 \pm 9}{2} \begin{cases} z_1 = 4 \\ z_2 = -5 \end{cases}$$

  En desfer el canvi de variable, s'obté $x^2 = 4$ i $x^2 = -5$. Com que $x^2 = -5$ no té sentit per a cap valor de x, amb aquest valor de z no obtenim solucions de x. Només ens val $x^2 = 4 \rightarrow x_1 = 2,\ x_2 = -2$. Les solucions són, per tant, $x_1 = 2$ i $x_2 = -2$.

» APLICA EL QUE HAS APRÈS

12. Resol les equacions següents:

a) $x^4 - 2x^2 - 8 = 0$

b) $x^4 - 9x^2 + 20 = 0$

c) $x^4 - 13x^2 + 36 = 0$

d) $x^4 + 3x^2 - 4 = 0$

e) $x^4 - x^2 = 0$

13. Vertader (V) o fals (F)?

a) Una equació biquadrada pot tenir, com a màxim, quatre solucions. ☐

b) Una equació biquadrada pot no tenir cap solució. ☐

c) Una equació biquadrada no pot tenir solucions negatives. ☐

d) Perquè una equació biquadrada tingui solució, l'equació quadràtica que es resol amb la variable z ha de tenir, com a mínim, una solució no negativa. ☐

5. RESOLUCIÓ DE PROBLEMES AMB EQUACIONS

- Per resoldre problemes amb equacions, cal seguir aquests passos:
  1. Identifiquem les dades conegudes i el que desitgem conèixer. Donem nom a la incògnita.
  2. Relacionem, mitjançant una igualtat (equació), el que coneixem amb el que no coneixem.
  3. Resolem l'equació.
  4. Interpretem la solució i l'ajustem a l'enunciat.

PROBLEMA RESOLT

1. ***Un parc rectangular de dimensions 50 m × 30 m té un camí d'una determinada amplada que l'envolta. Si la superfície total del camí és de 516 m², quina és la seva amplada?***

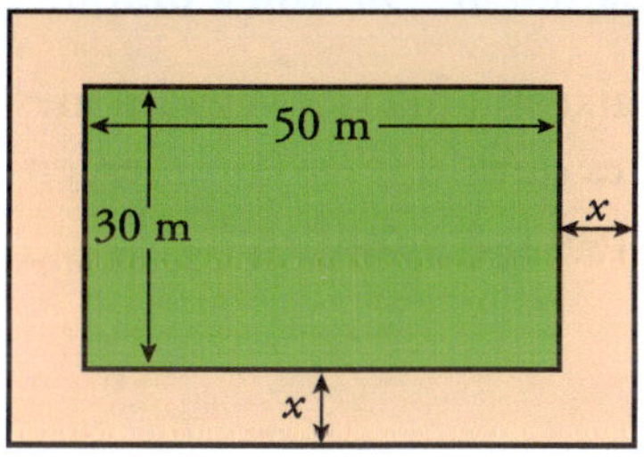

Tenim un camí l'amplada del qual, x, volem calcular. Trobem l'expressió que representa la superfície del camí i la igualem a 516:

$$4x^2 + 2 \cdot 50x + 2 \cdot 30x = 516$$

Simplifiquem i resolem l'equació:

$$4x^2 + 160x - 516 = 0$$

$$x = \frac{-160 \pm \sqrt{160^2 - 4 \cdot 4 \cdot (-516)}}{2 \cdot 4} = \frac{-160 \pm \sqrt{33.856}}{8} = \frac{-160 \pm 184}{8} \begin{cases} x_1 = 3 \\ x_2 = -43 \end{cases}$$

Prenem la solució positiva, $x = 3$. *Solució*: l'amplada del camí és de 3 m.

» APLICA EL QUE HAS APRÈS

14. La base d'un rectangle és 9 cm més llarga que l'altura. La seva àrea fa 400 cm². Calcula les dimensions d'aquest rectangle.

15. Un parc circular de 22.686,5 m² té un camí que l'envolta. Si l'àrea total del camí és 2.185,44 m², quina és la seva amplada? (Pren $\pi = 3,14$.)

16. Es reparteixen 280 € entre tres persones de manera que la segona en rep 1/3 més que la tercera, i la primera, 10 € més que la segona. Quants diners rep cada una?

17. La suma de cinc nombres enters consecutius és igual a cinc vegades el tercer. Quants grups de cinc nombres hi ha que compleixin aquesta condició?

» OBSERVA, RAONA I RESOL

1. AIXETES

Dues aixetes omplen un dipòsit en 3 h. Si només se n'obre una, tarda 5 h. Quant tardaria l'altra aixeta a omplir el dipòsit?

Si una aixeta tarda 5 hores a omplir el dipòsit, cada hora omple $\frac{1}{5}$ del dipòsit.

Si l'altra aixeta tarda x hores a omplir-lo, cada hora n'omple $\frac{1}{x}$.

Entre totes dues omplen $\frac{1}{x}+\frac{1}{5}$ de dipòsit cada hora, que correspon a $\frac{1}{3}$ del dipòsit. Per tant:

$$\frac{1}{x}+\frac{1}{5}=\frac{1}{3} \rightarrow \frac{1}{x}=\frac{1}{3}-\frac{1}{5} \rightarrow \frac{1}{x}=\frac{2}{15} \rightarrow x=\frac{15}{2} \rightarrow x=7{,}5 \text{ hores}$$

L'altra aixeta tardaria 7 h i 30 min a omplir el dipòsit.

Fes-ho tu Una aixeta tarda tres vegades més que una altra a omplir un dipòsit. Si s'obren totes dues alhora, l'omplen en 3 h. Quant tardarà cada una de les aixetes, per separat, a omplir-lo?

2. BARREGES

Un pastisser ha barrejat 12 kg de sucre d'1,10 €/kg amb una certa quantitat de mel de 4,20 €/kg. La barreja surt a 2,34 €/kg. Quanta mel hi ha posat?

	QUANTITAT (kg)	PREU (€/kg)	COST (€)
SUCRE	12	1,10	$1{,}10 \cdot 12 = 13{,}20$
MEL	x	4,20	$4{,}20x$
BARREJA	$12 + x$	2,34	$2{,}34(12 + x)$

Relació: COST DEL SUCRE + COST DE LA MEL = COST DE LA BARREJA

$$13{,}20 + 4{,}20x = 2{,}34(12 + x) \rightarrow 13{,}20 + 4{,}20x = 28{,}08 + 2{,}34x \rightarrow$$
$$\rightarrow 1{,}86x = 14{,}88 \rightarrow x = 14{,}88/1{,}86 = 8 \text{ kg de mel.}$$

Fes-ho tu Quants litres d'oli de pinyolada d'1,60 €/ℓ hem d'afegir a 60 ℓ d'oli d'oliva de 2,80 €/ℓ per obtenir una barreja de 2,50 €/ℓ?

» EXERCITA LES TEVES COMPETÈNCIES

Practica

Equacions de primer grau

1. Resol les equacions següents i comprova la solució de cada una:

a) $3x - 2(x + 3) = x - 3(x + 1)$

b) $4 + x - 4(1 - x) + 5(2 + x) = 0$

2. Resol les equacions següents:

a) $\frac{x-3}{5} = \frac{x+1}{3} - 2$

b) $\frac{5x-16}{6} = -\frac{x+8}{12} + \frac{x+1}{3}$

3. Resol:

a) $\frac{2}{3}(x - 3) + \frac{1}{5}(x - 5) = \frac{3}{5}\left(x + \frac{2}{3}\right) + \frac{4x}{15}$

b) $2x - \frac{1}{2}(1 + 3x) = \frac{3}{5}(x - 2) + \frac{1}{4}(3 - x)$

c) $2x(x + 3) + (3 - x)^2 = 3x(x + 1)$

Equacions de segon grau

4. Les següents equacions de segon grau són incompletes. Troba les seves solucions sense utilitzar la fórmula general:

a) $3x^2 - 12x = 0$

b) $2x^2 - 5x = 0$

5. Resol:

a) $x^2 + 4x - 21 = 0$

b) $9x^2 - 12x + 4 = 0$

c) $4x^2 + 28x + 49 = 0$

6. Opera i resol:

a) $(x - 2)(3x + 2) = (x - 4)(2x + 1)$

b) $(x + 1)^2 = (x + 1)(2x - 3)$

7. Resol les equacions següents:

a) $\frac{x}{3}(x - 1) - \frac{x}{4}(x + 1) + \frac{3x + 4}{12} = 0$

b) $\frac{(5x - 4)(5x + 4)}{4} = \frac{(3x - 1)^2 - 9}{2}$

Equacions de grau més gran que dos

8. Resol aquestes equacions biquadrades:

a) $x^4 - 13x^2 + 36 = 0$

b) $x^4 - 5x^2 + 6 = 0$

Resol problemes

9. El preu d'unes sabates s'apuja primer un 15 % i s'abaixa després un 20 %. D'aquesta manera, el preu inicial disminueix en 6,96 €. Quin era aquest preu?

10. A la festa benèfica que va organitzar una escola bressol es van recaptar 2.136 €. Hi van assistir 90 adults i 116 nens. Si l'entrada dels nens costava 10 € menys que la dels adults, quant valia l'entrada dels adults?

11. Dues ciutats, A i B, disten 150 km. Un camió surt de A cap a B a 80 km/h. A la mateixa hora surt, de B cap a A, un cotxe que tarda 45 min a trobar-se amb el camió. A quina velocitat circula el cotxe?

12. En barrejar 30 kg d'una pintura amb 50 kg d'una altra de qualitat inferior, obtenim una barreja de 3,30 €/kg. Si el preu de la primera pintura és la meitat del preu de la segona, quin és el preu de cada pintura?

13. Quin ha de ser el valor de x perquè l'àrea de la part pintada de la figura sigui 204 cm^2?

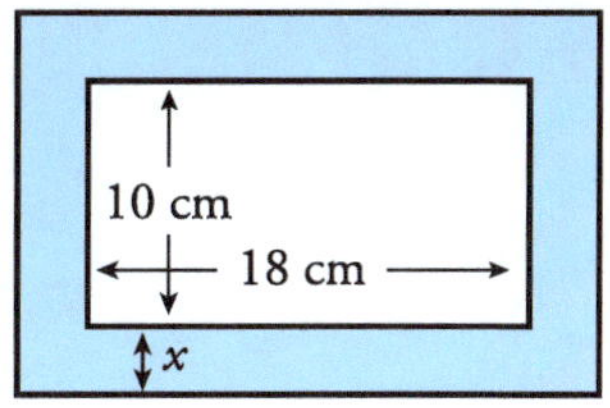

És el teu torn

14. Si x és l'edat del Lluc i volem saber l'edat del Lluc i del seu pare, planteja un enunciat per al problema que tingui com a solució la següent equació:

$(x-2)^2 + (5x-2)^2 = 1.480$

15. Planteja una equació de segon grau que tingui com a solucions $x_1 = 2$ i $x_2 = -1$; i una altra que tingui com a solució doble $x = 4$. Per saber si has plantejat bé les equacions, mostra-les a un company perquè les resolgui.

Ho has fet bé?

» MATEMÀTIQUES EN CONTEXT

SITUACIÓ D'APRENENTATGE

LA MASIA DELS AVIS

Els avis de la Júlia i el Jordi viuen en una antiga masia envoltada per un jardí, enmig dels camps on l'avi conrea blat de moro, patates, verdures i arbres fruiters. La Júlia i el Jordi solen passar les vacances a la masia dels avis. Els agrada molt fer llargues passejades pels camps i els boscos que hi ha prop de la masia i escoltar les històries que els explica l'avi i que ell anomena «rondalles a la vora del foc». A més, el menjar que fa l'àvia sembla que és molt millor que el que mengen a la ciutat; especialment les pomes, les taronges i les peres que creixen als fruiters de l'avi. I diuen que a les golfes de la casa s'hi amaga un tresor!

1. Enigmes a la inversa

Com ja sabeu, a la Júlia li encanten els enigmes. Ara proposa un joc al seu germà; es tracta de plantejar primer una igualtat matemàtica i, a partir d'aquesta, enunciar un enigma que s'hi ajusti. Per exemple:

- Quin serà l'enunciat d'aquest enigma i quin és el resultat que obtindrem sempre?

$(5x + 3 - 1 + 4 - 1) : 5 - x$

2. Una caixa de fruita

L'avi de la Júlia i el Jordi ha portat, de l'hort, una caixa de fruita amb 8 dotzenes de peces de fruita (pomes, peres i taronges) que es distribueixen de la manera següent:

- Les pomes quintupliquen les peres i les taronges són tantes com la semidiferència (meitat de la diferencia entre dues quantitats) entre pomes i peres. Quantes peces hi ha de cada tipus?

BARCANOVA EDITORIAL

3. Un cofre ple de diners a les golfes

L'avi de la Júlia i el Jordi guarda un cofre molt antic amb monedes de plata a les golfes de la masia. La Júlia i el Jordi hi van pujar i el van obrir amb molt de compte. Damunt les monedes hi van trobar un pergamí enrotllat en què es podia llegir el següent:

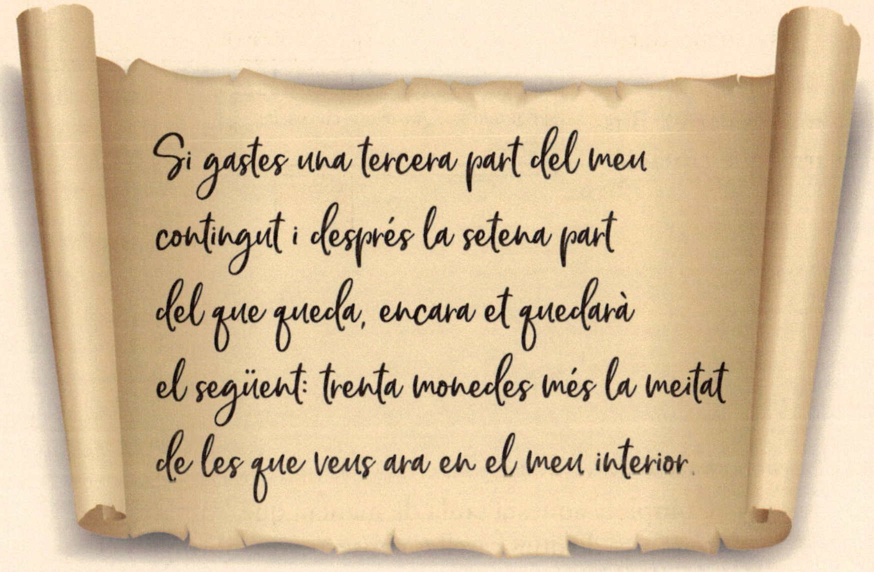

Quantes monedes tenia l'avi en el cofre?

Pensa un altre text amb unes proporcions diferents del contingut del cofre, i planteja el problema a un company o companya de classe. Abans l'has d'haver resolt tu i has d'haver-ne comprovat la solució.

» TALLER DE MATEMÀTIQUES

Sabies que...

Equació ve del terme llatí *aequatio*, que, al seu torn, deriva *d'aequare* (igualar) o *aequus* (igual).

A la dreta tens altres paraules del català amb la mateixa arrel. Busca quatre paraules més que tinguin la mateixa arrel que **equació**.

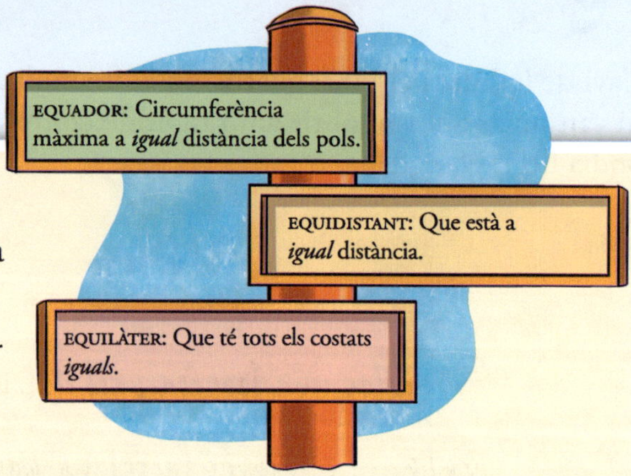

» UTILITZA EL TEU ENGINY

En perfecte equilibri

Si cada bola pesa un quilo, quant pesa cada capsa?

Utilitza la x

Completa aquesta taula de manera que, sumant els nombres de dues caselles consecutives, obtinguis el nombre de la següent:

5						81

» ENTRENA'T RESOLENT ALTRES PROBLEMES

- Un granger, després de collir els ous que han post les gallines, pensa el següent: si els envaso per dotzenes, me'n sobren 5; si en tingués un altre, podria envasar-los, exactament, en capses de 10; i gairebé n'he collit 100. Quants ous va collir el granger?

- El rellotge d'un campanar tarda 15 segons a tocar les sis. Quant tardarà a tocar les dotze?

BARCANOVA EDITORIAL

» POSA'T A PROVA

1. Resol mentalment les següents equacions i explica el procés seguit:

a) $(x + 13)^2 = 25$

b) $\sqrt{x^2 + 15} = 8$

2. Resol, per tempteig, amb ajuda de la calculadora:

a) $(x - 14)^3 = x + 10$

b) $\sqrt{x^4 - x^2} = 5$

3. Resol:

a) $\frac{3x - 2}{5} - \frac{3(x + 1)}{10} = \frac{3 - x}{4} - \frac{9}{10}$

b) $\frac{x + 1}{2} = x - \frac{2x + 3}{4}$

4. Resol les equacions següents:

a) $(x + 3)(x - 3) - 25x = 9x - 298$

b) $x^4 - 5x^2 - 6 = 0$

5. Barregem 6 kg de farina d'1,30 €/kg amb una altra de 0,70 €/kg per obtenir una barreja d'1,10 €/kg. Quina quantitat del segon tipus de farina hi hem de posar?

6. Tres amics cobren 540 € per fer una feina. El primer va treballar 12 hores i el segon, que va treballar 2 hores més que el tercer, va rebre 180 €. Quantes hores va treballar cada amic? Quants diners corresponen a cada un?

UNITAT 6

SISTEMES D'EQUACIONS

RESOLUCIÓ DE PROBLEMES · RAONAMENT I PROVA
CONNEXIONS · COMUNICACIÓ I REPRESENTACIÓ · SOCIOEMOCIONAL

Sistemes d'equacions a Mesopotàmia

Els babilonis van estudiar les equacions i els sistemes d'equacions, però van prestar molta més atenció als segons.

Un problema babilònic

Els babilonis resolien equacions per pur tempteig: feien proves amb diferents quantitats fins que encertaven la solució. En una de les seves tauletes hi ha el problema següent:

$\frac{1}{4}$ *amplada + longitud = 7 mans*

amplada + longitud = 10 mans

Avenços a la Xina

En un dels llibres de matemàtiques més antics de la Xina, el *Llibre dels nou capítols* (segle I aC), es proposen problemes que donen lloc a sistemes de fins a quatre equacions amb quatre incògnites. I es resolen mitjançant mètodes molt avançats.

Un problema xinès

En els nostres camps es conreen tres classes de blat; tres gavelles de la primera classe, dues de la segona classe i una de la tercera fan 20 mesures; dues de la primera, tres de la segona i una de la tercera fan 19 mesures; i una de la primera, dues de la segona i tres de la tercera fan 16 mesures. Quantes mesures de gra s'obtenen d'una gavella de cada classe?

$3x + 2y + z = 20$

$2x + 3y + z = 19$

$x +$ ___ = ___

També els grecs

En el segle III, a Alexandria, **Diofant** va plantejar problemes algebraics que es podien traduir fàcilment a sistemes d'equacions. Però ell els resolia designant una incògnita, hàbilment escollida, de manera que pogués plantejar, directament, una única equació. Per exemple, en el seu llibre *Aritmètica* proposava problemes com aquest:

Obteniu dos nombres que sumin 20 i els quadrats dels quals sumin 208.

BARCANOVA EDITORIAL

RESOL

1. Tradueix a llenguatge algebraic el problema de la tauleta babilònica de la pàgina anterior i calcula, per tempteig, la longitud i l'amplada expressades en mans.

2. El problema xinès de les gavelles de blat es resol amb un sistema de tres equacions amb tres incògnites. Completa el sistema que apareix al costat de l'enunciat en la pàgina anterior i comprova que la solució és $x = 4$, $y = 3$, $z = 2$.

3. Planteja un sistema d'equacions per al problema que Diofant va proposar en el seu llibre *Aritmètica*. Prova de trobar una solució.

1. EQUACIONS LINEALS AMB DUES INCÒGNITES

- La **solució** d'una equació amb dues incògnites és qualsevol parell de valors que fan certa la igualtat. Les **equacions lineals** són equacions polinòmiques de primer grau: $ax + by = c$. Una equació lineal amb dues incògnites té infinites solucions. Les incògnites se solen designar amb les lletres x i y. De tota manera, poden utilitzar-se altres lletres.
- **Representació gràfica.** L'equació $ax + by = c$ **es representa mitjançant una recta.** L'expressió $ax + by = c$ és l'equació de la recta. Els punts de la recta són solucions de l'equació.
- Per obtenir solucions d'una equació lineal amb dues incògnites, aïllem una de les incògnites i donem valors a l'altra. Per exemple:

$$2x - 5y = 7 \rightarrow y = \frac{2x - 7}{5} \rightarrow$$

x	1	3,5	6	11	0
y	–1	0	1	3	–1,4

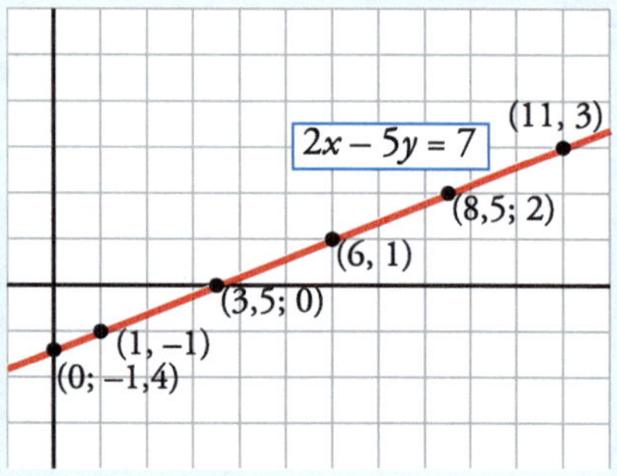

» APLICA EL QUE HAS APRÈS

1. Completa les taules de valors per a cada recta i representa-les gràficament . Recorda que has d'aïllar la incògnita y.

a) $2x - 3y = 3 \rightarrow y =$ ______

x	–3	0	3	6	9
y					

b) $5x + 3y = 18 \rightarrow y =$ ______

x	0	1	2	3	6
y					

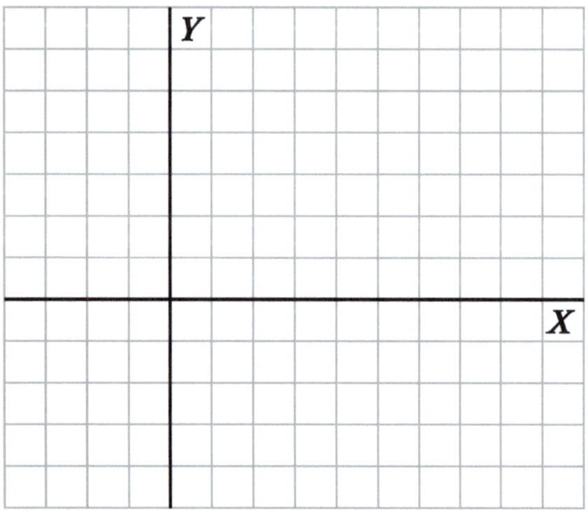

2. Comprova si cada un dels parells de valors següents són solució de l'equació $4x - 3y = 12$:

a) $x = 6, \; y = 4$

b) $x = 6, \; y = 12$

3. Representa les rectes d'equacions:

$$2x - y = 6 \qquad x + y = 0$$

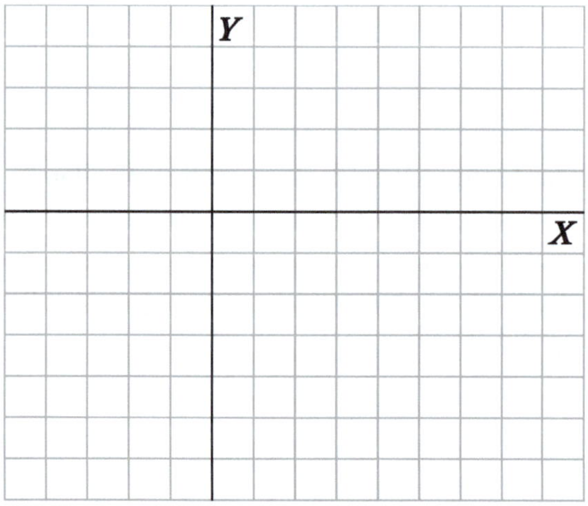

2. SISTEMES D'EQUACIONS LINEALS

- Dues equacions formen un **sistema d'equacions** quan el que pretenem és trobar-ne la solució comuna. Quan dues equacions formen un sistema, les posem d'aquesta manera:

$$\begin{cases} ax + by = c \\ a'x + b'y = c' \end{cases}$$

- Si les dues equacions del sistema són lineals, parlarem de **sistema lineal**.
- Anomenem **solució** d'aquest sistema lineal la solució comuna a totes dues.

Per exemple:

$$\begin{cases} 2x - 3y = 3 \\ 5x + 3y = 18 \end{cases}$$

La solució d'aquest sistema lineal és $x = 3$, $y = 1$, perquè és solució de totes dues equacions.

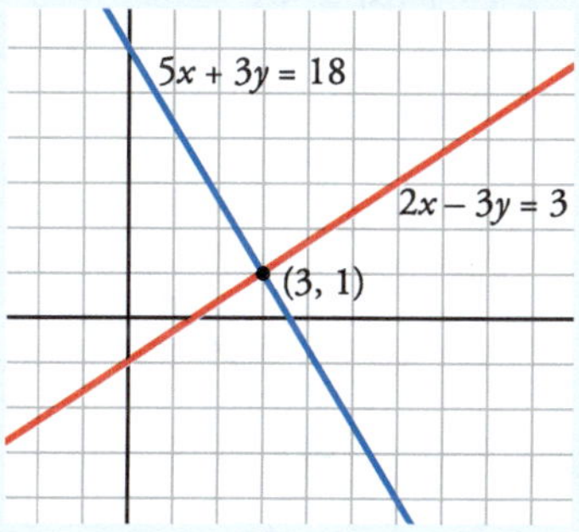

EXERCICI RESOLT

1. ***Estudia si algun dels parells $x = -3$, $y = 5$ i $x = 2$, $y = \frac{1}{2}$ és solució del sistema següent:***

$$\begin{cases} 3x - y = -14 \\ 9x + 10y = 23 \end{cases}$$

Recorda que un parell x i y és solució d'un sistema quan ho és de totes dues equacions.

$$\begin{cases} 3x - y = -14 \\ 9x + 10y = 23 \end{cases} \quad \begin{cases} x = -3,\ y = 5 \begin{cases} -9 - 5 = -14 & \text{SÍ} \\ -27 + 50 = 23 & \text{SÍ} \end{cases} \text{SÍ ÉS SOLUCIÓ.} \\ x = 2,\ y = \dfrac{1}{2} \begin{cases} 6 - (1/2) = 11/2 & \text{NO} \\ 18 + 5 = 23 & \text{SÍ} \end{cases} \text{NO ÉS SOLUCIÓ.} \end{cases}$$

» APLICA EL QUE HAS APRÈS

4. Digues si els parells $x = -1$, $y = 4$ i $x = 7$, $y = 8$ són solució de cada un dels sistemes següents:

a) $\begin{cases} -6x + 5y = 26 \\ x - 2y = -9 \end{cases}$

b) $\begin{cases} 5x + y = 43 \\ 3x + y = 1 \end{cases}$

c) $\begin{cases} -2x + 4y = 18 \\ 3x - 2y = 5 \end{cases}$

d) $\begin{cases} x + y = 15 \\ x - y = -1 \end{cases}$

3. SISTEMES EQUIVALENTS

- Dos **sistemes** d'equacions són **equivalents** quan tenen la mateixa solució. Per exemple:

a) $\begin{cases} 5x + 4y = 32 \\ x - \ \ y = 1 \end{cases}$ **b)** $\begin{cases} x - 4y = -8 \\ 3x + \ \ y = 15 \end{cases}$ són equivalents.

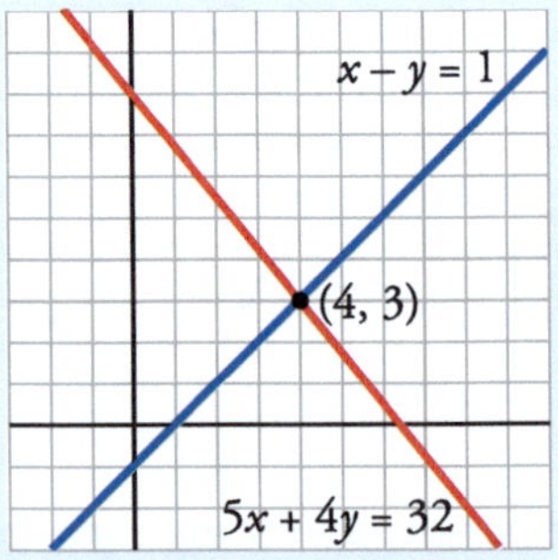

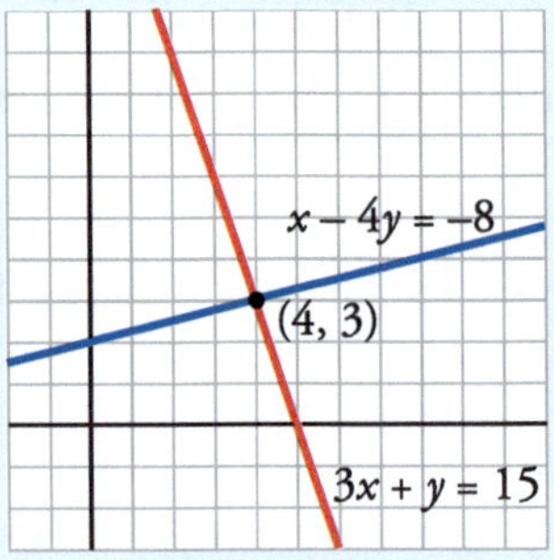

Les rectes que representen els dos sistemes equivalents són diferents, però en els dos casos es tallen en el mateix punt (4, 3), que és la solució dels dos sistemes.

» APLICA EL QUE HAS APRÈS

5. Representa aquests tres sistemes equivalents que s'obtenen per resoldre el primer:

$$\begin{cases} x + y = 9 \\ x - y = 3 \end{cases} \rightarrow \begin{cases} x + y = 9 \\ 2x \qquad = 12 \end{cases} \rightarrow \begin{cases} x = 6 \\ y = 3 \end{cases}$$

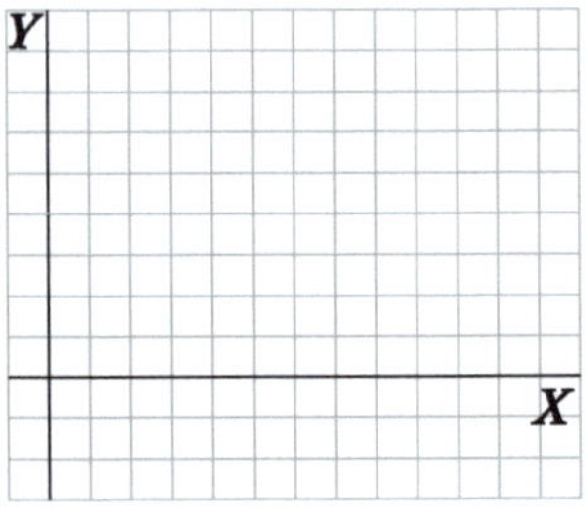

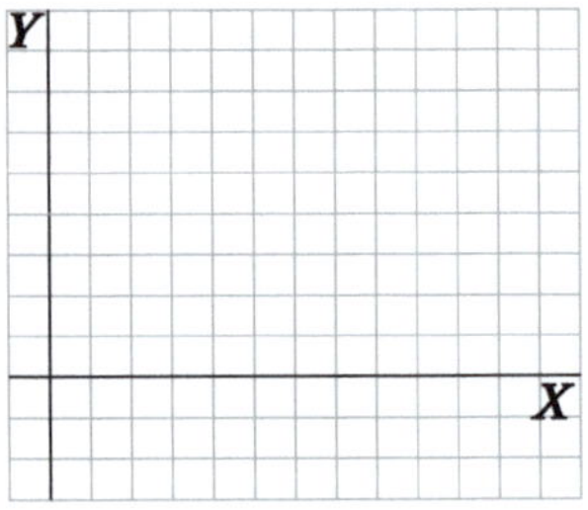

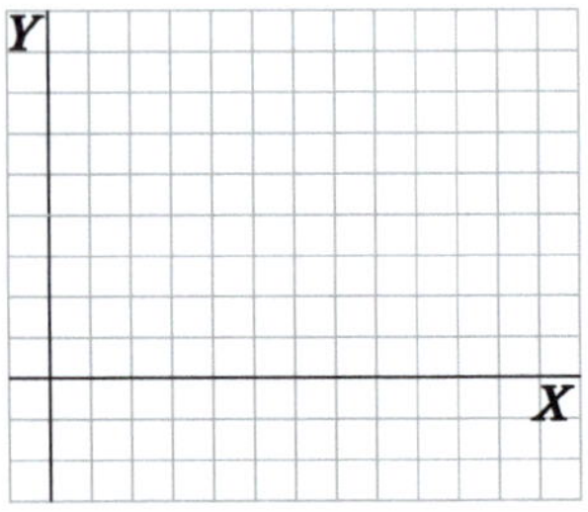

6. Representa els parells de rectes corresponents a cada sistema i digues si són equivalents:

a) $\begin{cases} x - 2y = -2 \\ 2x + 2y = 8 \end{cases}$

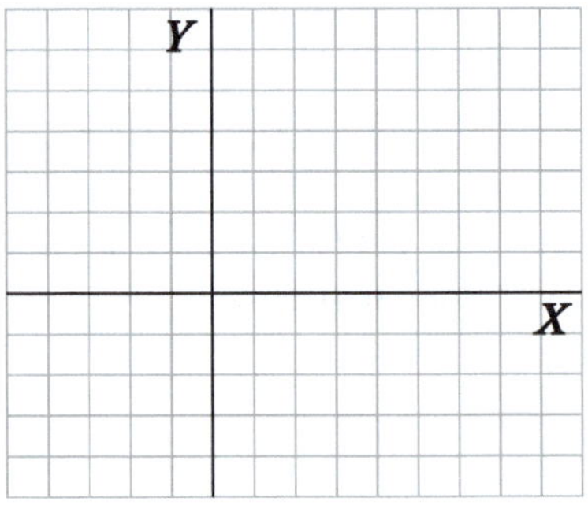

b) $\begin{cases} y - x = 0 \\ y \qquad = 2 \end{cases}$

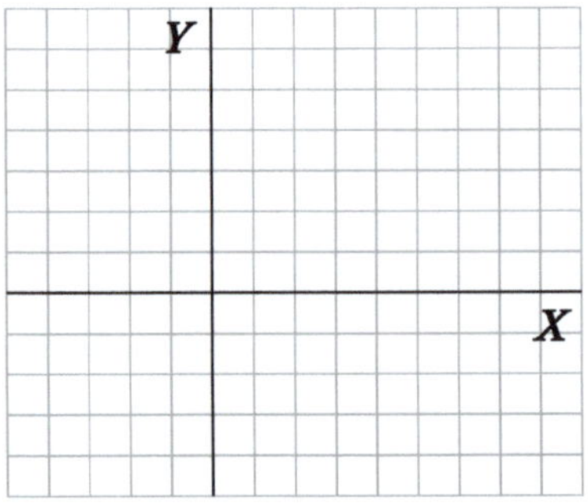

4. TIPUS DE SISTEMES SEGONS EL NOMBRE DE SOLUCIONS

- **Sistemes amb una solució.** Els sistemes que tenen una única solució s'anomenen **compatibles determinats (SCD)**. Gràficament, són dues rectes que es tallen en un punt.
- **Sistemes amb infinites solucions.** Els sistemes que tenen infinites solucions s'anomenen **compatibles indeterminats (SCI)**. Gràficament, són dues rectes coincidents: tots els seus punts són comuns.
- **Sistemes sense solució.** Els sistemes que no tenen solució s'anomenen **incompatibles (SI)**. Gràficament, són dues rectes paral·leles: no tenen cap punt en comú.

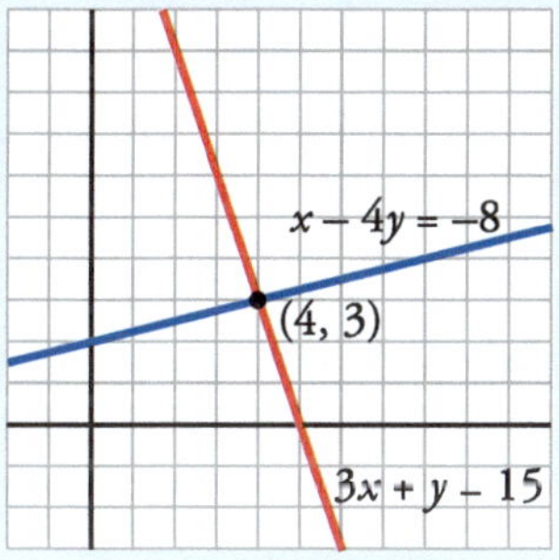

Sistema compatible determinat

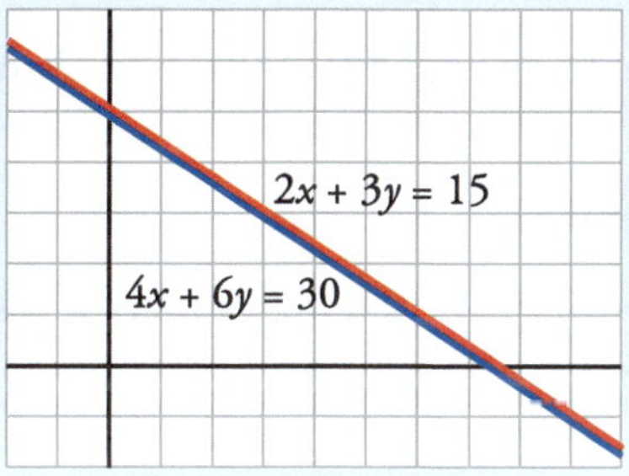

Sistema compatible indeterminat

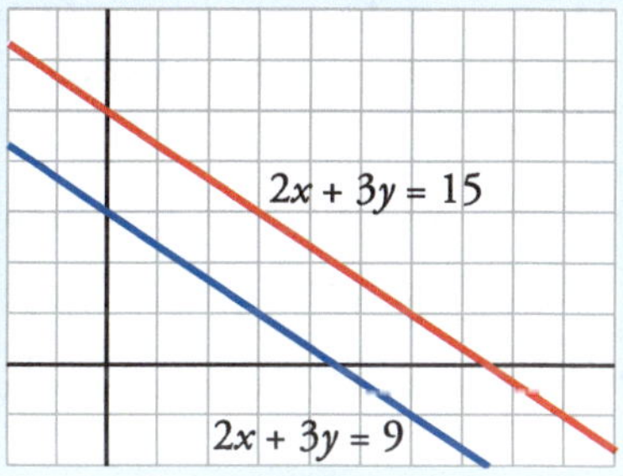

Sistema incompatible

» APLICA EL QUE HAS APRÈS

7. Digues quin d'aquests sistemes és compatible determinat, quin incompatible i quin compatible indeterminat.

a) $\begin{cases} 2x + y = 7 \\ 2x + y = 0 \end{cases}$

b) $\begin{cases} 2x + y = 7 \\ -2x + 5y = 10 \end{cases}$

c) $\begin{cases} 2x + y = 7 \\ 4x + 2y = 14 \end{cases}$

d) $\begin{cases} 2x + y = 7 \\ 2x - y = 1 \end{cases}$

8. Completa els sistemes perquè a) sigui SCD amb solució $x = 6$, $y = -1$; b) sigui SI, i c) i d) siguin SCI:

a) $\begin{cases} x - 4y = \ldots\ldots \\ 2x \ldots\ldots = 13 \end{cases}$

b) $\begin{cases} 2x + y = 8 \\ 4x + 2y = \ldots\ldots \end{cases}$

c) $\begin{cases} 2x + y = 8 \\ 4x \ldots\ldots = \ldots\ldots \end{cases}$

d) $\begin{cases} 5x + 11y = \ldots\ldots \\ \ldots\ldots + 33y = 9 \end{cases}$

9. Quins valors han de prendre a i b perquè el sistema següent tingui infinites solucions?

$$\begin{cases} 3x + 2y = 5 \\ ax + by = 15 \end{cases}$$

Escriu tres solucions del sistema.

5. MÈTODES DE RESOLUCIÓ DE SISTEMES

- **Mètode de substitució.** Aquest mètode de resolució d'un sistema d'equacions consisteix a aïllar una incògnita en una de les equacions i «substituir-la» en l'altra. Els passos que cal aplicar són els següents:
  ① Aïllem una incògnita en una de les equacions.
  ② Substituïm l'expressió d'aquesta incògnita en l'altra equació i obtenim una equació amb una sola incògnita.
  ③ Resolem aquesta equació.
  ④ Substituïm el valor obtingut en l'equació en què apareixia la incògnita aïllada.
  ⑤ Hem obtingut, així, la solució del sistema.
- El mètode de substitució és especialment útil quan una de les incògnites té coeficient 1 o –1 en alguna de les equacions.

$$\begin{cases} 3x + 2y = 18 \\ x - 3y = -5 \end{cases}$$

① Aïllem x en la segona equació:

$$x = 3y - 5$$

② Substituïm en la primera equació:

$$3(3y - 5) + 2y = 18$$

$$\Downarrow$$

③ $9y - 15 + 2y = 18 \rightarrow y = 3$

$$\Downarrow$$

④ $x = 3 \cdot 3 - 5 = 4$

⑤ *Solució:* $x = 4,\ y = 3$

» APLICA EL QUE HAS APRÈS

10. Resol, pel mètode de substitució, els sistemes següents. Quin creus que és més complicat de resoldre per aquest mètode?

a) $\begin{cases} x + 3y = 5 \\ 5x + 7y = 13 \end{cases}$

b) $\begin{cases} 3x + 9y = 4 \\ 2x + 3y = 1 \end{cases}$

c) $\begin{cases} 6x + 3y = 0 \\ 3x - y = 3 \end{cases}$

d) $\begin{cases} x - 4y = 11 \\ 5x + 7y = 1 \end{cases}$

- **Mètode d'igualació.** Consisteix a aïllar la mateixa incògnita en les dues equacions i «igualar» les expressions que en resulten. Els passos que convé fer per aplicar aquest mètode són els següents:
  ① Aïllem la mateixa incògnita en les dues equacions.
  ② Igualem les expressions, la qual cosa dona lloc a una equació amb una sola incògnita.
  ③ Resolem aquesta equació.
  ④ Substituïm el valor obtingut en qualsevol de les dues expressions en què apareixia aïllada l'altra incògnita.
  ⑤ Hem obtingut, així, la solució del sistema.
- El mètode d'igualació és semblant al de substitució i se sol utilitzar en les mateixes circumstàncies que aquest.

$$\begin{cases} 3x + 2y = 18 \\ x - 3y = -5 \end{cases}$$

① Aïllem la x en cada equació:

$$x = \frac{18 - 2y}{3}, \quad x = -5 + 3y$$

② Igualem les dues expressions:

$$\frac{18 - 2y}{3} = -5 + 3y$$

⇓

③ $18 - 2y = 3(-5 + 3y) \rightarrow y = 3$

⇓

④ $x = -5 + 3 \cdot 3 = 4$

⑤ *Solució:* $x = 4, \ y = 3$

» APLICA EL QUE HAS APRÈS

11. Resol, pel mètode d'igualació, els sistemes següents:

a) $\begin{cases} 3x + 8y = 5 \\ 2x - 2y = 7 \end{cases}$

b) $\begin{cases} 3x - 5y = -1 \\ 7x + 10y = 2 \end{cases}$

c) $\begin{cases} 5x + 3y = 28 \\ 7x + 2y = -7 \end{cases}$

d) $\begin{cases} 2x + 9y = -1 \\ 3x + 15y = -1 \end{cases}$

- **Mètode de reducció.** Aquest mètode consisteix a preparar les dues equacions perquè una de les incògnites tingui el mateix coeficient en totes dues però amb diferent signe. Els passos a seguir són els següents:

① Preparem les dues equacions (multiplicant-les pels nombres que convingui).

② En sumar-les, desapareix una de les incògnites.

③ Resolem l'equació que en resulta.

④ Substituïm el valor obtingut en una de les equacions inicials i la resolem.

⑤ Hem obtingut, així, la solució del sistema.

① $\begin{cases} 3x + 2y = 7 \\ 4x - 3y = 15 \end{cases}$ Multipliquem els dos membres per 4 → $12x + 8y = 28$; Multipliquem els dos membres per −3 → $-12x + 9y = -45$

② $17y = -17$

③ $y = -1$

④ $3x + 2 \cdot (-1) = 7 \rightarrow 3x = 7 + 2 \rightarrow x = 3$

⑤ *Solució:* $x = 3,\ y = -1$

- El mètode de reducció és molt còmode d'aplicar quan una incògnita té el mateix coeficient en les dues equacions o bé els coeficients són l'un múltiple de l'altre.

» APLICA EL QUE HAS APRÈS

12. Resol, pel mètode de reducció, els sistemes següents:

a) $\begin{cases} 3x + 5y = 11 \\ 4x - 5y = 38 \end{cases}$

b) $\begin{cases} x - 4y = 11 \\ 5x + 7y = 1 \end{cases}$

c) $\begin{cases} x + 3y = 5 \\ 5x + 7y = 13 \end{cases}$

d) $\begin{cases} 6x + 3y = 0 \\ 3x - y = 3 \end{cases}$

GeoGebra. Practica el mètode de reducció

6. SISTEMES D'EQUACIONS NO LINEALS

- Quan alguna de les equacions d'un sistema no és lineal, es diu que el **sistema d'equacions** és **no lineal**. En aquest curs només resoldrem sistemes no lineals amb equacions quadràtiques (de segon grau). Aquests sistemes els anomenarem **sistemes quadràtics**.

EXERCICI RESOLT

2. ***Resol aquest sistema:***

$$\begin{cases} x^2 + y^2 = 58 \\ x^2 - y^2 = 40 \end{cases}$$

Utilitzem el mètode de reducció.

Sumem les dues equacions: $2x^2 = 98 \rightarrow x^2 = 49 \rightarrow x = 7,\ x = -7$

Si $x = 7$, llavors: $y^2 = 58 - 7^2 = 9 \rightarrow y = 3,\ y = -3$

Si $x = -7$, llavors: $y^2 = 58 - (-7)^2 = 9 \rightarrow y = 3,\ y = -3$

Solució: $\begin{cases} x_1 = 7,\ y_1 = 3 \\ x_2 = 7,\ y_2 = -3 \\ x_3 = -7,\ y_3 = 3 \\ x_4 = -7,\ y_4 = -3 \end{cases}$

» APLICA EL QUE HAS APRÈS

13. Resol aquests sistemes i dona la solució o indica que no en tenen:

a) $\begin{cases} x + y = 6 \\ x^2 + y^2 = 20 \end{cases}$

b) $\begin{cases} x + y = 16 \\ x^2 + y^2 = 64 \end{cases}$

c) $\begin{cases} x^2 + y^2 = 41 \\ x^2 - y^2 = 9 \end{cases}$

d) $\begin{cases} x - y = 4 \\ x^2 - y^2 = 64 \end{cases}$

7. RESOLUCIÓ DE PROBLEMES MITJANÇANT SISTEMES

- Els passos a seguir per resoldre un problema mitjançant un sistema d'equacions són els següents:
  ① Identificar els elements que hi intervenen i donar nom a les incògnites.
  ② Expressar mitjançant equacions les relacions que hi ha.
  ③ Resoldre el sistema d'equacions que en resulta.
  ④ Interpretar la solució, ajustant-la a l'enunciat.

PROBLEMA RESOLT

3. ***La diagonal d'un rectangle mesura 26 m, i el perímetre, 68 m. Calcula la mesura dels seus costats.***

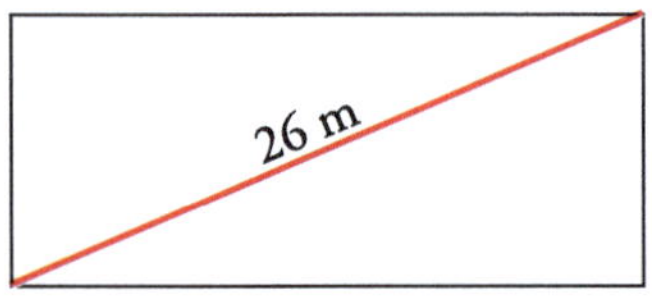

Anomenem x la base del rectangle i y, l'altura.

- Com que la diagonal mesura 26 m, pel teorema de Pitàgores tenim: $x^2 + y^2 = 26^2$.
- Com que el perímetre mesura 68 m, llavors $2x + 2y = 68 \rightarrow x + y = 34$.

Resolem el sistema: $\begin{cases} x^2 + y^2 = 26^2 \\ x + y = 34 \end{cases} \rightarrow \begin{cases} x^2 + y^2 = 26^2 \\ x = 34 - y \end{cases} \rightarrow$

$\rightarrow (34 - y)^2 + y^2 = 26^2 \rightarrow 2y^2 - 68y + 480 = 0 \rightarrow y = 24, \ y = 10$

Substituïm aquests valors de y en la 2a equació:

Si $y = 24 \rightarrow x = 34 - 24 = 10$
Si $y = 10 \rightarrow x = 34 - 10 = 24$
} Encara que hi hagi dues solucions, en realitat es tracta de la mateixa.

Els costats del rectangle mesuren 24 m i 10 m.

» APLICA EL QUE HAS APRÈS

14. Ahir, en una classe, hi havia 10 nois més que noies. Avui, que ha entrat una noia nova, el nombre de nois és el doble que el de noies. Quants nois i noies hi havia ahir en la classe?

15. He pagat 90,50 € per una camisa i un jersei que costaven, entre tots dos, 110 €. Per la camisa m'han fet un descompte del 20 % i pel jersei, del 15 %. Quin era el preu original de cada article?

GeoGebra. Resol els problemes «Les llaunes» i «Les barreges.»

» OBSERVA, RAONA I RESOL

1. BARREGES

Un cellerer ha barrejat dues garrafes de vi; la primera, de millor qualitat, de 3 €/ℓ i la segona, de qualitat inferior, de 2,20 €/ℓ. D'aquesta manera ha obtingut 16 ℓ d'un vi de qualitat intermèdia que surt a 2,50 €/ℓ. Quina quantitat de vi hi havia en cada garrafa?

Anomenem x els litres de vi de millor qualitat i y els de qualitat inferior.

- Com que hi ha 16 ℓ de barreja: $x + y = 16$
- Com que la barreja surt a 2,50 €/ℓ: $3x + 2{,}20y = 2{,}50 \cdot 16$

Resolem el sistema: $\begin{cases} x + y = 16 \\ 3x + 2{,}20y = 40 \end{cases} \rightarrow \begin{cases} x = 16 - y \\ 3x + 2{,}20y = 40 \end{cases} \rightarrow$

$\rightarrow 3(16 - y) + 2{,}20y = 40 \rightarrow 48 - 3y + 2{,}20y = 40 \rightarrow 0{,}8y = 8 \rightarrow y = 10$

Substituïm el valor de y en la 1a equació: $x = 16 - 10 = 6$

Hi havia 6 ℓ de vi en la primera garrafa i 10 ℓ en la segona.

Fes-ho tu Hem barrejat oli d'oliva de 3,50 €/ℓ amb oli de gira-sol de 2 €/ℓ per obtenir 50 ℓ de barreja a 3,08 €/ℓ. Calcula la quantitat d'oli d'oliva i d'oli de gira-sol que hem barrejat.

2. TRAPEZI

En un trapezi rectangle, el costat oblic és igual a la diagonal menor, la base menor mesura 3 m i el perímetre és de 18 m. Troba el costat oblic i l'altura.

En traçar la diagonal menor, BD, obtenim un triangle isòsceles, $\overline{BD} = \overline{CD} = x$. La seva altura, $\overline{DH} = \overline{AB} = h$, divideix la base BC en dues parts iguals, $\overline{BH} = \overline{HC} = \overline{AD} = 3$ m.

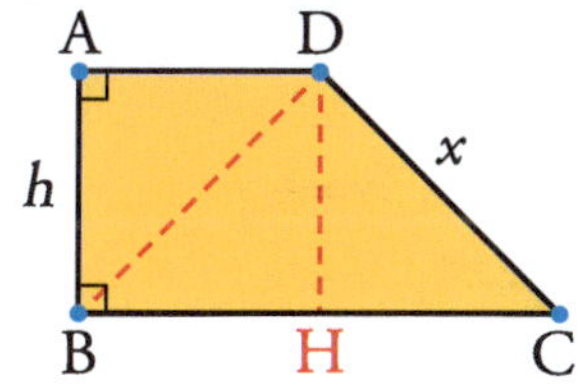

Perímetre = 18 m $\rightarrow 3 + h + 6 + x = 18$. L'altura, DH, és un catet del triangle rectangle DBH, per tant, $h^2 = x^2 - 3^2$. Resolem el sistema:

$\begin{cases} h + x = 9 \\ h^2 = x^2 - 3^2 \end{cases} \rightarrow \begin{cases} h = 9 - x \\ h^2 = x^2 - 9 \end{cases} \rightarrow (9 - x)^2 = x^2 - 9 \rightarrow x = 5;\ h = 4$

Fes-ho tu Les diagonals d'un rombe de 10 cm de costat sumen 28 cm. Quant mesura cada diagonal?

» EXERCITA LES TEVES COMPETÈNCIES

Practica

1. Resol gràficament els sistemes d'equacions següents:

a) $\begin{cases} 3x - y = 1 \\ x + 2y = 5 \end{cases}$

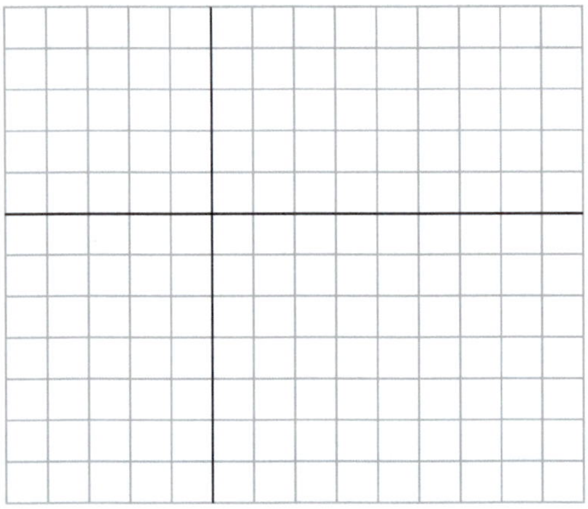

b) $\begin{cases} x + 3y = -5 \\ 2x - y = 4 \end{cases}$

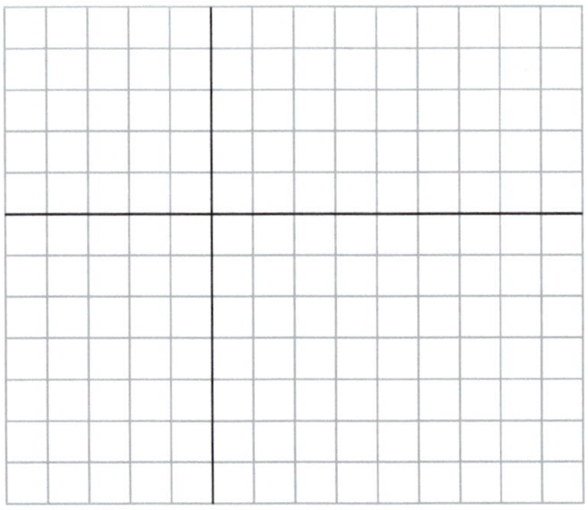

2. Resol per substitució:

a) $\begin{cases} x + 3y = 0 \\ 2x + y = -5 \end{cases}$

b) $\begin{cases} 7x - y = -6 \\ 4x + 3y = 3 \end{cases}$

3. Resol per igualació:

a) $\begin{cases} 3x - y = 1 \\ 2x + y = -1 \end{cases}$

b) $\begin{cases} y = 6x \\ 7x = 2y - 5 \end{cases}$

4. Resol per reducció:

a) $\begin{cases} 4x - 3y = 2 \\ 2x + y = -4 \end{cases}$

b) $\begin{cases} 2x + 3y = 1 \\ 4x - 5y = -9 \end{cases}$

5. Resol els sistemes següents. Indica si n'hi ha cap d'incompatible o d'indeterminat:

a) $\begin{cases} 2x - 5y = -2 \\ 3,25x - 2,5y = 8 \end{cases}$

b) $\begin{cases} x + y = 4 - y \\ 3x - 5 = 7 - 6y \end{cases}$

6. Simplifica i resol:

a) $\begin{cases} 2x + y = 0 \\ 5x - 3 = 9y - 3 \end{cases}$

b) $\begin{cases} \dfrac{x}{3} - \dfrac{y}{2} = 4 \\ \dfrac{x}{2} + \dfrac{y}{4} = 2 \end{cases}$

c) $\begin{cases} \dfrac{2-x}{3} + \dfrac{3+y}{6} = 2 \\ \dfrac{8-3x}{6} - \dfrac{2+y}{9} = 2 \end{cases}$

d) $\begin{cases} x - y = 2 \\ x^2 - y^2 = 16 \end{cases}$

Resol problemes

7. La diferència entre dos nombres és 24. Si sumem 8 a cada un, obtenim uns altres dos nombres tals que el més gran és el triple del més petit. Quins són els nombres?

8. En una fleca, l'Alícia compra 4 pastissets i 3 xocolatines per 8,75 €. Si la Mireia paga el mateix per 3 pastissets i 4 xocolatines, quant costa un pastisset? I una xocolatina?

9. En un test de 50 preguntes, per cada una d'encertada et donen 4 punts i per cada una d'errònia o no contestada et resten 3 punts. Si la meva nota ha estat el 58 % de la puntuació màxima que es pot obtenir, quants encerts i quantes errades he fet?

10. Fa tres anys, l'edat de la Núria era el doble de la de la Marta. D'aquí a 7 anys, serà 4/3 de la que llavors tingui la Marta. Calcula les seves edats.

11. Tinc dues rajoles de xocolata: una conté el 60 % de cacau, i l'altra el 85 %. Quina quantitat hauré de fondre de cada rajola per obtenir-ne una barreja de 300 g amb un 75 % de cacau?

12. Un total de 120 persones viatgen en dos autobusos. Si 2/5 de l'autobús amb més passatgers es traslladen a l'altre autobús, tots dos portaran el mateix nombre de persones. Quants viatgers portava cada autobús?

13. El perímetre d'un rectangle és 43,4 cm i la seva àrea, 112,2 cm^2. Troba les seves dimensions.

14. Quant mesura l'altura del triangle corresponent al vèrtex *B*? Totes les mesures estan donades en centímetres.

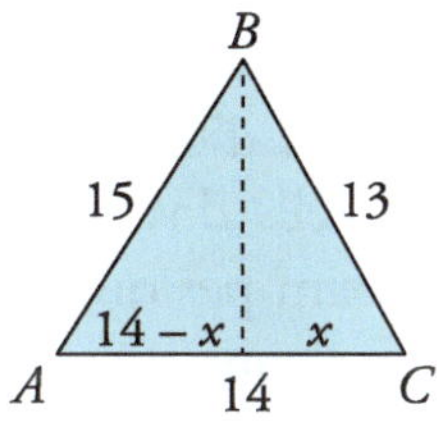

Reflexiona

15. Quin ha de ser el valor de m perquè els sistemes a) i b) siguin equivalents?

a) $\begin{cases} 2x - 3y = 1 \\ x + y = 8 \end{cases}$

b) $\begin{cases} x - y = m \\ y = 3 \end{cases}$

És el teu torn

16. En grups de tres, escriviu dos sistemes d'equacions dels quals un sigui compatible determinat, i l'altre, compatible indeterminat o incompatible. Una vegada tingueu els dos sistemes plantejats, feu-ne la resolució gràfica i la resolució numèrica de cadascun.

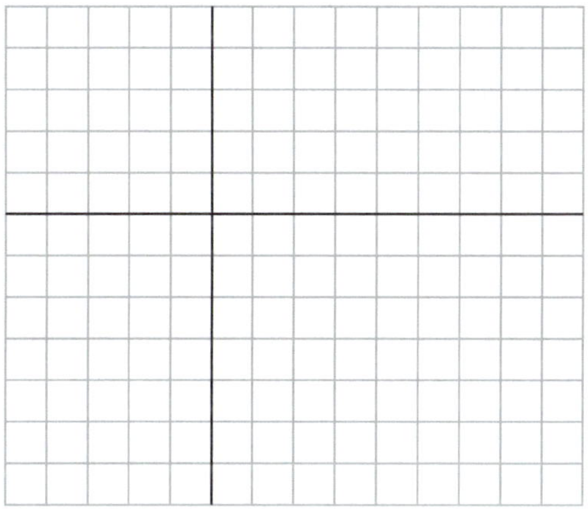

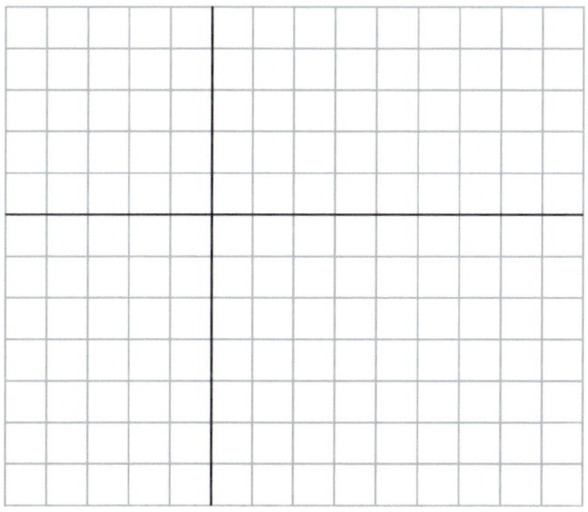

Per últim, escriviu un enunciat d'un problema que tingui com a plantejament el sistema d'equacions compatible determinat.

» MATEMÀTIQUES EN CONTEXT

SITUACIÓ D'APRENENTATGE

VIATGE A LA GARROTXA

La Júlia i el Jordi fan un viatge a la Garrotxa amb el seu avi i el seu oncle. Els han encarregat de comprar pernils i formatges d'Oix per a la botiga de la tieta Carme. També han de comprar tintura de pròpolis per fer els productes cosmètics que la tieta prepara a casa. La Júlia i el seu germà ho aprofitaran per anar d'excursió fins a la Fageda d'en Jordà. Serà un dia molt distret.

1. Un munt de pernils i formatges

L'avi i l'oncle de la Júlia i el Jordi van a comprar productes típics d'Oix per a la botiga de la tieta Carme. Mentre els nois es queden a Olot, ells dos agafen l'autobús que els portarà a Oix. El conductor els diu que el màxim pes que poden portar sense recàrrec en el preu del bitllet és de 40 kg per persona. Després de molts càlculs, pugen a l'autobús portant, cada un, 40 kg exactes de pernils i formatges. Entre tots dos porten 5 pernils (del mateix pes cada un) i 5 formatges (pesen tots el mateix). L'avi ha comprat el triple de pernils que de formatges, i l'oncle, el doble de formatges que de pernils.

Quant pesa cada pernil i cada formatge?

2. La tintura de pròpolis

La tieta Carme ven productes naturals de cosmètica. Ha encarregat a la Júlia que li porti tintura de pròpolis per elaborar els seus sabons i les seves cremes. Necessita 800 g de tintura al 25 % de concentració. Però a la botiga no els en queda i només tenen tintura al 10 % i al 50 %.

Quina quantitat de cada concentració hauran de comprar per aconseguir la quantitat i la concentració que necessita la tieta Carme?

3. Excursió a la Fageda

Com que l'avi i l'oncle tardaran a tornar del seu viatge a Oix, la Júlia i el Jordi decideixen anar d'excursió fins a la Fageda d'en Jordà, en direcció a Santa Pau. Només han pogut llogar una bicicleta, i per això la Júlia anirà a peu i el Jordi, amb bicicleta. Amb la bicicleta, el Jordi va a una velocitat mitjana de 20 km/h. Quan arriba a la Fageda, decideix continuar fins a l'Estany de Banyoles, que és a uns 30 km d'Olot. Retorna immediatament i arriba a la Fageda al mateix temps que la Júlia, que ha anat a una velocitat mitjana de 5 km/h.

a) Troba el temps que tarda el Jordi a completar tot el seu recorregut i a trobar-se amb la seva germana. Podries esbrinar la distància que hi ha des de la Fageda fins a Olot?

b) Quant temps ha tardat el Jordi a anar de la Fageda a Banyoles i tornar fins trobar-se amb la Júlia?

4. Canviant monedes per bitllets

L'avi i l'oncle de la Júlia i el Jordi ja han tornat de comprar pernils a Oix i encara els queda temps per anar al banc i canviar les monedes que els queden per bitllets. Han introduït 260 € al caixer i aquest els ha tornat 10 bitllets de 20 i 50 €. Quants bitllets de cada classe els ha donat el caixer?

» TALLER DE MATEMÀTIQUES

» INVESTIGA

Quadrat màgic

Ja saps que en un quadrat màgic, files, columnes i diagonals sumen el mateix. Prova ara de completar les caselles buides perquè el quadrat de la dreta resulti màgic.

3		
		1
	5	

Ajuda:

3		
	a	1
	5	b

→

3	$b-2$	$a+2$
$b+2$	a	1
$a-2$	5	b

→ $3 + a + b = (a-2) + a + (a+2)$

Si aprofundeixes en el problema, descobriràs la relació que ha d'existir entre a i b. I això et permetrà de trobar moltes solucions.

» ENTRENA'T RESOLENT ALTRES PROBLEMES

- Aquestes nou boles de billar tenen exactament la mateixa mida i totes pesen el mateix, llevat d'una que pesa una mica més que les altres.

Quantes pesades necessitaries fer a la balança per descobrir, amb absoluta seguretat, quina és la bola que pesa més?

- En un saló de te només se serveix te i pastís. Cada tassa de te val 1,10 € i cada ració de pastís 2,10 €. Diversos amics fan, tots ells, la mateixa consumició. El compte puja a un total de 30,10 €. Quants eren? Què va prendre cada un?

- Un patró contracta un servent per un sou anual d'1 capa i 25 monedes d'or. Al cap de cinc mesos, aquest s'acomiada, i rep, com a pagament, la capa i quatre monedes d'or. En quantes monedes està valorada la capa?

BARCANOVA EDITORIAL

» POSA'T A PROVA

1. Digues quin dels següents sistemes té una solució, quin és incompatible i quin és indeterminat:

a) $\begin{cases} 6x - 3y = 9 \\ 2x - y = 3 \end{cases}$

b) $\begin{cases} x - y = 2 \\ 2x + y = 7 \end{cases}$

2. Resol els sistemes següents:

a) $\begin{cases} \dfrac{x+1}{3} + y = 1 \\ \dfrac{x-3}{4} + 2y = 1 \end{cases}$

b) $\begin{cases} 1,5x + 0,25y = -2 \\ 2x - 0,5y = -6 \end{cases}$

c) $\begin{cases} x^2 - y^2 = 0 \\ 3x - y = 4 \end{cases}$

3. La diferència entre la longitud de les bases d'un trapezi isòsceles és de 4 cm; la seva altura mesura 9cm i la seva àrea és de 72 cm^2. Calcula la mesura de les bases.

4. Una agricultora comprova que, en el segon dels seus dos dipòsits d'aigua per a reg, hi ha 10 litres més que en el primer. Traspassa 18 litres del segon al primer i així aquest té el doble d'aigua que el segon. Calcula la quantitat d'aigua que tenia cada dipòsit.

5. En barrejar cafè de 7,50 €/kg amb cafè de 2,50 €/kg, s'obtenen 16 kg d'un cafè de 3,75 €/kg. Quina quantitat de cada cafè s'ha barrejat?

UNITAT 7

FUNCIONS. CARACTERÍSTIQUES

RESOLUCIÓ DE PROBLEMES · RAONAMENT I PROVA
CONNEXIONS · COMUNICACIÓ I REPRESENTACIÓ · SOCIOEMOCIONAL

Primers acostaments a la noció de funció

Les primeres referències conegudes que s'apropen a la idea de funció venen de l'antiguitat i estan relacionades amb l'astronomia. Els babilonis utilitzaven taules amb què provaven de predir fenòmens que es repetien periòdicament, com els moviments lunars i planetaris. En el segle II aC, el matemàtic grec **Ptolemeu** va estudiar també relacions entre algunes variables, però la seva concepció distava del concepte de funció.

Antecedents de les funcions

Podem atribuir a **Nicolau Oresme** (1323-1382) la primera aproximació al concepte de funció. Va ser el primer que va descriure les lleis de la natura com a relacions de dependència entre dues magnituds.

A finals del segle XVI, l'italià **Galileu** va fer un pas més: va considerar imprescindible mesurar, valorar quantitativament causes i efectes, i buscar alguna relació matemàtica que descrigués amb senzillesa un fenomen.

Un experiment de Galileu

Galileu, amb 17 anys, mentre assistia a un ofici religiós, es va distreure observant les oscil·lacions d'una immensa làmpada que penjava del sostre. Va intentar quantificar el temps de cada oscil·lació prenent les seves pulsacions com a unitat de mesura. Més tard, a casa seva, va completar l'experimentació amb pèndols de diferents longituds.

Aparició de les funcions

Les investigacions de Galileu sobre les relacions matemàtiques entre dues variables són un antecedent del concepte de funció que va anar prenent forma al llarg del segle XVII gràcies a grans matemàtics com **Descartes**, **Newton** i **Leibniz**. Finalment, en el segle XVIII, el matemàtic suís **Euler** va presentar una definició rigorosa semblant a la que s'accepta actualment.

RESOL

1. El matemàtic que va introduir la notació $f(x)$ per a les funcions va ser Leonhard Euler. Busca informació sobre la seva vida i les seves contribucions en el camp de les matemàtiques.

2. Suposa que fem un experiment similar al del jove Galileu, amb el pèndol, i obtenim els resultats següents (essent «l» la longitud del pèndol (en m) i «n» el nombre d'oscil·lacions per minut):

l	2	1,50	1,20	1	0,80	0,60	0,40	0,20
n	21	24,5	27,5	30	33,5	38,5	47,5	67

Representa aquestes dades en el sistema de coordenades. Comprova que els valors de la taula responen bastant bé a la relació: $n = \dfrac{30}{\sqrt{l}}$

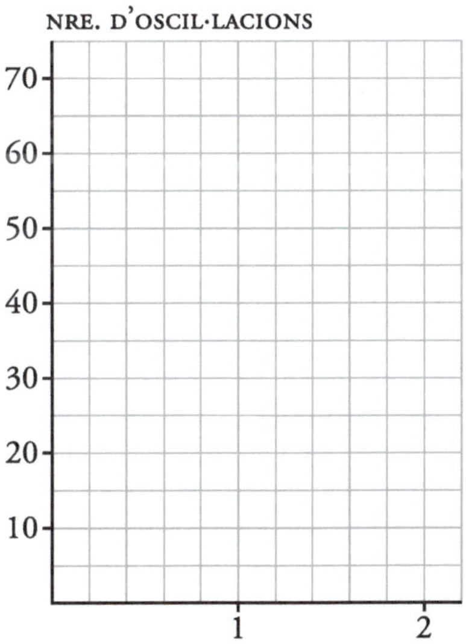

1. LES FUNCIONS I LES GRÀFIQUES

- Una **funció** és una relació entre dues variables a les quals, en general, anomenarem x i y. Les funcions serveixen per descriure fenòmens físics, econòmics, biològics, sociològics o, simplement, per expressar relacions matemàtiques.
- En una funció, x és la **variable independent** i y, la **variable dependent**. La funció associa a cada valor de x **un únic** valor de y. Es diu que y és funció de x i es representa $y = f(x)$.
- **Representació gràfica.** Visualitzem el comportament d'una funció amb la seva representació gràfica:
  - Sobre uns **eixos cartesians** representem les dues variables: la x sobre l'eix horitzontal (eix **d'abscisses**) i la y sobre l'eix vertical (eix **d'ordenades**).
  - Cada punt de la gràfica té dues **coordenades**: l'abscissa x i l'ordenada y.
  - El tram de valors de x per als quals hi ha valors de y s'anomena **domini de definició** de la funció. I el conjunt dels valors de y que pren la funció s'anomena **recorregut**.
  - Els eixos han d'estar graduats en sengles escales, de manera que es puguin quantificar els valors de les dues variables.

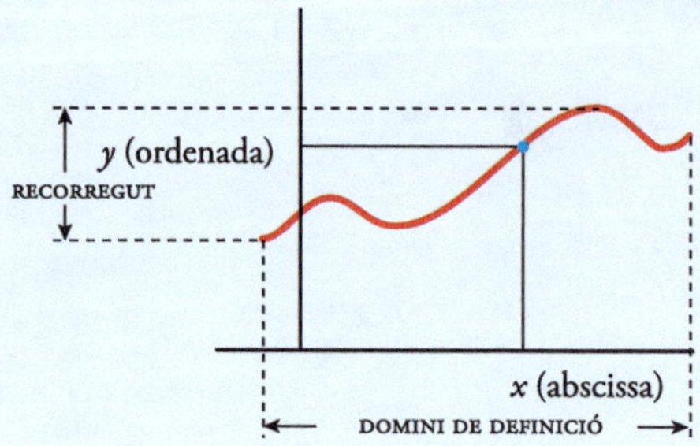

» APLICA EL QUE HAS APRÈS

1. Quatre germans d'una família van al mateix centre d'estudis. Observa la gràfica distància (d) - temps (t) de cada un:

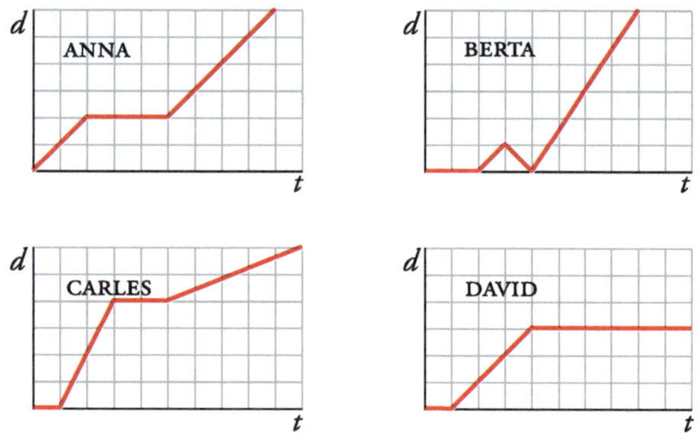

A la vista de les gràfiques, contesta les preguntes següents:

a) Qui ha sortit abans? __________

b) Qui ha arribat més tard? __________

c) Dos d'ells han anat a buscar els seus amics per anar junts a classe. Qui són? __________

d) Quin d'ells s'ha descuidat alguna cosa a casa? __________

e) Quin no ha anat a classe avui? __________

f) Qui ha caminat més a poc a poc en algun moment? __________

g) Qui ha anat més ràpid? __________

h) Qui ha estat més temps aturat? __________

2. Representa, en uns eixos cartesians, els 30 minuts que ha estat en immersió un bussejador: surt del vaixell; baixa fins a 36 m; es queda una estona recreant-se amb els coralls; puja una mica i juga amb uns dofins; torna a baixar perquè ha vist una morena i, finalment, es queda 2 min a 10 m de profunditat per fer la descompressió abans de tornar al vaixell.

En l'eix horitzontal, assigna 2 min a cada quadradret. En el vertical (només la part negativa), 5 m a cada quadradet.

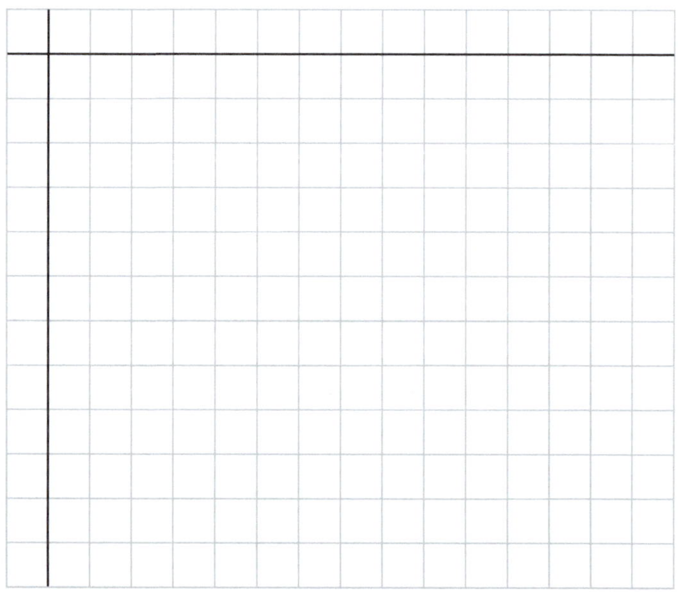

2. ASPECTES RELLEVANTS D'UNA FUNCIÓ

- **Creixement i decreixement.** Per estudiar les variacions d'una funció hem de mirar la seva gràfica d'esquerra a dreta: és a dir, hem de veure com varia *y* quan *x* augmenta.

  – Una funció és **creixent** quan, en augmentar la variable independent, *x*, augmenta la variable dependent, *y*.

  – Una funció és **decreixent** quan, en augmentar *x*, disminueix *y*.

  – Una funció pot tenir **trams creixents** i trams **decreixents**.

- **Màxims i mínims relatius.** Una funció té un **màxim relatiu** en un punt quan l'ordenada és més gran que l'ordenada dels punts que l'envolten. A l'esquerra del màxim relatiu, la funció és creixent, i a la seva dreta és decreixent.

  Una funció presenta un **mínim relatiu** en un punt quan l'ordenada és menor que la dels punts que l'envolten. A l'esquerra del mínim relatiu, la funció és decreixent, i a la seva dreta, creixent.

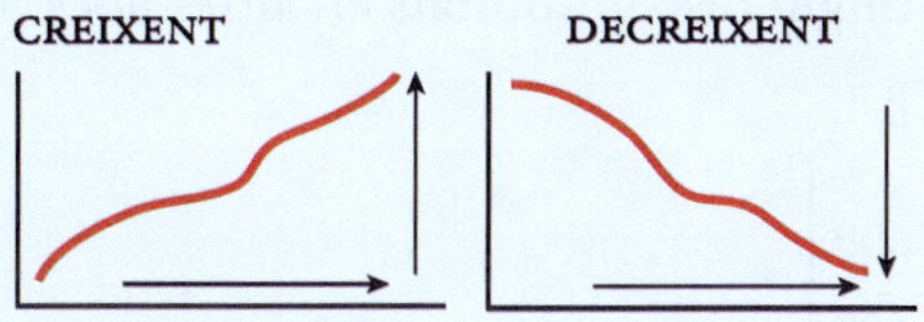

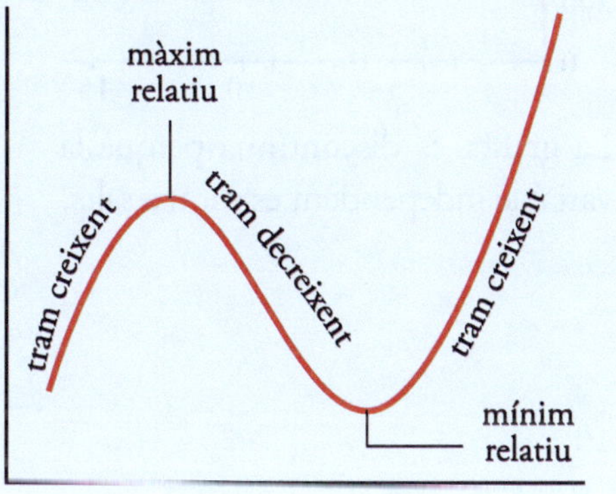

» APLICA EL QUE HAS APRÈS

3. En la gràfica, podem observar la temperatura en una ciutat de muntanya al llarg d'un dia.

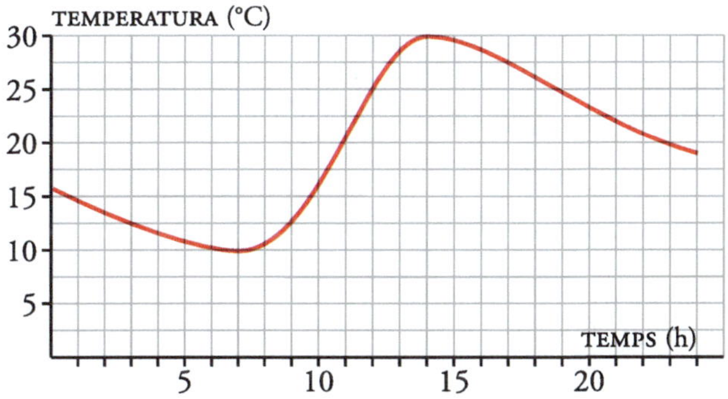

a) Indica els intervals de temps en què la temperatura creix i aquells en què decreix.

b) Indica el màxim relatiu i el mínim relatiu.

c) En aquesta ciutat, diries que és estiu o hivern? Justifica-ho.

4. La següent gràfica mostra la taxa d'atur en un país determinat l'any 2020:

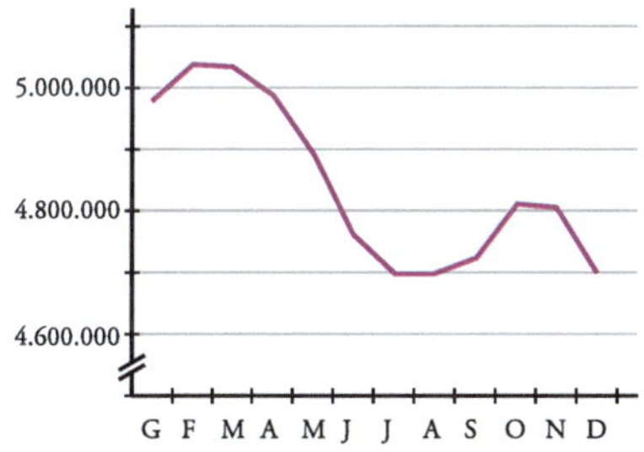

a) En quins mesos es troben els màxims i mínims relatius?

b) Què creus que causa aquestes fluctuacions en la taxa d'atur?

c) Has sentit a parlar de l'ocupació estacional? Busca aquest concepte a internet i relaciona'l amb el que mostra la gràfica.

- **Discontinuïtats. Continuïtat.** Es diu que una funció és **contínua** quan no presenta discontinuïtat de cap tipus (els salts bruscos que presenta la gràfica s'anomenen **discontinuïtats** de la funció). Per tant, la seva gràfica es pot traçar sense aixecar el llapis del paper. També es pot dir d'una funció que és **contínua en un tram**, encara que tingui discontinuïtats en altres llocs. Per exemple:

a

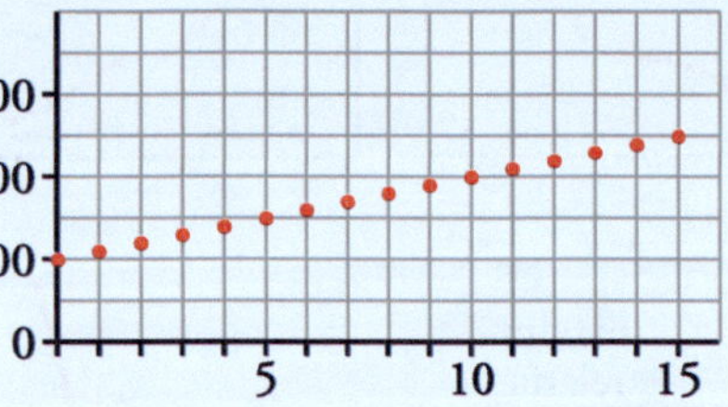

La gràfica és discontínua perquè la variable independent es mou a salts.

b

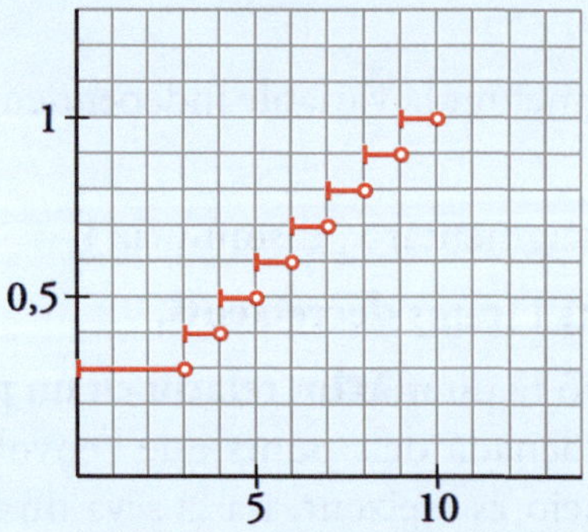

La gràfica mostra salts bruscos anomenats discontinuïtats.

c

La funció és contínua, sense salts bruscos.

» APLICA EL QUE HAS APRÈS

5. Observa les gràfiques de les funcions de dalt i associa cada situació a una funció:

I. Distància recorreguda per un velocista amb el pas del temps.

II. Preu d'un lloguer d'un autobús que consisteix en un preu fix i un tant per viatger.

III. Preu d'una trucada de telèfon que s'ajusta a un import per l'establiment de trucada i un tant per minut.

6. L'entrada al parc d'atraccions val 5 € i, per cada atracció, cal pagar 1 €.

a) Representa aquesta funció:

nombre d'atraccions en què pugem → *cost*

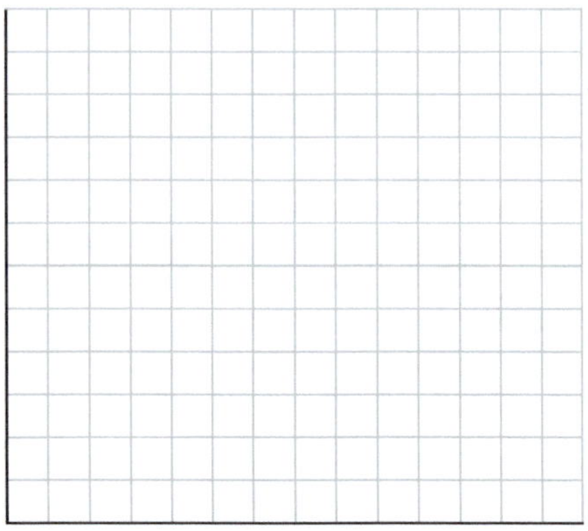

b) Es poden unir els punts de la gràfica?

c) Quant costarà pujar a 12 atraccions? I a 20?

7. La gràfica mostra el sou mensual d'un treballador en una empresa al llarg de la seva vida.

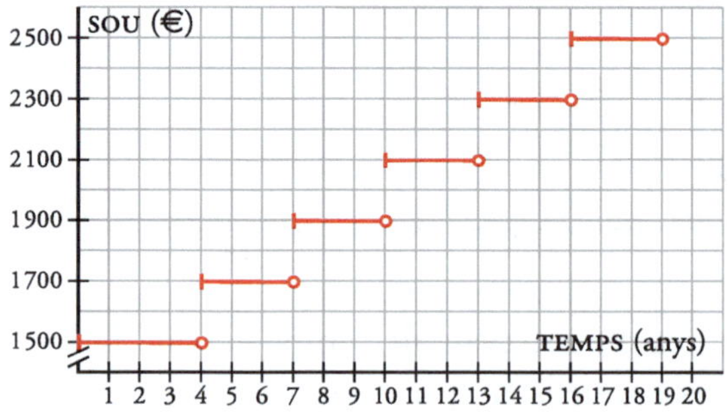

a) Quant temps fa que és a l'empresa el treballador quan li apugen el sou per primera vegada?

b) Quants diners guanya al cap de 12 anys d'haver-hi entrat? Suposant que se segueixi la mateixa tendència, quants en guanyarà al cap de 20 anys?

c) És una funció contínua?

- **Comportament a llarg termini.** Hi ha funcions en què, encara que només en coneguem un tros, podem predir com es comportarien lluny de l'interval en què han estat estudiades, perquè tenen branques amb una tendència molt clara. Aquesta propietat s'anomena **tendència**. Per exemple, el percentatge d'oxigen atmosfèric descendeix en funció de l'altitud, de manera que com més ascendim, més es redueix el percentatge d'oxigen de l'aire. Diem, llavors, que l'oxigen **tendeix** a zero segons augmenta l'altitud.

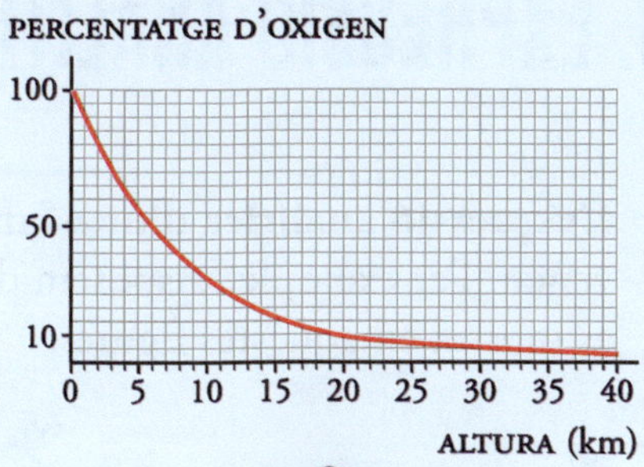

- **Funcions periòdiques** són aquelles el comportament de les quals es va repetint cada vegada que la variable independent recorre un cert interval. La longitud d'aquest interval s'anomena **període**. Una funció periòdica queda perfectament determinada si en coneixem el comportament en un període.

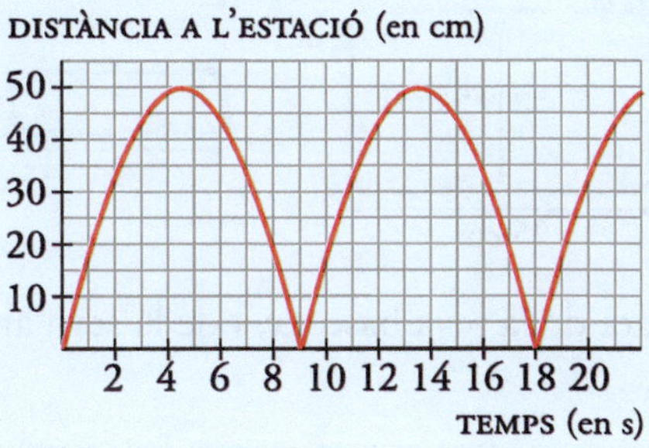

Cada 9 s el tren passa per l'estació.

» APLICA EL QUE HAS APRÈS

8. En un dipòsit cilíndric de 2 m d'alt ple d'aigua hi fem un petit forat a una distància de 0,5 m de la seva base. Al principi l'aigua surt amb molta pressió, però a mesura que es va buidant el dipòsit, l'aigua va perdent pressió fins que, a les 4 h, pel forat surt només un fil d'aigua que no para fins a les 5 h.

a) Representa la gràfica de la funció:

temps transcorregut → *altura de l'aigua*

b) A quin valor tendeix la funció? Quina conseqüència té aquest fet?

9. Aquesta gràfica mostra les hores de sol que hi ha al llarg de l'any a Oslo (Noruega).

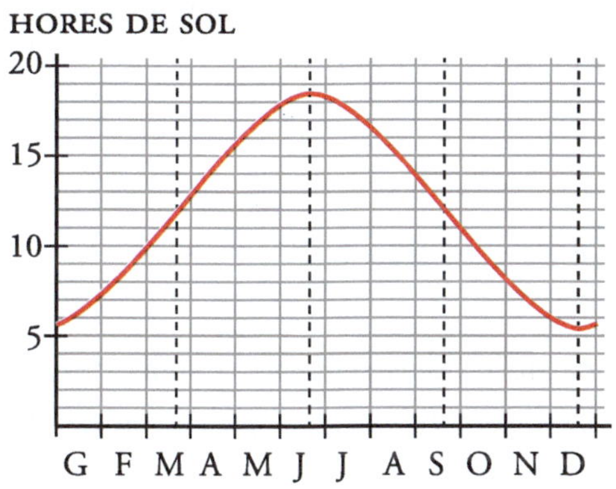

a) És una funció periòdica? Quin és el seu període?

b) Quantes hores de sol hi ha en el solstici d'hivern? I en el d'estiu?

c) En quins moments de l'any hi ha aproximadament 14 hores de sol?

3. EXPRESSIÓ ANALÍTICA D'UNA FUNCIÓ

- **L'expressió analítica d'una funció** és una equació que relaciona algebraicament les dues variables que hi intervenen. Per exemple, disposem d'un fil de 80 cm unit pels seus extrems i volem formar rectangles diferents, com es mostra en aquestes figures:

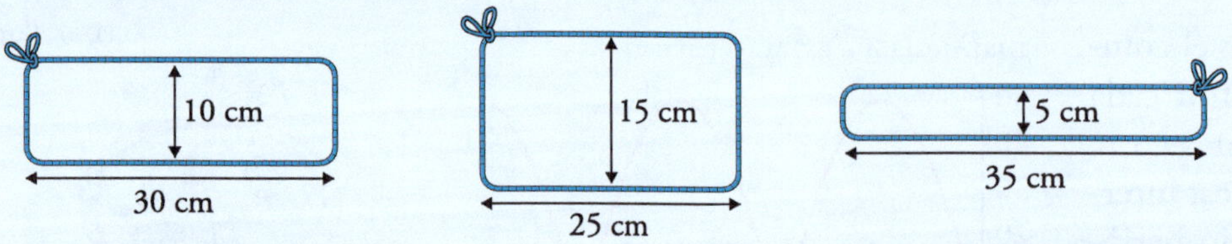

L'àrea de cada rectangle dependrà de la seva base, x, i de la seva altura, $40 - x$. Construïm una taula de valors:

BASE (cm)	10	15	20	35	x
ALTURA (cm)	30	25	20	5	$40 - x$
ÀREA (cm^2)	300	375	400	175	$x(40 - x)$

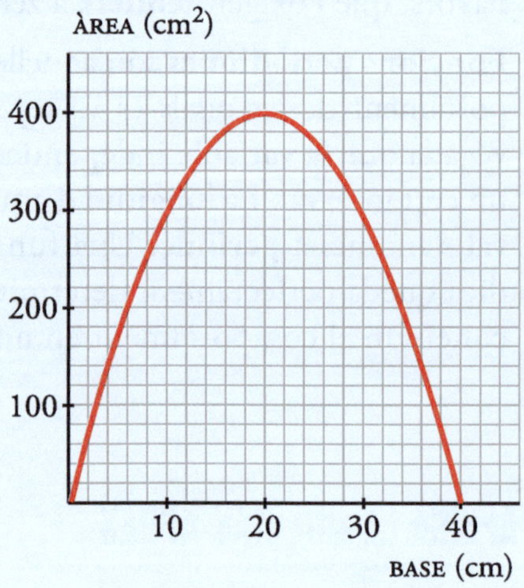

- L'expressió analítica té dos grans avantatges sobre la representació gràfica: resulta molt còmode i breu donar la funció d'aquesta manera i amb aquesta expressió es poden obtenir, amb tota precisió, els valors de la funció a partir de la variable independent. Ara bé, també té un inconvenient: la fórmula, en principi, ens diu poca cosa sobre el comportament de la funció. Cal fer-hi càlculs, treballar-la i representar-la per veure clar com es comporta globalment.

» APLICA EL QUE HAS APRÈS

10. Indica quins dels següents parells de valors corresponen a la base i a l'àrea d'algun rectangle de l'exemple anterior:

a) Base: $x = 1$ cm $\rightarrow$ Àrea: $A = 39$ cm^2

b) $x = 5 \rightarrow A = 35$

c) $x = 22 \rightarrow A = 396$

d) $x = 42 \rightarrow A = -84$

11. Indica quina és l'expressió analítica del volum d'un con sabent que la seva altura són 6 cm i el radi de la seva base és variable. Recorda que el volum d'un con és 1/3 de l'àrea de la base per l'altura.

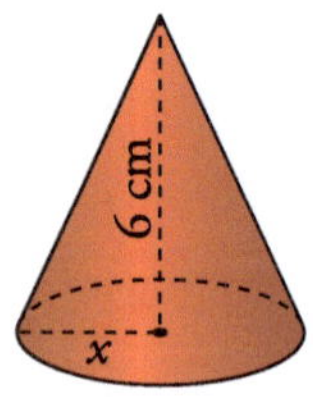

12. Una molla fa 30 cm i s'allarga 10 cm més per cada quilogram que s'hi penja. Però no s'hi poden penjar més de 7,5 kg. La funció que relaciona la longitud, L, de la molla amb la massa, m, que suporta és: $L = 30 + 10m$. Representa-la en el eixos cartesians:

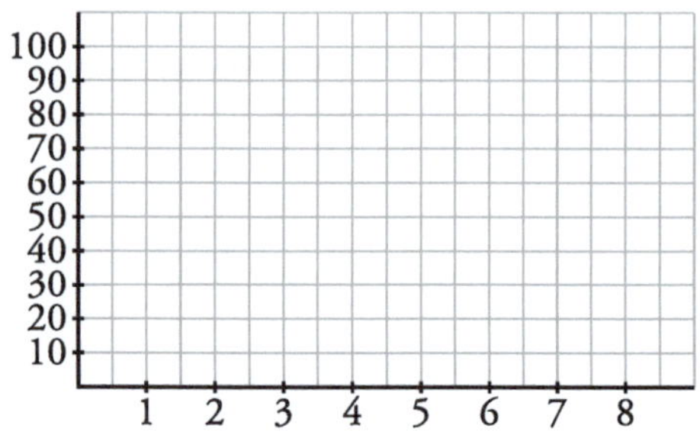

GeoGebra. Expressió analítica a partir d'una taula de valors.

» OBSERVA, RAONA I RESOL

1. CONSTRUCCIÓ DE GRÀFIQUES

La Carla i en Lluc han pujat en un vagó d'unes muntanyes russes com aquestes:

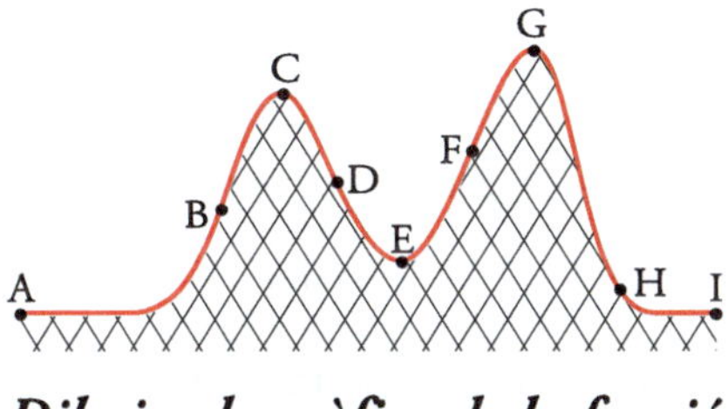

Dibuixa la gràfica de la funció que relaciona la velocitat amb la distància recorreguda al llarg de la via.

En A estan aturats. El vagó comença a moure's i manté una velocitat constant fins a arribar al primer cim, C. En aquest punt comença a baixar i la velocitat augmenta fins a arribar a la part més baixa: E. A partir d'aquest punt, el vagó perd velocitat fins a arribar al segon cim, G, des d'on cau i torna a agafar velocitat. Quan arriba a H s'activen els frens i la velocitat es redueix fins aturar-se, a I.

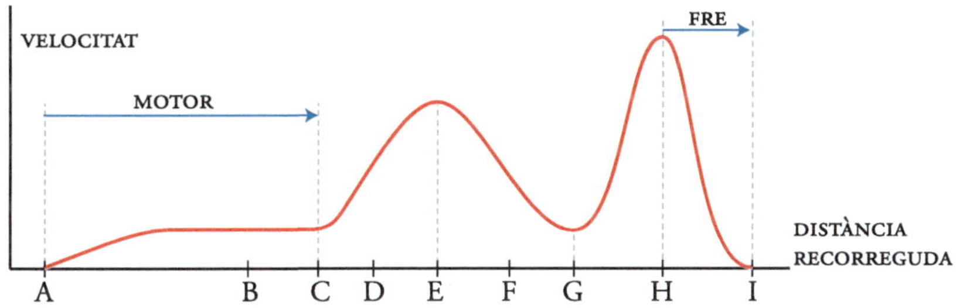

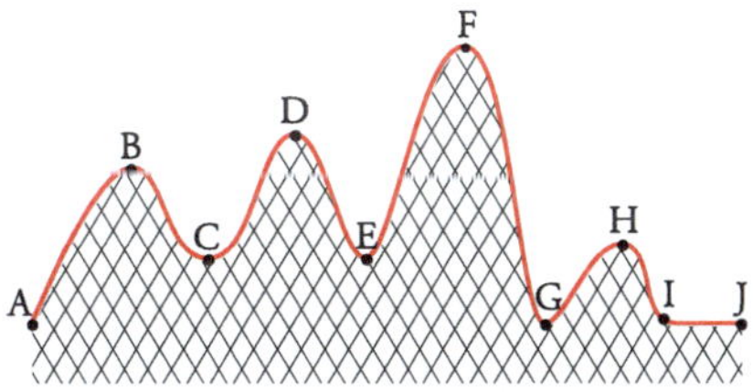

Fes-ho tu Dibuixa, de forma aproximada, la gràfica de la funció *distància recorreguda - velocitat* per a les muntanyes russes representades al costat.

2. INTERPRETACIÓ DE DUES GRÀFIQUES SOBRE LA MATEIXA QUADRÍCULA

Aquestes gràfiques mostren el nombre de contractes de prepagament i postpagament al llarg dels anys en un país determinat.

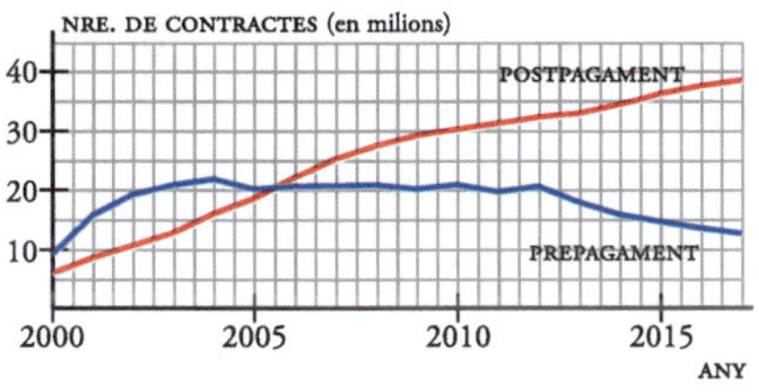

a) En quin any es fan els mateixos contractes de prepagament i postpagament?

b) Quina és la tendència de la diferència entre prepagament i postpagament?

c) Analitza les dues gràfiques conjuntament.

a) A meitat del 2005 hi va haver aproximadament els mateixos contractes de prepagament que de postpagament.

b) La diferència es fa cada vegada més gran en el temps, ja que el prepagament tendeix a desaparèixer i el postpagament creix al llarg dels anys.

c) L'any 2000 predominava el prepagament. Els tres anys següents va créixer la diferència i a partir de 2004 es va estabilitzar mentre el ritme de creixement del postpagament es mantenia constant fins a l'any 2012, moment en què el prepagament disminueix i el postpagament continua creixent.

Fes-ho tu Observa les gràfiques següents:

a) En quins anys internet coincideix amb els altres mitjans?

b) Indica com ha evolucionat internet respecte als altres mitjans.

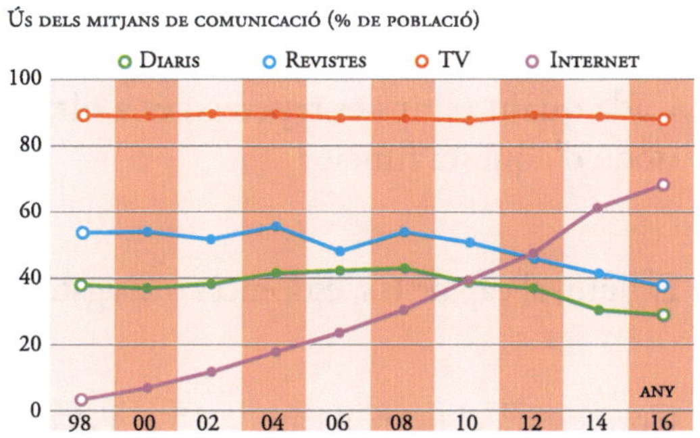

» EXERCITA LES TEVES COMPETÈNCIES

Practica

Interpretació de gràfiques

1. L'Anna surt a les 10.00 h amb la intenció de pujar una muntanya i després tornar pel mateix camí fins a arribar al punt de partida. Aquesta gràfica mostra la distància recorreguda al llarg de la seva caminada:

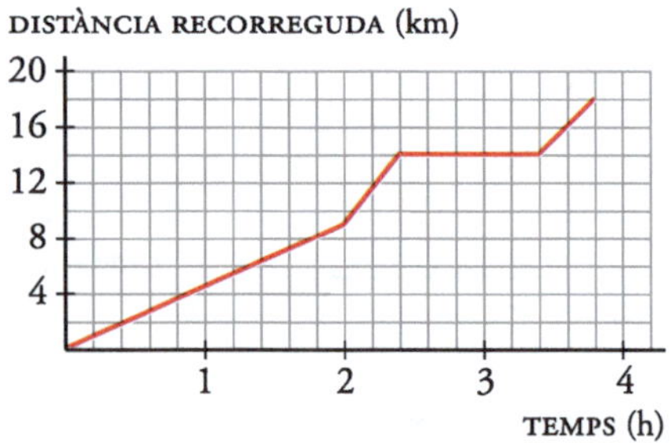

a) Quant temps dura la caminada? A quina hora acaba de caminar?

b) A quina hora ha arribat al cim?

c) Quina distància ha recorregut abans d'aturar-se a descansar? Quant temps descansa?

d) Explica per què la gràfica mai no és decreixent.

2. El llum d'un far s'encén i s'apaga diverses vegades en una seqüència de temps única (cada far té la seva pròpia) que es mostra en aquesta gràfica:

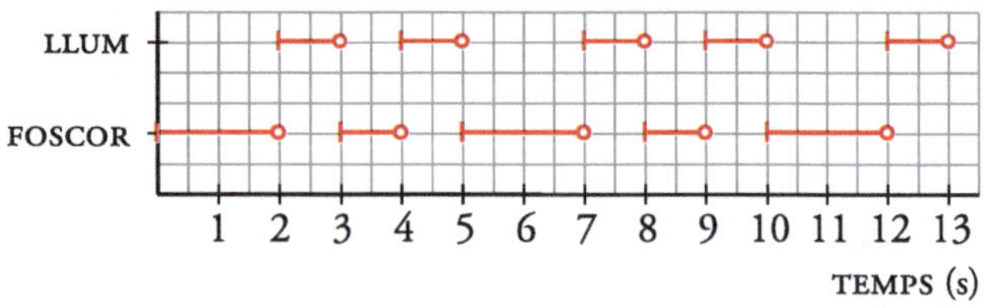

a) Cada quant temps es repeteix, és a dir, quin és el període d'aquesta funció?

b) El llum, al cap de 6 s, està encès o apagat? I al cap de 7 s?

c) Com estarà el llum al cap de 15 s? I al cap d'1 minut?

3. En Guillem surt corrents de casa per tal de no arribar tard a classe. A mig camí s'atura una estona a descansar i continua caminant tranquil·lament fins que arriba a classe. Indica quina gràfica mostra la distància que recorre.

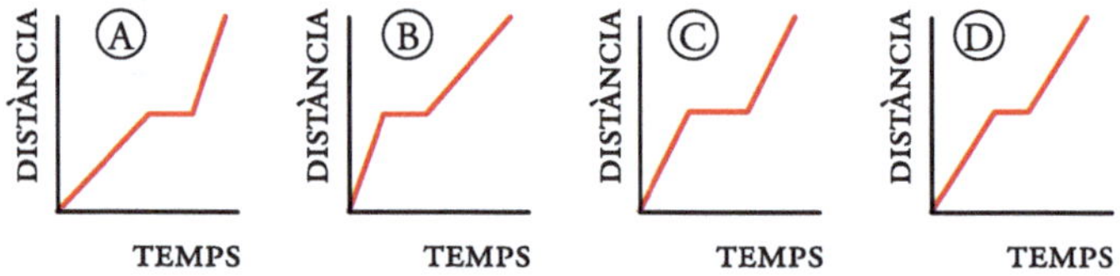

4. Mercuri tarda 88 dies a completar la seva òrbita al voltant del Sol. La seva distància al Sol oscil·la entre 70 i 46 milions de quilòmetres. La gràfica següent mostra la seva distància al Sol.

a) Completa la gràfica per a 200 dies.

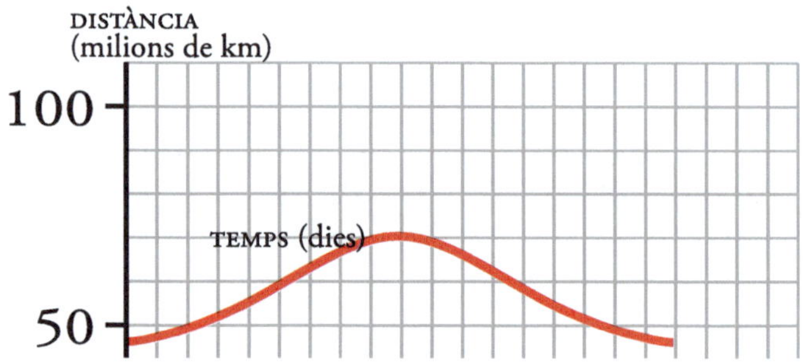

b) Estima la seva distància al Sol d'aquí a dos anys terrestres.

c) Quan comença la gràfica, Mercuri es troba a 46 milions de quilòmetres del Sol. Quant temps passa fins que està a 60 milions de quilòmetres?

5. La següent gràfica mostra la distància que recorre un vehicle des que el conductor pitja el fre fins que s'atura, en funció de la velocitat a què circula:

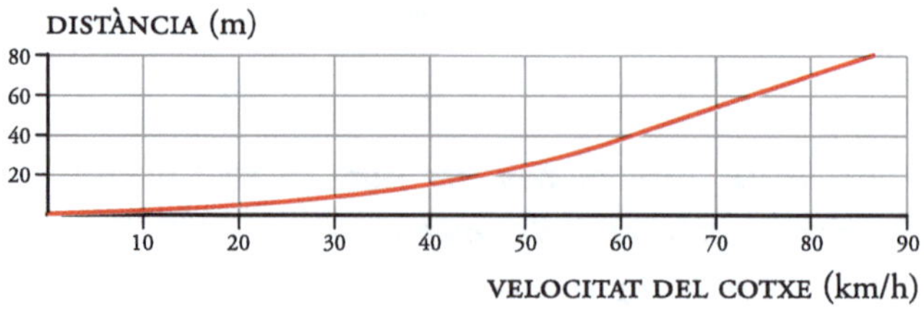

a) Aproximadament, quants metres recorre un vehicle abans d'aturar-se si va a 55 km/h?

b) A quina velocitat anava un vehicle que ha necessitat 50 m per aturar-se?

6. Les gràfiques següents ens mostren la distància recorreguda per quatre muntanyencs en funció del temps de marxa:

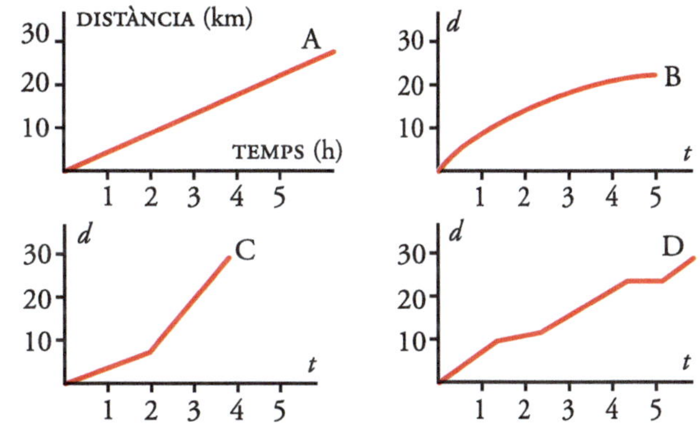

a) Descriu el ritme de cada senderista.

b) Qui recorre menys camí?

c) Qui camina durant menys temps?

d) Qui assoleix més velocitat?

7. L'entrada a un parc d'atraccions costa 2 €, i el braçalet per pujar a totes les atraccions, 4 € cada hora o fracció (és a dir, que et cobren l'hora completa encara que la utilitzis només una estona).

a) Quina d'aquestes gràfiques representa millor el cost d'entrar i pujar a les atraccions?

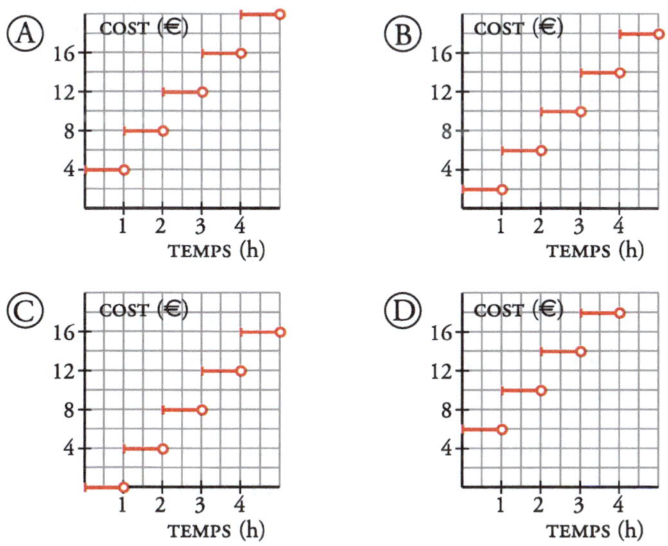

b) Dibuixa una gràfica que representi el cost si ens cobren exactament pel temps que hem utilitzat el braçalet.

c) Dibuixa'n una altra que representi el cost d'un val que, per 16 €, dona dret a entrar i a pujar a totes les atraccions durant l'estona que vulguem.

8. Aquestes quatre gràfiques representen la temperatura màxima diària (T) de quatre ciutats, al llarg del temps (t), durant un cert any:

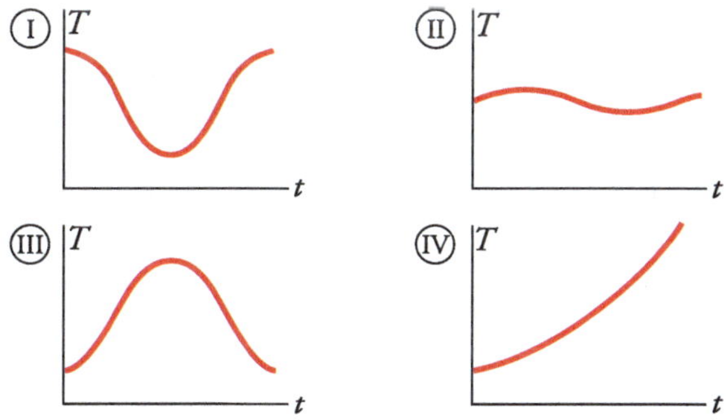

a) A la vista de les gràfiques, a quina d'aquestes quatre ciutats oscil·la en menor mesura la temperatura?

b) Una gràfica correspon a una ciutat del nostre país, i una altra, a una ciutat dels nostres antípodes. Quines gràfiques són? Raona la teva resposta.

c) Una gràfica és absurda. Quina és? Per què?

d) Quin és el domini de les quatre gràfiques?

9. L'Arantxa dedica massa temps a mirar el mòbil. Per controlar-se, ha demanat a la seva mare que aquesta setmana prengui nota de les seves hores d'estudi i del temps que fa anar el mòbil. Aquests són els resultats:

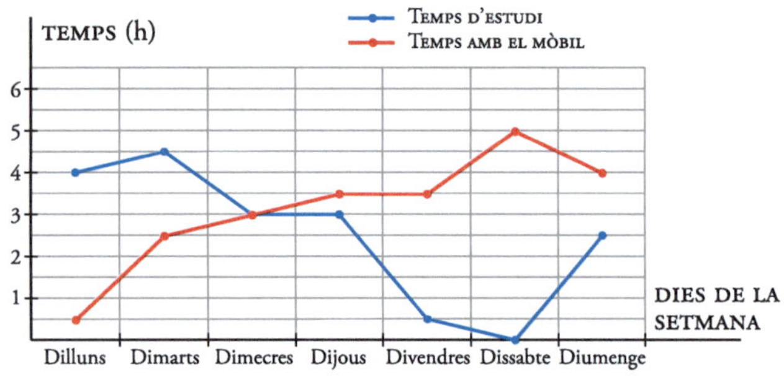

a) Quin dia ha estudiat més? I menys?

b) Quan ha passat més temps amb el mòbil?

c) Quin dia hi ha més diferència entre les estones dedicades a cada activitat?

d) Quin dia dedica el mateix temps al mòbil i a estudiar?

e) Quin dia ocupa més temps entre les dues activitats?

Relacions gràfiques i expressions analítiques

10. Relaciona cada gràfica amb una d'aquestes expressions analítiques:

i) $y = x + 1$ **ii)** $y = 1 - x^2$

iii) $y = x^2 - 1$ **iv)** $y = -x + 1$

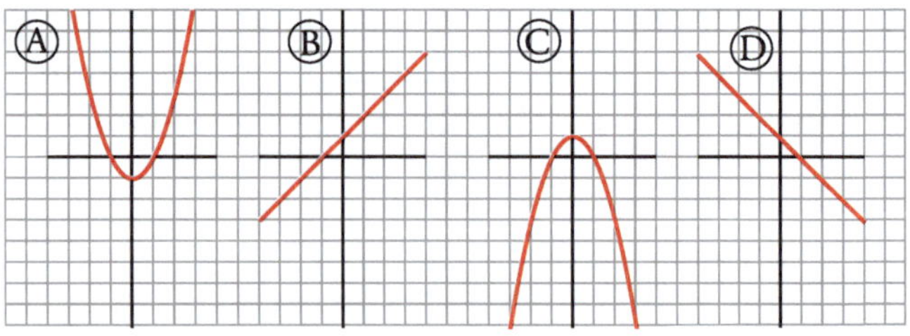

11. **a)** Sabent que la lliura és una unitat de pes que equival a 0,45 kg, completa aquesta taula:

x (lliures)	0,5	1	1,5	2	3	4
y (quilos)		0,45				

b) Escriu l'expressió analítica que converteix lliures en quilos.

c) Representa, en uns eixos de coordenades, l'expressió analítica.

12. La gràfica següent mostra l'evolució del preu del ien (moneda japonesa) en el primer dia de l'any des de 1999 a 2008:

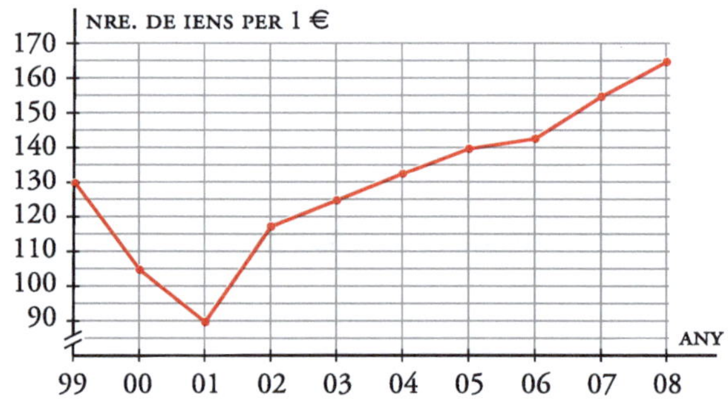

Indica quines de les següents expressions algebraiques corresponen al canvi d'euros a iens en els anys 1999, 2003, 2005 i 2008. És a dir, donat un nombre d'euros (x), l'expressió ha de permetre obtenir directament el nombre de iens (y) corresponent.

a) $y = \dfrac{x}{130}$ **b)** $y = 125x$ **c)** $y = 140x$

d) $y = \dfrac{x}{90}$ **e)** $y = 130x$ **f)** $y = x - 155$

g) $y = 165x$ **h)** $y - x = 90$ **i)** $y = 90x$

13. Indica, com es fa en l'exemple, l'expressió analítica que correspon a cada una de les situacions següents:

- **Quant temps de viatge ens queda si anem a 120 km/h cap a la nostra destinació, que es troba a x km?**

$$t = \frac{x}{120}$$

a) Si una garrafa val 1,30 € i el litre de most costa 0,90 €, quant costa una garrafa amb x litres de most?

b) Quin és l'àrea d'un triangle de 10 cm de base i x cm d'altura?

c) Si una ampolla de 5 litres conté 1,5 litres d'aigua, quants litres hi caben encara després d'abocar-ne x litres?

14. L'àrea de la part pintada de les figures següents es pot escriure en funció del paràmetre x:

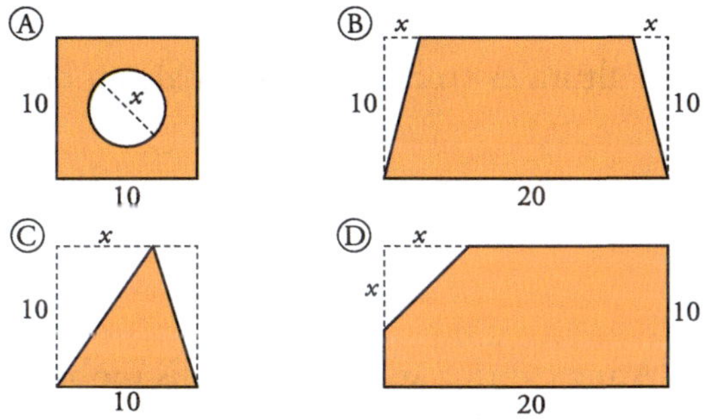

Quina d'aquestes expressions analítiques correspon a l'àrea de cada figura?

a) $A = 100 - x^2$ **b)** $A = \dfrac{10x}{2}$ **c)** $A = 200 - \dfrac{x^2}{2}$

d) $A = 100 - \left(\dfrac{x}{2}\right)^2 \pi$ **e)** $A = 200 - 10x$

f) $A = 200 - 5x$ **g)** $A = 50$ **h)** $A = 200 - x^2$

i) $A = (10 - x)(20 - x)$

Resol problemes

15. En aquesta gràfica es mostra la durada del dia (en hores) en funció del mes segons la latitud:

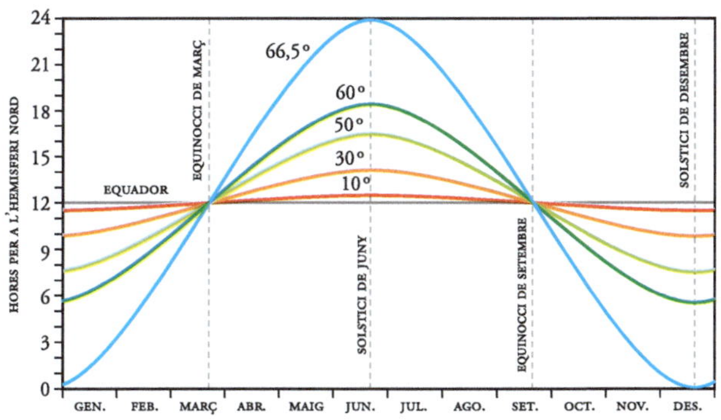

a) Quantes hores de sol té com a màxim una persona que viu en el paral·lel 60°? I com a mínim?

b) En l'equador, varien les hores de sol cada mes?

c) Què passa en el paral·lel 66,5° el 21 de juny? I el 21 de desembre? Busca una ciutat que es trobi més o menys en aquest paral·lel.

d) Quantes hores de sol tenen en qualsevol lloc del planeta en els equinoccis de primavera i tardor?

e) Busca informació sobre el nombre d'hores de sol en el pol nord al llarg de l'any.

16. La Lluïsa va observar un dofí durant una estona. Al principi, el dofí era a la superfície agafant aire. Després es va submergir fins al fons. Des del fons va emprar 8 min a pujar per agafar aire una altra vegada. Tres minuts després era de nou al fons. La Lluïsa es va adonar que aquest procés era molt regular.

a) Representa de manera aproximada la gràfica de la profunditat a què es troba el dofí en funció del temps durant la primera mitja hora.

b) On era el dofí al cap de mitja hora? I al cap d'una hora?

c) Si una de cada tres vegades que descendeix al fons captura un peix, quants n'haurà caçat en 1 hora?

17. L'import de la factura del gas en una ciutat és una quantitat fixa de 15 € més 0,75 € per cada metre cúbic consumit.

a) Quant es paga per un consum de 3 m^3? I de 15 m^3?

b) Escriu l'expressió analítica que indica l'import de la factura en funció del volum de gas consumit.

c) Dibuixa la funció *metres cúbics consumits - cost*.

18. La taula mostra l'evolució del perímetre cranial d'un nadó:

TEMPS (mesos)	0	3	9	15	21	27	33
PERÍMETRE (cm)	34	40	44	46	47	48	49

a) Fes una gràfica que relacioni aquestes dues variables.

b) Quina tendència s'observa?

c) Estima el perímetre cranial d'un nen de 3 anys.

19. Les cabines d'una roda de fira pugen i baixen a mesura que la roda gira. Aquestes són les dades d'una cabina que puja des del punt més baix fins al més alt:

TEMPS (s)	0	4	8	12	16	20
ALTURA (m)	0	3,7	7	9,7	11,4	12

a) Representa la gràfica de la funció *temps-altura* d'una cabina al llarg de 80 segons.

b) És una funció periòdica? A quins temps corresponen els seus màxims i mínims relatius?

c) A quina altura es trobarà la cabina al cap de 150 segons?

20. L'Anna camina sobre el passadís mòbil d'un aeroport i en Marc s'estima més caminar sobre el terra. El següent gràfic permet comparar els seus moviments:

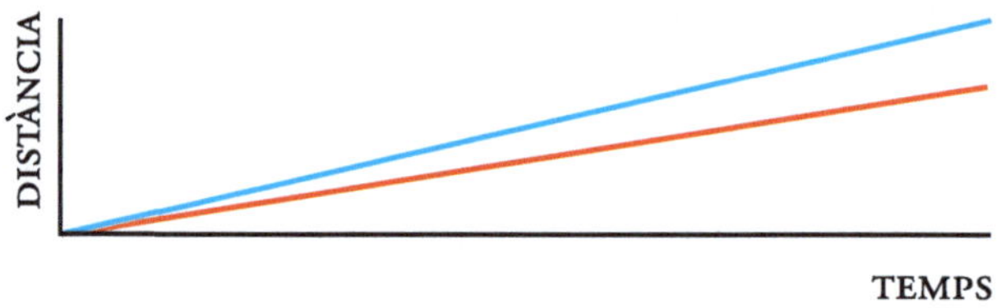

a) Si tots dos caminen igual de ràpid, representa una altra recta que mostri l'Anna aturada sobre el passadís mòbil.

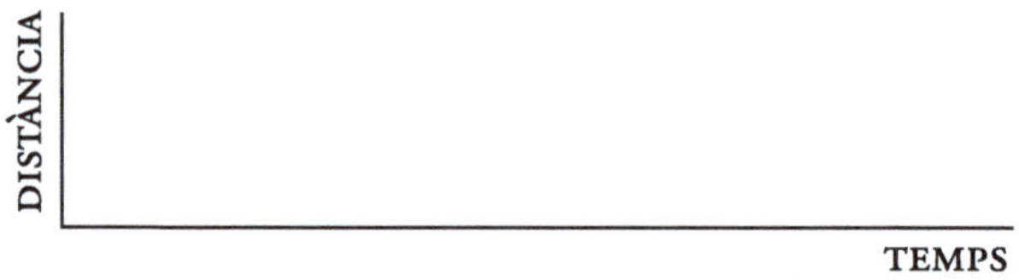

b) Representa la recta que mostri en Marc caminant en sentit contrari sobre el passadís mòbil. Avançaria o retrocediria?

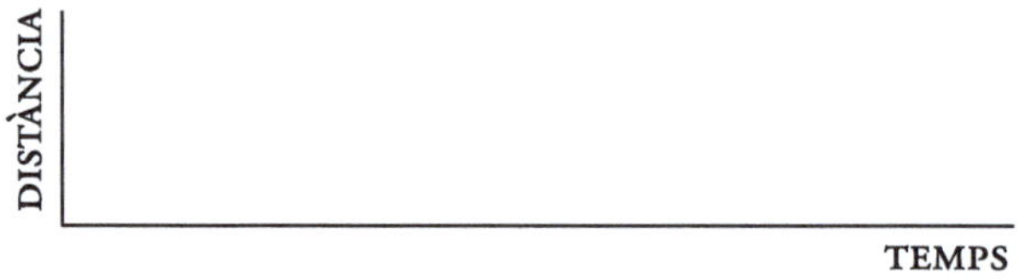

21. La gràfica mostra com varia la velocitat d'un cotxe en recórrer un dels circuits dibuixats a sota:

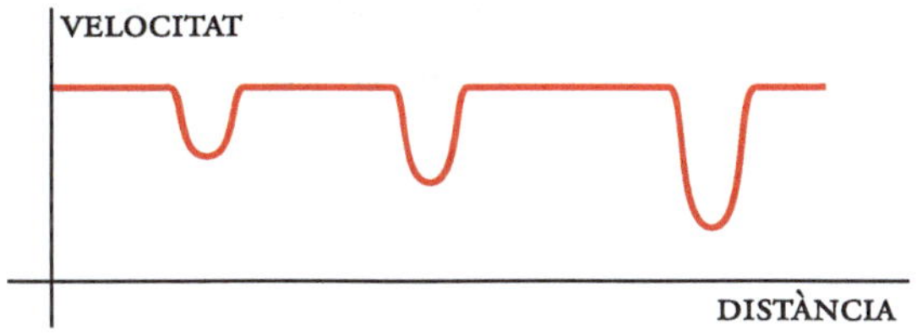

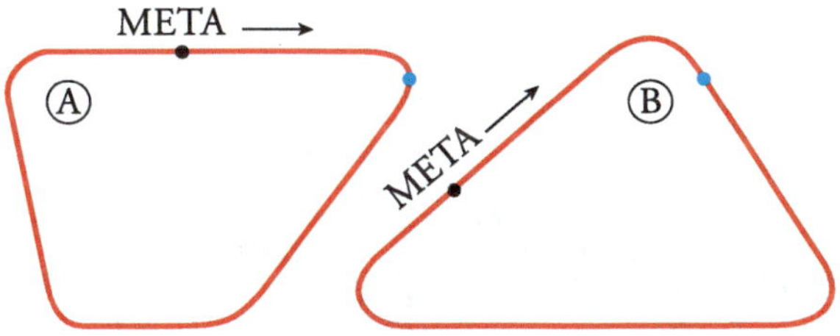

a) A quin circuit correspon? Justifica la resposta.

b) Fes la gràfica de l'altre.

Reflexiona

22. Vertader (V) o fals (F)?

a) En una funció hi pot haver dos punts diferents amb la mateixa ordenada.

b) En una funció hi pot haver dos punts diferents amb la mateixa abscissa.

c) Una funció periòdica de període T també té període $2T$.

d) Una funció periòdica i contínua no pot ser sempre creixent.

e) Totes les funcions són contínues en algun tram.

És el teu torn

23. A partir de les relacions següents, quina consideraries que és la variable dependent i quina la independent:

a) La factura del mòbil amb una tarifa de 0,05 € per minut.

b) Els quilòmetres recorreguts per un cotxe i els litres de gasolina consumits.

c) El salari cobrat per un operari d'una fàbrica i les hores treballades setmanalment.

d) Les calories cremades segons els quilòmetres recorreguts en una cursa.

– Proposa tres relacions més i pregunta-les en veu alta a la classe:

24. Observa aquesta gràfica que representa la velocitat assolida en una caiguda lliure des de l'estratosfera en funció del temps.

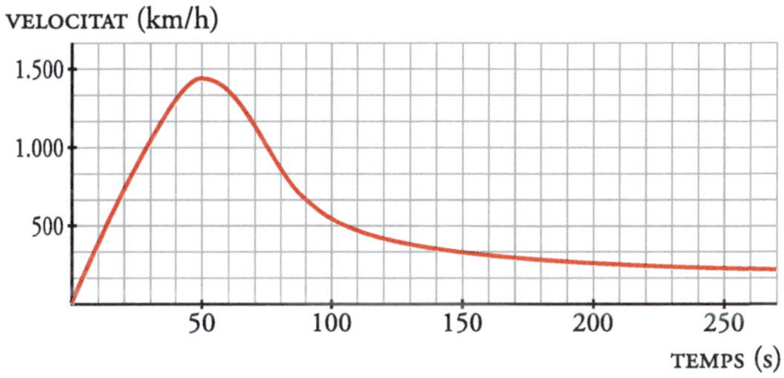

Planteja quatre preguntes que es puguin respondre a partir de les dades representades i digues quines són les respostes correctes. A continuació, escull una de les preguntes i planteja-li a un company.

» MATEMÀTIQUES EN CONTEXT

SITUACIÓ D'APRENENTATGE

CANVI DE PIS

L'Andreu està pensant en el fet de canviar-se de pis i viure més a prop de la seva germana: la Judit. Ha vist que l'Ajuntament de la seva ciutat ofereix uns pisos de protecció oficial i dona unes subvencions relacionades amb el sou dels sol·licitants. En Marc, amic de l'Andreu, també hi està interessat, en aquesta oferta. El *hobby* d'en Marc és construir capses artesanals de cartó per guardar-hi àlbums de fotografies, que ven en una botiga d'articles *vintage*.

1. Subvencions i sous

L'Andreu ha rebut tota la informació que necessita per demanar la subvenció i comprar el pis de protecció oficial que li agrada. L'Ajuntament ha elaborat un pla d'ajudes i dona unes subvencions que van en funció del sou dels sol·licitants; com més baix és el sou, més gran és l'ajuda, i a l'inrevés. La taula següent mostra tres tipus d'ajudes:

SOU ANUAL EN € (x)	36.000	18.000	12.000
SUBVENCIÓ EN € (y)	900	1.800	2.700

a) L'Andreu cobra 30.000 € a l'any i vol saber quina subvenció li pertoca. També en Marc vol saber quant li correspondria si finalment es decideix per l'ajuda. Ell cobra 24.000 € a l'any. L'Andreu decideix construir una gràfica que relacioni els dos conceptes. Afegeix més valors a la taula i fes la gràfica. (*Fixa't que el producte $x \cdot y$ es manté constant.*)

SOU ANUAL EN € (x)	36.000	18.000	12.000			
SUBVENCIÓ EN € (y)	900	1.800	2.700			

b) Com són les magnituds x i y?

c) Troba l'expressió algebraica de la funció que relaciona els sous amb les subvencions i que l'Andreu ha utilitzat per construir la gràfica.

2. Despesa d'energia

La Judit ensenya a l'Andreu dues ofertes per contractar la llum per al pis que ja s'ha comprat. Les dues companyies elèctriques fan ofertes semblants i l'Andreu no sap quina acceptar. Les ofertes es veuen en aquest quadre:

COMPANYIA A	COMPANYIA B
• Quota fixa d'abonament mensual de 18 €. • 0,10 € per cada kWh consumit.	• Quota fixa d'abonament mensual de 24 €. • 0,08 € per cada kWh consumit.

La Judit diu a l'Andreu que cal fer un estudi de les dues ofertes.

a) Fes una taula de valors per a ambdues ofertes en què es relacioni la potència consumida (0, 100, 200, 300… kWh) amb l'import de la factura (€).

COMP. A					
€					

COMP. B					
€					

b) Representa, a la quadríqula, les ofertes de les dues companyies per als valors de la taula.

c) Troba, en tots dos casos, l'expressió analítica de la funció que relaciona la potència consumida (x) amb l'import de la factura (y).

d) Per a quin consum, l'import de les dues factures és el mateix? Quina oferta és més avantatjosa a partir d'aquest consum?

3. Capses de totes mides

En Marc disposa de planxes de cartó de 40 cm × 30 cm i el procediment de construcció és el que indica la figura. L'altura de la capsa x és igual al costat del quadrat que es talla en cada cantonada. Les capses poden tenir diverses altures: des de 2 cm (altura mínima) fins a 7 cm (altura màxima).

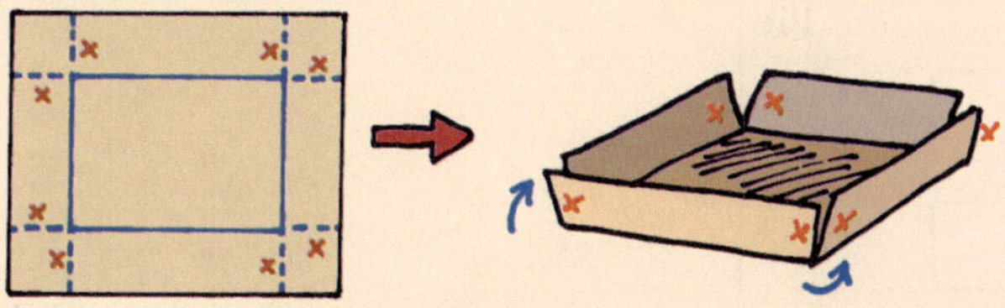

a) Quina superfície tindria la base de la capsa si la seva altura fos de 2 cm? I si fos de 4 cm?

b) Completa la taula que relaciona S (superfície, en cm^2, de la base de la capsa) amb x (altura, en cm).

x (cm)	2	3	4	5	6	7
S (cm^2)						

c) Dibuixa una gràfica que reflecteixi, aproximadament, les dades de la taula (pren una escala adequada per a l'eix horizontal x i una altra per a l'eix vertical S).

» TALLER DE MATEMÀTIQUES

» REFLEXIONA I DECIDEIX

En funció del temps

En obrir una aixeta sobre un recipient, l'altura (a) que assoleix el líquid està en funció (depèn) del temps transcorregut (t).

I en representar aquesta funció veiem que cada recipient té una gràfica característica.

– En els dos primers recipients, el nivell puja uniformement, tot i que en el segon puja més ràpidament que en el primer.

– En el tercer recipient, el nivell puja a poc a poc al principi i ràpidament al final.

• Associa cada un d'aquests recipients amb la seva gràfica:

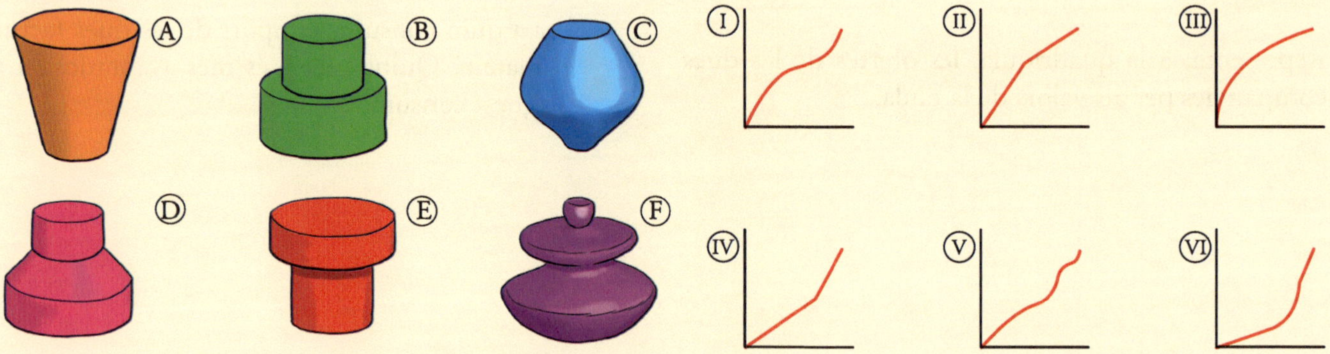

» OBSERVA I REPRESENTA

Font vauclusiana

Dibuixa la gràfica que relaciona l'altura que assoleix l'aigua en aquest recipient amb el temps transcorregut:

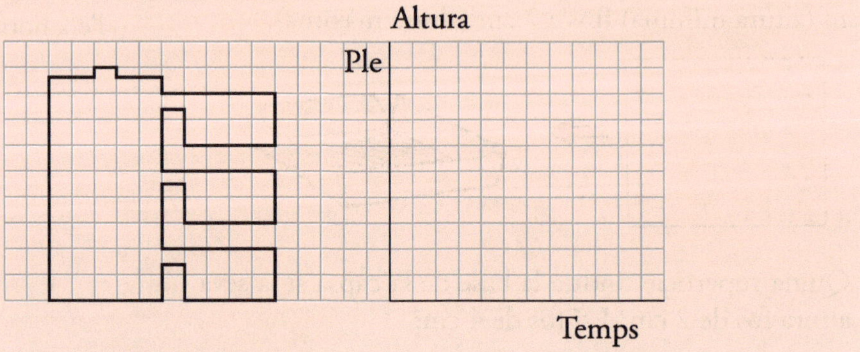

» POSA'T A PROVA

1. Aquesta gràfica mostra l'altura sobre el nivell del mar assolida per l'Anna i en Miquel en fer una ascensió a una muntanya:

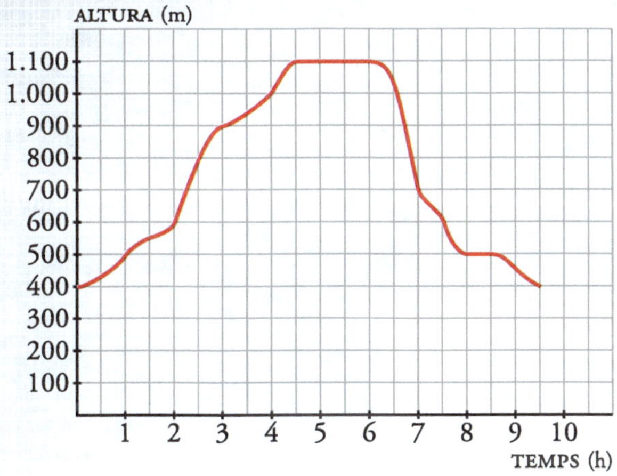

a) Quines variables hi intervenen? Quina escala s'utilitza per a cada variable? Quin és el domini de definició d'aquesta funció?

b) Quant ha durat la marxa? Des de quina altura comencen a caminar? Quina altura màxima han assolit? Quan s'han aturat a menjar?

c) En quin interval de temps pugen més ràpid? En quin baixen més ràpid?

2. Una cisterna conté 5 ℓ d'aigua per polvoritzar-la en una terrassa. Tarda 10 min a buidar-se. Quan es buida, hi ha un mecanisme que l'omple en 2 min.

a) Representa la funció *temps - quantitat d'aigua*.

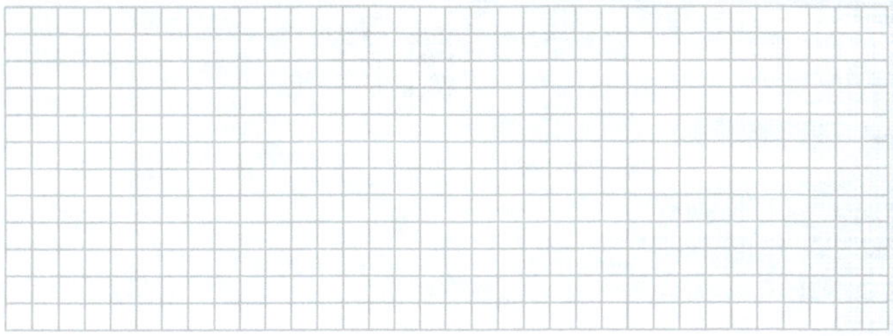

b) Explica si la funció és periòdica.

c) Durant la primera mitja hora, en quins moments és plena? I buida? Encerla la resposta correcta.

3. Una d'aquestes equacions, que es correspon amb la gràfica, expressa la relació entre l'altura, h, assolida per una pilota que es llança enlaire, i el temps, t. Quina és?

Ⓐ $h = 8t - t^2$ Ⓑ $h = 40t - 5t^2$ Ⓒ $h = -4t^2 + 80t$

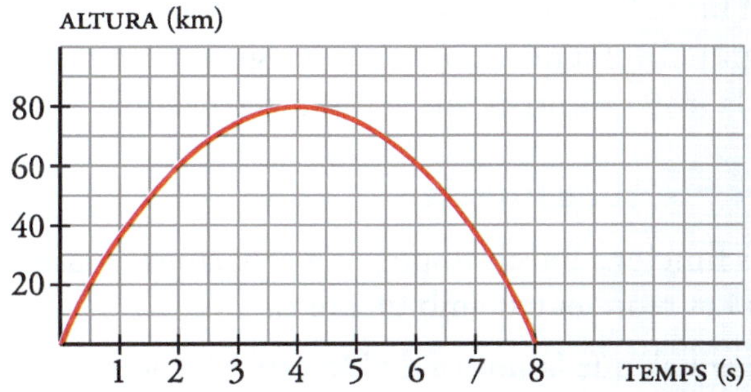

a) Quina altura assoleix la pilota? Quant tarda a caure?

b) Determina l'altura de la pilota al cap de 5 segons:

– De forma aproximada, mirant la gràfica.

– Utilitzant l'expressió algebraica.

UNITAT 8

FUNCIONS LINEALS I DE PROPORCIONALITAT INVERSA

RESOLUCIÓ DE PROBLEMES · RAONAMENT I PROVA
CONNEXIONS · COMUNICACIÓ I REPRESENTACIÓ · SOCIOEMOCIONAL

Un gran científic del segle XVII

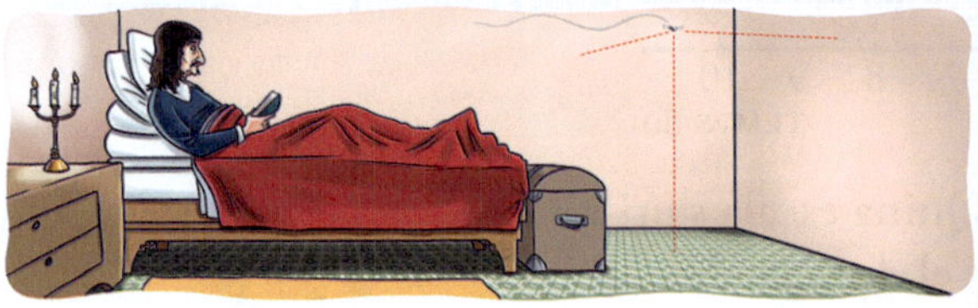

René Descartes (1596-1650) filòsof i matemàtic francès, va influir notablement en el pensament de la seva època i en el de segles posteriors.

Durant tota la seva vida va tenir una salut delicada. Per això, de jove, van deixar que estudiés al llit. Això es va convertir en un hàbit, de manera que una gran part de la seva obra la va elaborar al llit.

Una idea genial

I al llit se li va ocórrer el seu sistema de coordenades: un dia es va entretenir a seguir el vol d'una mosca i va imaginar com podria indicar la seva posició en cada instant mitjançant la distància a la qual es trobés de cada paret.

Les funcions lineals

Les funcions lineals responen a equacions de primer grau amb dues incògnites i es representen amb una recta.

Imagina't que la mosca de Descartes ha acabat situant-se en un quadre. Una aranya la veu i va cap a ella en línia recta.

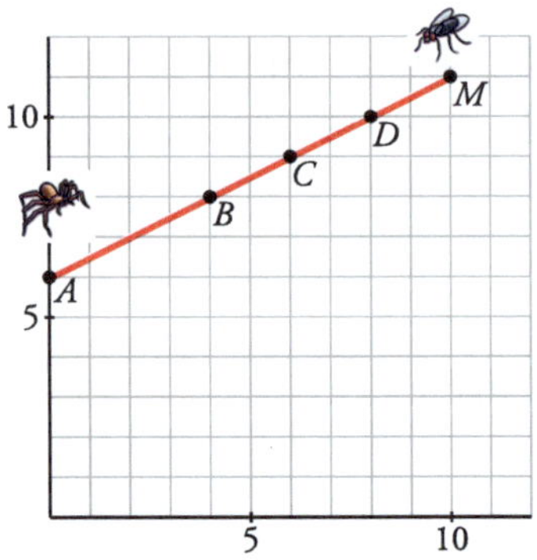

Els punts pels quals passa l'aranya (els punts de la seva trajectòria) responen a l'equació $y = \frac{x}{2} + 6$.

1. Indica les coordenades dels punts *A*, *B*, *C*, *D*, i *M*. Comprova que tots els punts responen a l'equació esmentada.

D'on ve la paraula *cartesià*?

Com que en aquella època els científics escrivien en llatí, Descartes era conegut per la forma llatina del seu nom: Cartesius. D'aquí venen les expressions *pensament cartesià* o *coordenades cartesianes*.

Una altra funció lineal

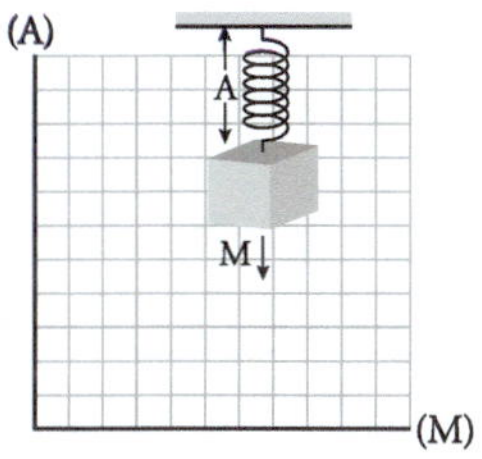

Pengem pesos d'una molla. Com més gros sigui el pes, més s'estira la molla.

La taula següent ens detalla els pesos penjats (M) i els allargaments corresponents (A) de la molla:

M (g)	2	30	60	90	120	150	180	210	240	270
A (cm)	0	9	17	26	35	43	52	61	70	79

Aquesta relació entre la massa que es penja en una molla i el seu allargament es coneix amb el nom de *llei de Hooke*.

RESOL

2. Informa't i resumeix, en unes quantes línies, les dades més rellevants en la vida de René Descartes.

3. Quants eixos de coordenades té un sistema cartesià capaç de fixar la posició d'una aranya que avança per una paret? I per fixar la posició d'una mosca que vola per l'habitació?

4. Representa, sobre eixos cartesians, els valors de la taula que relaciona la massa i l'allargament de la molla. Comprova que estan alineats i que responen, aproximadament, a l'equació $A = 0{,}29 \cdot M$.

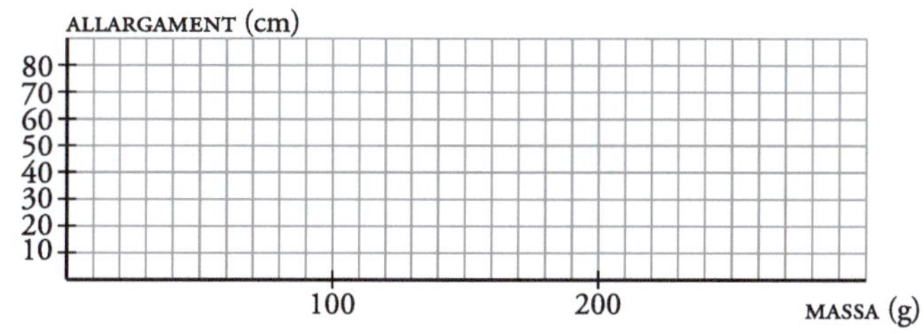

1. FUNCIÓ DE PROPORCIONALITAT $y = mx$

- La **funció de proporcionalitat** té per equació $y = mx$. Es representa mitjançant **una recta** que passa per (0, 0). La constant de proporcionalitat, m (que pot ser positiva o negativa), s'anomena **pendent de la recta** i té a veure amb la seva inclinació.

Per exemple, la recta de color vermell té un pendent igual a 3; la blava, un pendent igual a –2, i la verda, un pendent igual a $\frac{1}{2}$. Observem que, com més gran és el pendent (en valor absolut), mes gran és la inclinació. Si el pendent és **positiu**, la recta és **creixent** i, si és **negatiu, decreixent**.

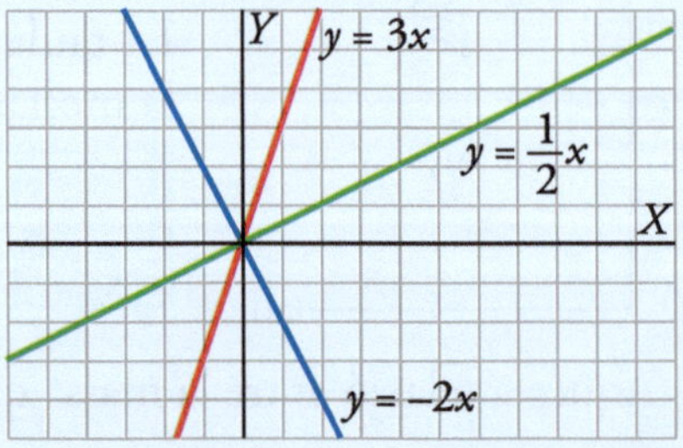

- **Representació de la gràfica a partir de l'equació.** Per representar una funció de proporcionalitat, $y = mx$, tindrem en compte el següent:
  - **És una recta**, ja que a variacions iguals de x corresponen variacions iguals de y.
  - **Passa pel punt (0, 0)**, ja que si $x = 0$, llavors $y = m \cdot 0 = 0$.
  - Cal obtenir un altre **punt diferent del (0, 0)**.

  Per exemple, per representar $y = \frac{3}{5}x$, obtenim el punt corresponent a $x = 5$:

  Si $x = 5$, llavors $y = \frac{3}{5} \cdot 5 = 3$

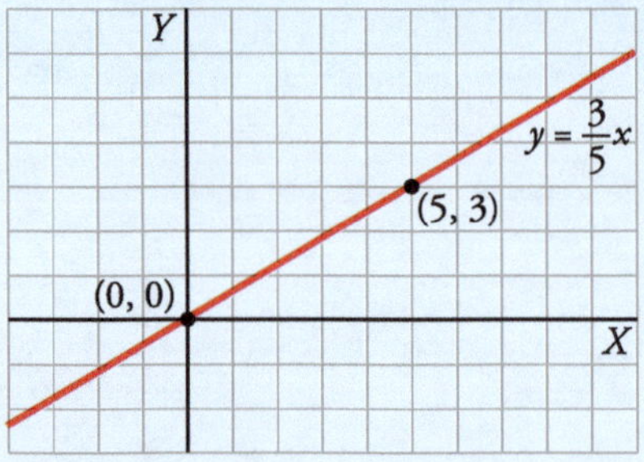

És una recta que passa per (0, 0) i (5, 3).

- **Equació a partir de la gràfica. Obtenció del pendent.** El pendent (coeficient de la x) és la variació (positiva o negativa) que experimenta la y quan la x augmenta una unitat. Per calcular-lo, es divideix la variació de y per la variació de x entre dos punts qualssevol de la recta. Per exemple:

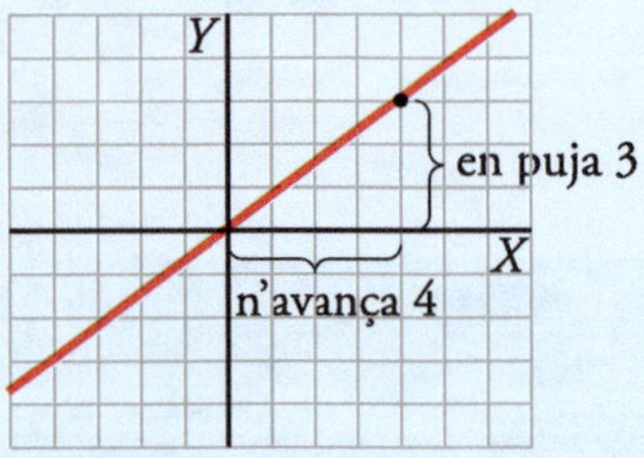

Pendent $m = \frac{3}{4}$

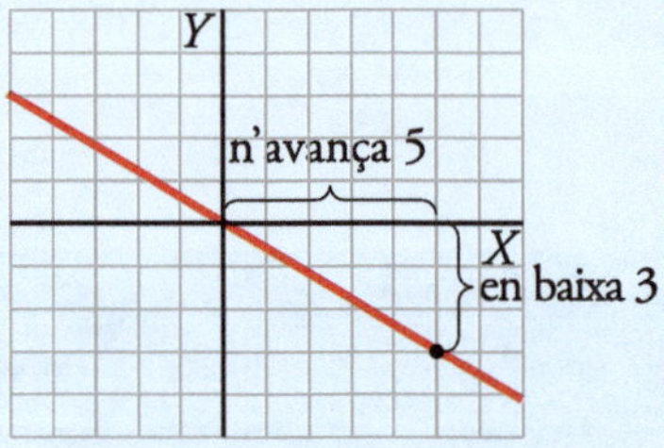

Pendent $m = -\frac{3}{5}$

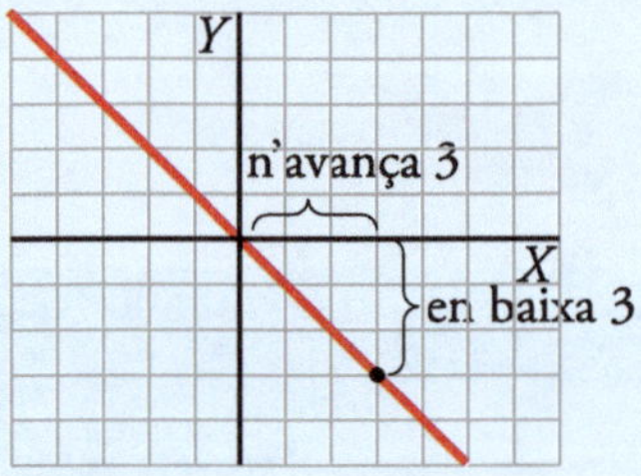

Pendent $m = \frac{-3}{3} = -1$

- El pendent d'una recta $y = mx$ és el coeficient de la x quan s'aïlla la y.

  La funció $y = 0$ és, també, una funció de proporcionalitat. El seu pendent és 0.

» APLICA EL QUE HAS APRÈS

1. Escriu tres exemples de parells de variables que siguin directament proporcionals, com ara el temps que triga un mòbil a desplaçar-se a velocitat constant i la distància recorreguda.

2. Dibuixa sobre uns eixos cartesians dues rectes que passin per l'origen i que tinguin pendents positius i unes altres dues amb pendents negatius.

3. Relaciona cada recta amb la seva equació:

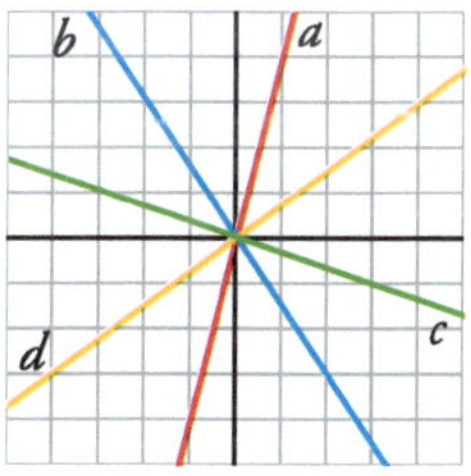

i) $y = 4x$

ii) $y = \frac{3}{4}x$

iii) $y = -\frac{3}{2}x$

iv) $y = -\frac{1}{3}x$

4. Representa les funcions següents:

a) $y = x$ **b)** $y = 2x$ **c)** $y = -x$

d) $y = -2x$ **e)** $y = \frac{1}{3}x$ **f)** $y = -\frac{1}{3}x$

g) $y = \frac{3}{2}x$ **h)** $y = \frac{-3}{2}x$ **i)** $y = \frac{2}{3}x$

– Classifica les rectes anteriors segons el seu pendent:

2. FUNCIÓ LINEAL $y = mx + n$

- L'equació $y = mx + n$ es representa mitjançant una recta amb aquestes característiques:
  - El **pendent** és m (el pendent és el coeficient de la x en l'equació $y = mx + n$). Representa la variació de y per cada unitat de x.
  - L'**ordenada en l'origen** és n. És a dir, si $x = 0$, llavors $y = n$. Per tant, la recta talla l'eix Y en el punt $(0, n)$.
  - Quan el pendent és $m = 0$, la recta $y = n$ és paral·lela a l'eix X. S'anomena **funció constant** perquè y sempre val el mateix (n) encara que la x variï.

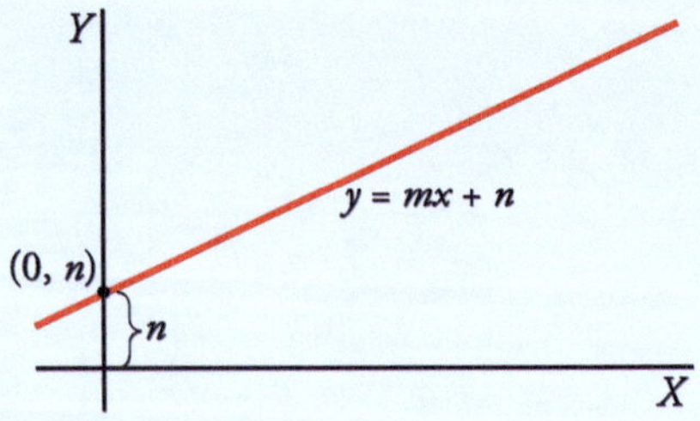

- Les funcions que es representen mitjançant rectes s'anomenen **funcions lineals**.

EXERCICI RESOLT

1. ***Representa aquesta recta:***

$$y = \frac{3x + 1}{2}$$

Posem l'equació d'aquesta manera: $y = \frac{3}{2}x + \frac{1}{2}$

Com que l'ordenada en l'origen és fraccionària, representem la recta a partir de dos punts amb coordenades enteres:

Si $x = 1,\ y = 2 \rightarrow (1, 2)$

Si $x = -1,\ y = -1 \rightarrow (-1, -1)$

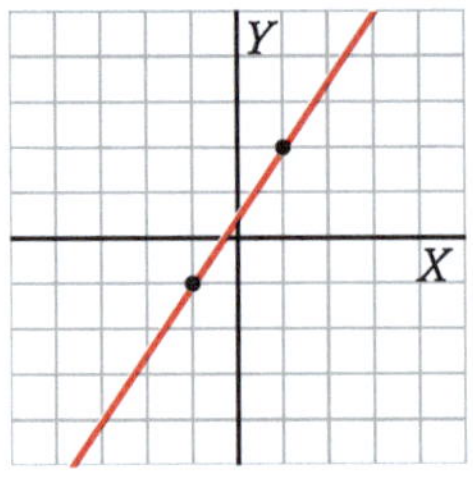

» APLICA EL QUE HAS APRÈS

5. Representa en uns eixos cartesians les rectes d'aquestes equacions:

a) $y = 3x - 2$ **b)** $y = 3 - 2x$

x	y

x	y

c) $y = -2$ **d)** $y = \frac{5x - 3}{2}$

x	y

x	y

e) $y = \frac{3}{4} - \frac{1}{4}x$ **f)** $y = \frac{2}{3}x - 5$

x	y

x	y

6. Relaciona cada recta amb la seva equació:

I: $y = 2x - 3$

II: $y = 4$

III: $y = -\frac{2}{3}x - 1$

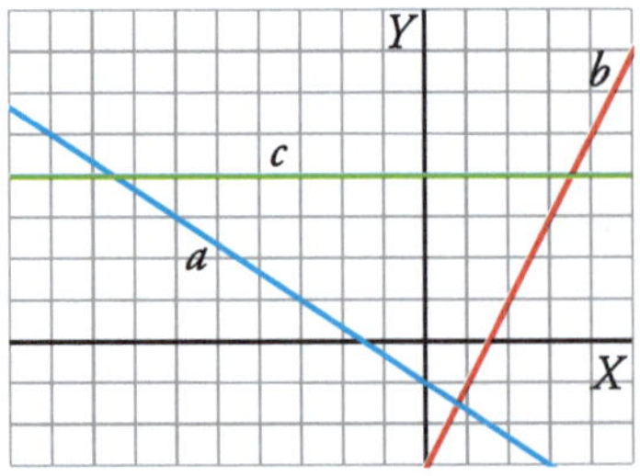

GeoGebra. Practica amb funcions $y = mx + n$.

- **Equació a partir d'un punt i el pendent.** Suposem que, d'una recta, coneixem un punt (x_0, y_0) i el pendent m. Llavors, la seva equació es pot expressar així:

$$y = y_0 + m(x - x_0) \qquad \text{EQUACIÓ PUNT-PENDENT}$$

- Les equacions $y = y_0 + m(x - x_0)$ poden simplificar-se fins a adoptar la forma $y = mx + n$. Per exemple:

$$y = 3 + \frac{2}{5}(x - 1) \Rightarrow y = \frac{2}{5}x + \frac{13}{5}$$

EXERCICI RESOLT

2. ***Escriu l'equació de les rectes a, b i c.***

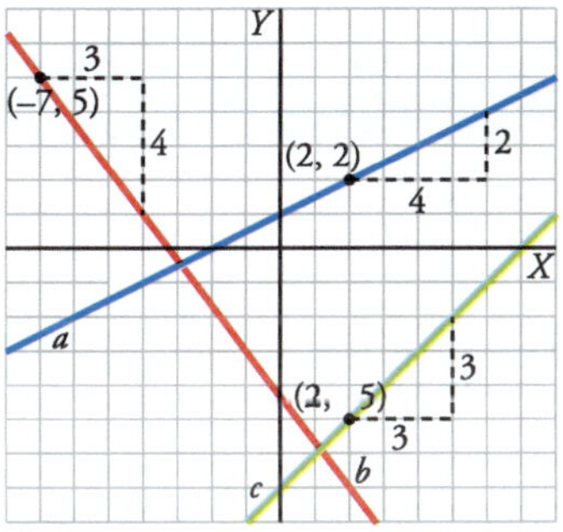

a) Passa per (2, 2). El seu pendent és $\frac{2}{4} = \frac{1}{2}$.

EQUACIÓ: $y = 2 + \frac{1}{2}(x - 2)$

b) Passa per (–7, 5). El seu pendent és $-\frac{4}{3}$.

EQUACIÓ: $y = 5 - \frac{4}{3}(x + 7)$

c) Passa per (2, –5). El seu pendent és $\frac{3}{3} = 1$.

EQUACIÓ: $y = -5 + (x - 2)$

» APLICA EL QUE HAS APRÈS

7. Escriu, en cada cas, l'equació de la recta que passa per P i té pendent m:

a) $P(4, -3)$, $m = 4$

b) $P(0, 2)$, $m = -\frac{1}{2}$

c) $P(-3, 1)$, $m = \frac{5}{4}$

d) $P(0, 0)$, $m = -1$

e) $P(-1, 3)$, $m = -\frac{3}{5}$

f) $P(0, -2)$, $m = 0$

8. Escriu l'equació de les rectes *a* i *b* donades mitjançant les seves gràfiques. Escull, de cada una, un altre punt diferent del que vas prendre per escriure l'equació. Torna a escriure l'equació amb aquest altre punt. Comprova que es tracta de la mateixa equació.

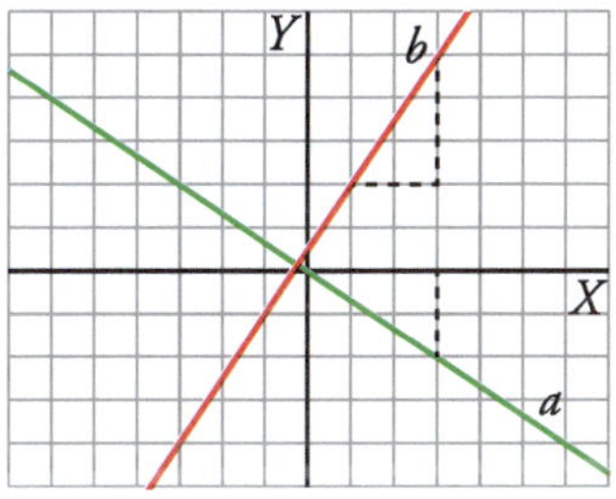

- Recta *a*:

- Recta *b*:

- **Equació a partir de dos punts.** Si d'una recta coneixem dos punts, en podem obtenir el pendent a partir dels punts i, després, amb el pendent i un dels punts, trobar l'equació.
- **Obtenció del pendent coneixent-ne dos punts.** Es pot procedir gràficament, determinant la variació de la x i la variació de la y (comptant quadradets) o amb aquest càlcul:

$$\left.\begin{matrix} P_1(x_1, y_1) \\ P_2(x_2, y_2) \end{matrix}\right\} \rightarrow m = \frac{\text{variació de la } y}{\text{variació de la } x} = \frac{y_2 - y_1}{x_2 - x_1}$$

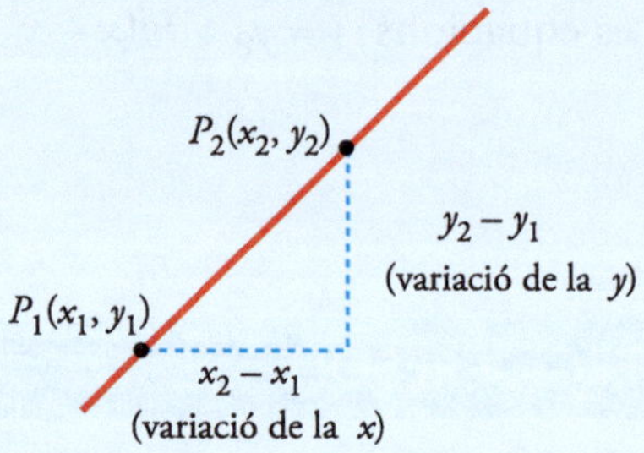

Per exemple, l'equació de la recta que passa per $P(5, 3)$ i $Q(-3, 4)$ és:

$m = \frac{4-3}{-3-5} = \frac{1}{-8} = -\frac{1}{8}$ EQUACIÓ: $y = 3 - \frac{1}{8}(x - 5)$

EXERCICI RESOLT

3. ***Troba el pendent de la següent recta a través de dos punts:***

(2, –5), (6, 1)

GRÀFICAMENT:

$m = \frac{6}{4} = \frac{3}{2}$

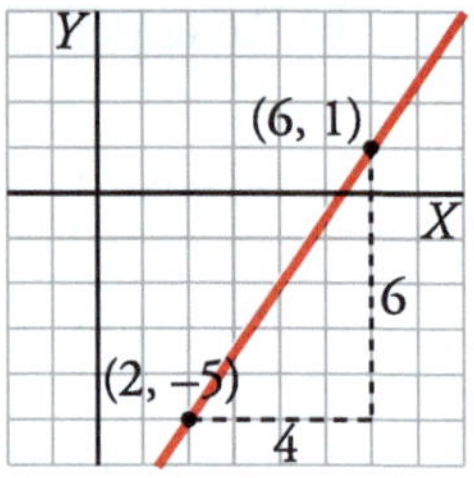

OPERANT:

$m = \frac{1-(-5)}{6-2} = \frac{6}{4} = \frac{3}{2}$

» APLICA EL QUE HAS APRÈS

9. Troba, en cada cas, l'equació de la recta que passa pels punts P i Q:

a) $P(2, 5)$, $Q(-3, 6)$

b) $P(3, -4)$, $Q(-2, -1)$

c) $P(-1, 0)$, $Q(5, 5)$

10. Troba les equacions de les rectes a, b i c. Utilitza els punts marcats per calcular els pendents.

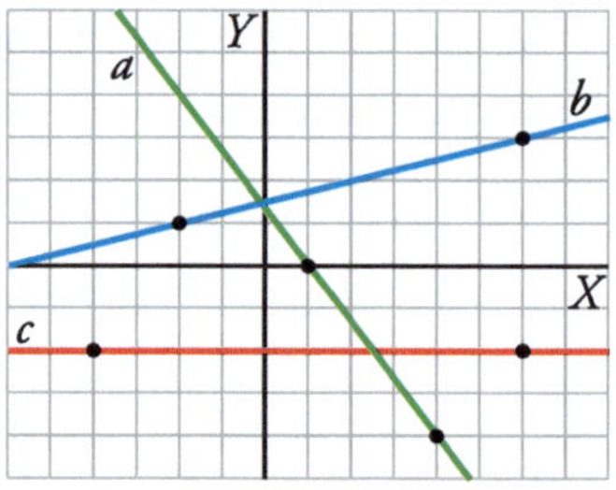

- Recta a:
- Recta b:
- Recta c:

- **Forma general de l'equació d'una recta.** Correspon a l'expressió $ax + by = c$. Qualsevol equació de la recta es pot expressar en la **forma general**.

FORMA DE LA FUNCIÓ	EXEMPLE	TRANSFORMACIÓ $ax + by = c$
$y = mx$	$y = \frac{1}{2}x$	$x - 2y = 0$; $a = 1$, $b = -2$, $c = 0$
$y = mx + n$	$y = \frac{1}{2}x - 3$	$x - 2y = 6$; $a = 1$, $b = -2$, $c = 6$
$y = k$ (paral·lela a l'eix X)	$y = 3$	$0x + y = 3$; $a = 0$, $b = 1$, $c = 3$
$y = y_0 + m(x - x_0)$	$y = 2 + \frac{3}{4}(x - 5)$	$3x - 4y = 7$; $a = 3$, $b = -4$, $c = 7$

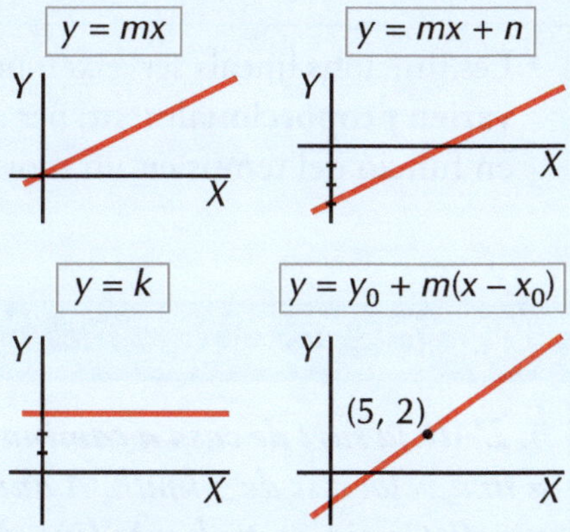

- Els **punts de tall amb els eixos** els obtenim a partir de l'equació de la recta, donant el valor 0 a les variables x i y.

Per exemple: $y = \frac{1}{2}x - 3$

$x = 0 \rightarrow y = -3$. Punt (0, – 3).
$y = 0 \rightarrow x = 6$. Punt (6, 0).

» APLICA EL QUE HAS APRÈS

11. Representa les rectes i troba'n els punts de tall amb els eixos.

a) $2x + 5y = 0$

x	y

b) $x - 3y = 6$

x	y

c) $3x = 12$

x	y

d) $y = 5 - \frac{5}{6}(x + 4)$

x	y

3. APLICACIONS DE LA FUNCIÓ LINEAL. PROBLEMES DE MOVIMENTS

- Les funcions lineals serveixen per descriure multitud de fenòmens en els quals es relacionen dues **magnituds** que **varien proporcionalment**; per exemple, determinar el cost d'un producte a partir del pes o la distància recorreguda en funció del temps en un moviment uniforme.

EXERCICIS RESOLTS

4. ***L'Alícia surt de casa a caminar a una velocitat de 5 km/h. A quina distància es trobarà dins de t hores?***

Si la distància l'expressem en quilòmetres, i el temps, en hores, la distància recorreguda per l'Alícia en t hores és:

$$d = 5t$$

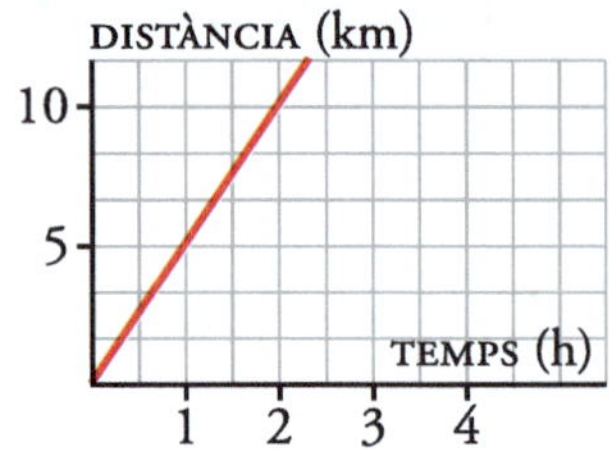

5. ***En Jaume fa 2 hores que ha sortit a passejar a una velocitat de 4 km/h. A quina distància estarà dins de t hores?***

Com que fa 2 h que ha sortit, dins de t hores haurà caminat $2 + t$ hores. Per tant, haurà recorregut $4(2 + t)$ km.

$$d = 4(2 + t)$$

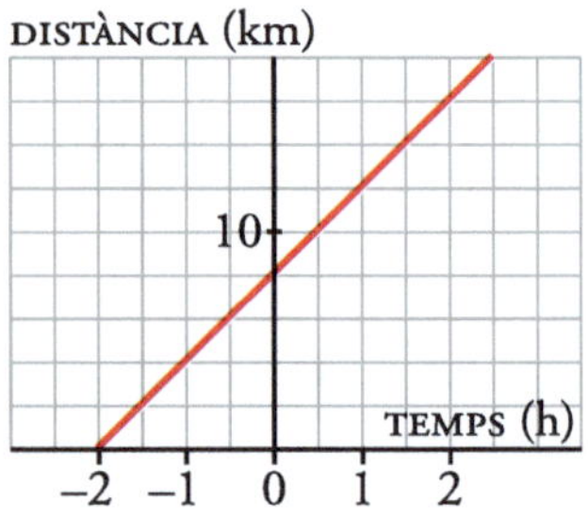

» APLICA EL QUE HAS APRÈS

12. Un robot es desplaça a una velocitat de 7 m per minut (7 m/min). Quina distància recorre en t min?

13. Un robot es desplaça a 7 m/min. El vam posar en marxa fa 2 min. A quina distància de nosaltres estarà dins de t min?

14. Un robot és a 40 m de nosaltres i se'ns acosta a 5 m/min. A quina distància serà dins de t min?

15. A les 10.00 lloguem una bicicleta a 5 €/h i deixem 100 € de paga i senyal. Quants diners ens hauran de retornar si la tornem a les t hores del mateix dia?

16. Un pelegrí es troba encara a 50 km de Montserrat. Prossegueix el seu camí a les 8 del matí a un ritme de 6 km/h. A quina distància de la seva destinació es trobarà a les t hores d'aquell dia?

4. ESTUDI CONJUNT DE DUES FUNCIONS LINEALS

- Per estudiar conjuntament dues funcions lineals, les representem sobre els mateixos eixos. El punt de tall és de gran importància en la interpretació conjunta. Per trobar-ne les coordenades, si no es veuen clarament sobre la gràfica, es resol el sistema format per les dues equacions.

EXERCICI RESOLT

6. ***La Paula surt a les 10.00 h de casa seva caminant a 4 km/h en direcció a casa del seu amic Aleix. A les 12.00 h, l'Aleix surt en direcció a casa de la Paula, amb bicicleta, a 12 km/h. Si viuen a 24 km de distància, a quina hora i en quin punt es trobaran?***

Relacionem distàncies i temps. Les distàncies les referim a la casa de la Paula, i com a origen del temps, prenem el moment en què surt l'Aleix.

EQUACIÓ DEL MOVIMENT DE L'ALEIX:

En l'instant t s'ha apropat a casa de la Paula $12t$ km; per tant, la seva distància a casa de la Paula és $d = 24 - 12t$.

EQUACIÓ DEL MOVIMENT DE LA PAULA:

En l'instant inicial, la Paula fa 2 hores que camina. En l'instant t fa, doncs, $(t + 2)$ h. Per tant, la distància de la Paula a casa seva en l'instant t és $d = 4(t + 2)$.

En el moment en què es troben hi ha coincidència de temps i de posició. El punt en el qual es tallen les rectes que corresponen a les dues equacions, (1, 12), significa que es troben una hora després que l'Aleix hagi sortit de casa seva, a 12 km de la casa de la Paula.

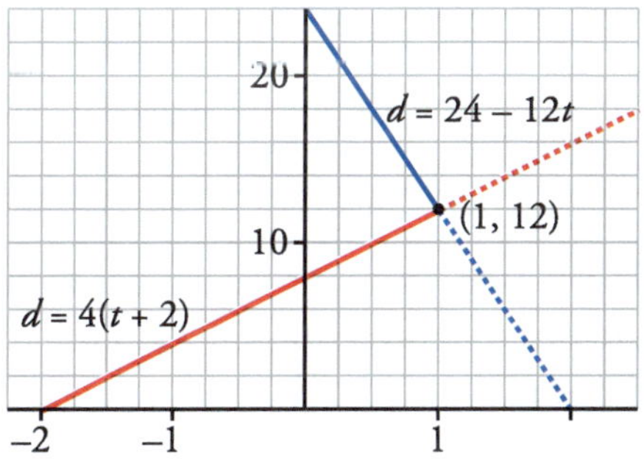

» APLICA EL QUE HAS APRÈS

17. Un tren AVE va sortir a les 10 del matí d'una ciutat situada a 750 km de la nostra i s'acosta cap on ens trobem a 200 km/h. D'altra banda, un tren de mercaderies va sortir dues hores abans de la nostra ciutat i circula a 50 km/h per una via paral·lela a la de l'AVE.

a) Expressa, mitjançant dues funcions, la distància a la nostra ciutat per part de cada tren al cap de t hores.

b) Representa les dues rectes corresponents a les funcions en uns eixos de coordenades.

c) Indica en quin punt es tallen les dues rectes i digues què significa cada una de les seves coordenades.

d) Calcula, mitjançant un sistema d'equacions, l'hora a la qual es creuen els trens i a quina distància de la nostra ciutat es troben.

GeoGebra. Resol el problema «Transport en autobús».

5. FUNCIONS DE PROPORCIONALITAT INVERSA

- Les funcions $y = \frac{k}{x}$ s'anomenen **funcions de proporcionalitat inversa**. Es representen per mitjà d'hipèrboles les asímptotes de les quals són els eixos de coordenades. El seu domini de definició està format pels trams $(-\infty, 0)$ i $(0, +\infty)$.

La funció $y = \frac{1}{x}$ es caracteritza per:

– No està definida per a $x = 0$.

– Si x s'acosta a 0, y pren valors cada vegada més grans. Per això diem que l'eix Y és una **asímptota**.

– Si x pren valors cada vegada més grans, y s'acosta a 0. Per això l'eix X també és una asímptota.

– Aquesta corba s'anomena **hipèrbola**. Les seves asímptotes són els eixos de coordenades.

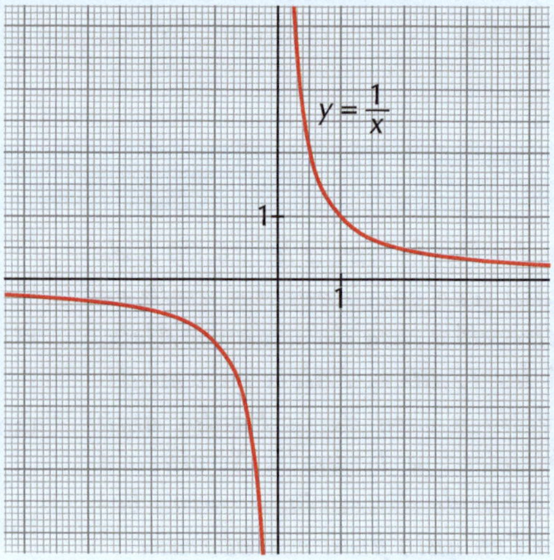

» APLICA EL QUE HAS APRÈS

18. Fes una taula de valors per a cada una d'aquestes funcions i representa-les. Quines rectes són les seves asímptotes?

a) $y = \frac{8}{x}$

x	y
– 8	– 1
– 6	– 4/3
– 4	– 2
– 2	– 4
– 1	– 8
0	∞
1	8
2	4
4	2
6	4/3

b) $y = \frac{8}{x - 2}$

x	y

c) $y = \frac{8}{x} - 3$

x	y

d) $y = \frac{8}{x - 2} + 3$

x	y

» OBSERVA, RAONA I RESOL

1. CURSA DE TORTUGUES

Les gràfiques següents mostren la distància recorreguda per cadascuna de les dues tortugues que competeixen en una cursa. Des del minut 13 s'ha esborrat tot:

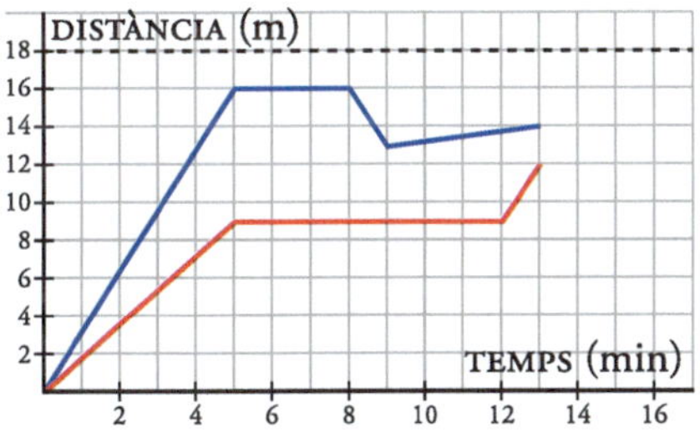

Suposant que segueixen al mateix ritme i que la meta es troba a 18 m de la sortida:

a) ***Escriu, en cada cas, l'equació de l'últim tram de la funció per a cada tortuga.***

b) ***Quina tortuga guanyarà la cursa?***

a) Tortuga blava: L'últim tram és una recta que passa pels punts (9, 13) i (13, 14).

El seu pendent és: $m = \dfrac{14-13}{13-9} = \dfrac{1}{4}$. La seva equació és: $y = 13 + \dfrac{1}{4}(x-9)$.

Tortuga vermella: Passa pels punts (12, 9) i (13, 12). El seu pendent és: $m = \dfrac{12-9}{13-12} = 3$. La seva equació és: $y = 9 + 3(x-12)$.

b) Per veure quina tortuga guanya la cursa, cal trobar el punt de tall de cada gràfica amb la recta $y = 18$, que és la meta.

Tortuga blava: $18 = 13 + \dfrac{1}{4}(x-9) \rightarrow 5 = \dfrac{1}{4}(x-9) \rightarrow 20 = x-9 \rightarrow x = 29$

Tortuga vermella: $18 = 9 + 3(x-12) \rightarrow 9 = 3(x-12) \rightarrow 3 = x-12 \rightarrow x = 15$

Per tant, si mantenen les seves velocitats en l'últim tram, guanya la tortuga vermella, que arriba al cap de 15 min; després, al cap de 29 min, arriba la blava.

Fes-ho tu Troba les equacions dels primers trams de les tortugues.

2 DIPÒSITS D'AIGUA

Un dipòsit d'aigua* A *té una capacitat de 150 ℓ i es buida a raó de 20 ℓ /min. Un altre dipòsit* B *és buit i s'omple a raó de 10 ℓ/min.

a) ***Escriu les equacions corresponents a les funcions* temps → → volum *de cada dipòsit i representa les gràfiques.***

b) ***En quin moment els dos dipòsits tenen una quantitat d'aigua igual?***

a) El volum en el dipòsit A ve donat per una funció lineal de pendent negatiu, $m = -20$ ℓ/min, ja que el dipòsit es buida. L'ordenada en l'origen és el volum inicial, $n = 150$ ℓ. Per tant:

Dipòsit A: $y = -20x + 150$

El volum en el dipòsit B ve donat per una funció de proporcionalitat de pendent $m = 10$ ℓ/min. Per tant:

Dipòsit B: $y = 10x$

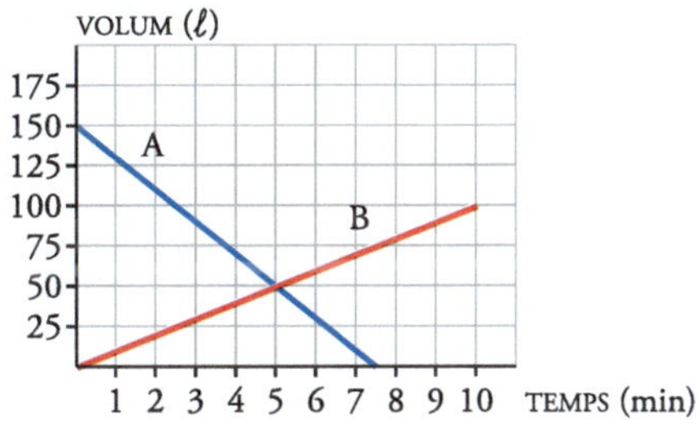

b) Els dos volums coincideixen en el punt de tall de les dues rectes: (5, 50). Per tant, al cap de 5 min tots dos tindran una capacitat de 50 ℓ.

Fes-ho tu Representa, sobre els mateixos eixos de coordenades, la funció corresponent al volum d'un dipòsit C, que inicialment conté 100 ℓ d'aigua, i a partir del minut 4 es va buidant a raó de 20 ℓ/min. En quin moment el volum del dipòsit C coincideix amb el dels dipòsits A i B?

» EXERCITA LES TEVES COMPETÈNCIES

Practica

Funcions lineals. Rectes

1. Associa cada recta amb la seva equació:

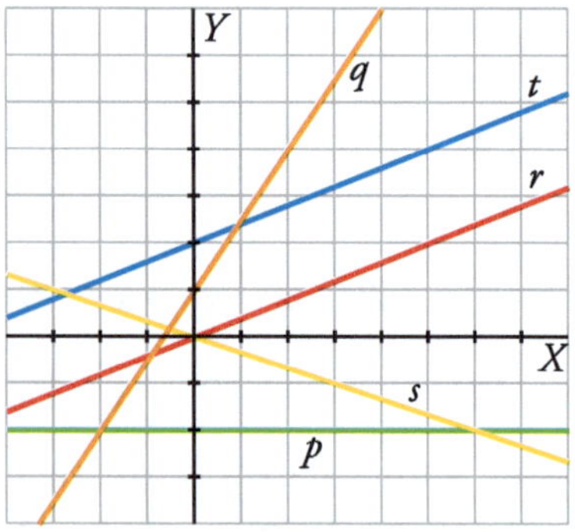

a) $y = -\frac{1}{3}x$ ☐

b) $y = \frac{3}{2}x + 1$ ☐

c) $y = \frac{2}{5}x$ ☐

d) $y = \frac{2}{5}x + 2$ ☐

e) $y = -2$ ☐

2. Representa les rectes següents:

a) $y = -2x + 1$ **b)** $y = -\frac{x}{2} + 3$ **c)** $y = -\frac{8}{5}$

3. Troba el pendent d'aquestes rectes i representa-les. Quina conclusió en treus?

a) $y = 2x$ **b)** $y = 2x - 3$

c) $2x - y + 1 = 0$ **d)** $4x - 2y + 5 = 0$

4. Escriu, en cada cas, l'equació de la recta de la qual coneixem un punt i el pendent:

a) $P(-2, 5)$, $m = 3$

b) $P(0, -5)$, $m = -2$

c) $P(0, 0)$, $m = \frac{3}{2}$

5. Calcula els pendents de les rectes que passen pels següents parells de punts:

a) $A(0, 0)$ i $B(1, 1)$

b) $A(-5, -2)$ i $B(-1, 3)$

c) $A\left(\frac{4}{5}, 1\right)$ i $B\left(3, -\frac{2}{3}\right)$

6. Troba, en cada cas, l'equació de la recta que passa per A i B.

a) $A(2, -1)$, $B(3, 4)$

b) $A\left(\frac{3}{2}, 2\right)$, $B\left(1, \frac{2}{3}\right)$

7. Escriu l'equació de cada una d'aquestes rectes a partir dels punts representats:

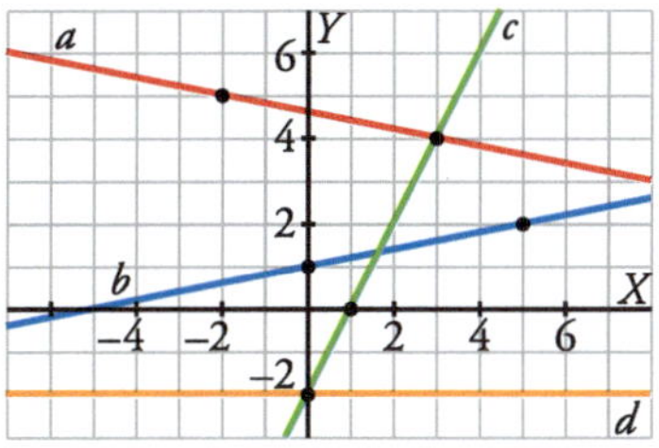

8. Quines de les funcions de l'activitat anterior són creixents? I decreixents? Comprova el signe del pendent en cada cas.

9. Aquesta taula mostra les longituds d'uns pals i de les seves ombres en un moment determinat:

PAL (m)	0,5	1	1,5	2	2,5
OMBRA (m)	1,25	2,5	3,75	5	6,25

a) Escriu l'equació que relaciona la longitud de l'ombra amb l'altura del pal en aquell instant.

b) Quina longitud té l'ombra d'un pal de 3,5 m d'altura? Quina és l'altura d'un pal que fa una ombra de 3 m?

c) Representa la funció *altura del pal → longitud de l'ombra.*

10. Troba el pendent i l'ordenada en l'origen de cada una de les rectes següents:

a) $-5x + 8y = 3$

b) $3y = 12$

c) $6x - 2y - 3 = 0$

Funcions de proporcionalitat inversa

11. Associa cada fórmula amb cada gràfica:

I) $y = \frac{1}{2 - x}$ **II)** $y = 3 - \frac{1}{x - 3}$

III) $y = 2 + \frac{2}{x}$ **IV)** $y = -\frac{1}{x + 3}$

a)

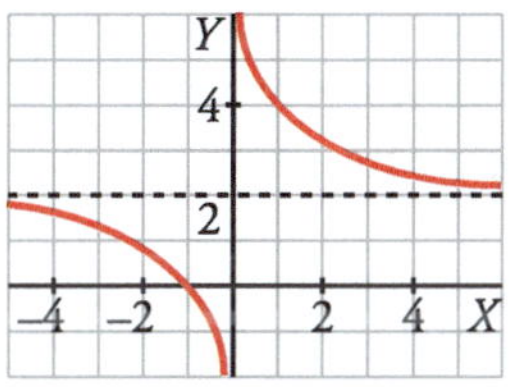

b)

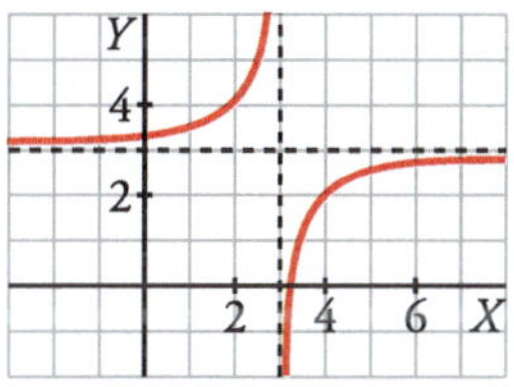

c)

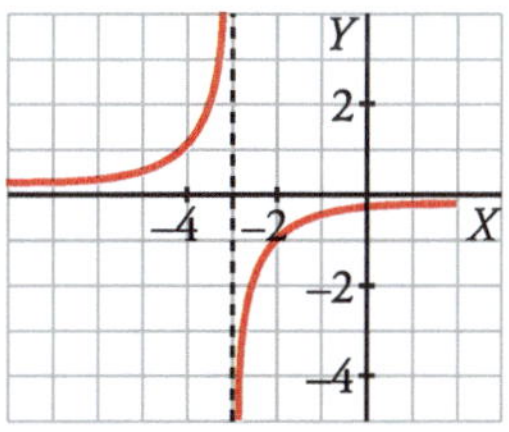

d)

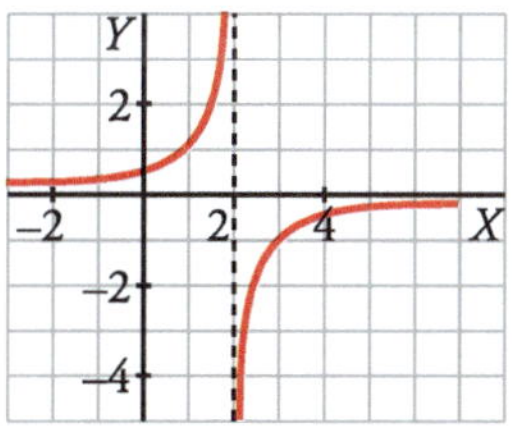

12. Dibuixa la gràfica de la funció $y = -\dfrac{1}{x}$:

x	y

Resol problemes

13. Aquesta és la gràfica de l'espai que recorren tres muntanyencs que van a velocitat constant:

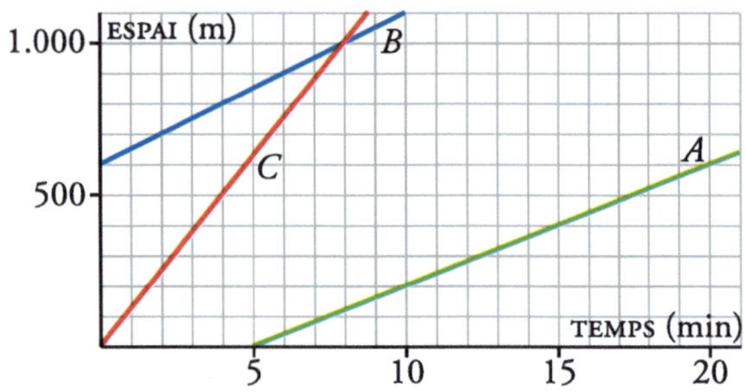

a) A quina velocitat, en m/min, camina cada un?

b) Escriu l'expressió analítica d'aquestes funcions.

14. En una gelateria A venen el gelat a 5 € el litre, i ens cobren 1 € per un envàs, sigui de la mida que sigui. En una altra gelateria B ens cobren 0,50 € per un envàs i 6 € per cada litre de gelat.

a) Representa la funció *litres de gelat - cost* per a cada gelateria i escriu les seves equacions.

b) Analitza quina de les dues ofertes és més avantatjosa segons la quantitat de gelat que comprem.

15. En cada un dels enunciats següents, troba l'equació i representa la funció lineal en uns eixos de coordenades:

a) L'Antoni compra taronges a 3 €/kg. Quant li costaran p kg de taronges?

b) Tinc 25 € i el taxi m'ha cobrat 2,50 € per l'abaixament de bandera més 1,20 € per quilòmetre recorregut. Quants diners em quedaran si el taxi em porta a d km de distància?

16. Un cargol de 8 cm de longitud té una rosca que permet d'introduir-lo 1,5 cm per cada tres voltes que gira. Per fer entrar un d'aquests cargols en una biga de fusta li hem clavat, prèviament, un cop de martell amb el qual ha penetrat 0,5 cm.

a) Fes una taula que relacioni el nombre de voltes que fem fer al cargol, x, amb la longitud que penetra, y. Construeix la gràfica d'aquesta relació.

b) Quina és l'expressió analítica? Quin és el pas de rosca del cargol (longitud) que penetra per cada volta? Quantes voltes li haurem de donar fins que tot el cargol quedi enfonsat en la biga?

Reflexiona

17. En la funció $y = mx + n$, com ha de ser m perquè la funció sigui decreixent?

18. Escriu l'equació d'una recta paral·lela a l'eix vertical i que passi pel punt (3, 5).

19. Calcula c perquè la recta $3x - 5y = c$ passi pel punt (–2, 4).

20. Vertader (V) o fals (F)?

a) Es pot obtenir l'equació d'una recta sabent el seu pendent i el punt de tall amb l'eix Y.

b) Amb els punts de tall amb els eixos sempre és possible obtenir l'equació d'una recta.

c) El pendent d'una recta és el que augmenta la x quan la y augmenta 1 unitat.

d) El pendent d'una recta és el que augmenta la y quan la x augmenta 1 unitat.

És el teu torn

21. No estem acostumats a descriure els fenòmens quotidians en forma de funció. Si ho féssim, ens adonaríem que molts d'aquests fenòmens s'ajusten a funcions de proporcionalitat. Pensa en una situació quotidiana que puguis expressar en forma de funció de proporcionalitat. Troba tres punts d'aquesta funció i comprova que el quocient entre l'ordenada i l'abscissa és constant.

22. El joc de memòria. Retalla deu trossos de cartolina blanca de 6 cm x 6 cm. En cinc de les peces, dibuixa la gràfica d'una funció lineal. A les altres cinc peces inclou, per a cada gràfica, l'equació de la recta o el pendent i un punt de la recta.

Reuneix-te amb quatre companys i poseu les fitxes en comú. Comproveu que no hi ha cap recta repetida i que les parelles són correctes. Barregeu les peces i poseu-les cap per avall. Cada jugador gira dues peces i intenta aparellar les representacions de les rectes i les seves equacions o pendents.

Si fa parella, continua jugant i en cas contrari, torna a deixar les peces al seu lloc cap per avall. Guanya qui més parelles aconsegueix.

» MATEMÀTIQUES EN CONTEXT

SITUACIÓ D'APRENENTATGE

TAXIS I TINTES

En Marc agafa un taxi per anar a una entrevista de feina. Vol augmentar els seus ingressos, ara que s'ha comprat un pis. Li han dit que la feina té a veure amb la seva afició al disseny gràfic, però no ho té gaire clar, ja que es tracta d'una feina de comercial. Mentre va pensant en aquestes coses arriba a la seva destinació i li toca pagar el recorregut que ha fet el taxi.

1. Viatjar en taxi

La taxista explica a en Marc que la baixada de bandera (preu fix cobrat al viatger en començar el servei) és de 2,10 euros i que, per cada quilòmetre recorregut, el client paga 1,3 euros.

a) Construeix una taula de valors per esbrinar el preu de viatges de 5, 10, 15, 20, 25 i 30 km.

b) Troba una expressió algebraica que relacioni el preu, y, amb els quilòmetres recorreguts, x.

c) Quin serà el preu d'un viatge d'anada i tornada a un poble veí situat a 12 km de distància?

d) Quants quilòmetres va recórrer en Marc si va haver de pagar 30 euros a la taxista?

e) Fes una representació gràfica de la funció *preu / quilòmetres recorreguts*.

Pensa una altra pregunta per plantejar-la a un company o companya de la classe. Primer l'has de respondre tu per comprovar que està ben plantejada i per saber quina és la solució correcta.

2. Venedor de tintes?

En Marc va trobar aquesta feina a través d'una xarxa social de treball i van seleccionar el seu currículum per a una feina de comercial que s'haurà d'ocupar de la venda de tintes i tòners per a impressores i fotocopiadores. Un cop superada l'entrevista, el cap de personal de l'empresa li ofereix dos tipus de contracte:

A: 900 € fixos mensuals més 75 € per litre de producte venut.

B: 1.500 € fixos al mes.

En Marc s'està plantejant seriosament acceptar la feina, ja que la necessita. Però vol tenir clar quina opció de contracte ha de triar. Tot i que es decanta per la segona opció, vol saber en quins casos li surt més a compte triar l'opció A.

a) Troba l'expressió algebraica que relaciona el sou, y, amb els litres de tinta venuts, x, per a cada una de les dues opcions.

b) Construeix, sobre uns mateixos eixos, les gràfiques corresponents a cada una de les dues opcions.

c) Si finalment es decanta per l'opció A, quants litres preveu que pot vendre mensualment? Explica el raonament que haurà fet en Marc per decidir-se per l'opció A.

» TALLER DE MATEMÀTIQUES

» LLEGEIX I DESCOBREIX

Gottfried Wilhelm Leibniz (1646-1716) va estudiar lleis i filosofia, es va llicenciar en dret i va exercir la política, que el va dur a recórrer Europa. Això i la seva inquietud per totes les facetes del saber li van permetre prendre contacte amb universitats i científics de diferents països i adquirir vastos coneixements en altres camps, com la biologia, la física i les matemàtiques. Va fer importants aportacions en càlcul i lògica.

Va ser qui va utilitzar per primera vegada el terme *funció* amb el significat que avui li donem en matemàtiques, abans que Euler l'emprés i el divulgués, i va introduir en el llenguatge matemàtic algunes de les notacions i alguns dels termes que s'utilitzen en l'actualitat (per exemple: constant, variable i paràmetre).

» PENSA I DECIDEIX

Aparellem

Cada gràfica representa dos vehicles que van a velocitat constant. Així, la funció que relaciona la distància i el temps, per a cada vehicle, és una recta. Associa cada enunciat amb la seva gràfica corresponent:

Ⓐ Un cotxe arrenca i una moto l'empaita.

Ⓑ Un cotxe se'n va, un altre torna, i xoquen.

Ⓒ Un cotxe se'n va, un camió torna i es creuen.

Ⓓ Un cotxe s'acosta, i un altre s'allunya.

Ⓔ Dos autobusos surten junts i un dels dos fa una parada per descansar.

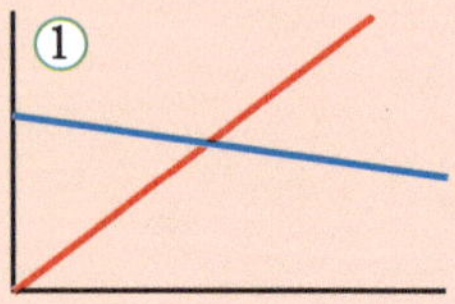

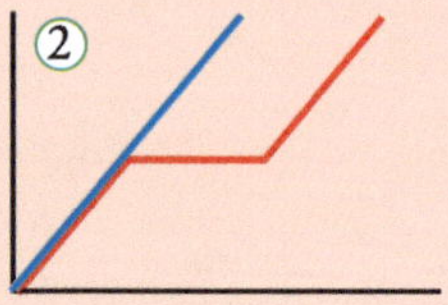

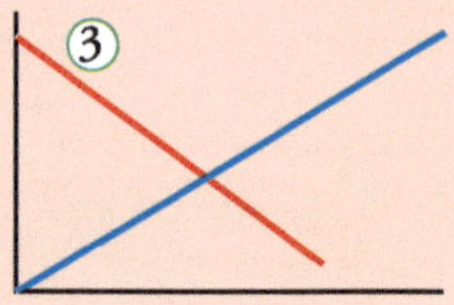

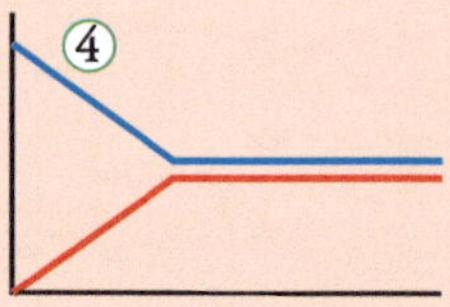

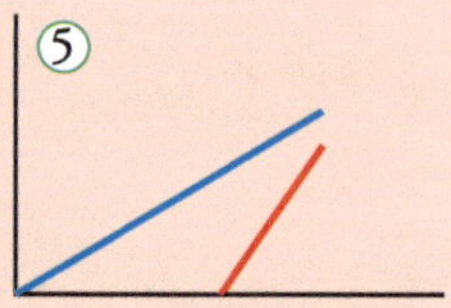

» ENTRENA'T RESOLENT ALTRES PROBLEMES

- La Jana ha convidat deu amics a la seva festa d'aniversari i els proposa una endevinalla amb premi:

  «S'emportarà la capsa de bombons qui esbrini, sense obrir-la, quants bombons conté. Dono tres pistes:

  – N'hi ha menys de cinc dotzenes.

  – Estan situats en files de nou.

  – Si es repartissin entre els presents, en sobraria un.»

  Quants bombons conté la capsa?

- Quantes quantitats diferents de diners pots obtenir amb aquestes monedes?

» POSA'T A PROVA

1. Associa cada una d'aquestes funcions lineals amb la seva equació i escriu el pendent corresponent:

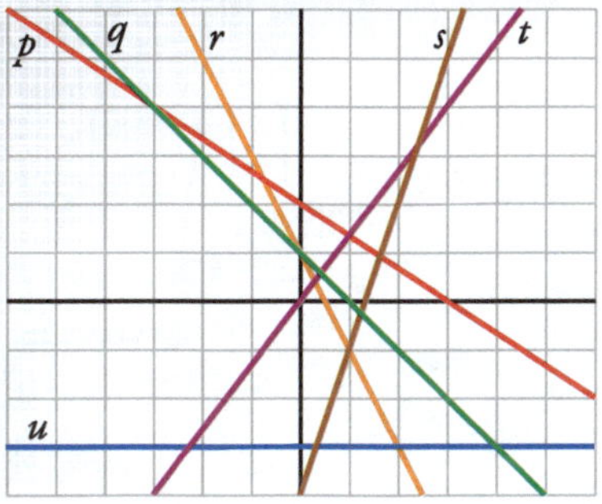

a) $y = 3x - 4$

b) $y = -2x + 1$

c) $y = (4/3)x$

d) $y = -2/3x + 2$

e) $y = -3$

f) $y = -x + 1$

2. Representa aquestes funcions lineals.

a) $y = 3x + 4$ **b)** $3x + 2y = 5$

3. Avui farem una excursió en globus. La temperatura és de 20 °C i sabem que el globus descendeix, aproximadament, 6 °C per cada quilòmetre d'ascensió.

a) Quina temperatura hi haurà si ens elevem fins a 3 km? Quants quilòmetres haurem pujat si estem a 11 °C?

b) Representa la funció *altura* ⟶ *temperatura* i escriu la seva expressió analítica.

4. Fa dues hores, la Bàrbara va sortir amb bicicleta de casa seva cap a la d'en Víctor a 15 km/h. En Víctor surt ara caminant, a 6 km/h, cap a casa de la Bàrbara. Sabent que viuen a 58 km de distància i prenent com a origen de temps l'instant en què va sortir en Víctor:

a) Expressa, mitjançant dues funcions, la distància de cada un a casa d'en Víctor. Representa, en uns eixos de coordenades, les rectes corresponents a les dues funcions.

b) Sabent que la Bàrbara va sortir de casa seva a les 8.00 am, a quina hora i a quina distància de casa seva es troben?

» SITUACIÓ D'APRENENTATGE. EL DIPÒSIT DE REG

En una finca agrícola hi ha un dipòsit de reg amb una capacitat de «C» m³. Es proveeix d'aigua mitjançant una bomba que aporta un cabal de «*x*» litres per minut i desguassa a través de dues boques de reg: la primera extreu un cabal de «*a*» litres/minut i la segona, un cabal de «*b*» litres/minut.

1. Escriu una expressió algebraica per a cada un dels següents enunciats, tal com s'ha fet en el primer.

Litres d'aigua que aporta la bomba en «t» minuts.	$x \cdot t$
Metres cúbics d'aigua que extreu la primera boca de reg en «t» hores.	
Variació, en litres per hora, del contingut del dipòsit, amb la bomba funcionant i les dues boques de reg obertes.	
Hores, «h», que triga la bomba a omplir el dipòsit quan és buit.	
Minuts, «m», que triga a buidar-se el dipòsit, inicialment ple, quan s'obren les dues boques de reg.	

2. Suposant que tenim el dipòsit de reg ple fins a la meitat, la igualtat següent expressa el nombre d'hores, «H», que triga a buidar-se o a omplir-se fent funcionar la bomba i obrint la primera boca de reg. Expressa el volum d'aigua en el dipòsit, en funció de H, *x* i *a*.

$$H = \frac{(C : 2) \cdot 1.000}{(x - a) \cdot 60}$$

3. Estem pensant, per a l'any vinent, de substituir la bomba actual per una altra una mica més potent, que aporti mig litre per segon més que l'actual. Aquesta nova bomba trigaria dues hores i mitja menys a omplir el dipòsit. Sabent que la capacitat del dipòsit és de 90 m³, calcula el cabal de la bomba actual.

4. Ahir, durant les feines de reg, va caldre obrir la primera boca durant 4 hores, i la segona, durant 3 hores, i es va gastar una tercera part de l'aigua del dipòsit.

Avui han regat amb totes dues boques, durant 5 hores, i s'ha gastat mig dipòsit. Calcula el cabal de cada boca.

5. Imagina't que el dipòsit conté 50 m^3 i que obren la segona boca de reg.

- Representa l'evolució del contingut del dipòsit en funció del temps transcorregut.
- Escriu l'equació d'aquesta gràfica.

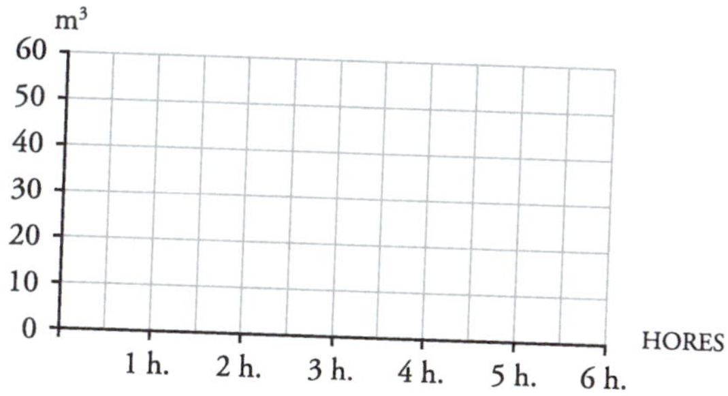

6. La gràfica que tens a continuació representa l'evolució del contingut del dipòsit al llarg d'un dia. Descriu detalladament la informació que ens aporta aquesta gràfica.

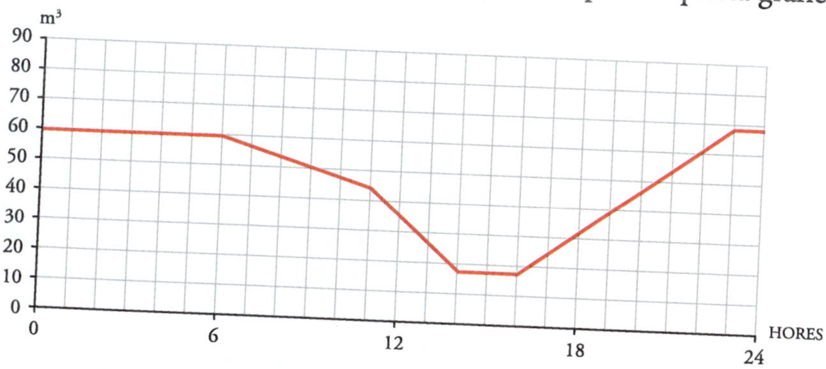

UNITAT 9

PROBLEMES MÈTRICS EN EL PLA

RESOLUCIÓ DE PROBLEMES · RAONAMENT I PROVA
CONNEXIONS · COMUNICACIÓ I REPRESENTACIÓ · SOCIOEMOCIONAL

Els inicis de la geometria

El saber matemàtic d'egipcis i babilonis era bàsicament pràctic. Gràcies als seus coneixements sobre geometria, mesuraven camps i calculaven àrees i volums de figures geomètriques. Els grecs van recollir aquest saber i hi van donar un gran impuls.

Els primers grans grecs

Tales de Milet (640 aC-546 aC) va ser un important filòsof que va marcar la pauta de tot el pensament grec posterior. Va inventar i va cultivar la matemàtica deductiva (sistema de pensament segons el qual unes veritats es van deduint lògicament d'unes altres).

Pitàgores i la seva escola (segle VI aC) van aprofundir en el desenvolupament de la geometria aplicant també el mètode deductiu. Al segle III aC, aquest mètode va ser sistematitzat i millorat per **Euclides** i perfeccionat per **Arquimedes**. Aquest últim va saber trobar àrees i volums amb mètodes molt sofisticats.

Seccions en el cub

En aquesta unitat resoldràs problemes relatius a les figures planes: càlcul d'angles, perímetres, àrees, etc.

A la dreta pots observar algunes figures interessants que s'obtenen en tallar un cub. De cada una, se'n pot calcular el perímetre i l'àrea mitjançant les aportacions que van fer els geòmetres grecs fa més de vint-i-tres segles, una de les quals és especialment útil per a aquesta tasca: el **teorema de Pitàgores**.

Un altre gran geòmetra grec

Contemporani d'Arquimedes, l'últim gran geòmetra grec va ser **Apol·loni de Perge** (segle III aC). Amb un estil polit i sistemàtic, va escriure un tractat dedicat a les còniques (circumferència, el·lipse, paràbola i hipèrbola).

Còniques anteriors a Apol·loni

Les còniques ja es feien servir abans que ho fes Apol·loni, però el seu coneixement era deficient i incomplet. Observa com es definien:

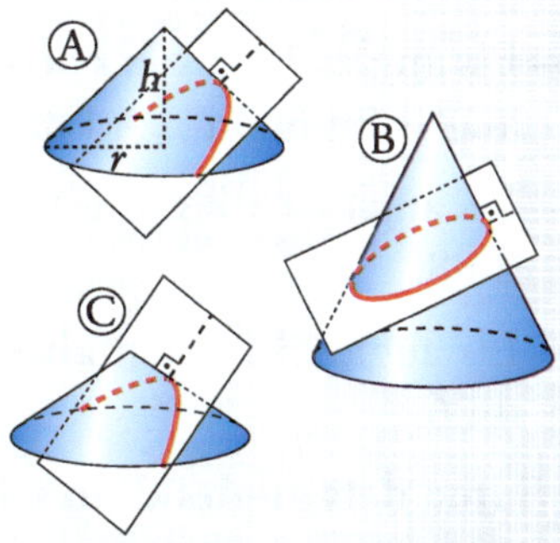

Si construïm un con i el tallem per un pla **perpendicular a la generatriu**, obtenim una corba:

Ⓐ Si el con és rectangle ($r = h$), la corba de tall és una paràbola.

Ⓑ Si el con és acutangle ($r < h$), la corba és una el·lipse.

Ⓒ Si el con és obtusangle ($r > h$), la corba és un arc d'hipèrbola.

(Compara aquestes definicions amb les de la pàgina 192.)

RESOL

1. Cerca informació sobre set grans geòmetres grecs i escriu-ne els noms ordenats cronològicament.

2. De les tres seccions del cub que hi ha a la pàgina anterior, quina creus que té més perímetre? I més àrea? En acabar la unitat, sabràs contestar aquestes qüestions.

3. Observa aquests talls d'un con:

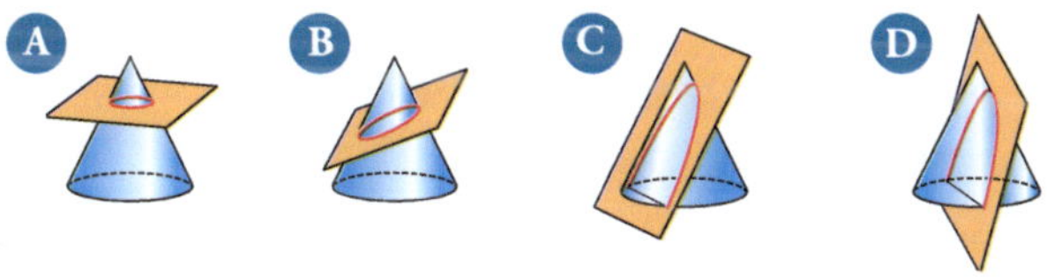

Quina cònica creus que s'obté en cada cas? Pots comprovar-ho construint cons de plastilina i tallant-los amb un cúter.

1. RELACIONS ANGULARS

- **Angles en tallar dues paral·leles per una secant.** Aquestes són les relacions que s'estableixen:
  - Els angles 1 i 3 són **oposats pel vèrtex** i, per tant, iguals. El mateix passa amb els angles 2 i 4, 5 i 7, 6 i 8.
  - Els angles 1 i 5 són **corresponents**, per la qual cosa són iguals. El mateix passa amb els angles 2 i 6, 3 i 7, 4 i 8.
  - Els angles 1 i 7 són **alterns externs**, per aixo són iguals. El mateix passa amb els angles 2 i 8.
  - Els angles 3 i 5 són **alterns interns** i tambe són iguals. El mateix passa amb els angles 4 i 6.

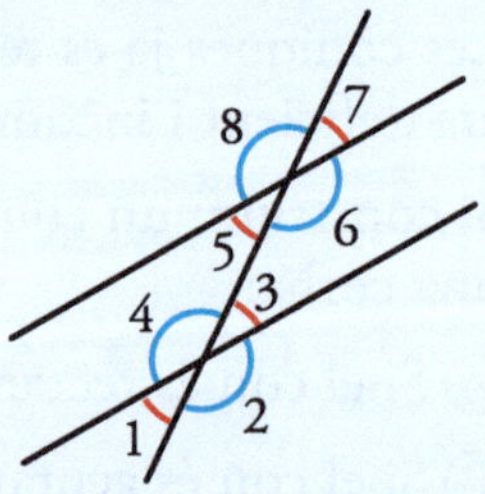

- **Suma dels angles d'un triangle.** La suma dels tres angles d'un triangle qualsevol és 180°.
- **Angles en els polígons.** Un polígon de *n* costats pot descompondre's en *n* – 2 triangles. Per tant:
  - La suma dels angles interiors d'un polígon de *n* costats és 180° (*n* – 2).
  - Cada angle interior d'un *n*-àgon regular fa $\frac{180°(n-2)}{n}$.

  Per exemple, un pentàgon es pot partir en 3 triangles. La suma dels seus angles interiors és, doncs, 3 · 180° = 540°. Si el pentàgon és regular, cada angle mesura 540° : 5 = 108°.

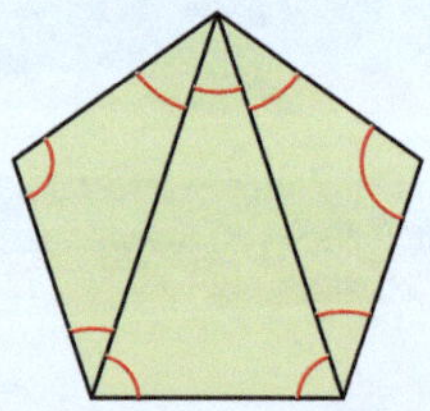

» APLICA EL QUE HAS APRÈS

1. Troba el valor de cada angle α:

a)

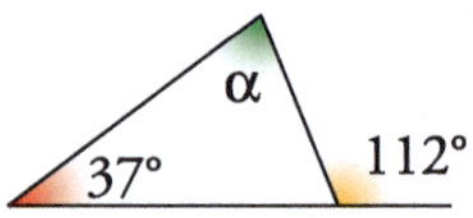

b)

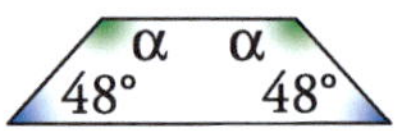

c)

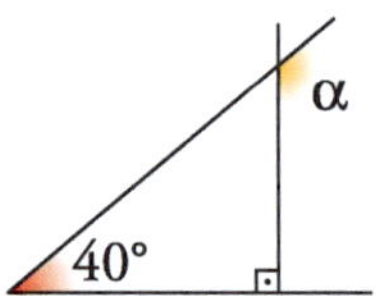

d)

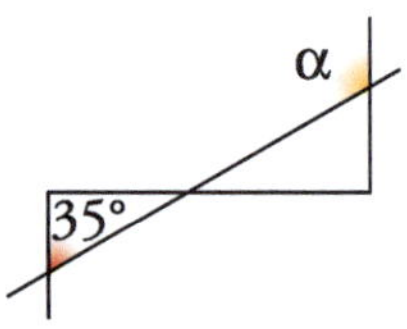

2. Calcula $\hat{X}$, $\hat{Y}$, $\hat{Z}$ en aquests polígons regulars:

$\hat{X}$ és l'angle central del polígon. $\hat{Y}$ és l'angle interior.

a)

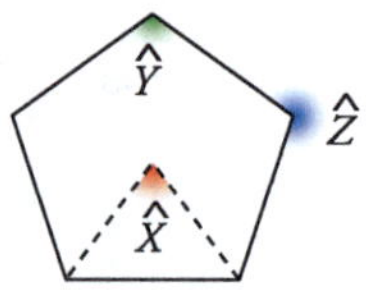

b)

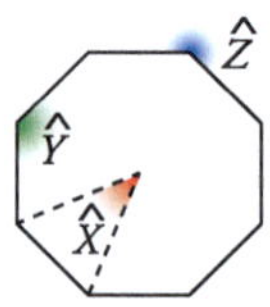

c)

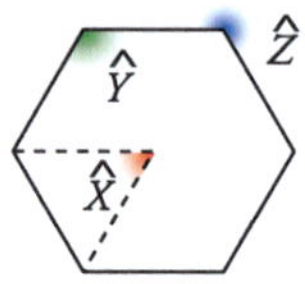

d)

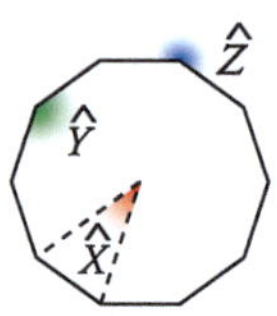

- **Angles en la circumferència.** Es defineixen dos angles:
  - **Angle central.** La mesura d'un arc de circumferència $\widehat{PQ}$ és l'angle $\widehat{POQ}$, el vèrtex del qual es troba en el centre de la circumferència. La mesura angular d'un arc $\widehat{PQ}$ és la mateixa que la de l'angle central corresponent: $\widehat{PQ} = \widehat{POQ}$.
  - **Angle inscrit.** Els angles α, β i γ de la dreta tenen la peculiaritat següent: el seu vèrtex es troba sobre la circumferència i els seus costats passen per P i per Q. Es diu que aquests angles estan inscrits en la circumferència i que **abasten** el mateix arc, $\widehat{PQ}$.

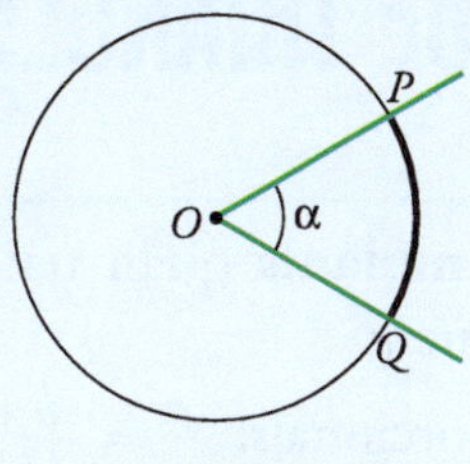

Angle central

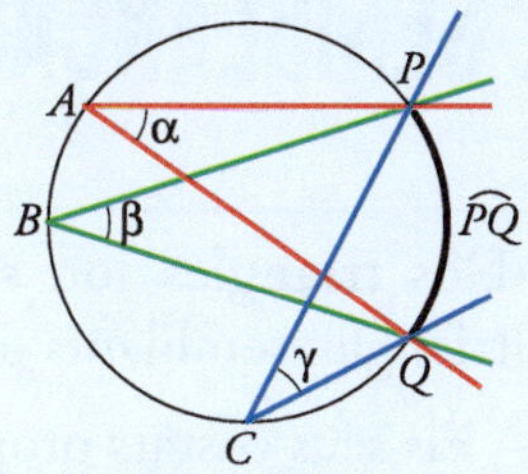

Angle inscrit

La mesura d'un angle inscrit en una circumferència és igual a la meitat de l'arc que abasta, és a dir, a la meitat de l'angle central corresponent. Per tant, dos angles inscrits en una circumferència que abasten el mateix arc són iguals.

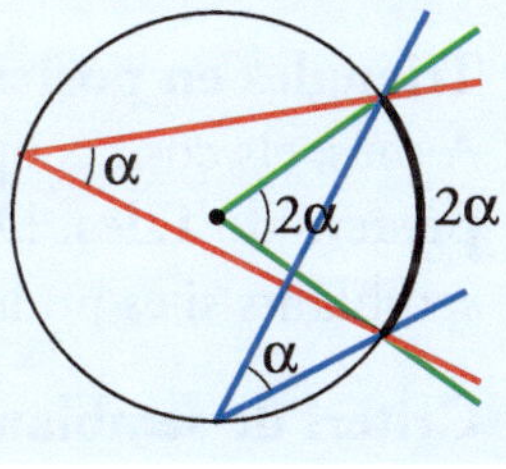

EXERCICI RESOLT

1. ***Troba aquests angles:***

$\widehat{DAB}$, $\widehat{BCD}$, $\widehat{DCE}$, $\widehat{BEC}$

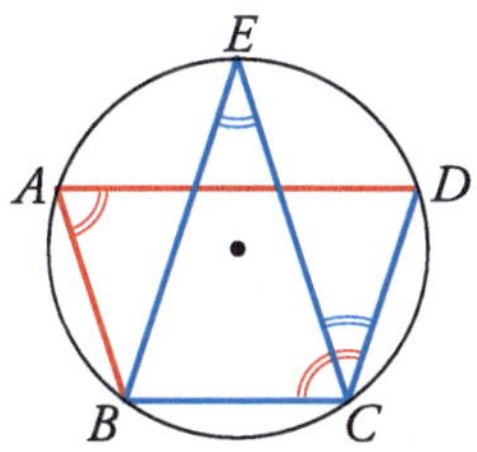

La circumferència està dividida en cinc arcs iguals. La mesura angular de cada arc és 360° : 5 = 72°.

Els angles demanats estan inscrits en la circumferència. La mesura de cada un és, llavors, la meitat de l'arc que abasta.

$\widehat{DCE}$ i $\widehat{BEC}$ abasten un arc de 72°. Per tant, $\widehat{DCE} = \widehat{BEC} = 72°/2 = 36°$.

$\widehat{DAB}$ abasta un arc de $2 \cdot 72°$. Per tant, $\widehat{DAB} = 72°$.

$\widehat{BCD}$ abasta un arc de $3 \cdot 72° = 216°$. Per tant, $\widehat{BCD} = 216°/2 = 108°$.

» APLICA EL QUE HAS APRÈS

3. Quina és la mesura angular de cada un dels vuit arcs iguals en què s'ha dividit la circumferència?

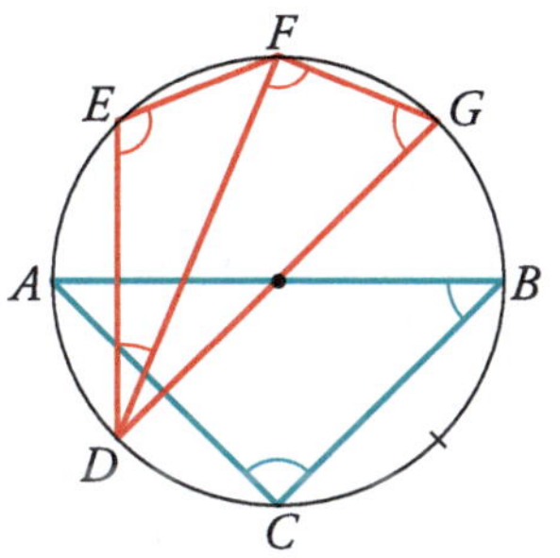

Digues el valor dels angles $\widehat{ABC}$, $\widehat{ACB}$, $\widehat{FDE}$, $\widehat{DEF}$, $\widehat{DFG}$ i $\widehat{FGD}$.

4. Troba:

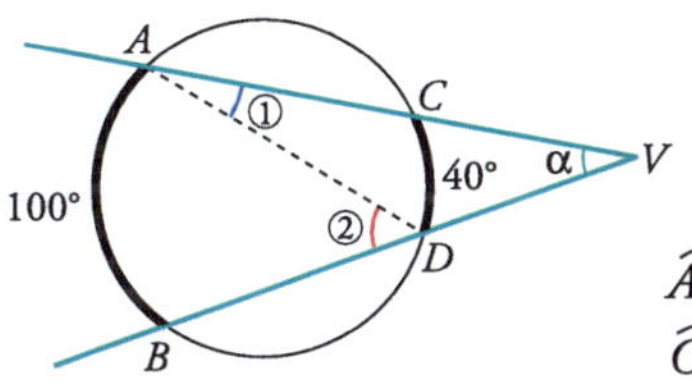

$\widehat{AB} = 100°$
$\widehat{CD} = 40°$

a) $\widehat{CAD}$ = ①

b) $\widehat{ADB}$ = ②

c) $\widehat{ADV}$

d) $\widehat{AVD} = \alpha$

2. SEMBLANÇA DE TRIANGLES

- Dos **triangles** són **semblants** quan tenen la mateixa forma. Dos triangles semblants tenen:

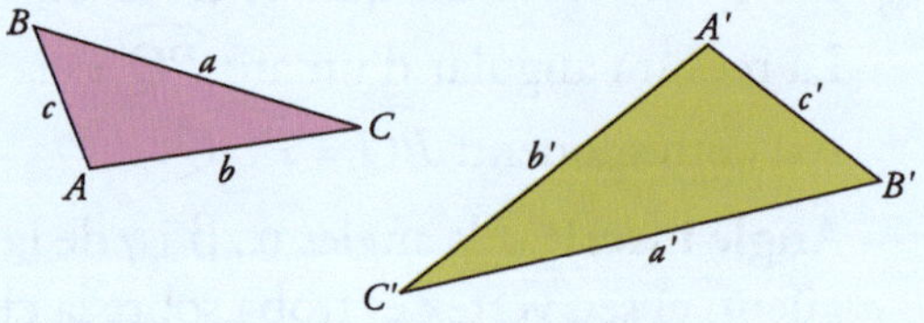

– Els seus costats proporcionals: $\frac{a}{a'} = \frac{b}{b'} = \frac{c}{c'}$ = raó de semblança

– Els seus angles respectivament iguals: $\hat{A} = \hat{A}'$ $\hat{B} = \hat{B}'$ $\hat{C} = \hat{C}'$

- **Triangles en posició de Tales.** Els triangles *ABC* i *AB'C'* tenen un angle comú, $\hat{A}$. A més, els costats oposats a *A* són paral·lels. Diem que aquests dos triangles estan en **posició de Tales**. Dos triangles en posició de Tales són semblants. Dos triangles són semblants si es poden posar en posició de Tales.

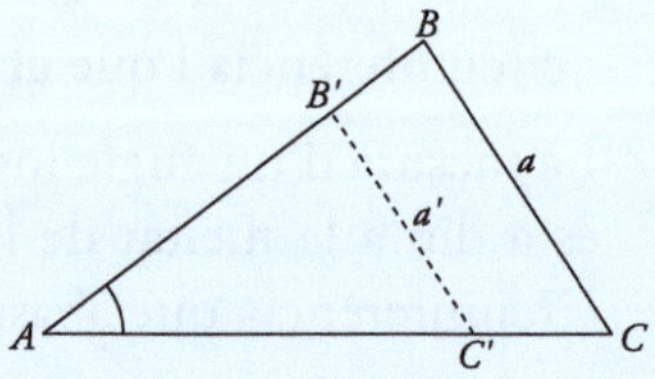

- **Criteri de semblança de triangles.** Si comprovem que dos triangles tenen dos angles respectivament iguals ($\hat{A} = \hat{A}'$, $\hat{B} = \hat{B}'$) sabrem que són semblants; és a dir:

– També són iguals els altres angles: $\hat{C} = \hat{C}'$.

– Els seus costats són proporcionals: $\frac{a}{a'} = \frac{b}{b'} = \frac{c}{c'}$.

EXERCICI RESOLT

2. ***Utilitzar la semblança dels triangles* ACD *i* AFE *per obtenir la relació entre la diagonal,* d, *i el costat,* c, *d'un pentàgon regular.***

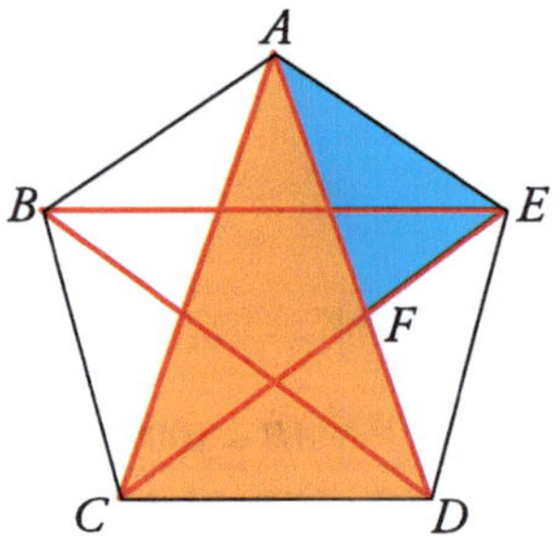

- Comprovarem que els triangles taronja i blau són semblants.

Provarem que els triangles tenen dos parells d'angles iguals. Per fer-ho, inscriurem la figura en una circumferència. Com que és un pentàgon regular, els cinc arcs entre els seus vèrtexs són iguals.

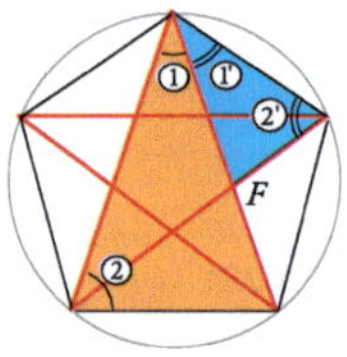

①' = ① perquè estan inscrits en la circumferència i abasten arcs iguals.

②' = ② pel mateix motiu.

- Càlcul de la relació entre el costat, *c*, i la diagonal, *d*.

Com que els dos triangles són semblants, els seus costats són proporcionals. Prenem com a unitat de mesura el costat del pentàgon, $c = 1$. Llavors, $\overline{CF} = \overline{AF} = \overline{AE} = 1$. I, per tant, $\overline{FE} = d - 1$.

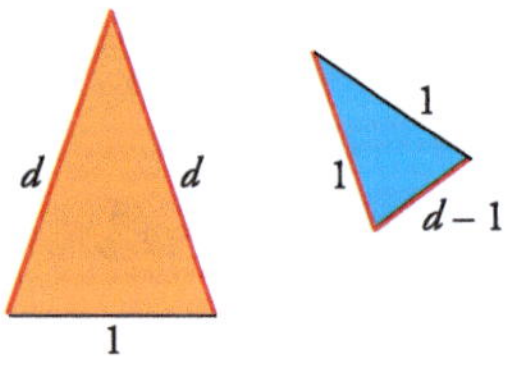

$$\frac{d}{1} = \frac{1}{d-1} \rightarrow d^2 - d = 1 \rightarrow d^2 - d - 1 = 0$$

$$d = \frac{1 \pm \sqrt{1+4}}{2} = \frac{1 \pm \sqrt{5}}{2}$$

Només té sentit la solució positiva.

La relació demanada és aquesta: $\frac{d}{c} = \frac{d}{1} = d = \frac{1+\sqrt{5}}{2} \approx 1{,}618\ldots$

Aquest nombre, $\frac{1+\sqrt{5}}{2}$, que relaciona la diagonal d'un pentàgon amb el seu costat, s'anomena *nombre d'or*, o *nombre auri*, i es designa amb la lletra grega Φ (fi).

GeoGebra. Presentació del teorema de Tales. Pràctica amb triangles en posició de Tales. Semblança de triangles i la proporció àuria. Criteris de semblança.

» APLICA EL QUE HAS APRÈS

5. Dos triangles *ABC* i *A'B'C'* són semblants i la raó de semblança és 1,2. Calcula els costats del triangle *A'B'C'* si:

a) $\overline{AB} = 16$ cm

$\overline{AB} = 16$ cm $\rightarrow \overline{A'B'} = 16 \cdot 1{,}2 = 19{,}2$ cm

b) $\overline{BC} = 25$ cm

c) $\overline{AC} = 39$ cm

6. Observa aquests triangles:

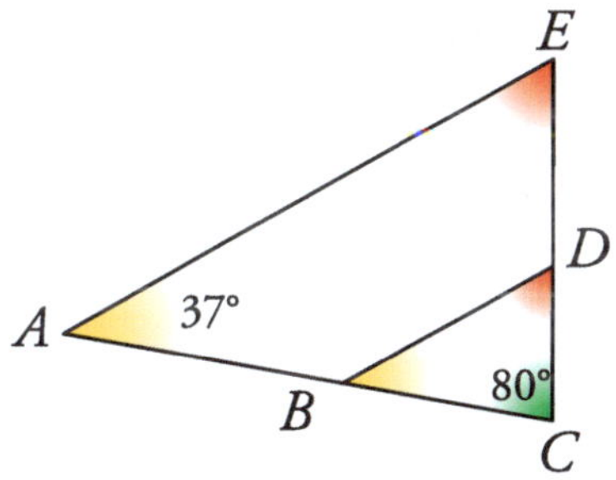

a) Calcula la raó de semblança entre els triangles *ACE* i *BCD*.

b) Si *BD* és paral·lel a *AE*, i $\overline{AC} = 15$ cm, $\overline{CE} = 11$ cm, $\overline{BD} = 6{,}4$ cm, $\overline{AE} = 18$ cm, calcula $\overline{CD}$ i $\overline{BC}$.

c) Si $\hat{A} = 37°$ i $\hat{C} = 80°$, troba $\hat{E}$, $\hat{B}$ i $\hat{D}$.

7. Repeteix el raonament de l'exercici resolt, però ara suposa que el costat del pentàgon fa 12 cm. Quant fa la seva diagonal?

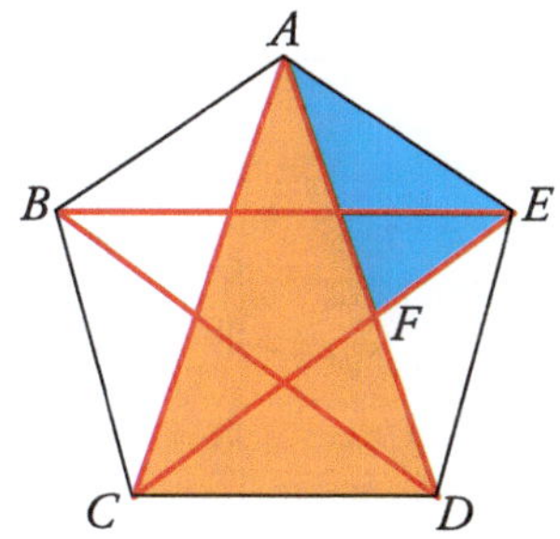

8. Prova que els triangles *ABC* i *EFD* del pentàgon següent són semblants. A partir d'aquesta semblança, torna a obtenir la relació entre la diagonal, *d*, i el costat, *c*, del pentàgon.

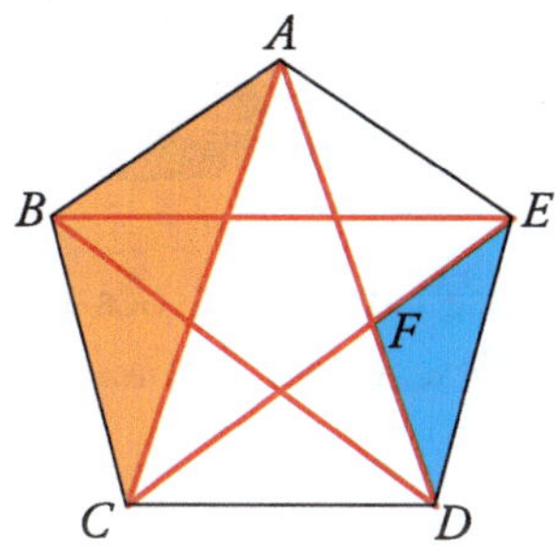

3. FIGURES SEMBLANTS. ESCALES

- **Escales.** L'escala és el quocient entre cada longitud d'una reproducció (mapa, pla, maqueta) i la longitud corresponent en la realitat. És, per tant, la **raó de semblança** entre la reproducció i la realitat. Per exemple, una escala 1:200 significa, que 1 cm del pla correspon a 200 cm = 2 m de la realitat.

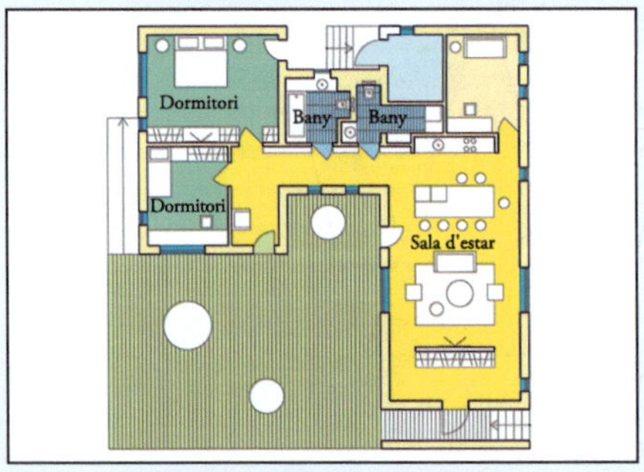

El plànol d'una casa sol tenir una escala d'aproximadament 1:100 o 1:200.

El mapa d'una ciutat sol tenir una escala d'aproximadament 1:20.000.

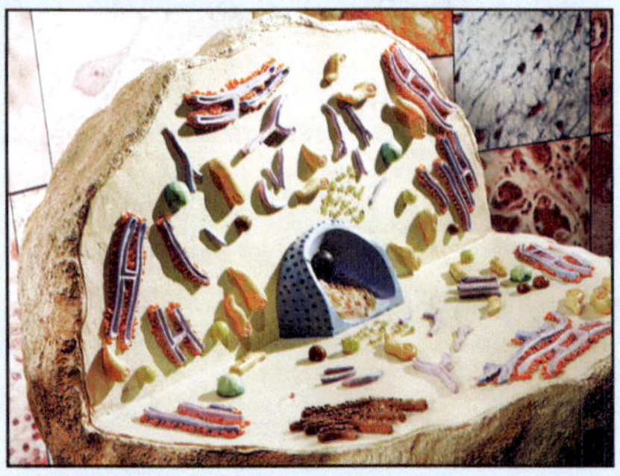

Maqueta d'una cèl·lula eucariota animal. Escala 1.000:1.

- **Figures semblants de tres dimensions.** La semblança s'aplica també a figures amb volum. En dues figures semblants es compleix que els angles són iguals en totes dues i que les distàncies són proporcionals en les dues figures.

» APLICA EL QUE HAS APRÈS

9. Observa el mapa que hi ha a continuació i respon les preguntes:

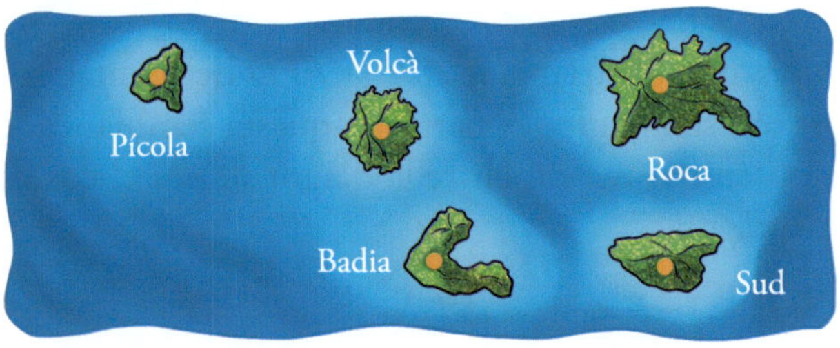

a) Tenint en compte que l'illa Roca i l'illa Volcà disten 10 km, calcula l'escala del mapa.

b) Troba la distància real entre les illes Roca i Badia.

c) L'illa Tortuga no es veu, ja que es troba a 45 km al nord de l'illa Volcà. Quina longitud representa aquesta distància en el mapa?

10. En un mapa l'escala del qual és 1:1.500.000, la distància entre dues ciutats és de 2,5 cm. Quina és la distància real entre les ciutats?

11. Associa cada imatge amb la seva escala:

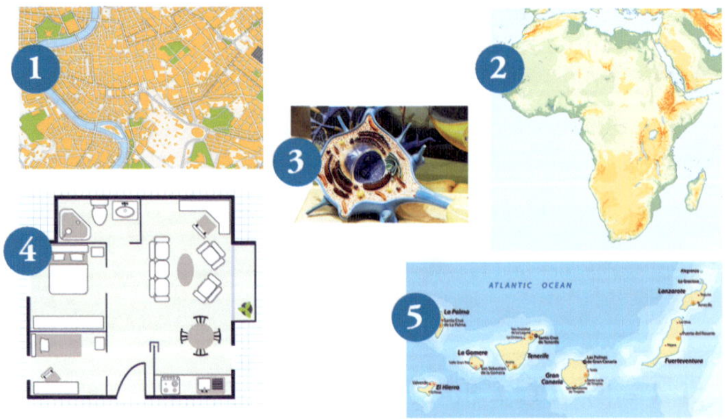

a) 1:300 **b)** 10.000:1 **c)** 1:10.000.000
d) 1:100.000 **e)** 1:375.000.000

4. TEOREMA DE PITÀGORES

- El **teorema de Pitàgores** diu que en un triangle rectangle qualsevol, la suma dels quadrats dels catets és igual al quadrat de la hipotenusa.

$$b^2 + c^2 = a^2$$

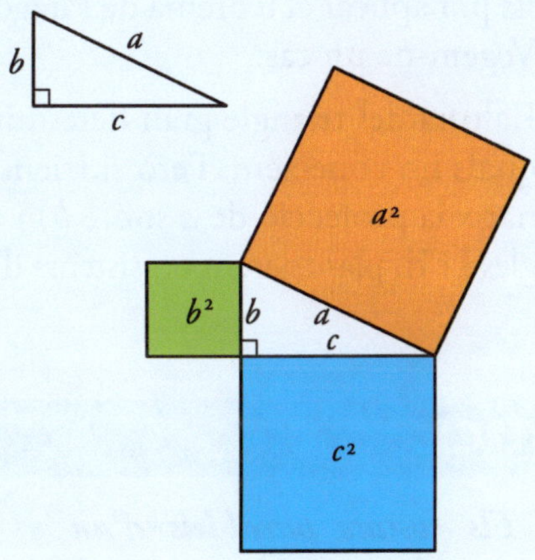

- **Càlcul d'un costat en un triangle rectangle:**

$$a = \sqrt{b^2 + c^2} \qquad b = \sqrt{a^2 - c^2} \qquad c = \sqrt{a^2 - b^2}$$

- Per saber si un triangle és rectangle: *a*, *b*, *c*, són els costats d'un triangle i *a* és el més gran.
  - Si $b^2 + c^2 = a^2$, el triangle és rectangle.
  - Si $b^2 + c^2 < a^2$, el triangle és obtusangle.
  - Si $b^2 + c^2 > a^2$, el triangle és acutangle.

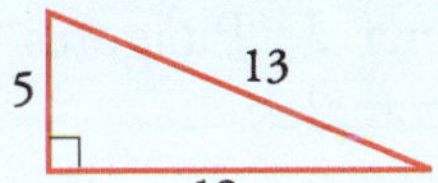

$5^2 + 12^2 = 13^2$

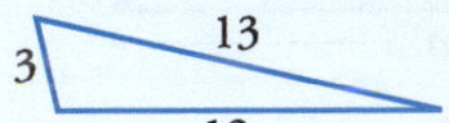

$3^2 + 12^2 < 13^2$

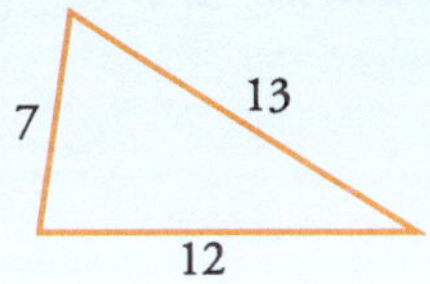

$7^2 + 12^2 > 13^2$

» APLICA EL QUE HAS APRÈS

12. Calcula la hipotenusa de dos triangles rectangles si saps que els catets tenen les mesures següents (si la seva mesura no és exacta, expressa-la amb una xifra decimal):

a) 37 cm i 45 cm

b) 16 cm i 30 cm

13. Calcula quant mesura un catet (exactament amb una xifra decimal) d'aquests triangles rectangles si saps que la hipotenusa i l'altre catet tenen les mesures següents:

a) 45 cm i 37 cm

b) 39 cm i 15 cm

14. Esbrina com són aquests triangles:

a) 7 cm, 8 cm, 11 cm

b) 11 cm, 17 cm, 15 cm

c) 34 m, 16 m, 30 m

d) 65 m, 72 m, 97 m

e) 12 cm, 13 cm, 20 cm

f) 15 m, 36 m, 39 m

GeoGebra. Presentació del teorema de Pitàgores. Practica l'aplicació del teorema de Pitàgores.

5. APLICACIÓ ALGEBRAICA DEL TEOREMA DE PITÀGORES

- Es pot aplicar el teorema de Pitàgores per resoldre altres figures geomètriques. Vegem-ne un cas:

  L'altura del triangle gran determina dos triangles rectangles, dos costats dels quals no coneixem. Però si triem adequadament la incògnita (hem anomenat x la projecció de a sobre b) i apliquem el teorema de Pitàgores als triangles I i II, plantejarem un sistema d'equacions que permet obtenir h, a més de x.

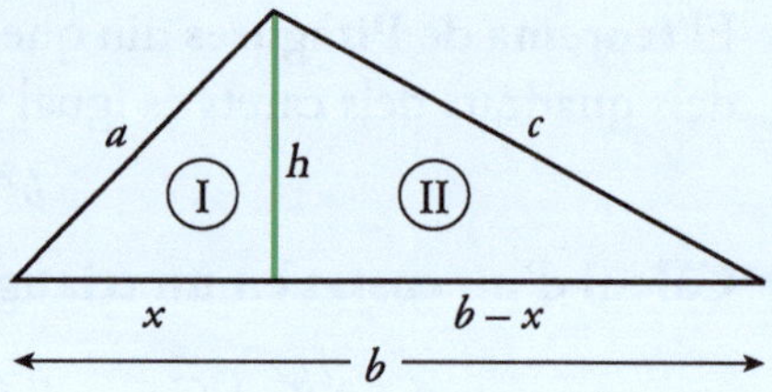

EXERCICI RESOLT

3. ***Els costats paral·lels d'un trapezi fan 17 m i 38 m i els altres dos, 13 m i 20 m. Troba'n l'altura.***

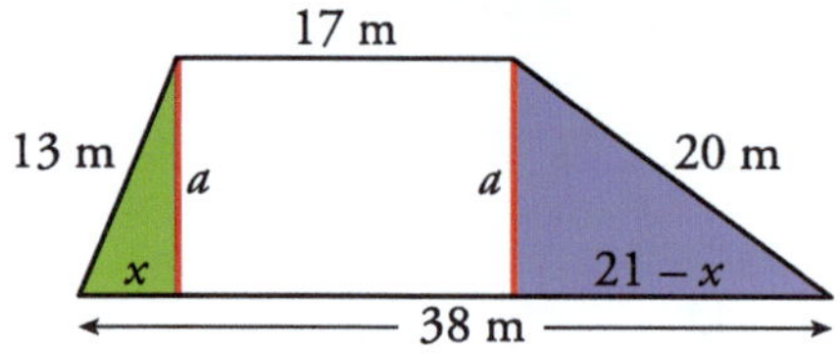

L'altura a és el catet dels dos triangles assenyalats. La suma dels altres dos catets és 38 – 17 = 21 m.

Apliquem el teorema de Pitàgores en els dos triangles rectangles:

$$\left.\begin{aligned} x^2 + a^2 &= 13^2 \\ (21 - x)^2 + a^2 &= 20^2 \end{aligned}\right\} \text{Restem: } x^2 - (21 - x)^2 = 13^2 - 20^2 \rightarrow$$

$$\rightarrow x^2 - (441 - 42x + x^2) = 169 - 400 \rightarrow 42x - 441 = -231 \rightarrow$$

$$\rightarrow 42x = 210 \rightarrow x = 5$$

$$5^2 + a^2 = 13^2 \rightarrow a^2 = 13^2 - 5^2 = 144 \rightarrow a = 12 \text{ m}$$

L'altura fa 12 m.

» APLICA EL QUE HAS APRÈS

15. Esbrina si el triangle els costats del qual fan 29 cm, 35 cm i 48 cm és rectangle, acutangle o obtusangle. Troba la longitud de l'altura sobre el costat gran.

16. Els costats d'un trapezi mesuren 13 m, 20 m, 19 m i 40 m. Els dos últims són paral·lels. Troba l'altura del trapezi.

6. ÀREES DELS POLÍGONS

- **Àrees de polígons conegudes.** Els polígons les àrees dels quals es poden trobar a partir d'una fórmula matemàtica són:

RECTANGLE

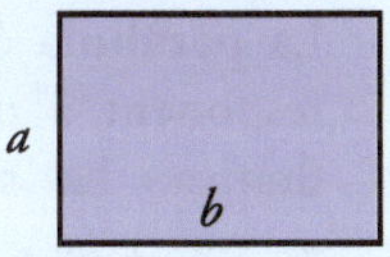

$A = b \cdot a$

QUADRAT

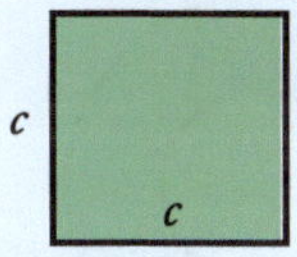

$A = c^2$

PARAL·LELOGRAM

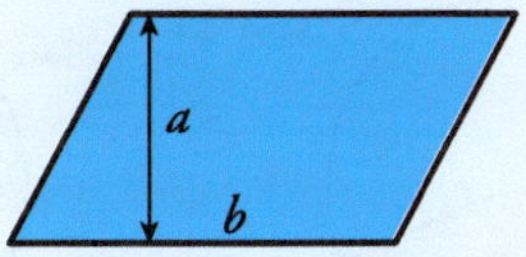

$A = b \cdot a$

ROMBE

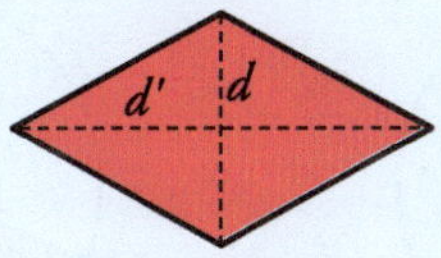

$A = \dfrac{d \cdot d'}{2}$

TRIANGLE

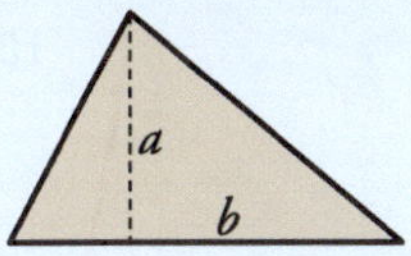

$A = \dfrac{b \cdot a}{2}$

TRIANGLE RECTANGLE

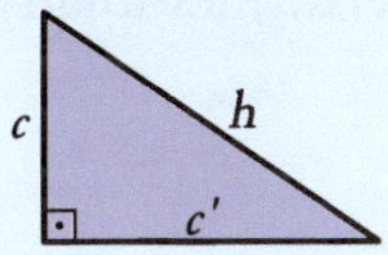

$A = \dfrac{c \cdot c'}{2}$

TRAPEZI

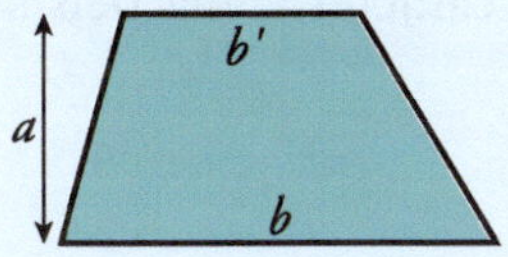

$A = \dfrac{b + b'}{2} \cdot a$

POLÍGON REGULAR

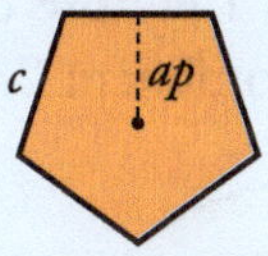

$A = \dfrac{\text{perímetre} \cdot ap}{2}$

- **Àrea d'un triangle en funció dels seus costats.** Es calcula amb la **fórmula d'Heró**:

$$\left.\begin{array}{l}\text{Perímetre: } p = a + b + c \\ \text{Semiperímetre: } s = \dfrac{p}{2}\end{array}\right\} \rightarrow A_{\text{TRIANGLE}} = \sqrt{s \cdot (s-a) \cdot (s-b) \cdot (s-c)}$$

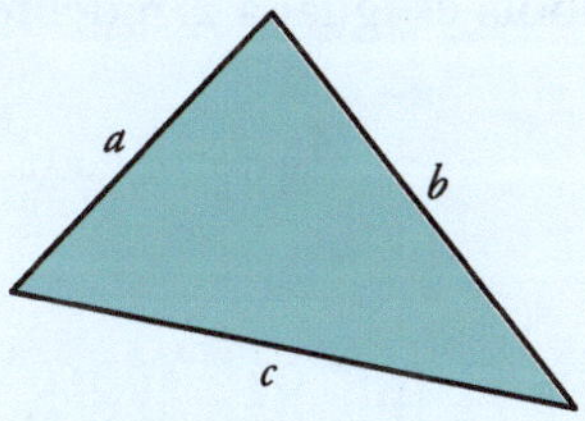

Per exemple, en un triangle els costats del qual fan 11 cm, 13 cm i 20 cm:

$p = 11 + 13 + 20 = 44 \text{ cm} \rightarrow s = 22 \text{ cm}$

$A = \sqrt{s \cdot (s-a) \cdot (s-b) \cdot (s-c)} = \sqrt{22 \cdot 11 \cdot 9 \cdot 2} = \sqrt{4.356} = 66 \text{ cm}^2$

» APLICA EL QUE HAS APRÈS

17. Troba l'àrea d'un triangle els costats del qual fan 10 m, 17 m i 21 m.

18. Troba l'àrea d'un hexàgon regular si cada costat fa 10 cm.

19. Troba l'àrea d'un rombe de 3 dm de costat si una diagonal fa 46 cm.

20. Dos dels costats d'un triangle isòsceles fan 30 cm i 13 cm. Calcula'n l'àrea.

7. ÀREES DE LES FIGURES CORBES

- Les principals figures corbes l'àrea de les quals es pot calcular amb una fórmula són:

CERCLE

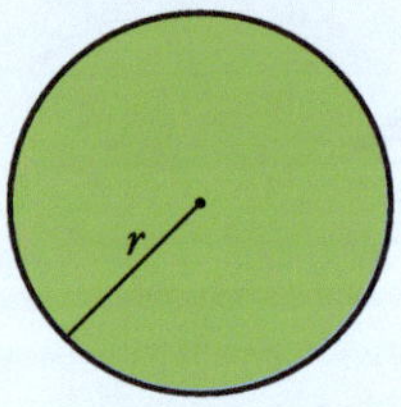

$A = \pi r^2$

SECTOR CIRCULAR

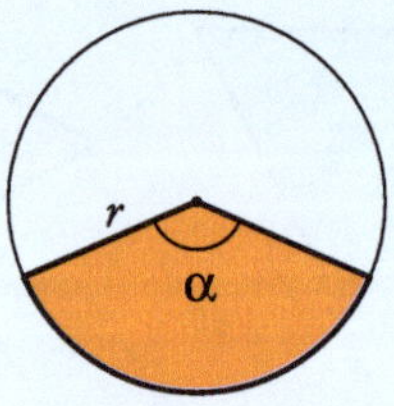

$A = \pi r^2 \cdot \dfrac{\alpha}{360}$

CORONA CIRCULAR

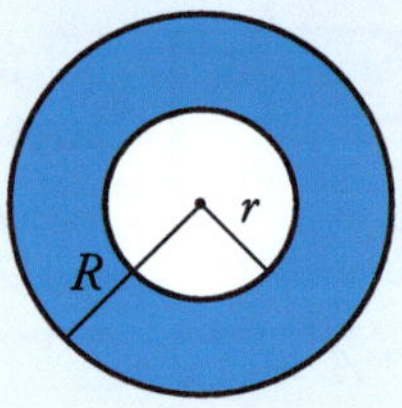

$A = \pi(R^2 - r^2)$

- **Àrea de l'el·lipse.** L'el·lipse queda caracteritzada pels seus eixos, les longituds dels quals anomenem $2a$ i $2b$.

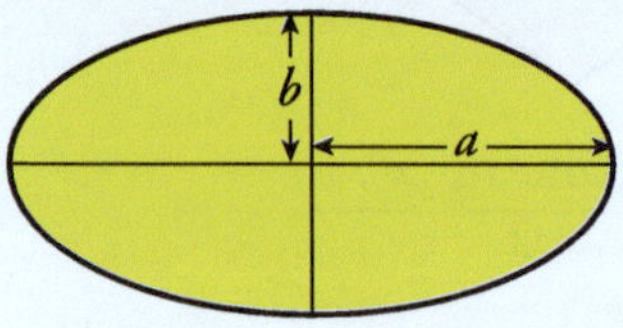

$A_{\text{EL·LIPSE}} = \pi ab$

- **Àrea d'un segment de paràbola.** L'àrea d'un segment de paràbola és igual a 2/3 del rectangle que el conté:

$A_{\text{SEGM. DE PARÀBOLA}} = \dfrac{2}{3}ab$

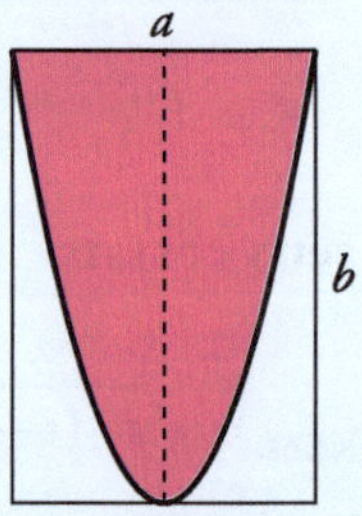

SEGMENT DE PARÀBOLA

La **paràbola** és la gràfica corresponent a una funció quadràtica. La seva equació és $y = ax^2 + bx + c$, amb $a \neq 0$.

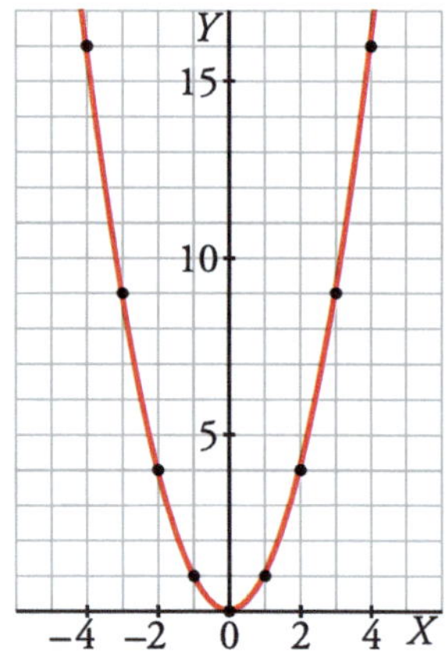

Gràfica de la funció $y = x^2$

» APLICA EL QUE HAS APRÈS

21. Calcula l'àrea de la part acolorida de les figures:

a)

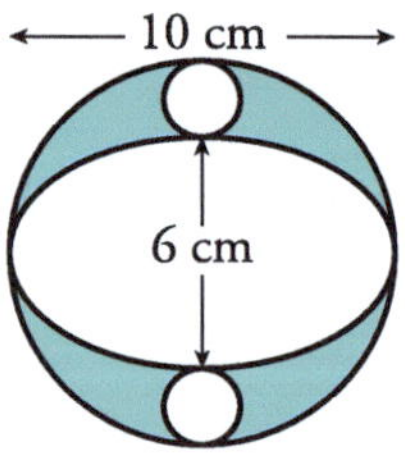

b)

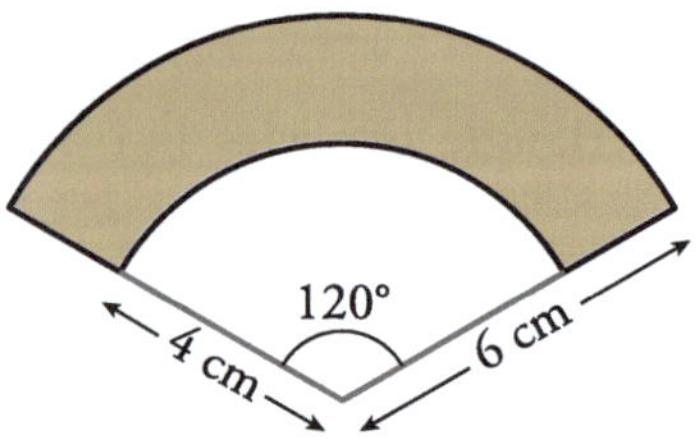

c)

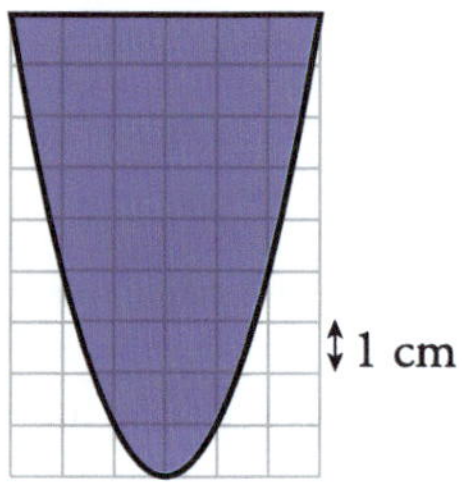

d)

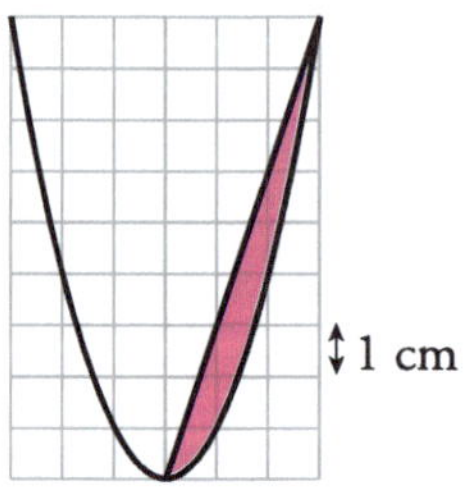

8. LLOCS GEOMÈTRICS

- S'anomena **lloc geomètric** un conjunt de punts que compleixen una certa propietat.
- La **mediatriu** d'un segment és el lloc geomètric dels punts que equidisten dels seus extrems. La mediatriu d'un segment és la recta perpendicular al segment en el seu punt mitjà.
- La **bisectriu** d'un angle és el lloc geomètric dels punts que equidisten dels seus costats, ja que els punts *P* de la bisectriu compleixen aquesta igualtat: *dist* (*P*, *r*) = *dist* (*P*, *s*). La bisectriu d'un angle és la recta que el divideix en dos angles iguals.
- **Arc capaç.** S'anomena arc capaç de l'angle α per al segment *AB* el lloc geomètric dels punts des dels quals es veu el segment *AB* sota un angle α.

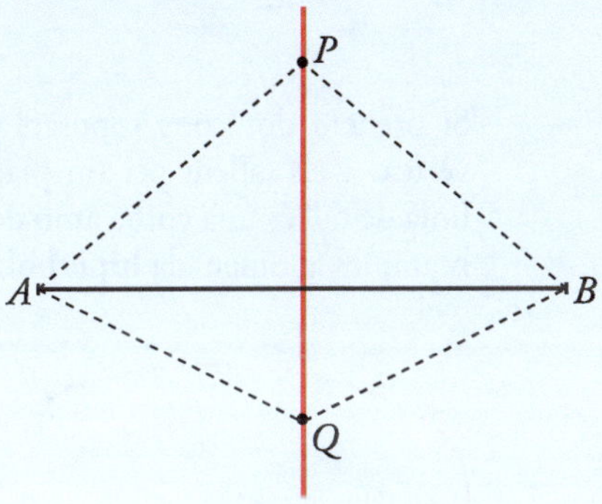

Mediatriu

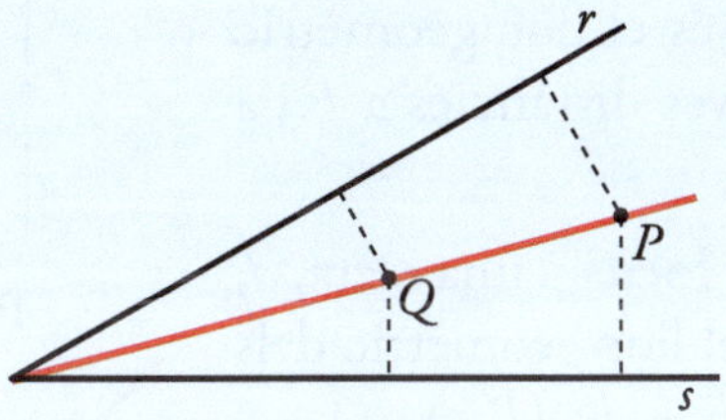

Bisectriu

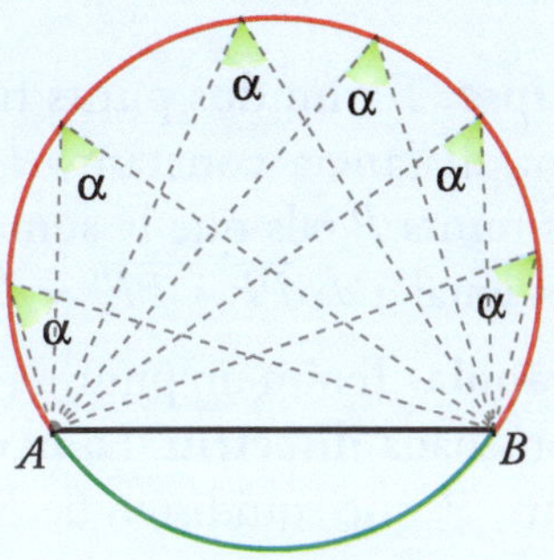

Arc capaç

» APLICA EL QUE HAS APRÈS

22. Donades dues rectes paral·leles, *r* i *s*, quin és el lloc geomètric dels punts que equidisten de totes dues? Dibuixa'l.

23. Dibuixa de color negre una recta *r*. Dibuixa de color vermell el lloc geomètric dels punts que estan a una distància de *r* d'1 cm. (ATENCIÓ: són dues rectes.)

24. Dibuixa una circumferència de diàmetre *AB*. Defineix-la com a lloc geomètric (arc capaç de 90°).

9. LES CÒNIQUES COM A LLOCS GEOMÈTRICS

- Aquestes corbes s'anomenen **còniques** i es poden definir com a llocs geomètrics:

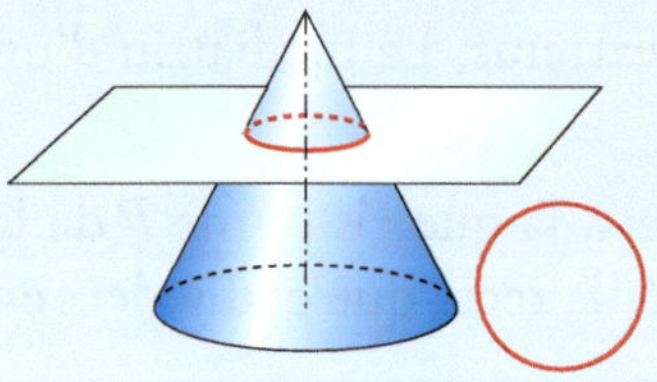

Si tallem un con per un pla perpendicular al seu eix, la línia de tall és una **circumferència**.

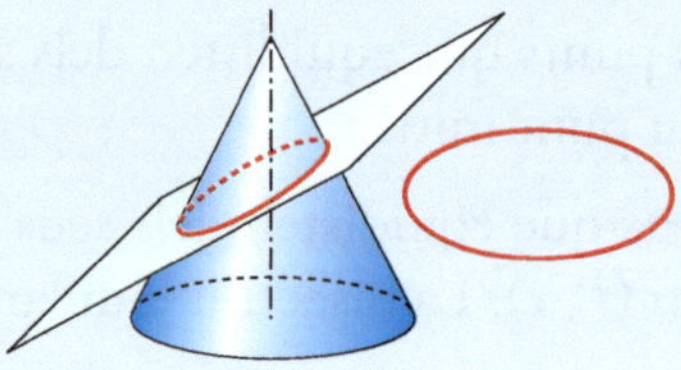

Si el pla que talla el con té una certa inclinació respecte al seu eix, la línia de tall és una **el·lipse**.

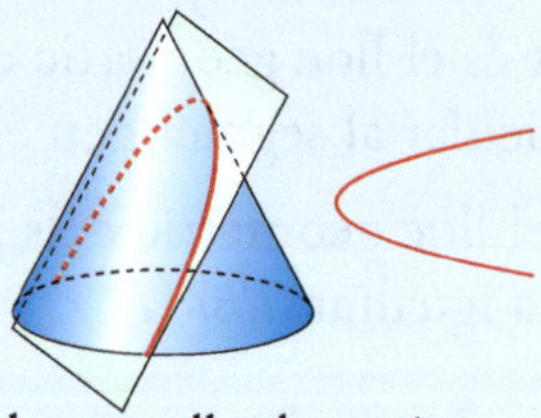

Si el pla que talla el con és paral·lel a una de les seves generatrius, s'obté una corba oberta o **paràbola**.

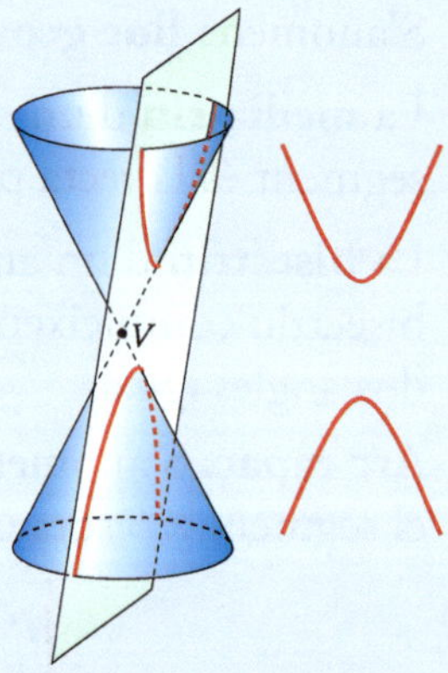

Si prenem dos cons «oposats pel vèrtex» i els tallem per un pla, la línia de tall és una corba amb dues branques anomenada **hipèrbola**.

- **El·lipse.** Tenim dos punts fixos, anomenats **focus**, *F* i *F'*, i una distància constant, *d*. L'el·lipse és el lloc geomètric dels punts *P* tals que la suma de les seves distàncies a *F* i a *F'* és igual a *d*: $\overline{PF} + \overline{PF'} = d$.
- **Paràbola.** Tenim un punt, *F*, anomenat **focus**, i una recta, *d*, anomenada **directriu**. La **paràbola** és el lloc geomètric dels punts, *P*, que equidisten de *F* i de *d*: $\overline{PF} = dist(P, d)$.
- **Hipèrbola.** Tenim dos punts fixos, anomenats **focus**, *F* i *F'*, i una distància constant, *d*. La **hipèrbola** és el lloc geomètric dels punts, *P*, la diferència de distàncies dels quals als focus (en valor absolut) és *d*: $|\overline{PF} - \overline{PF'}| = d$.

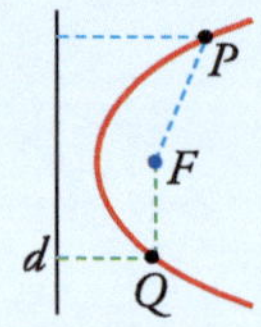

Paràbola

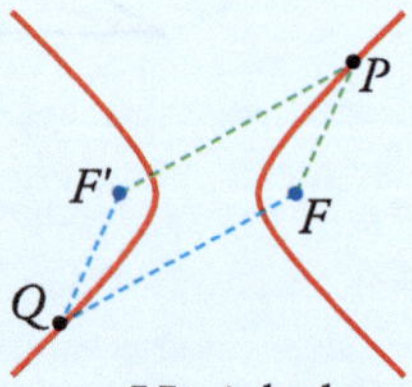

Hipèrbola

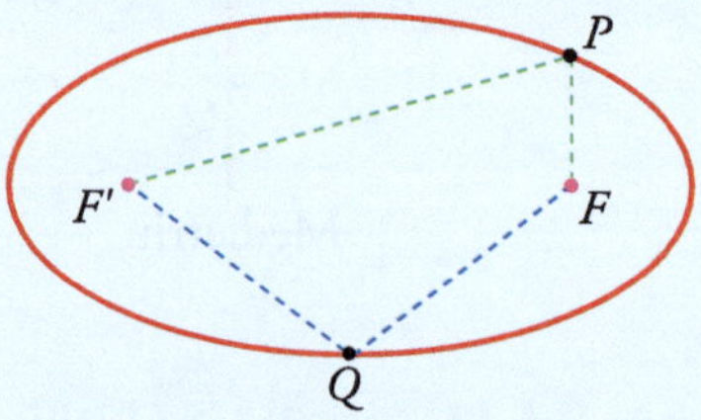

El·lipse

EXERCICI RESOLT

4. ***Utilitza la trama adjunta per dibuixar:***

a) ***Una el·lipse de focus* F *i* F' *i constant* d = *18.***

b) ***Una hipèrbola de focus* F *i* F' *i constant* d = *6.***

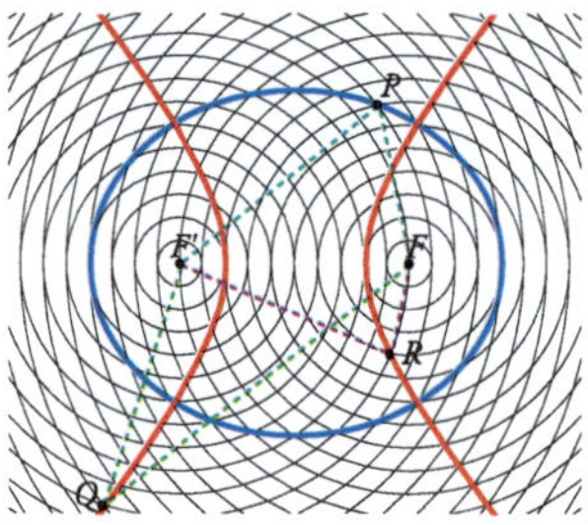

a) $\left.\begin{array}{l}\overline{PF} = 7\\ \overline{PF'} = 11\end{array}\right\}\ \overline{PF} + \overline{PF'} = 7 + 11 = 18$

b) $\left.\begin{array}{l}\overline{QF} = 17\\ \overline{QF'} = 11\end{array}\right\}\ \overline{QF} - \overline{QF'} = 17 - 11 = 6$

$\left.\begin{array}{l}\overline{RF'} = 10\\ \overline{RF} = 4\end{array}\right\}\ \overline{RF'} - \overline{RF} = 10 - 4 = 6$

» APLICA EL QUE HAS APRÈS

25. Dibuixa sobre la trama una el·lipse amb $d = 14$ i una hipèrbola amb $d = 8$.

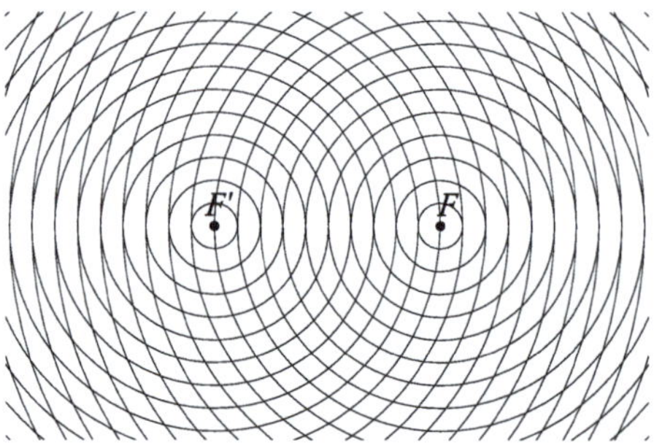

26. Dibuixa sobre la trama una paràbola de focus *F* i directriu d_2.

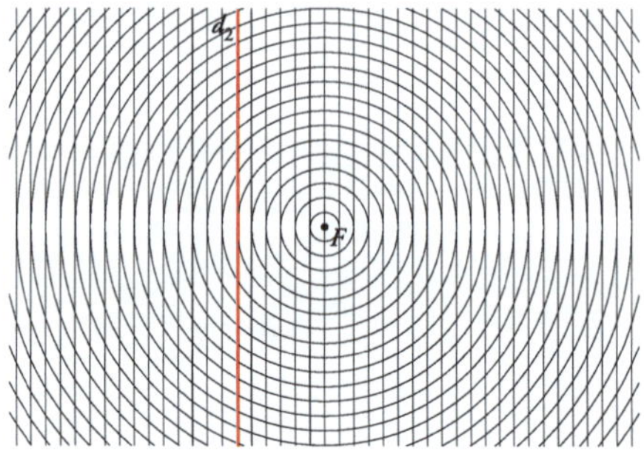

» OBSERVA, RAONA I RESOL

1. APLICACIÓ DEL TEOREMA DE PITÀGORES EN UN TRIANGLE EQUILÀTER

Expressa l'altura i l'apotema d'un triangle equilàter en funció del costat. Fes el mateix per al radi de la circumferència circumscrita. Pren com a unitat de longitud el costat del triangle.

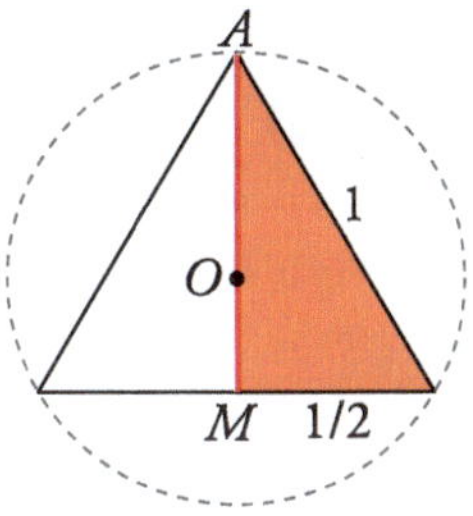

$$h = \overline{AM} = \sqrt{1^2 - \left(\frac{1}{2}\right)^2} = \sqrt{\frac{3}{4}} = \frac{\sqrt{3}}{2}$$

L'apotema, *OM*, és la tercera part de l'altura.

El radi de la circumferència circumscrita, *OA*, és el doble de l'apotema.

$$h = \frac{\sqrt{3}}{2}c \qquad a = \frac{\sqrt{3}}{6}c \qquad r = \frac{\sqrt{3}}{3}c$$

2. TANGENT A UNA CIRCUMFERÈNCIA

Una circumferència de centre O té un radi de 80 cm. Des d'un punt P que dista 130 cm de O tracem una tangent. Quina és la longitud del segment tangent, PT?

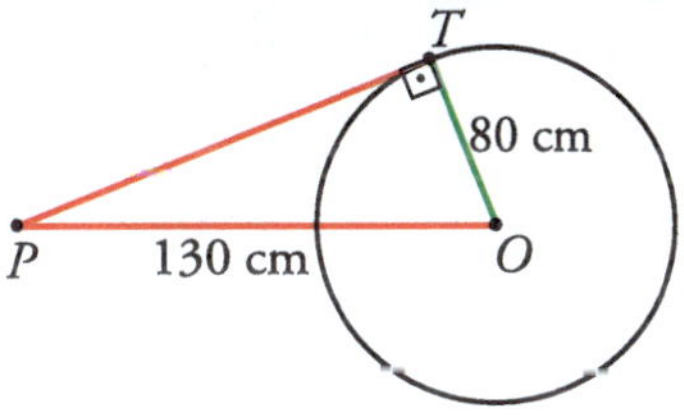

El segment tangent, *PT*, és perpendicular al radi, *OT*.

PT i *OT* són catets del triangle rectangle *PTO*. *PO* és la hipotenusa.

Per tant: $\overline{PT} = \sqrt{130^2 - 80^2} = \sqrt{10.500} = 102{,}47$ cm.

Fes-ho tu Imagina un problema similar i calcula el radi de la circumferència si $\overline{OP} = 39$ cm i $\overline{PT} = 36$ cm.

3. TANGENT COMUNA A DUES CIRCUMFERÈNCIES

Dues circumferències de centres O i O' i radis 9 cm i 5 cm tenen els seus centres a 20 cm. Troba la longitud del segment tangent exterior comú.

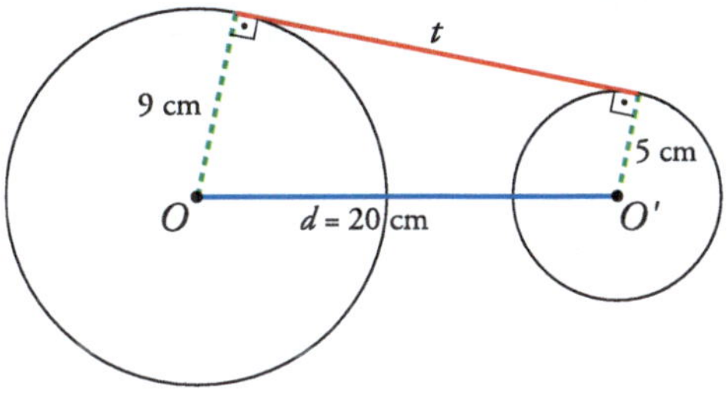

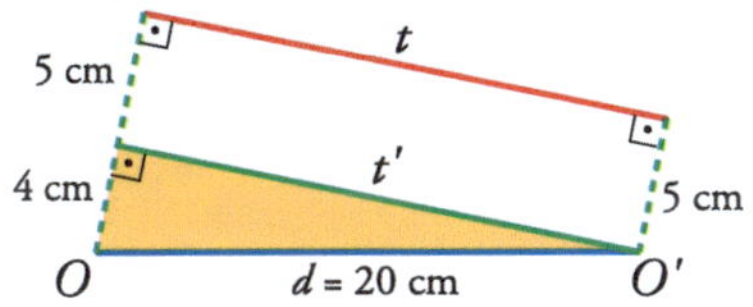

A partir del gràfic de la dreta, calculem la longitud de *t'* i, per tant, de *t*, aplicant el teorema de Pitàgores: $t' = \sqrt{20^2 - 4^2} = 19{,}6$ cm. El segment tangent exterior comú fa 19,6 cm.

Fes-ho tu Troba la longitud de la tangent si els radis fan 15 cm i 6 cm i la distància entre els seus centres és de 41 cm.

» EXERCITA LES TEVES COMPETÈNCIES

Practica

Angles

1. Calcula la mesura de $\hat{X}$ en cada cas:

a)

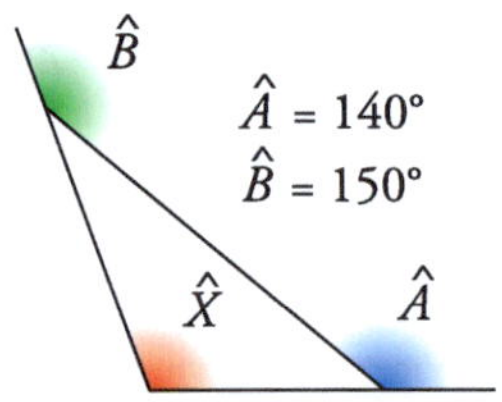

b)

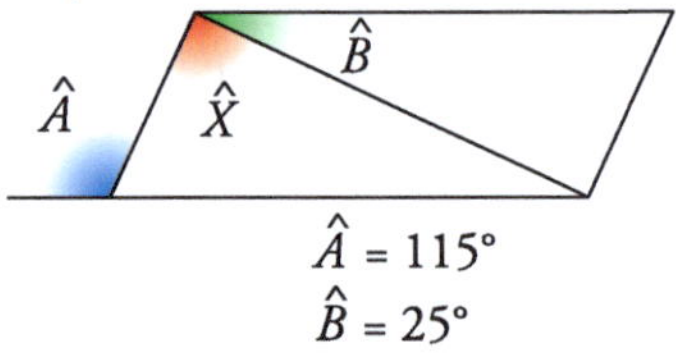

c)

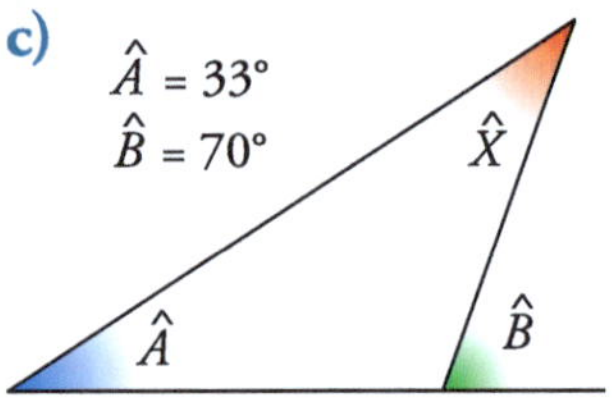

d)

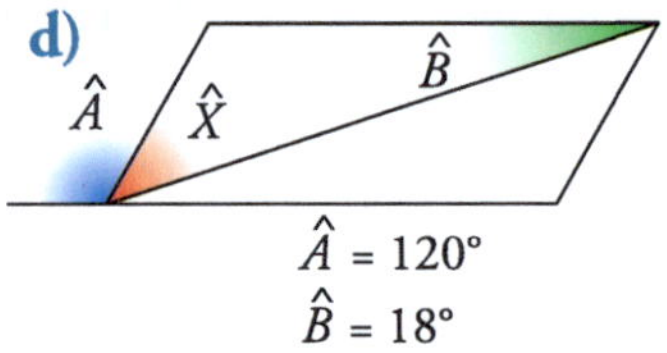

2. Calcula els angles central i interior d'un polígon regular de:

a) 7 costats.

b) 15 costats.

3. Quina és la mesura angular de cada un dels deu arcs iguals? Troba el valor dels angles $\widehat{CAB}$, $\widehat{ABC}$, $\widehat{BCA}$, $\widehat{CAD}$, $\widehat{ADC}$, $\widehat{ACD}$.

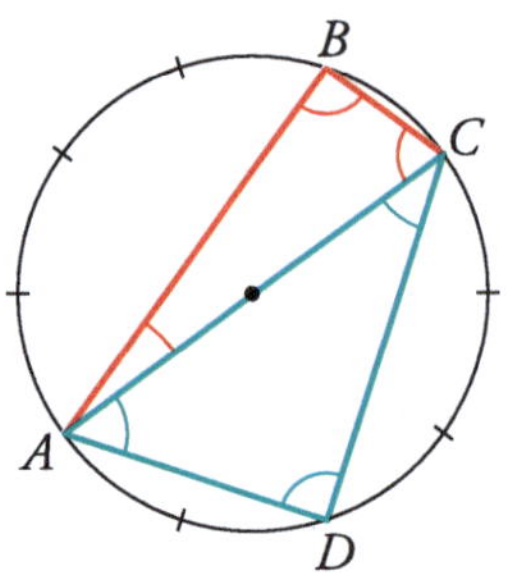

Teorema de Pitàgores

4. Calcula el valor de x en cada cas:

a)

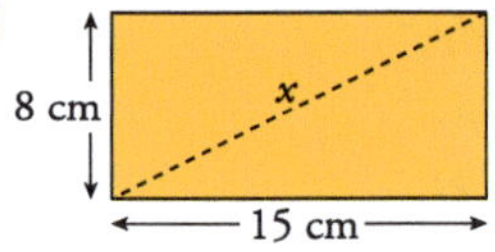

b)

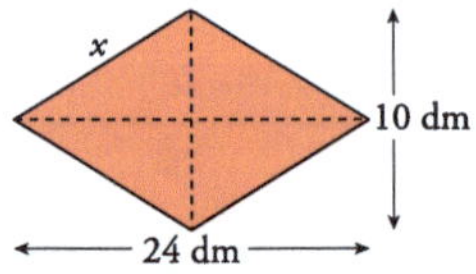

c)

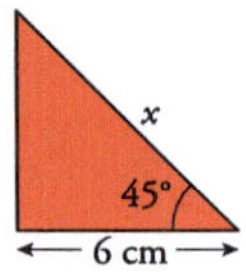

d)

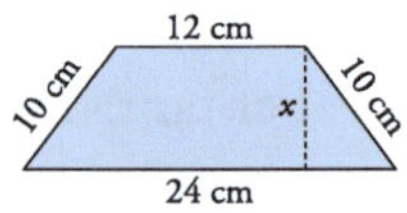

5. Classifica en rectangles, acutangles o obtusangles els triangles que tenen aquests costats:

a) 11 m, 13 m, 20 m.

b) 20 m, 21 m, 29 m.

c) 25 m, 29 m, 36 m.

6. Una de les diagonals d'un rombe fa 24 cm i el costat, 13 cm. Troba l'altra diagonal i la seva àrea.

BARCANOVA EDITORIAL

7. La diagonal d'un rectangle fa 37 cm i un dels seus costats, 12 cm. Calcula'n el perímetre.

8. Troba, amb l'ajuda d'un sistema d'equacions, els valors de h, x i y:

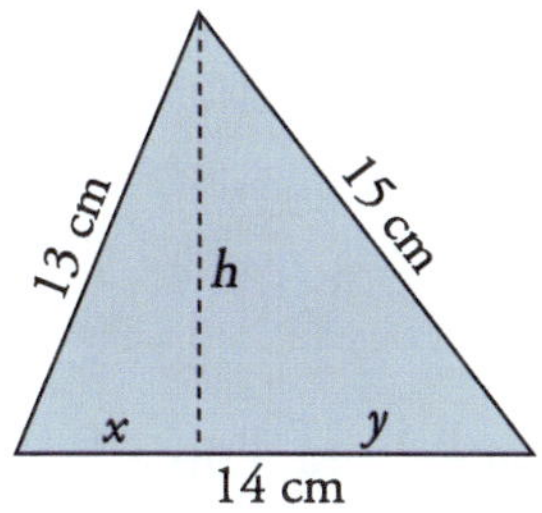

9. PROBLEMA RESOLT

Dues circumferències de radis 14 cm i 7 cm tenen els seus centres a 29 cm. Calcula la longitud del segment de tangent interior comuna.

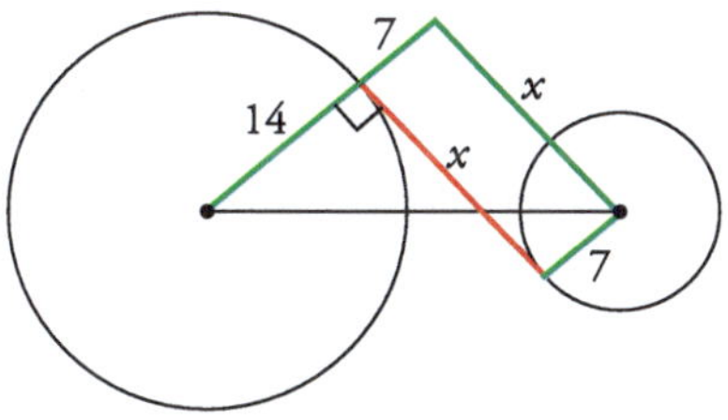

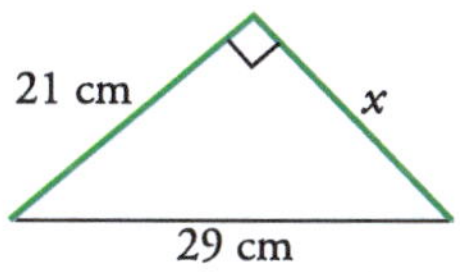

$x = \sqrt{29^2 - 21^2} = \sqrt{400} = 20$ cm

10. Troba la longitud del segment tangent interior comú a dues circumferències de radis 15 cm i 6 cm si la distància entre els seus centres és de 41 cm.

Àrees i perímetres

11. Troba l'àrea de la part pintada de les figures següents:

a)

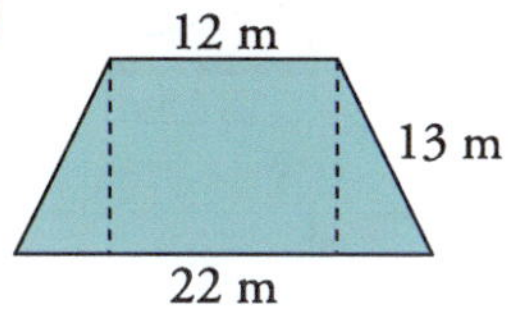

b)

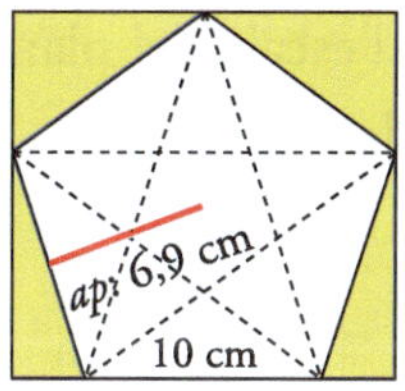

c)

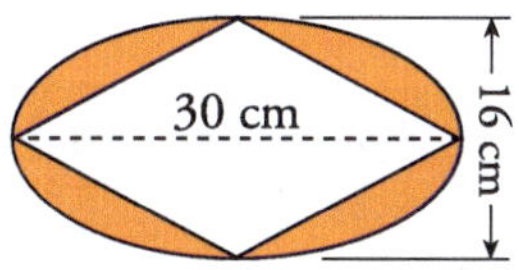

12. Troba l'àrea i el perímetre de la part pintada de cada figura:

a)

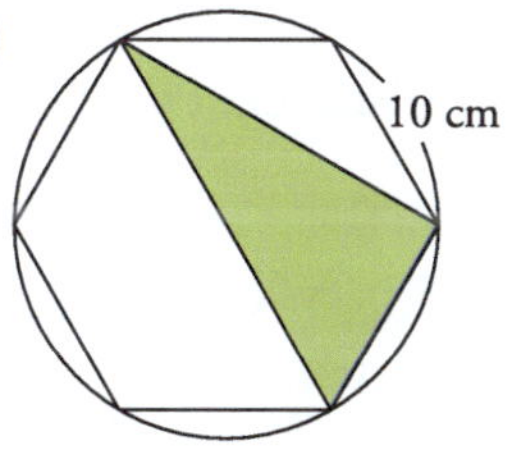

b)

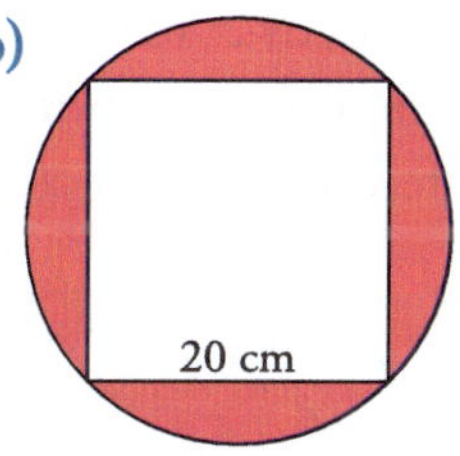

Semblança. Escales

13. Troba les longituds dels costats a i b d'aquests dos triangles si tenen els costats paral·lels:

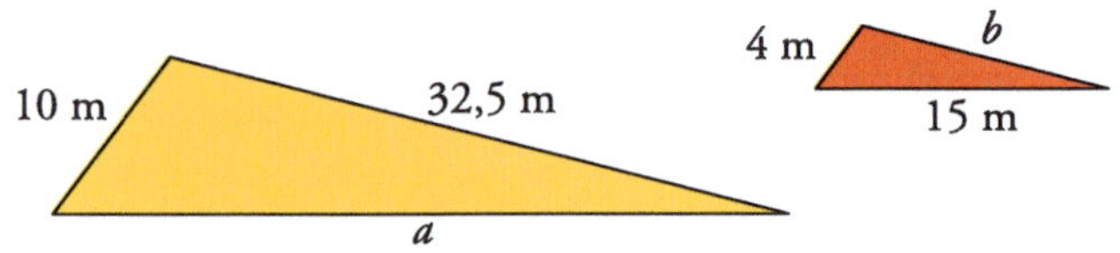

14. Indica, en cada cas, quina és l'escala del pla:

a) 1 mm del pla representa 10 m reals.

b) 50 km reals es representen per 1 dm en el pla.

Llocs geomètrics i còniques

15. Quin és el lloc geomètric dels punts P del pla tals que l'angle $\widehat{APB}$ és recte?

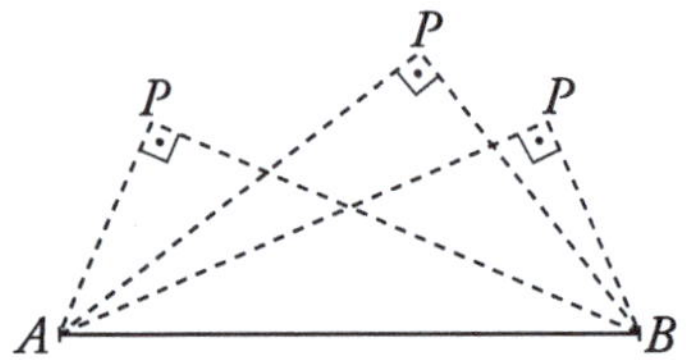

16. Dibuixa en una trama com la següent dues el·lipses de focus F i F' i constants $d_1 = 16$ i $d_2 = 20$, respectivament (pren com a unitat la distància entre dues circumferències consecutives).

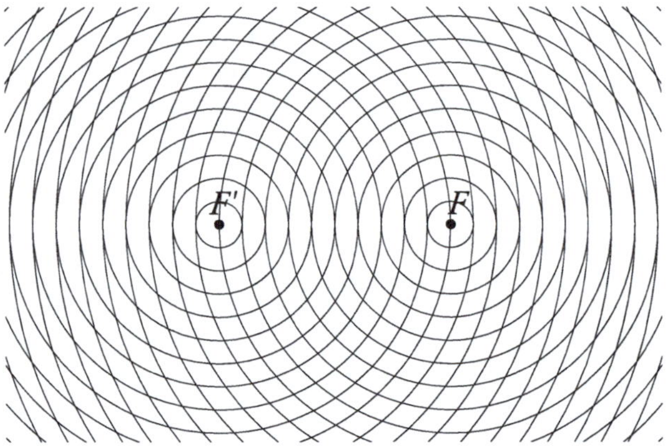

Resol problemes

17. Una finca té la forma i les dimensions indicades en la figura. Calcula'n l'àrea.

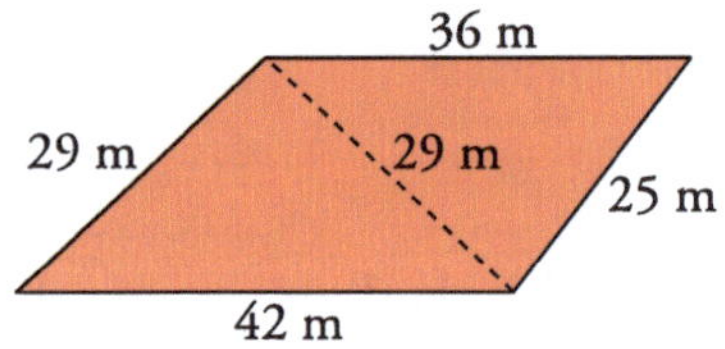

18. Per calcular l'altura d'un arbre, l'Eduard n'observa la capçada reflectida en un bassal i pren les mides que indica el dibuix. Quina és l'altura de l'arbre?

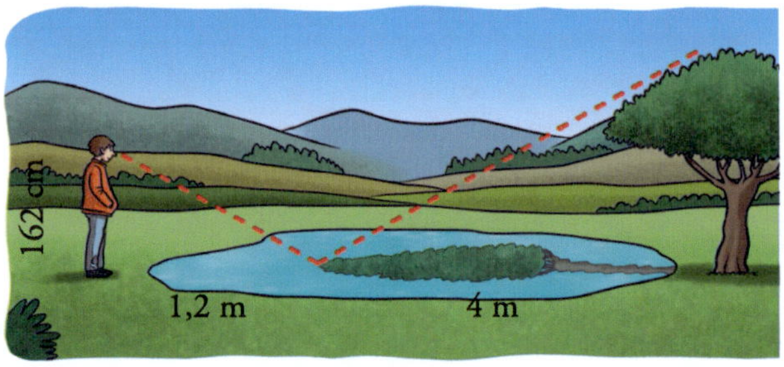

19. Es vol perforar un túnel semicircular pel qual circularà una vagoneta d'1,5 m d'ample per 0,8 m d'alt. Quin diàmetre, com a mínim, ha de tenir la secció del túnel?

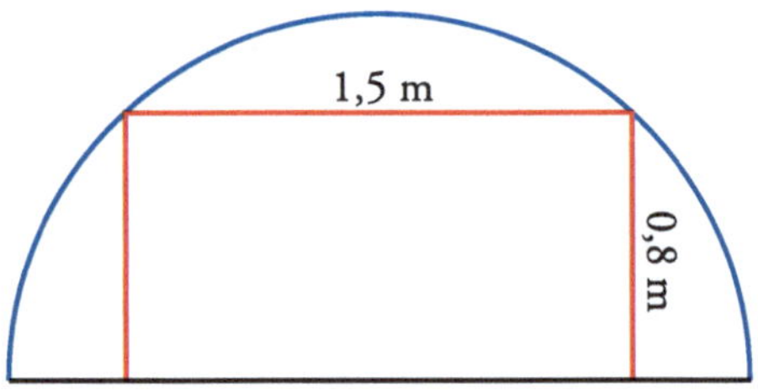

20. Es vol renovar amb material sintètic, que costa 15 €/m^2, el terra d'una pista d'atletisme com la de la figura, composta per 8 carrers d'1 m d'amplada.

Quin serà el pressupost per a la compra del material?

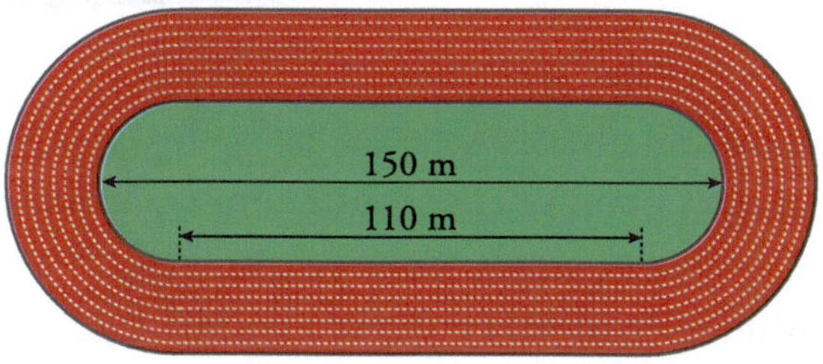

21. Quina és la profunditat d'un pou, si la seva amplada és 1,5 m i, en allunyar-te 0,5 m de la vora, des d'una altura d'1,7 m observes que la visual uneix la vora del pou amb la línia del fons?

Reflexiona

22. Vertader (V) o fals (F)?

a) Si mesures una longitud en un plànol i coneixes la distància real corresponent, pots trobar-ne l'escala. ☐

b) L'angle inscrit en una circumferència és igual al doble de l'angle que abasta. ☐

c) Dos triangles semblants tenen els costats proporcionals. ☐

d) Dues figures semblants tenen els angles proporcionals. ☐

e) Amb els tres costats d'un triangle es pot saber si és acutangle, rectangle o obtusangle. ☐

f) Amb els tres costats d'un triangle se'n pot trobar l'àrea. ☐

g) Els angles d'un pentàgon regular sumen 540°, però, si no és regular, no se sap quant sumen. ☐

23. Què pots afirmar d'un triangle si un dels costats coincideix amb el diàmetre de la seva circumferència circumscrita?

És el teu torn

24. Les rajoles hidràuliques estan de moda. Són rajoles quadrades amb motius geomètrics de manera que les peces es combinen entre elles i s'aconsegueixen patrons molt estètics.

A continuació, tens sis patrons de rajoles que s'han d'acolorir. Escull com les vols pintar i després calcula'n l'àrea de la superfície pintada.

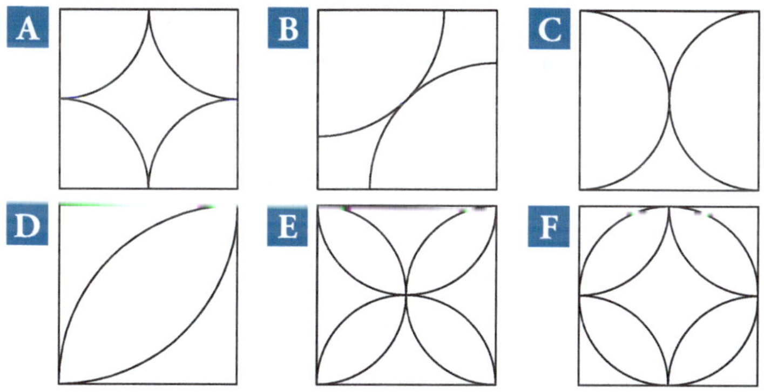

Ordena-les de la superfície pintada més gran a la més petita. Ep! no s'hi val a pintar-la tota o a deixar-la completament blanca.

» MATEMÀTIQUES EN CONTEXT

SITUACIÓ D'APRENENTATGE

AMIDANT L'ESPLAI

La Judit treballa els caps de setmana en un esplai per a nens i joves del seu barri. Aviat començaran a construir una piscina per als nois més grans. Faran servir un mecanisme de cables i politges per cobrir la piscina amb una lona i, així, la podran utilitzar els dies freds o quan faci mal temps.

Fins i tot quan és a l'esplai, la Judit no deixa d'ensenyar matemàtiques. Avui vol ensenyar a amidar l'alcària de dos edificis de l'esplai als nois més grans. Molts d'ells són alumnes seus. Diuen que la Judit no deixa estar mai les matemàtiques.

1. La piscina

La piscina projectada té una planta rectangular i té les mides indicades en la figura: 20 metres de llarg, 8 metres d'ample i una profunditat que va des d'un metre a la part menys fonda fins a 4 metres a la part més fonda.

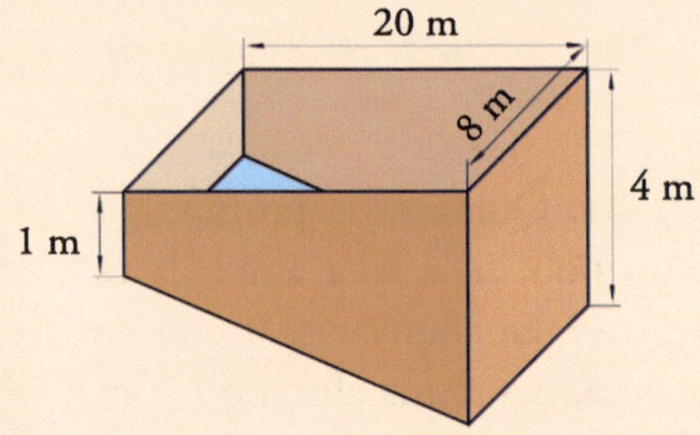

a) Quina és la superfície del fons de la piscina?

b) Quina quantitat d'aigua, en litres, cap a la piscina?

c) Es vol cobrir el fons i les parets de la piscina amb rajoles quadrades de 10 cm de costat que es venen en caixes de 1.000 unitats. Quina es la quantitat mínima de caixes que caldrà comprar?

Pensa una altra pregunta per plantejar-la a un company o una companya de la classe. Recorda que l'has de resoldre tu primer per comprovar que estigui ben plantejada i per saber quina és la solució correcta.

2. Politges

El sistema per cobrir la piscina els dies que faci mal temps disposa d'un mecanisme amb tres rodets cilíndrics units per una politja. El dibuix de la secció mostra la disposició i les mides dels rodets. S'especifica la distància entre els centres de cada un.

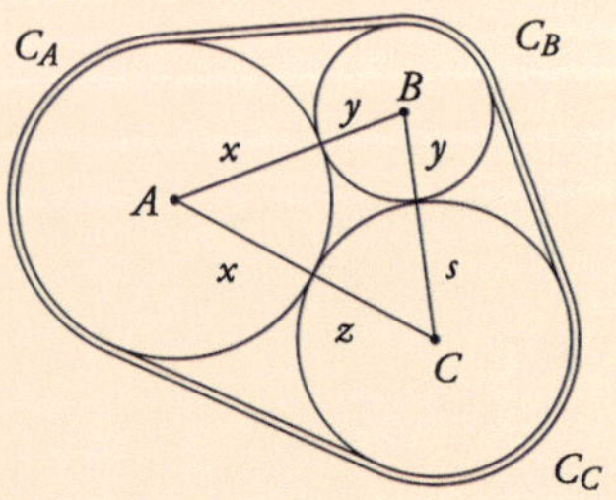

$\overline{AB} = 14$ cm
$\overline{AC} = 17$ cm
$\overline{BC} = 13$ cm

Quin és el radi de cada rodet? Una ajuda: has de plantejar un sistema de 3 equacions. Fixa't en el gràfic i aplica els mètodes que ja coneixes.

BARCANOVA EDITORIAL

3. Amidem edificis a l'esplai

La Judit ha format dos equips amb els nois i les noies de l'esplai i ha proposat a cada grup un procediment diferent per amidar l'alçària de dos edificis que hi ha a les instal·lacions de l'esplai.

- **1r grup**: Utilitzant un escaire de 26 cm per 15 cm, una taula (altura = 1 m) i una cinta mètrica.
- **2n grup** : Utilitzant un bastó de Jacob (instrument per amidar del segle xv).

a) El primer grup ha col·locat l'escaire amb el costat llarg recolzat sobre la taula de manera que, seguint la línia de la hipotenusa, veiem la vora superior d'un dels edificis. Des de la persona que observa fins a la paret de l'edifici comptem uns 10 metres.

Quin procés farem servir per amidar l'alçària de l'edifici?

Quina serà la mesura?

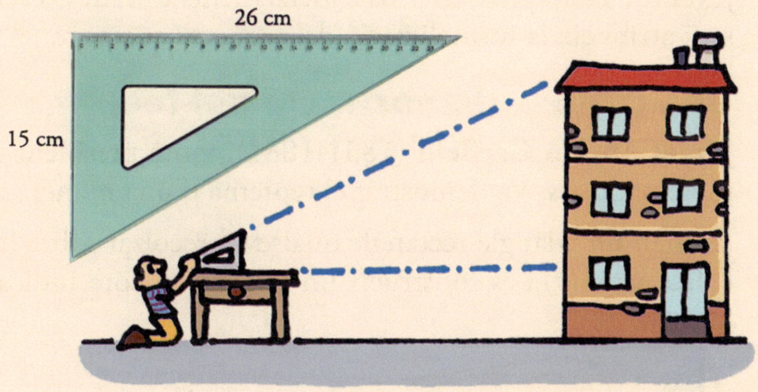

b) En Daniel, del segon grup, que fa 1,50 m d'alçada, se situa a 21 m de l'altre edifici. Agafa el bastó de Jacob de manera que quedi paral·lel al terra i desplaça el braç vertical de l'instrument fins que el seu extrem superior, la vora del terrat i el seu ull quedin alineats, com es veu en la figura.

La distància entre l'ull d'en Daniel i el braç vertical de l'instrument és de 60 cm i la part superior del braç del bastó fa 20 cm.

Explica el procés per amidar l'alçària del segon edifici. Quin valor obtindrem?

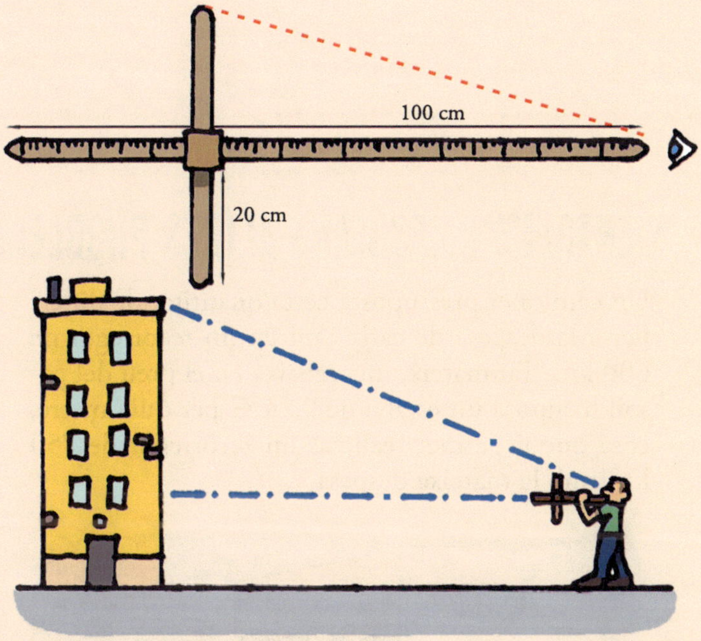

» TALLER DE MATEMÀTIQUES

» LLEGEIX I DESCOBREIX

Pitàgores va ser un important filòsof i matemàtic nascut a l'illa grega de Samos l'any 571 aC. Al llarg de la seva joventut va ampliar els seus coneixements durant els seus viatges per Mesopotàmia i Egipte. Entre altres coses, se li atribueix la formalització del teorema que porta el seu nom.

Una curiosa demostració del teorema de Pitàgores

James Abram Garfield (1831-1881), vintè president dels Estats Units d'Amèrica, era un bon aficionat a les matemàtiques. Va demostrar el teorema d'una manera molt curiosa:

Es pren un triangle rectangle qualsevol recolzat sobre un catet (b). Es repeteix el mateix triangle recolzat sobre l'altre catet (c) i es construeix un trapezi, tal com indica la figura.

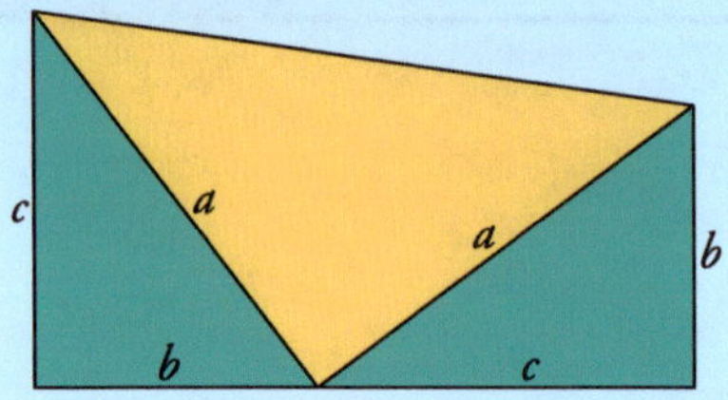

Àrea del trapezi → $A = \frac{b+c}{2} \cdot (b+c)$

Àrea del trapezi → $A = \frac{c \cdot b}{2} + \frac{c \cdot b}{2} + \frac{a \cdot a}{2}$

- Igualant les dues expressions i simplificant, s'obté l'expressió del teorema de Pitàgores. Prova de fer-ho tu.

» ENTRENA'T RESOLENT ALTRES PROBLEMES

- Un camioner pressuposta certa quantitat de diners per a la despesa de carburant en un recorregut de 600 km. Tanmateix, una rebaixa en el preu del gasoil li suposa un estalvi de 0,14 € per quilòmetre, cosa que li permet realitzar un recorregut de 750 km amb la mateixa despesa.

Quina va ser la quantitat pressupostada inicialment?

- L'amo d'un viver té una plantació d'arbrets, cadascun dels quals està col·locat a un metre de distància dels més propers. En el punt M hi ha un dipòsit de reg on es connecten dues canonades soterrades i rectes, AB i CD. Esbrina la longitud del tram de canonada CD.

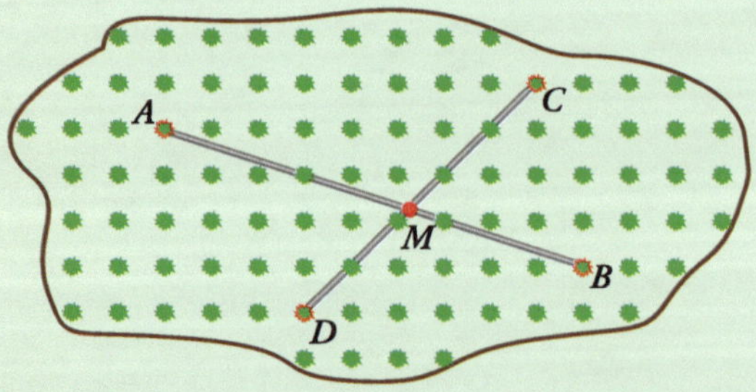

» POSA'T A PROVA

1. Calcula els angles desconeguts d'aquestes figures:

a)

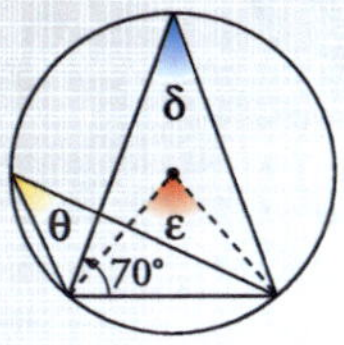

b)

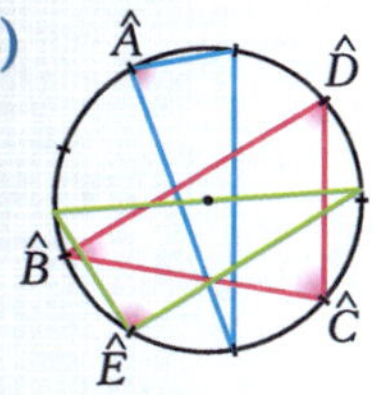

2. A quina altura, x, cal tallar el triangle ABC perquè la hipotenusa es redueixi en 7 centímetres?

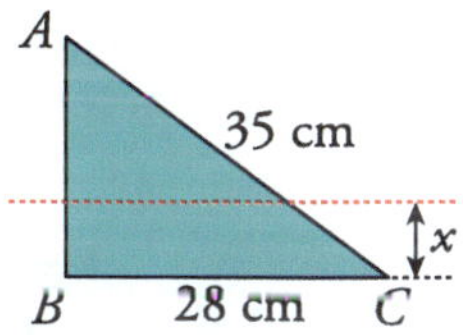

3. Calcula el valor de x en cada cas:

a)

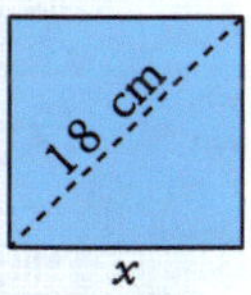

b)

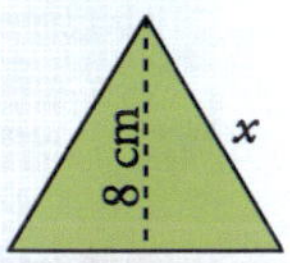

c)

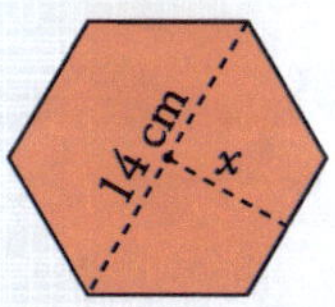

4. Calcula l'altura del trapezi:

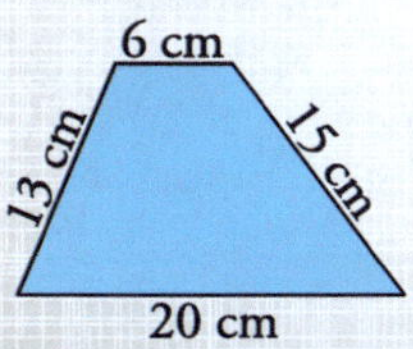

5. Dibuixa dos punts, A i B, a 6 cm de distància.

Quin és el lloc geomètric dels punts que equidisten de A i B? Dibuixa'l.

6. Calcula l'àrea de la zona pintada de cadascuna de les figures següents:

a)

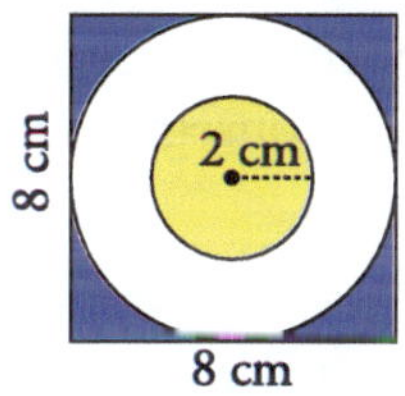

b)

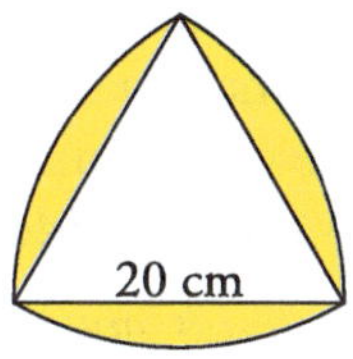

7. En el plànol d'un habitatge es representa una taula de 5 m de llarg amb un rectangle de 2 cm de llarg.

a) Quina és l'escala que s'ha utilitzat?

b) Quina longitud té el passadís si la seva representació té 4 cm de llarg?

c) La cuina fa 7,5 m d'ample. Quina serà la seva mida en el plànol?

UNITAT 10

COSSOS GEOMÈTRICS

RESOLUCIÓ DE PROBLEMES · RAONAMENT I PROVA
CONNEXIONS · COMUNICACIÓ I REPRESENTACIÓ · SOCIOEMOCIONAL

Egipte i Babilònia

Egipcis i babilonis van ser els primers a acumular amplis coneixements de geometria. Entre altres coses, van aconseguir aproximacions molt properes a les àrees i els volums d'alguns cossos.

Sòlids platònics

Plató (427 aC-347 aC) va ser un filòsof atenès que es va interessar, sobretot, per la filosofia moral. Li agradaven les matemàtiques per les seves abstraccions idealitzades i la seva separació del que és purament material, i, encara que no van ser la seva especialitat, en va impulsar considerablement l'estudi.

Va atribuir als poliedres regulars, els *sòlids platònics*, una estreta relació amb l'univers: el cel havia de reflectir la perfecció de la matemàtica abstracta en la seva forma més senzilla.

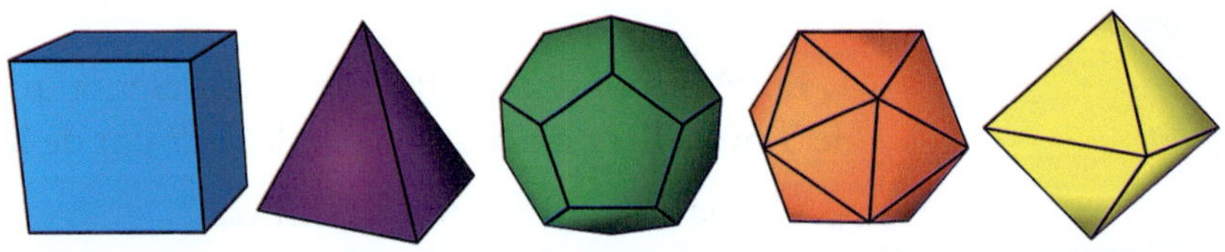

Sòlids arquimedians

Arquimedes (287 aC-212 aC) va ser un enginyer, matemàtic i inventor grec. Al llarg de la seva vida va dissenyar i va construir multitud d'aparells mecànics.

Gran calculista, va deduir les fórmules per a l'obtenció d'àrees i volums de figures geomètriques i va estudiar els 13 cossos que porten el seu nom, els *sòlids arquimedians.*

Encara que, possiblement, la seva manera d'enfocar les matemàtiques hauria horroritzat Plató, que concebia aquesta ciència com a alguna cosa purament intel·lectual, allunyada de l'experimentació, Arquimedes va ser el matemàtic més gran de l'antiguitat.

Càlculs a l'estil d'Arquimedes

Arquimedes es va valer de l'experimentació per descobrir propietats físiques o matemàtiques que, després, s'afanyava a provar amb rigor. Per exemple, per calcular àrees o volums, suposava la figura descomposta en trossos molt petits i raonava a partir d'aquests trossos.

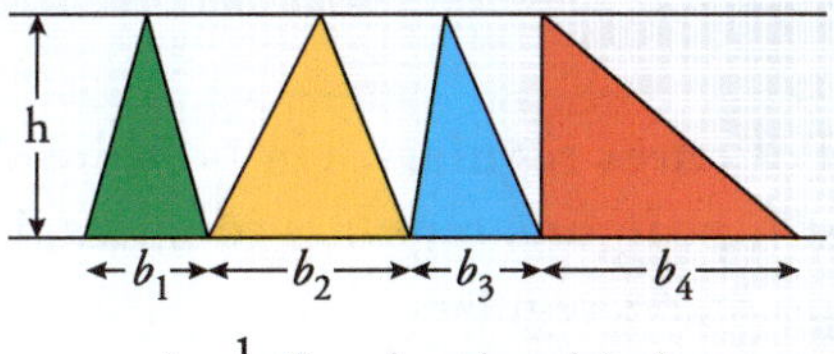

Superfície d'un cercle

- La suma de les àrees de diversos triangles amb la mateixa altura és aquesta:

$$A = \frac{1}{2}\ (\text{SUMA DE TOTES LES BASES}) \cdot \text{Altura}$$

- Com podem aplicar el resultat anterior al cercle? El descomponem en triangles amb el vèrtex en O i tan prims que podem suposar que les seves bases són segments rectilinis i l'altura de tots és r.

  L'àrea total serà aquesta:

$$A = \frac{1}{2}\ \underbrace{(\text{SUMA DE TOTES LES BASES})}_{2 \cdot \pi \cdot r} \cdot \underbrace{\text{Altura}}_{r} = \pi r^2$$

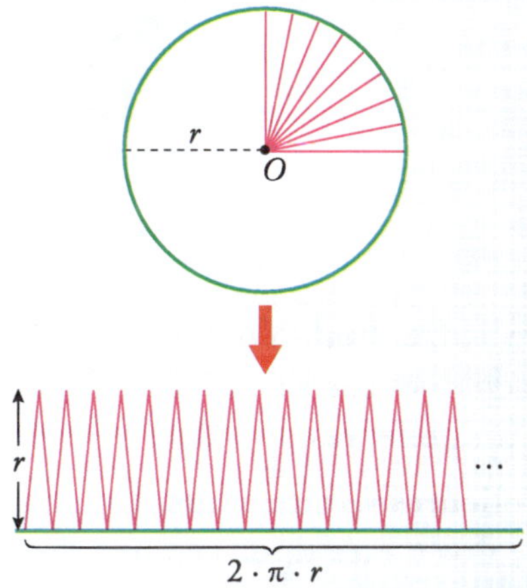

RESOL

1. Cerca informació sobre els sòlids arquimedians i respon:

a) Quants triangles i quants quadrats formen la superfície d'un rombicuboctaedre?

b) Escriu el nom d'uns altres tres sòlids arquimedians.

2. Calcula, a l'estil d'Arquimedes, la fórmula del volum d'una esfera. Tingues en compte els ajuts següents:

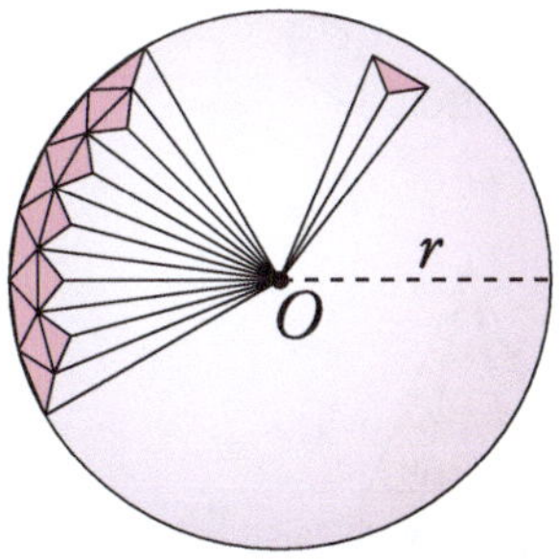

- La suma dels volums de diverses piràmides amb la mateixa altura és aquesta:

$$V = \frac{1}{3}\ (\text{SUMA DE LES SUPERFÍCIES DE LES BASES}) \cdot \text{Altura}$$

- El volum de l'esfera es calcula aplicant la fórmula anterior a la suma de totes les piràmides, molt primes, de vèrtex O i altura r, en què es pot descompondre l'esfera.
- L'àrea de la superfície esfèrica és $4\pi r^2$.

1. POLIEDRES REGULARS I SEMIREGULARS

- **Poliedres regulars.** Un poliedre s'anomena regular quan compleix les dues condicions següents: les seves **cares** són **polígons regulars idèntics**, i en cada **vèrtex** del poliedre concorre el **mateix nombre de cares**. Hi ha cinc poliedres regulars:

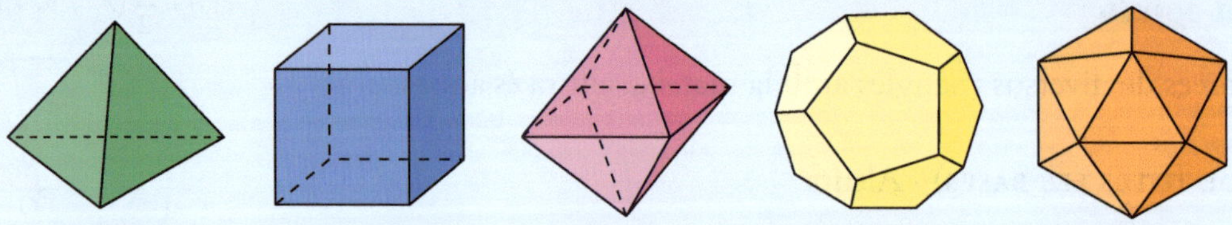

TETRAEDRE	CUB O HEXAEDRE	OCTAEDRE	DODECAEDRE	ICOSAEDRE
4 cares, triangles	6 cares, quadrats	8 cares, triangles	12 cares, pentàgons	20 cares, triangles

- **Poliedre dual.** S'obtenen en alguns poliedres quan s'uneixen mitjançant segments els centres de cada dues cares contigües. Per exemple, el cub i l'octaedre són poliedres duals. El nombre de cares d'un poliedre coincideix amb el nombre de vèrtexs del seu dual.

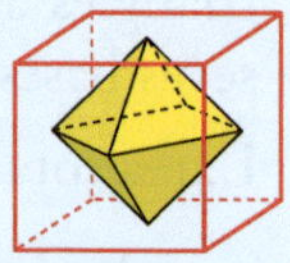

- **Poliedres semiregulars.** Un poliedre s'anomena semiregular si les seves cares són **polígons regulars de dos o més tipus** i en tots els **vèrtexs** concorren els **mateixos polígons**.

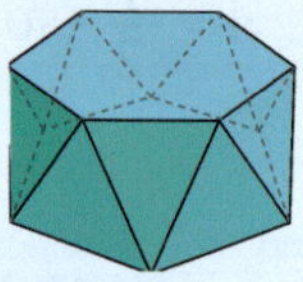

- **Fórmula d'Euler.** El nombre de cares (c), de vèrtexs (v) i d'arestes (a) d'un **poliedre simple** (que no té orificis) compleixen la relació següent: $c + v - a = 2$.

Per exemple, per a una piràmide pentagonal: $\left.\begin{array}{r}\text{Nre. de cares: } c = 6\\ \text{Nre. d'arestes: } a = 10\\ \text{Nre. de vèrtexs: } v = 6\end{array}\right\} \rightarrow 6 + 6 - 10 = 2$

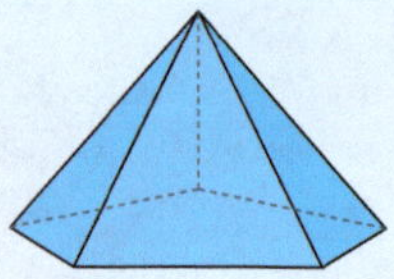

» APLICA EL QUE HAS APRÈS

1. Llegeix la definició de polígon regular i explica per què aquesta figura no és un poliedre regular. És un polígon semiregular?

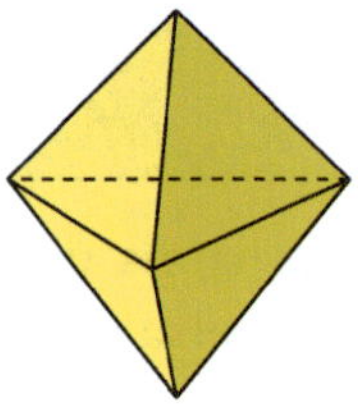

2. Aquesta piràmide truncada, les bases de la qual són quadrats, és un poliedre semiregular? Per què?

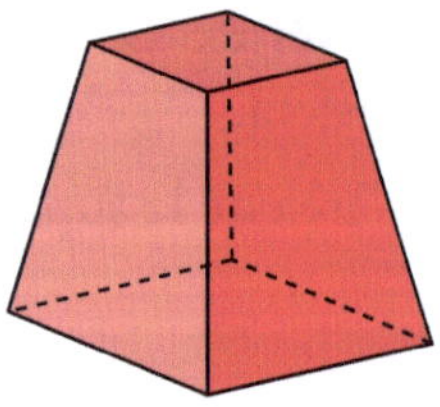

3. Comprova si aquests poliedres compleixen la fórmula d'Euler:

a)

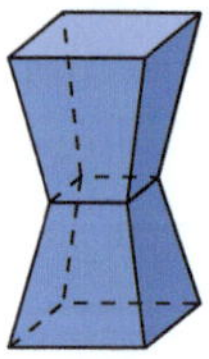

b)

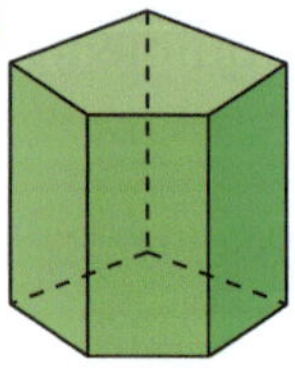

c)

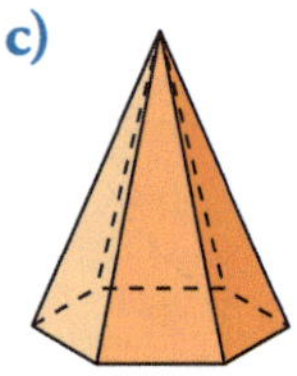

2. TRUNCANT POLIEDRES REGULARS

- **Truncar** és suprimir, mitjançant un tall pla, un vèrtex d'un poliedre. És possible obtenir moltes figures noves a partir del truncament d'altres de conegudes.
- **Truncament fins a la meitat de l'aresta.** Si es trunquen tots els vèrtexs d'un cub mitjançant plans que passen pels punts mitjans de les arestes adjacents s'obté un poliedre semiregular denominat **cubooctaedre**. Si tallem els vèrtexs d'un dodecaedre de manera semblant, obtenim un poliedre semiregular que anomenem **icosidodecaedre**.
- **Truncament deixant part de l'aresta.** Si es trunca un cub a distàncies adequades dels vèrtexs, s'obté un poliedre semiregular (anomenat **cub truncat**), en cada un dels vèrtexs del qual concorren dos octàgons i un triangle. Anàlogament, el tetraedre truncat, l'octaedre truncat, el dodecaedre truncat i l'icosaedre truncat són poliedres semiregulars.

TRUNCAMENT FINS A LA MEITAT DE L'ARESTA

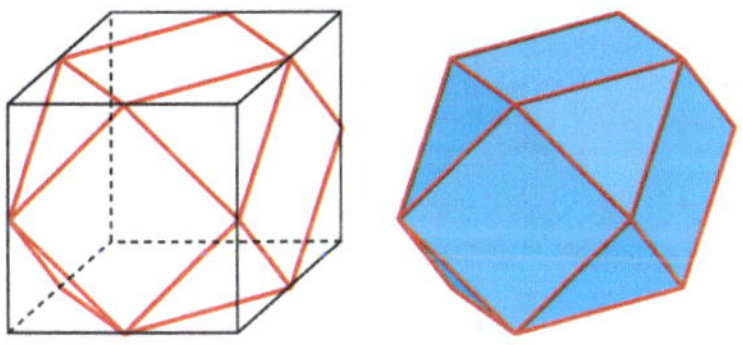

CUBOOCTAEDRE

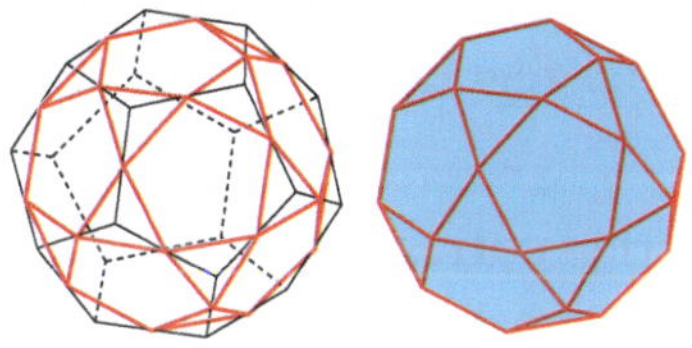

ICOSIDODECAEDRE

TRUNCAMENT DEIXANT PART DE L'ARESTA

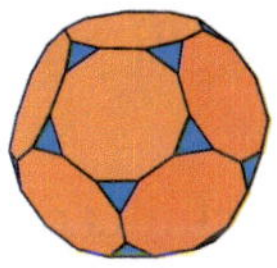

DODECAEDRE TRUNCAT

ICOSAEDRE TRUNCAT

» APLICA EL QUE HAS APRÈS

4. En truncar d'aquesta manera un tetraedre, s'obté una figura coneguda. Quina?

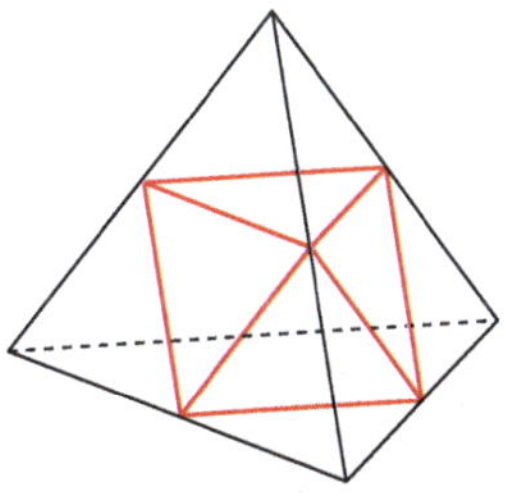

5. Observa el tetraedre truncat i indica el nombre de....

a) Cares:

b) Vèrtexs:

c) Arestes:

– Quant mesura l'aresta del tetraedre truncat amb relació a la del tetraedre original?

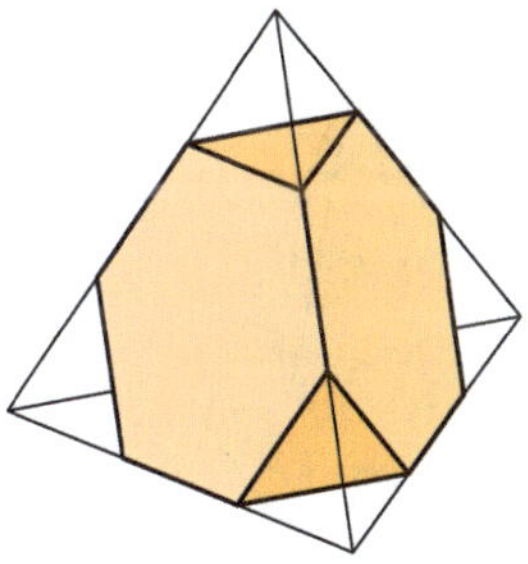

6.

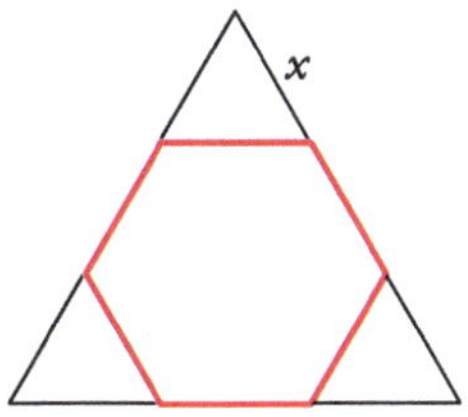

A quina distància del vèrtex hem de tallar els triangles petits perquè l'hexàgon resultant sigui regular?

7. Observa l'octaedre truncat i indica el nombre de:

a) Cares:

b) Vèrtexs:

c) Arestes:

– Comprova que és un poliedre semiregular i que compleix la fórmula d'Euler.

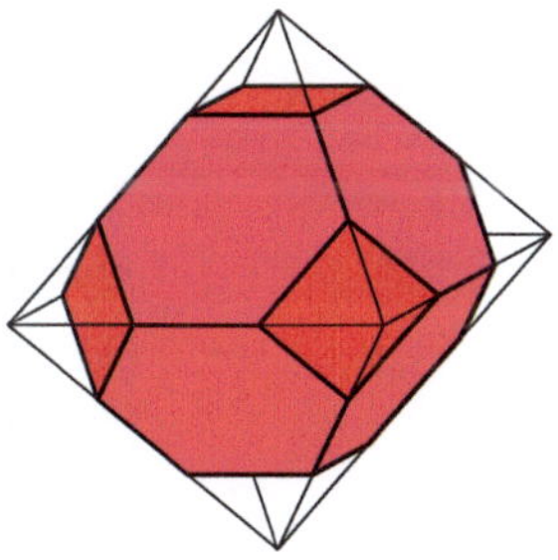

3. PLANS DE SIMETRIA D'UNA FIGURA

- Un **pla de simetria** d'una figura és aquell que la divideix en dues parts, cada una de les quals és reflex de l'altra.
- El **cub** té tres plans de simetria paral·lels a les seves cares i sis plans de simetria més determinats per cada dues arestes oposades. En total, el cub té nou plans de simetria.

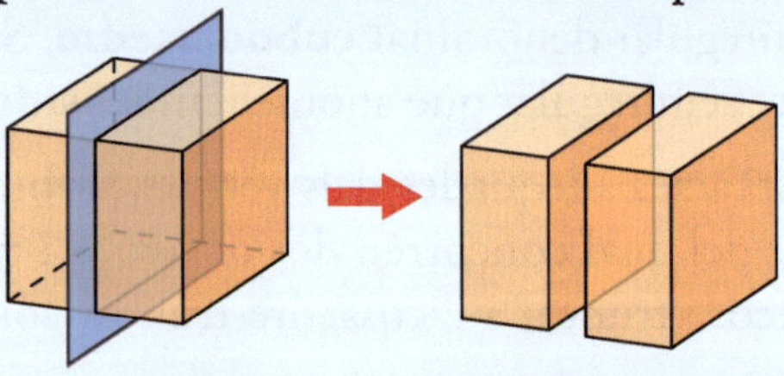

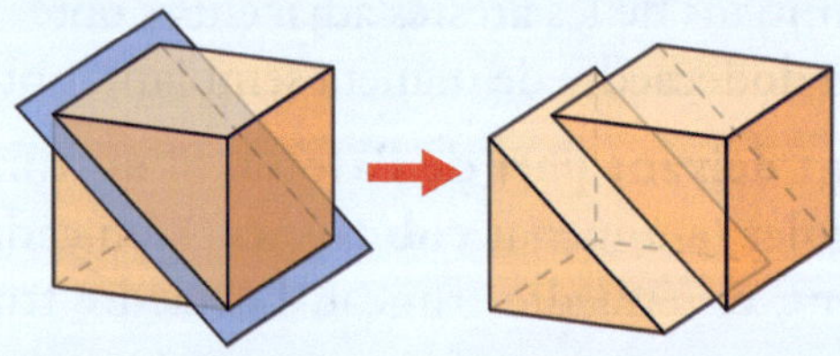

- El **prisma regular** té tants plans de simetria que contenen els eixos de simetria de les bases com costats de la figura. A més, hi ha un pla de simetria paral·lel a les bases. El prisma pentagonal regular té, en total, sis plans de simetria.
- El **cilindre** conté infinits plans de simetria i corresponen a qualsevol pla que contingui l'eix del cilindre. A més, hi ha un pla de simetria paral·lel a les bases.

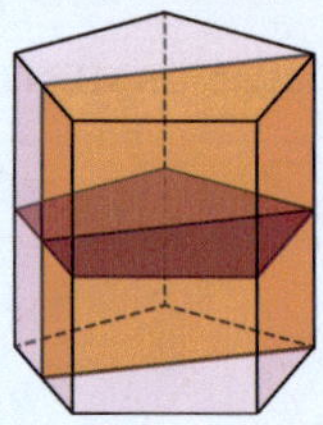

PRISMA

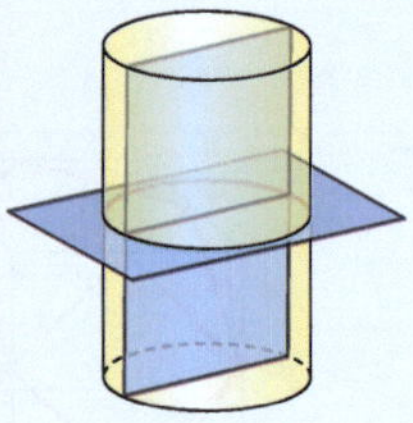

CILINDRE

» APLICA EL QUE HAS APRÈS

8. Quines condicions ha de complir un pla per ser pla de simetria del tetraedre?

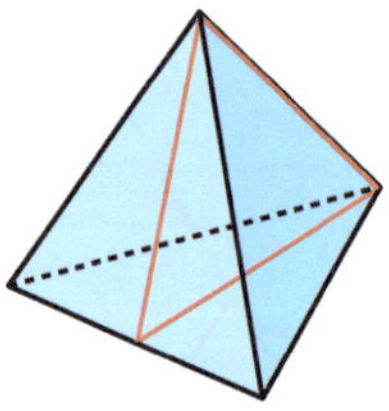

9. Traça, sobre aquest prisma hexagonal, un pla de simetria perpendicular a les bases i un altre de paral·lel.

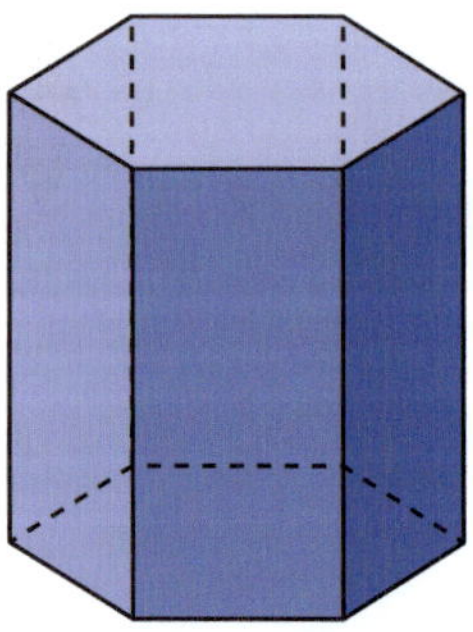

10. Descriu alguns plans de simetria de l'octaedre, de la piràmide pentagonal regular i de l'esfera. Per a cada figura, tria un dels plans de simetria que has descrit i dibuixa'l.

a)

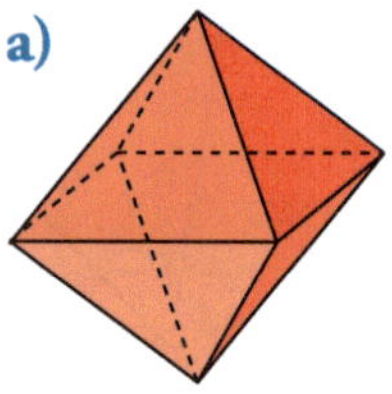

b)

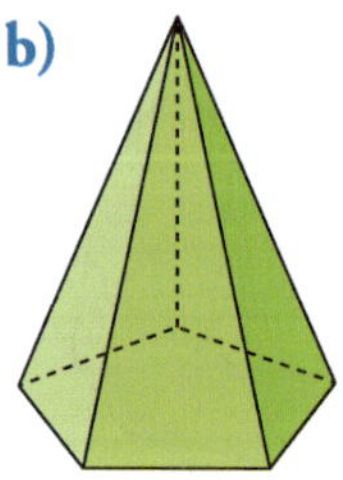

c)

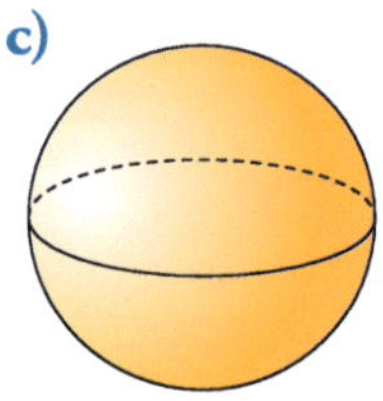

4. EIXOS DE GIR D'UNA FIGURA

- Una recta *e* és **eix de gir d'ordre *n*** d'una figura si, en girar al voltant de *e* la figura, ocupa la mateixa posició *n* vegades (incloent-hi la posició inicial). Per exemple, una rodanxa de carambola (un fruit tropical), té un *eix de gir d'ordre 5*. També podem dir que té **simetria radial**.

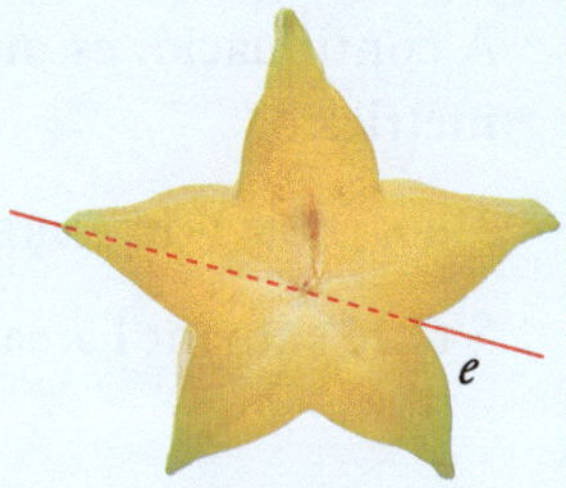

Carambola (*Averrhoa carambola*).

- **Eixos de gir del cub.** En total, n'hi ha tretze:

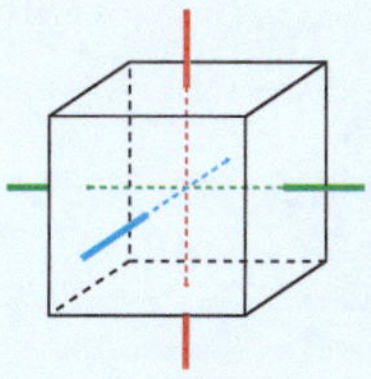

Eix de gir d'ordre 4.

N'hi ha tres.

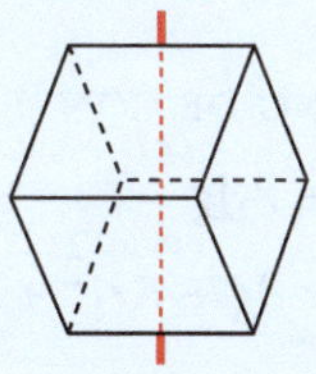

Eix de gir d'ordre 2.

N'hi ha sis.

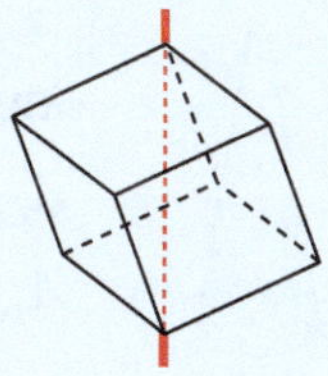

Eix de gir d'ordre 3.

N'hi ha quatre.

- **Eixos de gir del tetraedre.** En total, n'hi ha set:

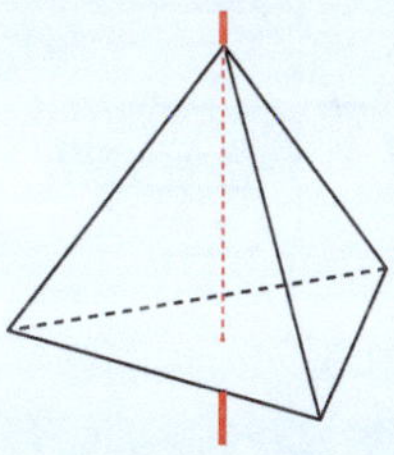

L'eix passa per un vèrtex i el punt mitjà (baricentre) de la cara oposada. És un eix de gir d'ordre 3.

N'hi ha quatre (tants com vèrtexs).

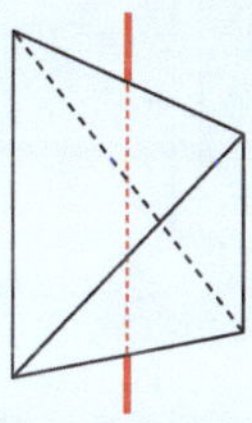

Aquest eix és perpendicular a dues arestes oposades en els seus punts mitjans. És un eix de gir d'ordre 2.

N'hi ha tres (un per cada dues arestes).

» APLICA EL QUE HAS APRÈS

11. Indica l'ordre dels eixos de gir dibuixats.

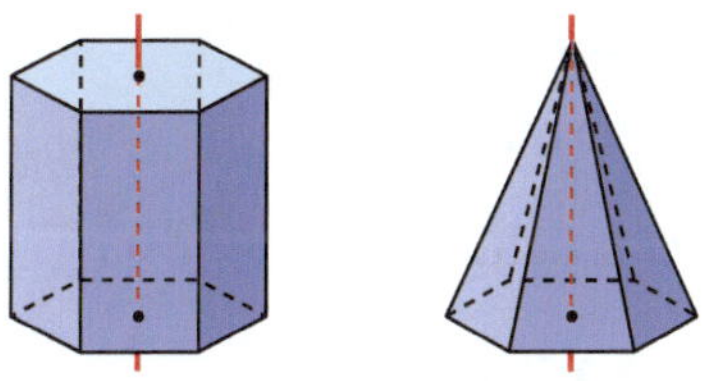

Té cap altre eix de gir el prisma? I la piràmide?

12. Quins eixos de gir té un ortoedre amb les tres dimensions diferents? De quins ordres són? Dibuixa'ls.

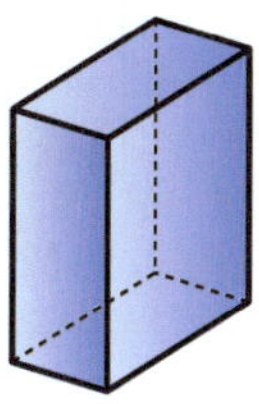

13. Estudia els eixos de gir de l'octaedre.

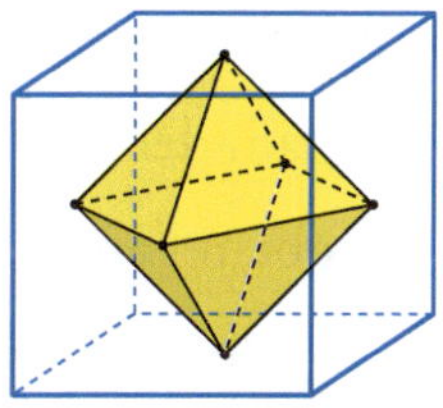

Pots basar-te en els del cub.

14. Observa aquest antiprisma quadrat i indica'n els eixos de gir. De quin ordre són? Dibuixa'ls.

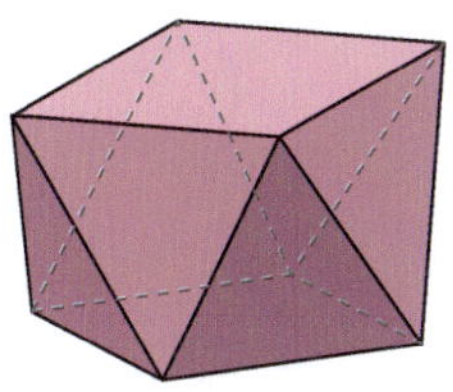

5. SUPERFÍCIE DELS COSSOS GEOMÈTRICS

- A continuació, es mostren les expressions matemàtiques que permeten calcular l'àrea dels principals cossos geomètrics:

ÀREA D'UN POLIEDRE

S'obté sumant l'àrea de totes les seves cares.

ÀREA D'UN CILINDRE

$$\left.\begin{aligned} A_{LATERAL} &= 2\pi r \cdot h \\ A_{BASE} &= \pi r^2 \end{aligned}\right\} \rightarrow A_{TOTAL} = 2\pi rh + 2\pi r^2$$

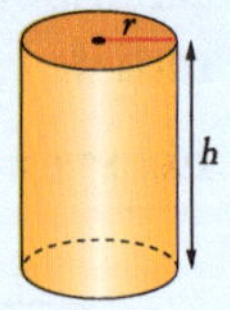

ÀREA D'UN CON

$A_{LATERAL} = \pi rg$ $\quad A_{TOTAL} = \pi rg + \pi r^2$

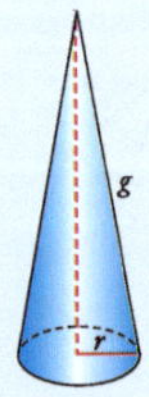

ÀREA D'UN TRONC DE CON

$A_{LATERAL} = \pi(r_1 + r_2)g$

$A_{TOTAL} = \pi(r_1 + r_2)g + \pi r_1^2 + \pi r_2^2$

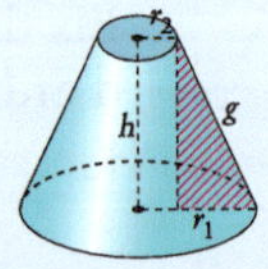

ÀREA D'UNA ESFERA

$A_{ESFERA} = 2\pi r \cdot 2r = 4\pi r^2$

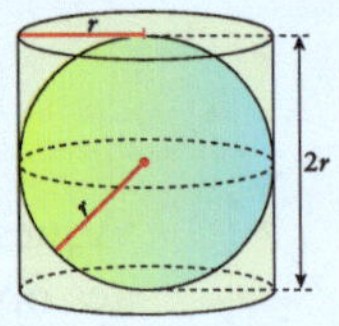

ÀREA D'UN CASQUET ESFÈRIC I D'UNA ZONA ESFÈRICA

$A_{CASQUET\ ESFÈRIC} = 2\pi r \cdot h$

$A_{ZONA\ ESFÈRICA} = 2\pi r \cdot h'$

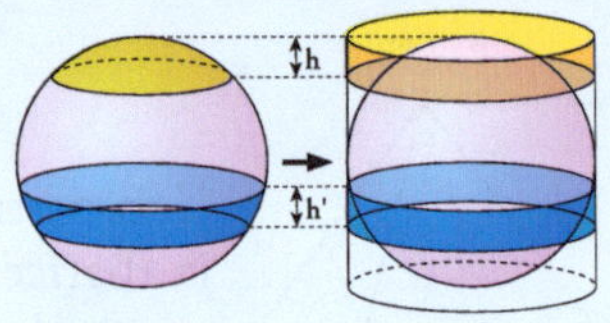

EXERCICI RESOLT

1. ***Troba l'àrea total d'un con rectangle (altura = radi) el radi del qual fa 10 cm. Quin angle té el sector circular amb el qual es construeix?***

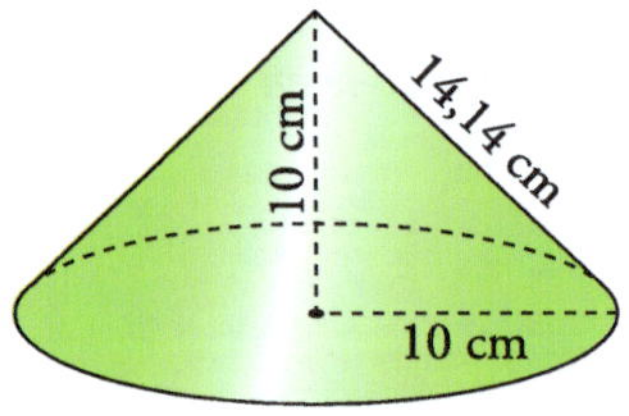

La generatriu fa $g = \sqrt{10^2 + 10^2} = 14{,}14$ cm.

$$A_{LATERAL} = \pi rg = \pi \cdot 10 \cdot 14{,}14 = 444 \text{ cm}^2$$

$$A_{TOTAL} = 444 + \pi \cdot 10^2 = 758 \text{ cm}^2$$

Perímetre de la base = $2\pi \cdot 10 = 62{,}83$ cm

El radi del sector circular dibuixat fa 14,14 cm.

Trobem l'angle del sector com hem fet a dalt:

$$\alpha = \frac{360r}{g} = \frac{360 \cdot 10}{14{,}14} = 254{,}60° = 254°\ 35'\ 48''$$

AMB CALCULADORA: 62,83 ⊗ 360 ÷ 88,84 = 254.60... °'" 254°36°5.51°

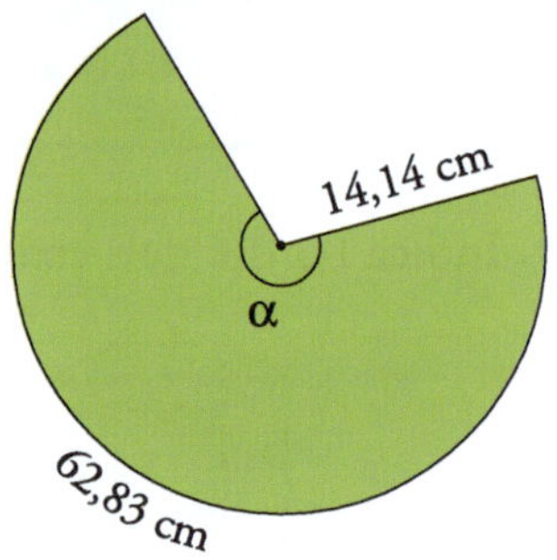

» APLICA EL QUE HAS APRÈS

15. Calcula l'àrea d'aquests poliedres obtinguts a partir d'un cub de 12 cm d'aresta:

A

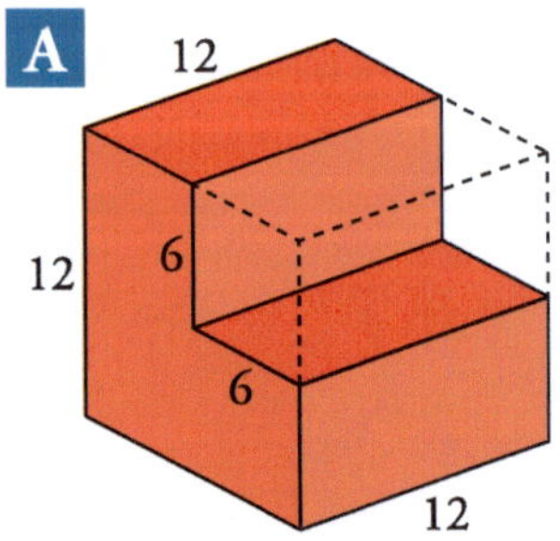

B

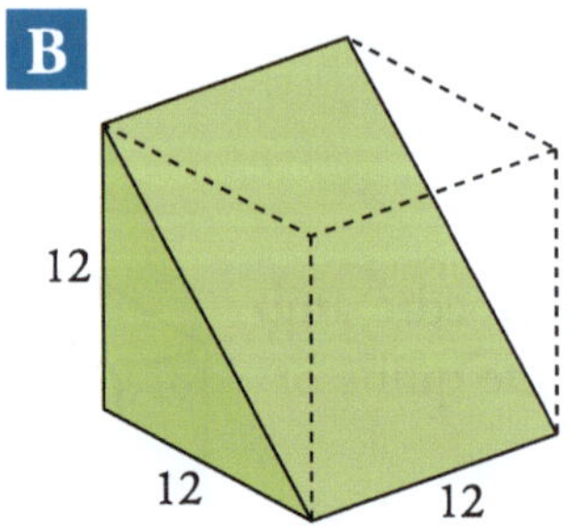

BARCANOVA EDITORIAL

16. Obtén la mesura de la superfície del prisma i de la piràmide següents. La base de tots dos és un hexàgon regular.

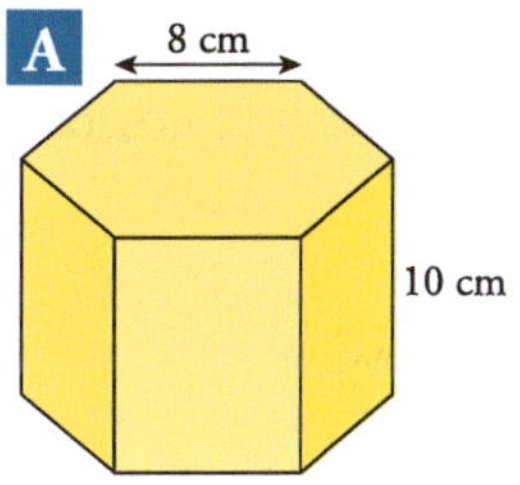

ARESTA BASE → 8 cm

ALTURA PRISMA → 10 cm

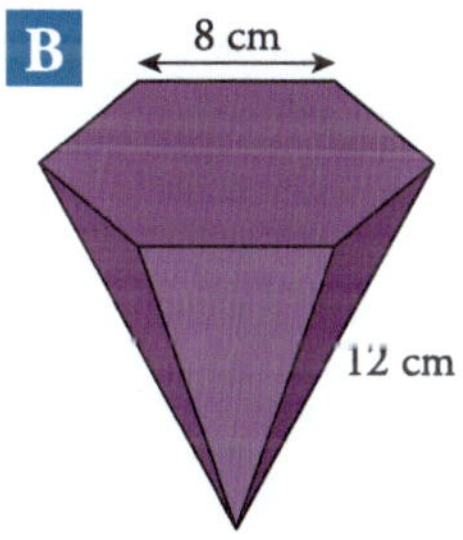

ARESTA BASE → 8 cm

ARESTA LATERAL → 12 cm

17. Calcula l'àrea d'aquests cossos:

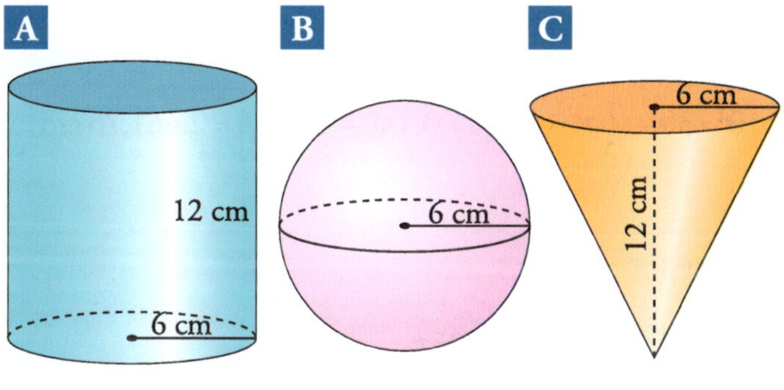

18. Calcula l'àrea dels cossos següents:

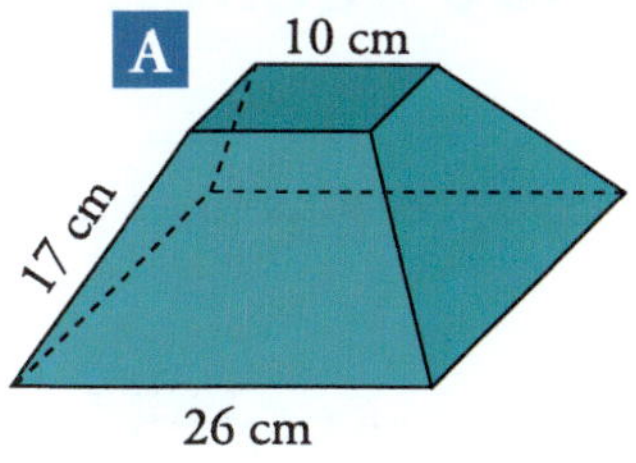

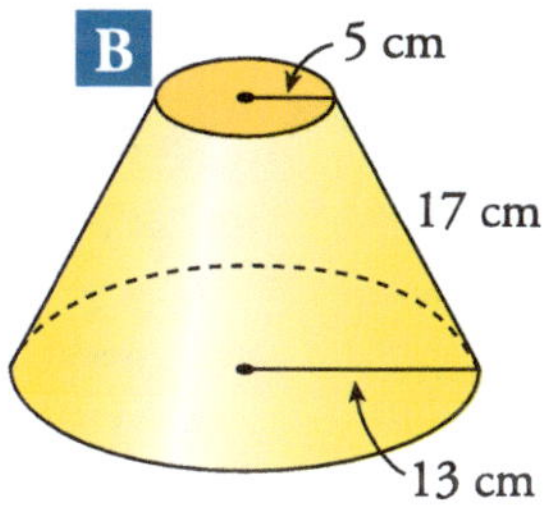

19. En una esfera de 30 cm de diàmetre, calcula:

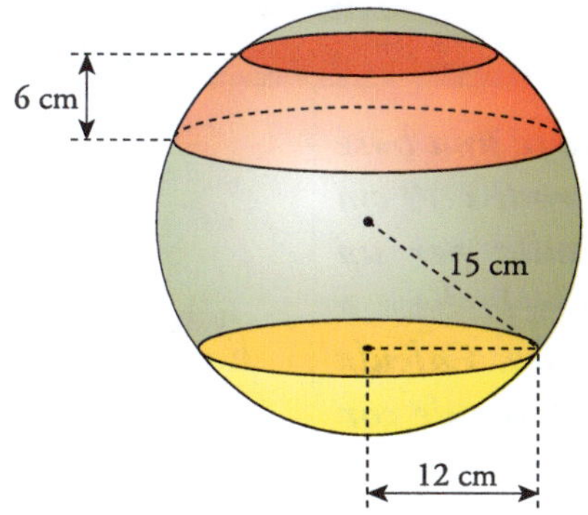

a) L'àrea d'una zona esfèrica de 6 cm d'altura.

b) L'àrea d'un casquet esfèric la base del qual té un radi de 12 cm.

6. VOLUM DELS COSSOS GEOMÈTRICS

- A continuació, es mostren les expressions matemàtiques que permeten calcular el volum dels principals cossos geomètrics:

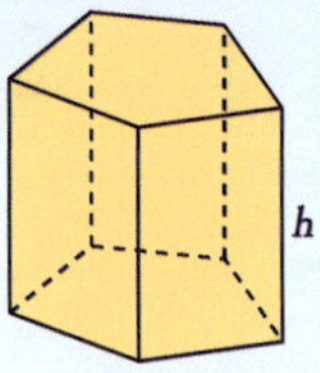

PRISMA

$$V = A_{BASE} \cdot h$$

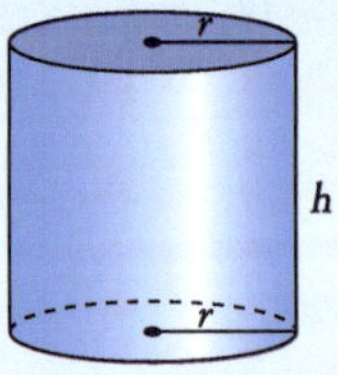

CILINDRE

$$V = A_{BASE} \cdot h = \pi \cdot R^2 \cdot h$$

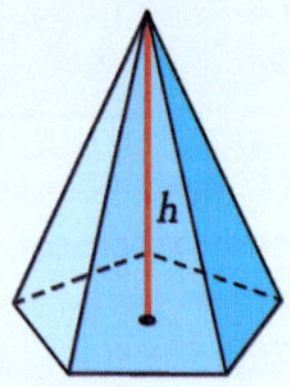

PIRÀMIDE

$$V = \frac{1}{3} A_{BASE} \cdot h$$

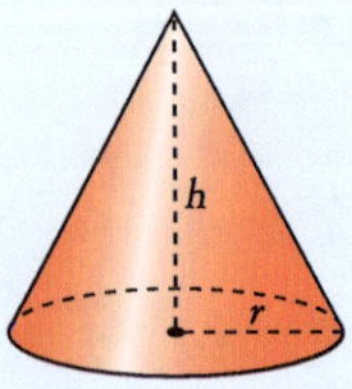

CON

$$V = \frac{1}{3} A_{BASE} \cdot h = \frac{1}{3} \pi \cdot R^2 \cdot h$$

ZONA ESFÈRICA

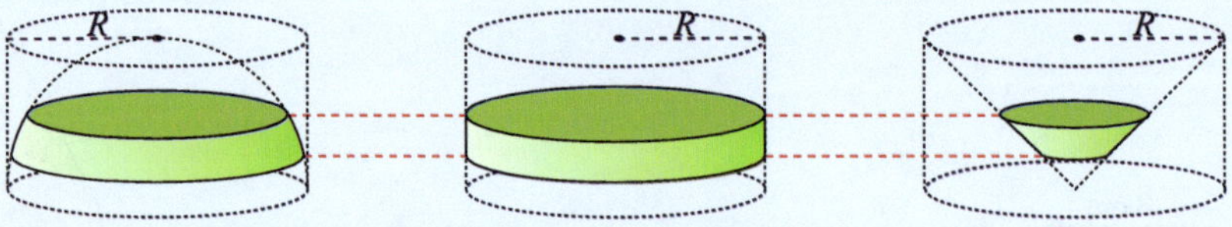

$$V_{PORCIÓ\ D'ESFERA} = V_{PORCIÓ\ DE\ CILINDRE} - V_{TRONC\ DE\ CON}$$

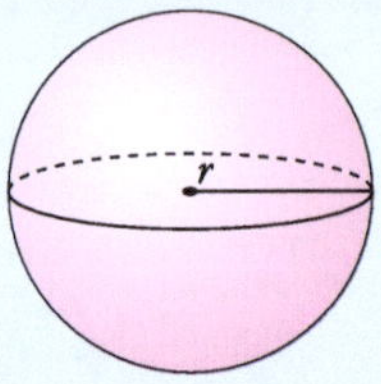

ESFERA

$$V_{ESFERA} = \frac{4}{3} \pi R^3$$

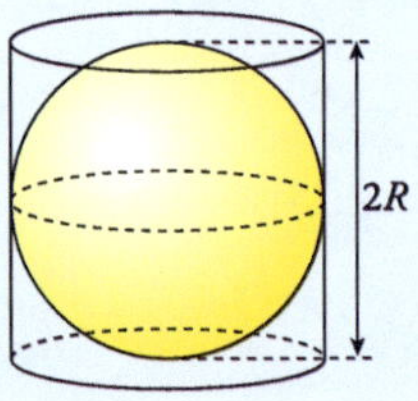

RELACIÓ ENTRE CILINDRE I ESFERA

$$V_{CILINDRE} = \frac{3}{2} V_{ESFERA}$$

$$V_{CILINDRE} = \pi R^2 \cdot 2R = 2\pi R^3$$

EXERCICIS RESOLTS

2. ***Un con que té una base de 10 cm de radi i 30 cm d'altura es talla per un pla paral·lel a la base a 12 cm d'aquesta. Calcula el volum del tronc de con obtingut.***

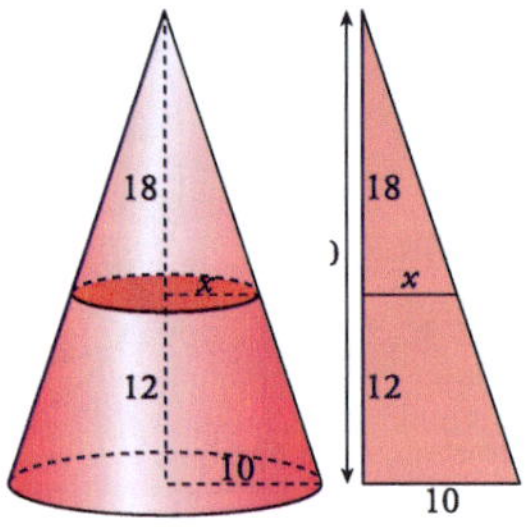

- Calculem el radi de la base petita (x): $\frac{18}{x} = \frac{30}{10} \rightarrow x = \frac{18 \cdot 10}{30} = 6$ cm
- Calculem el volum:

$$V_{TRONC\ DE\ CON} = V_{CON\ GRAN} - V_{CON\ PETIT} =$$

$$= \frac{1}{3}\pi \cdot 10^2 \cdot 30 - \frac{1}{3}\pi \cdot 6^2 \cdot 18 = 3.140 - 678{,}24 = 2.461{,}76\ cm^3$$

3. ***Una esfera de 20 cm de radi es talla per dos plans paral·lels que disten del centre 5 cm i 15 cm, respectivament. Calcula el volum de la porció d'esfera compresa entre tots dos plans.***

$$V_{PORCIÓ\ DE\ CILINDRE} = \pi \cdot 20^2 \cdot 10 = 4.000\pi\ cm^3$$

$$V_{TRONC\ DE\ CON} = \frac{1}{3}\pi \cdot 15^2 \cdot 15 - \frac{1}{3}\pi \cdot 5^2 \cdot 5 = 1.083{,}33\pi\ cm^3$$

$$V_{PORCIÓ\ D'ESFERA} = V_{PORCIÓ\ DE\ CILINDRE} - V_{TRONC\ DE\ CON} =$$

$$= 4.000\pi - 1.083{,}33\pi = 9.158{,}34\ cm^3$$

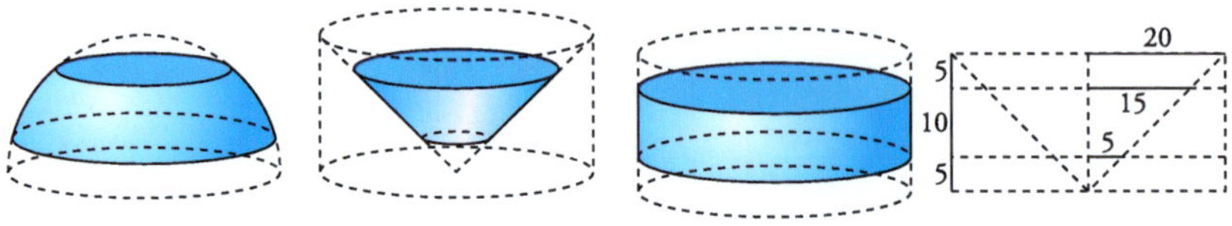

GeoGebra. Practica el càlcul d'àrees i de volums de prismes. Practica el càlcul d'àrees i de volums de piràmides. Practica el càlcul d'àrees i de volums de cilindres. Practica el càlcul d'àrees i de volums de cons.

» APLICA EL QUE HAS APRÈS

20. Calcula el volum d'aquests prismes, obtinguts tallant un cub de 12 cm d'aresta:

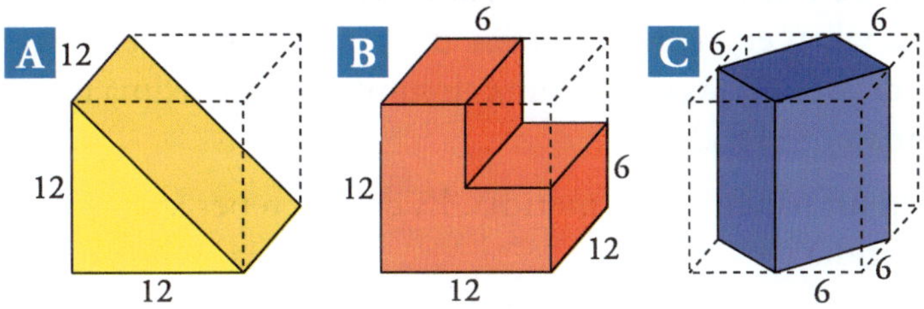

21. Calcula el volum d'aquestes piràmides les bases de les quals són polígons regulars:

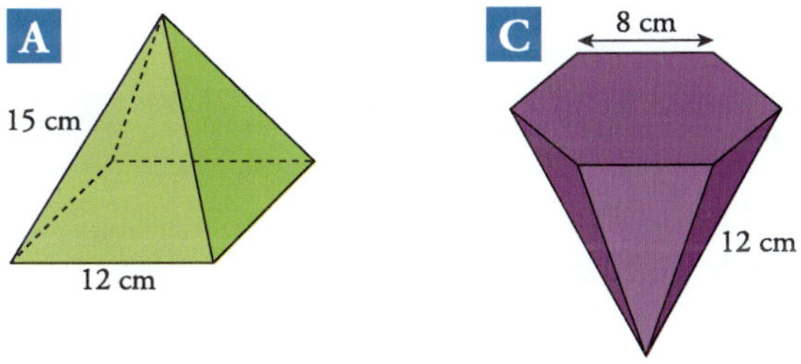

22. Calcula el volum d'aquest tronc de piràmide.

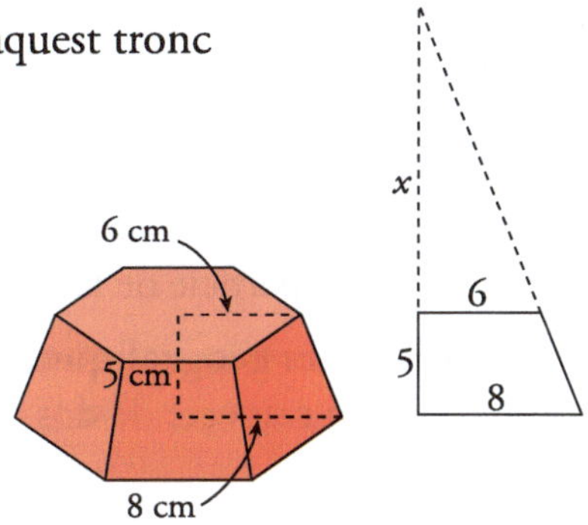

23. Calcula les àrees i els volums dels cossos geomètrics següents:

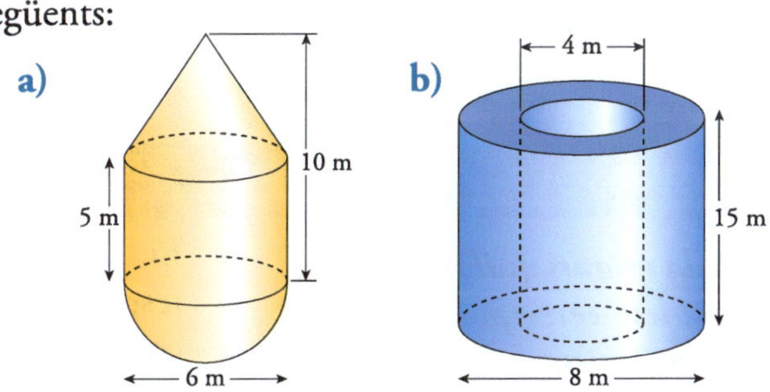

7. COORDENADES GEOGRÀFIQUES

- El **gir de la Terra** es produeix al voltant d'un **eix**, línia imaginària que passa pel seu centre i la talla en dos punts: els **pols**. Els plans que contenen l'eix tallen la superfície de la Terra en uns cercles màxims anomenats **meridians**. Tots passen pels pols. Els plans perpendiculars a l'eix de la Terra la tallen en circumferències anomenades **paral·lels**. La circumferència el centre de la qual coincideix amb el de l'esfera es diu **equador**. És una circumferència màxima que divideix la superfície de la Terra en dues meitats: els **hemisferis** nord i sud.
- **Coordenades geogràfiques.** Per cada punt de la Terra passen un paral·lel i un meridià. Es designen per la posició que ocupen respecte de dos cercles màxims: l'equador i el meridià de Greenwich.
  - **Latitud.** És la mesura angular de l'arc de meridià que va d'aquest punt a l'equador. Cal afegir si es troba al nord (N) o al sud (S). Tots els punts d'un paral·lel tenen la mateixa latitud.
  - **Longitud.** És l'angle que forma el pla que determina el meridià del lloc amb el pla que determina el meridià de Greenwich. S'ha d'indicar si es troba a l'est (E) o a l'oest (O).

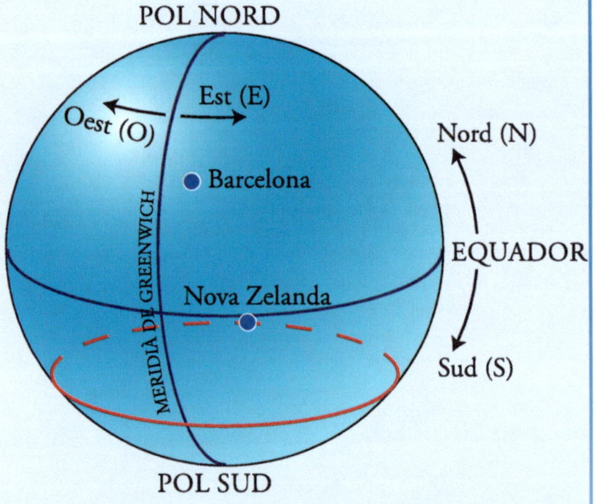

- Les **coordenades geogràfiques** d'un lloc són la seva **longitud** i la seva **latitud**. Per exemple, les coordenades geogràfiques de Barcelona són 2° 10' 17" E, 41° 24' 7" N.
- **Fusos horaris.** Són els salts horaris que s'estableixen d'hora en hora, de la manera següent: centrat en el meridià 0°, es forma un fus esfèric de 15° (360° : 24 h = 15° cada hora). En aquest fus, seran les 12 h quan el Sol passi pel meridià 0°. A partir d'aquest fus es formen els altres 23 fusos. Per calcular l'hora d'un fus concret, si cada territori es regís pel fus que li toca, cal seguir aquesta norma: si el fus es troba a l'est del fus horari zero, se sumen tantes hores com fusos disten de l'horari zero; si el fus es troba a l'oest del fus horari zero, es resten tantes hores com fusos disten de l'horari zero.

EXERCICI RESOLT

4. ***Calcula quants quilòmetres fan els paral·lels corresponents a les latituds següents:***

a) 60° ***b) 30°***

El radi de la Terra és d'uns 6.371 km.

a) En l'esquema, veiem que el radi de la Terra, R, correspon al costat d'un triangle equilàter, per la qual cosa el radi del paral·lel 60°, r, fa $R/2 = 6.371/2 = 3.185{,}5$ km.

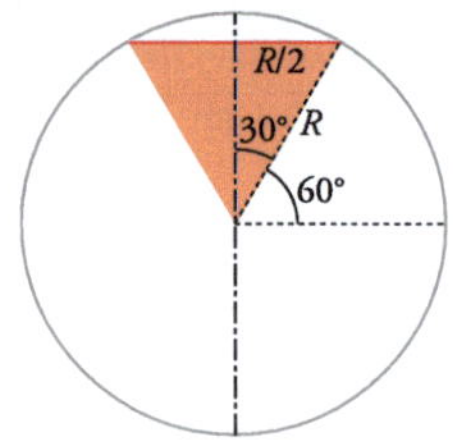

El paral·lel 60° fa $L = 2 \cdot \pi \cdot 3.185{,}5 \approx 20.015$ km.

b) En aquest altre esquema el radi, r, que busquem correspon a l'altura d'un triangle equilàter. Apliquem el teorema de Pitàgores:

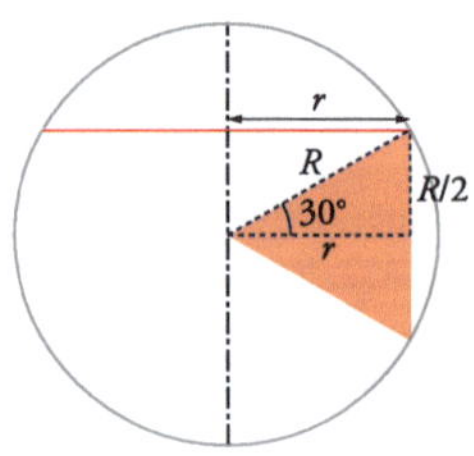

$$R^2 = (R/2)^2 + r^2 \rightarrow r = \frac{\sqrt{3}}{2}R \rightarrow r \approx 5.517 \text{ km}$$

El paral·lel 30° mesura $L = 2 \cdot \pi \cdot 5.517 \approx 34.646$ km.

Fes-ho tu Troba, en quilòmetres, la mesura del paral·lel 45°.

BARCANOVA EDITORIAL

» APLICA EL QUE HAS APRÈS

24. El metre, unitat de mesura de longitud, es definia antigament com *la deumilionèsima part d'un quadrant de meridià terrestre.* És a dir, un meridià terrestre té 40.000.000 de metres. Segons això, calcula:

a) El radi de la Terra en quilòmetres.

b) La seva superfície en quilòmetres quadrats.

c) El seu volum en quilòmetres cúbics.

d) L'àrea d'un fus horari.

25. Un vaixell va d'un punt *A*, situat a les costes d'Àfrica, a 30° de latitud nord i 10° de longitud oest, a un altre punt *B*, amb la mateixa latitud i 80° de longitud oest, seguint el paral·lel comú.

a) Quina distància ha recorregut?

b) Quina distància recorreria si la diferència de longituds dels dos punts fos de 180°?

26. Sabem que a Dublín (longitud 6° O) són les 9 del matí. A partir d'aquest esquema, indica quina hora teòrica correspon a Monterrey (100° O).

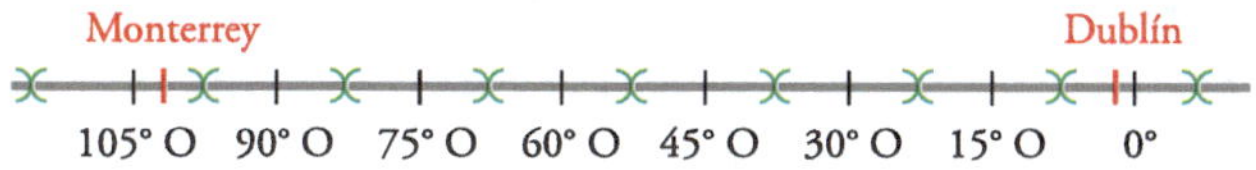

27. Si a l'Havana (82° O) són les 8 p. m., assigna l'hora teòrica (segons els fusos horaris) a cada ciutat:

Maputo (Moçambic)	2 p. m.
Nursultan (Kazakhstan)	8 p. m.
Natal (Brasil)	3 a. m.
Temuco (Xile)	0 a. m.
Honolulu (Hawaii)	11 a. m.
Dakar (Senegal)	11 p. m.
Katmandú (Nepal)	6 a. m.
Melbourne (Austràlia)	7 a. m.

28. Dues ciutats tenen la mateixa longitud, 15° E, i les seves latituds són 37° 25' N i 22° 35' S, respectivament. Quina és la distància entre totes dues?

29. Un avió ha d'anar de A a B, dos llocs diametralment oposats en el paral·lel 45°. Pot fer-ho seguint el paral·lel (*APB*) o seguint la ruta polar (*ANB*). Calcula la distància que recorrerà en cada trajecte.

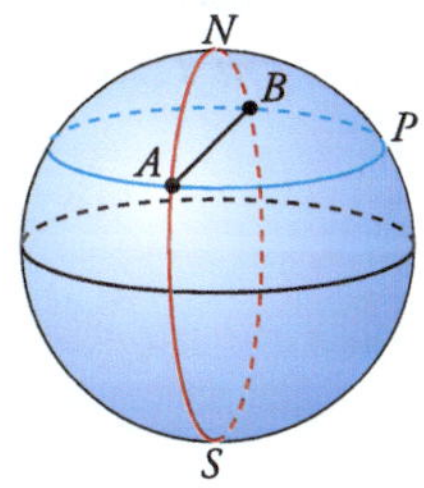

» OBSERVA, RAONA I RESOL

1. ESTACIÓ ESPACIAL INTERNACIONAL

L'Estació Espacial Internacional (ISS en anglès) és un centre d'investigació que gira al voltant de la Terra a uns 400 km d'altura.

a) ***A quina distància està el punt més allunyat de la Terra que es pot veure des de l'estació?***

b) ***Quina àrea de la superfície terrestre abasta la seva visió?***

Radi de la Terra: 6.371 km

a) Segons l'esquema de la dreta, la distància buscada és un catet d'un triangle rectangle. Si apliquem el teorema de Pitàgores, trobarem aquesta distància:

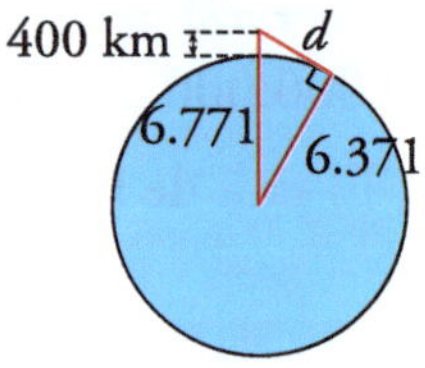

$$d = \sqrt{6.771^2 - 6.371^2} = 2.293 \text{ km}$$

b) Hem de trobar l'àrea del casquet esfèric. Com que aquesta àrea coincideix amb l'àrea lateral corresponent del cilindre circumscrit, calculem la x del dibuix per trobar l'altura del cilindre corresponent:

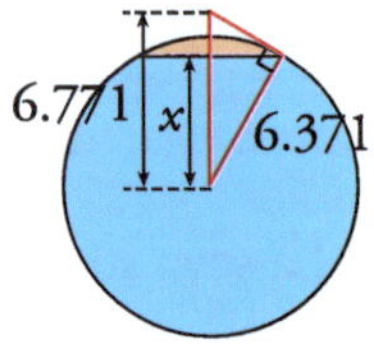

$$\frac{6.771}{6.371} = \frac{6.371}{x} \rightarrow x \approx 5.995 \text{ km}$$

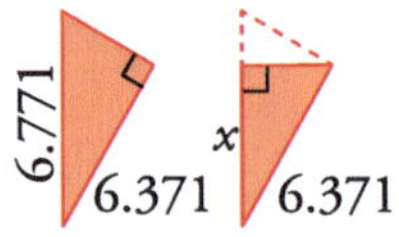

Així, l'altura del cilindre circumscrit corresponent és $6.371 - 5.995 = 376$ km.

Per tant: $A_{\text{CASQUET}} = 2\pi \cdot 6.371 \cdot 376 \approx 15.000.000 \text{ km}^2$

Fes-ho tu Respon les mateixes preguntes referents a un dels satèl·lits Meteosat de segona generació que hi ha a una altura de 36.000 km.

2. ÀREA I VOLUM D'UN TRONC DE CON

Calcula l'àrea total i el volum d'un tronc de con de 16 cm d'altura els radis del qual fan 18 cm i 30 cm.

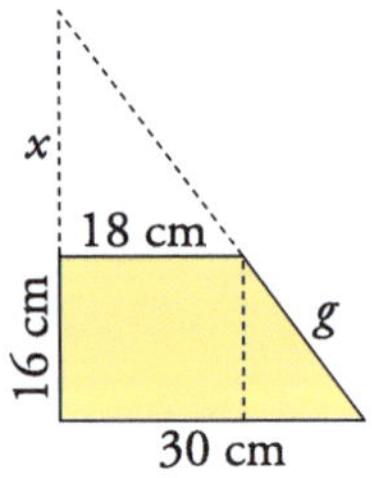

Considerem el tronc de con com la diferència de dos cons:

$$\frac{x}{18} = \frac{x+16}{30} \rightarrow 30x = 18x + 288 \rightarrow 12x = 288 \rightarrow x = 24 \text{ cm}$$

$$V_{\text{TRONC}} = V_{\text{CON GRAN}} - V_{\text{CON PETIT}} = \frac{1}{3}\pi \cdot 30^2 \cdot 40 - \frac{1}{3}\pi \cdot 18^2 \cdot 24 \approx 29.556{,}10 \text{ cm}^3$$

Per trobar l'àrea, necessitem la generatriu: $g = \sqrt{16^2 + 12^2} = 20$ cm

$$A_{\text{TOTAL}} = \pi(18 + 30) \cdot 20 + \pi \cdot 18^2 + \pi \cdot 30^2 \approx 6.861{,}24 \text{ cm}^2$$

Fes-ho tu Troba l'àrea total i el volum d'un tronc de con de 6 cm d'altura els radis del qual fan 6 cm i 4 cm.

» EXERCITA LES TEVES COMPETÈNCIES

Practica

Poliedres regulars i semiregulars. Eixos i plans de simetria

1. Indica quins dels poliedres següents són semiregulars i explica per què no ho són els altres:

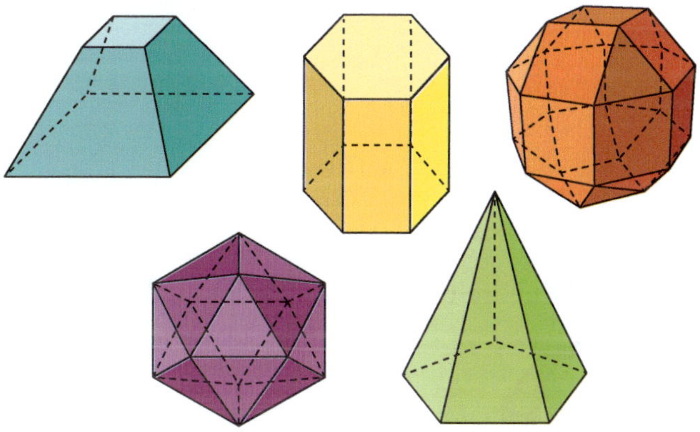

2. A partir de les característiques d'un dodecaedre (cares, vèrtexs), descriu com serà el dodecaedre truncat.

3. Recorda la relació de dualitat entre el cub i l'octaedre (cares-vèrtexs).

Basant-te en els plans de simetria del cub, descriu tots els plans de simetria de l'octaedre.

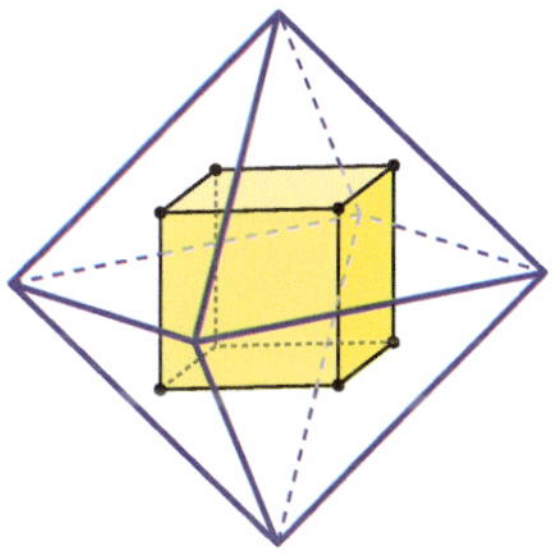

4. Sabem que un icosaedre regular té diversos plans de simetria. Per exemple, si et fixes en dues de les seves cares oposades, els tres plans que passen per les seves tres altures seran plans de simetria de l'icosaedre.

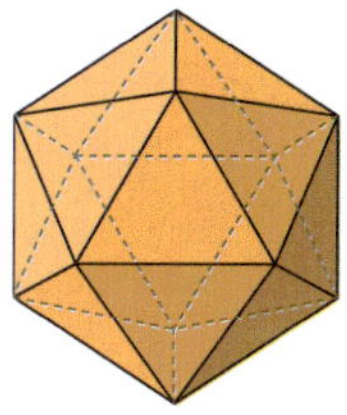

a) També passen plans de simetria per les seves arestes oposades? Quants n'hi ha?

b) Quants plans de simetria té en total?

c) Sabem que l'eix de gir que passa per dos vèrtexs oposats de l'icosaedre és d'ordre 5. Quin ordre tenen els que passen pels centres de dues arestes oposades? I els que passen pels centres de dues cares oposades?

Àrees i volums de cossos geomètrics

5. Calcula l'àrea i el volum dels cossos geomètrics següents:

a)

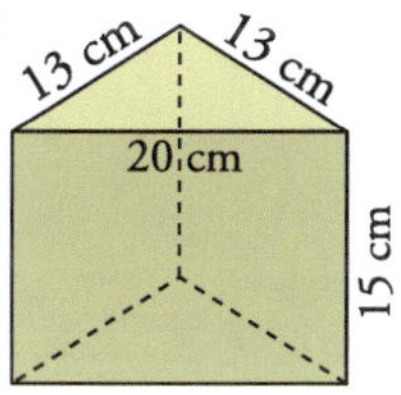

b)

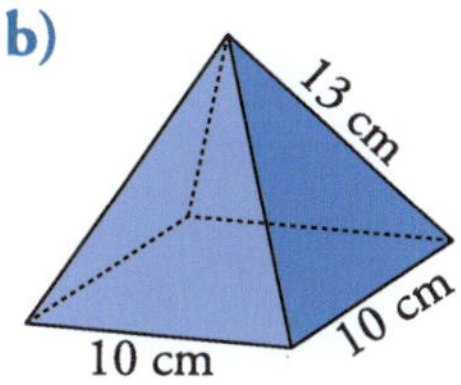

6. Troba l'àrea i el volum d'aquests cossos geomètrics:

a)

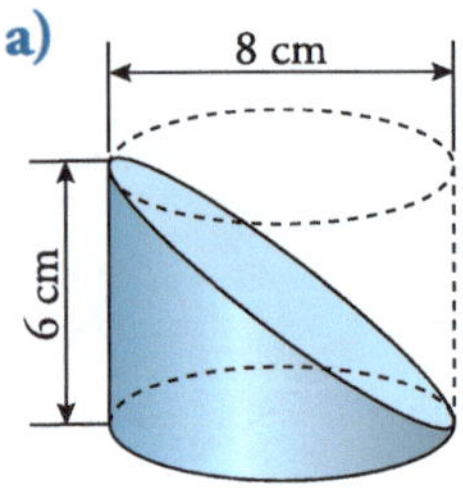

b)

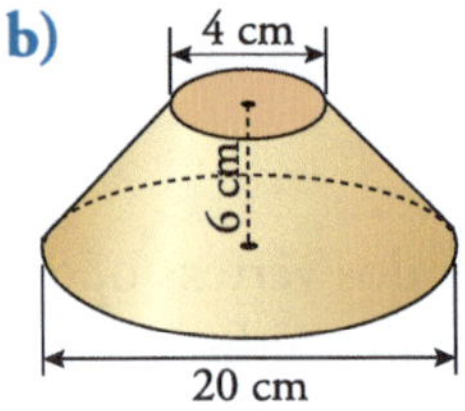

c)

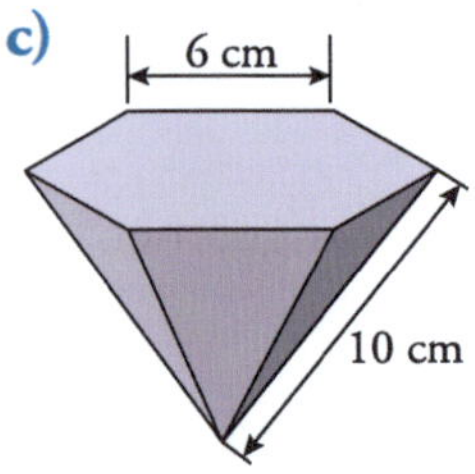

d)

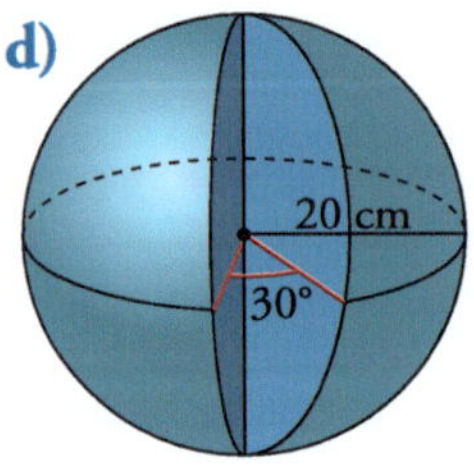

7. Calcula la superfície dels cossos geomètrics que es descriuen a continuació:

a) Un prisma recte pentagonal regular totes les arestes del qual fan 10 cm.

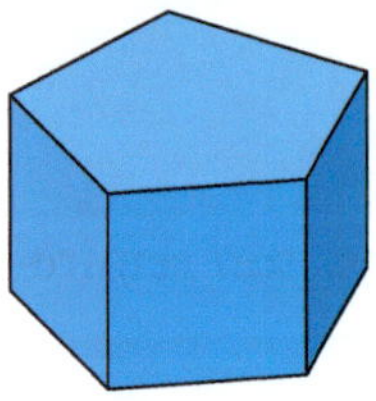

Recorda que l'apotema d'un pentàgon regular de costat c fa 0,6882 c.

b) Un dodecaedre regular l'aresta del qual fa 10 cm.

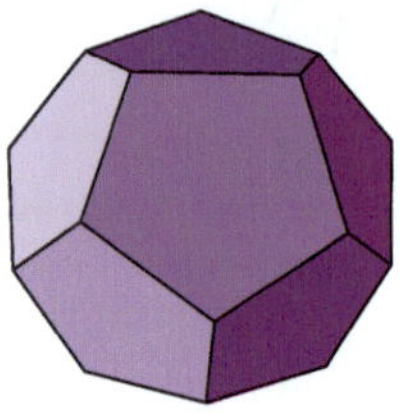

8. Troba els volums d'aquests prismes regulars:

a)

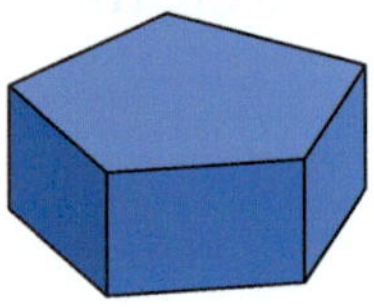

b)

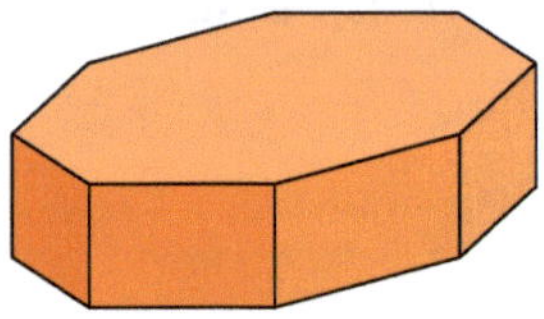

En tots dos casos, l'aresta bàsica fa 10 cm i l'altura, 8 cm.

BARCANOVA EDITORIAL

9. Calcula les àrees i els volums dels cossos geomètrics següents:

a)

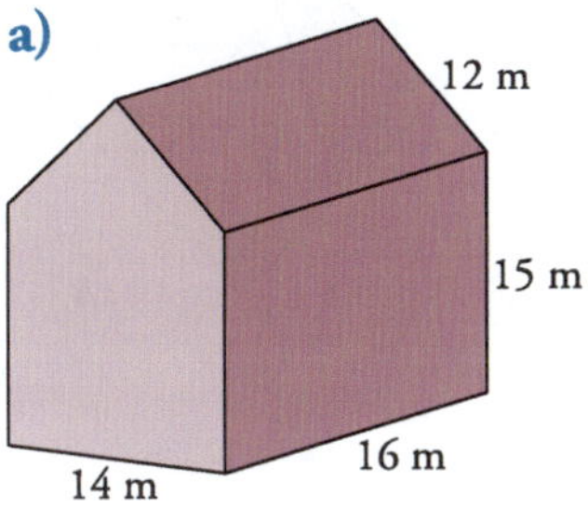

b)

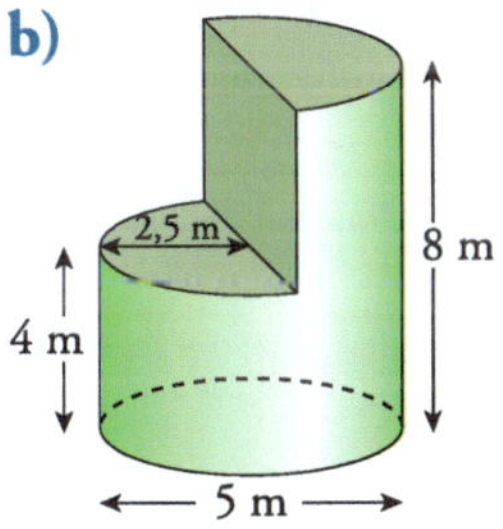

10. La base d'un ortoedre mesura 240 cm × 44 cm. El seu volum fa 1.235,52 dm^3. Calcula les diagonals de les seves cares i la diagonal principal.

11. Calcula el volum del següent tronc de piràmide de bases quadrades:

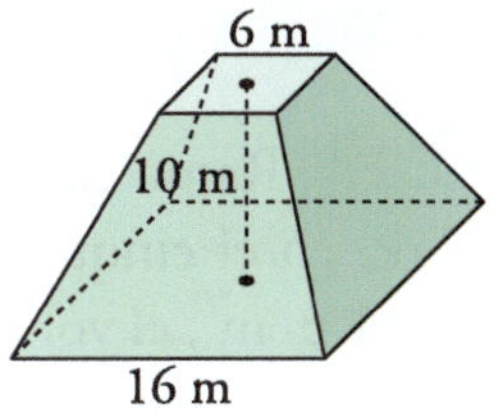

12. Tallem una esfera de 24 cm de radi per dos plans paral·lels: un que passa pel centre i un altre a 16 cm d'aquest. Troba les superfícies i els volums de les tres porcions obtingudes.

Coordenades geogràfiques

13. Roma es troba en el primer fus a l'est i Nova York, en el cinquè a l'oest. Si un avió surt de Roma a les 11 p. m., el vol dura 8 h i se segueixen les hores teòriques dels seus fusos corresponents, a quina hora local de Nova York arribarà?

16. Per construir l'estructura d'un fanal en forma d'octaedre regular, s'ha tallat i soldat una vareta de 3 m de longitud. Quina és l'altura *AB* del fanal?

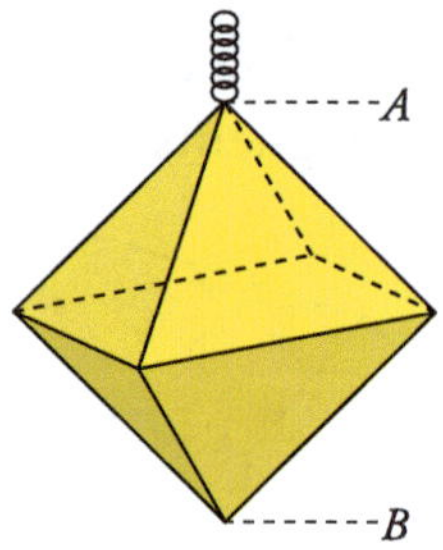

Resol problemes

14. S'introdueixen tres pilotes de tennis en un tub cilíndric de 6,6 cm de diàmetre en el qual encaixen fins a la vora. Calcula el volum de la part buida.

17. Un cilindre i un con tenen la mateixa superfície total, 96π cm^2, i el mateix radi, 6 cm. Quin dels dos té més volum?

15. S'introdueix una bola de pedra decorativa de 14 cm de diàmetre en un recipient cúbic de 14 cm d'aresta ple d'aigua i després es treu. Calcula:

a) La quantitat d'aigua que ha vessat.

b) L'altura que assoleix l'aigua en el recipient després de treure'n la bola.

18. Una finca aconsegueix aigua de la bassa que veus en la figura, que ara és plena. Per regar, s'obre un desguàs que desallotja un cabal de 25 litres per segon. Es podrà mantenir el reg durant deu hores sense reposar les existències?

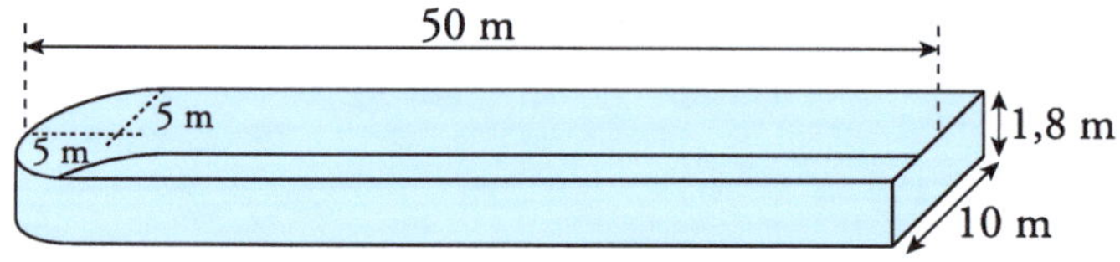

BARCANOVA EDITORIAL

19. En un cinema, les crispetes es venien fins ara en recipients del tipus A a un preu d'1,50 €. El gerent s'està plantejant oferir també un altre format, B, més gros. Quin creus que hauria de ser el preu del format B? Arrodoneix fins a les dècimes d'euro.

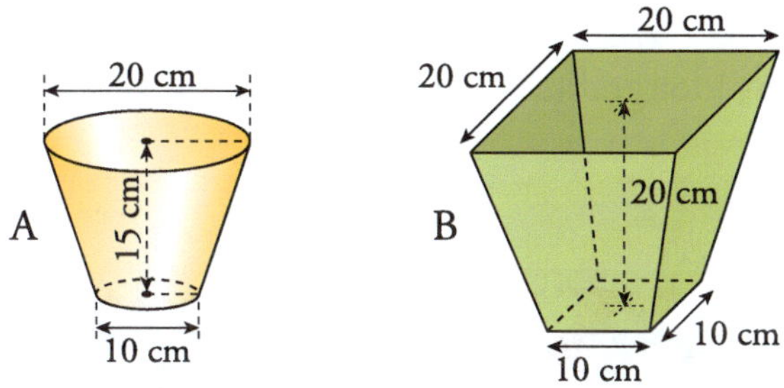

20. Si un avió vola a 10.000 m d'altura, quina porció de superfície terrestre pot veure un passatger?

Consulta l'exercici resolt 1 de la pàg. 214.

És el teu torn

21. Possiblement, a la infantesa, vas jugar amb blocs de fusta geomètrics i vas fer construccions que desafiaven la gravetat.

Ara, et proposem un joc, també amb cossos geomètrics, perquè en facis una construcció i en calculis la superfície i el volum.

Les peces per a la construcció poden ser qualsevol de les que has estudiat en aquesta unitat: poliedres regulars, figures truncades, cons, cilindres, esferes, etc. Utilitza la quadrícula per fer la construcció i anota les dades (radis, apotemes, altures, etc.) necessaris per calcular les àrees i els volums. Pots utilitzar entre 3 i 6 cossos geomètrics diferents.

Calcula la superfície i el volum de tot el conjunt. Comprova prèviament que tens totes les dades necessàries.

Intercanvia la teva construcció amb un company o companya i intenta solucionar el seu repte.

» MATEMÀTIQUES EN CONTEXT

SITUACIÓ D'APRENENTATGE

TUBS, CAPSES I LLAUNES

En Marc sempre està molt enfeinat amb la seva ocupació de dissenyador gràfic. Ara mateix té tres encàrrecs sobre la taula. Ajudeu-lo a decidir com els farà.

1. Tubs per a llaminadures

El primer encàrrec d'en Marc procedeix d'una fàbrica de llaminadures i consisteix a dissenyar uns tubs cilíndrics per envasar llaminadures, caramels i xocolatines. Disposa de làmines de cartó i de plàstic de 30 cm × 40 cm per construir els tubs. La condició que han de complir els tubs és la de contenir el major nombre possible de peces. En Marc ha pensat en tres possibilitats per al disseny dels tubs, segons els procediments descrits en les figures A, B i C.

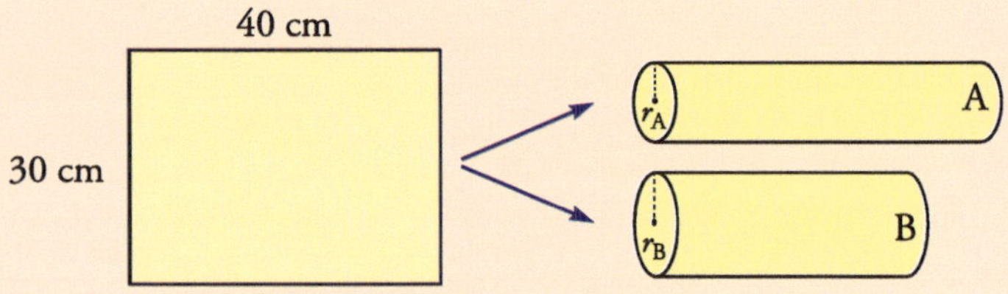

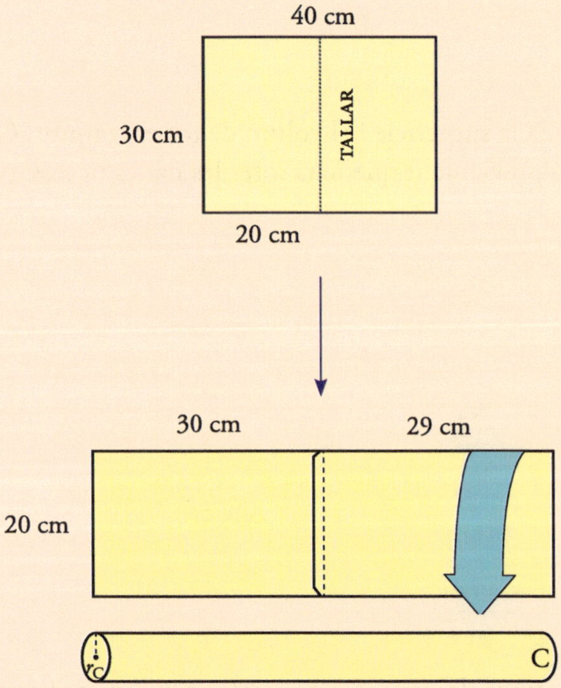

a) Calcula, en cada cas, el radi del cilindre que obtindria.

b) Quin creus que és el cilindre que tindrà més volum?

c) Calcula el volum de cada cilindre i comprova si la teva estimació ha estat encertada o no.

2. Capses de bombons

La mateixa empresa de les llaminadures vol canviar les capses en què ven els seus bombons de més qualitat i necessita un disseny innovador. La capsa, però, ha de complir dues condicions:

- El volum ha de ser de 1.000 cm^3.
- L'altura ha de ser de 5 cm.

Han optat per quatre possibles models de capsa:

A → base quadrada; B → base hexagonal regular;

C → base triangular equilàtera; D → base circular

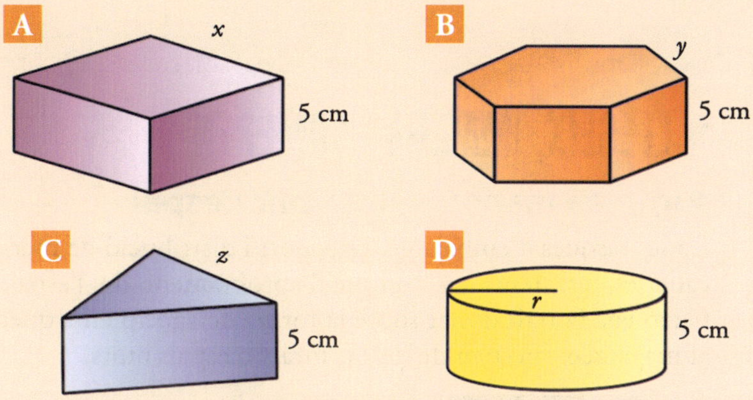

a) El departament de logística de l'empresa escollirà el model que menys cost de producció representi; és a dir, el que requereixi menys quantitat de cartó per a fabricar-lo. Quin model els proposarà en Marc per a la nova capsa de bombons?

b) En grups, penseu en altres dissenys per a les capses de bombons, basant-vos en les diferents figures geomètriques que heu estudiat fins ara i amb les mateixes condicions que ha hagut de complir en Marc. N'heu trobat alguna de millor? Feu una presentació dels diferents models davant la resta de la classe.

3. Llaunes de pebrots vermells

Un amic d'en Marc es dedica al conreu de pebrots vermells i vol envasar-los ell mateix. Ha comprat una primera remesa de 500 llaunes de forma cilíndrica, d'11 cm d'altura i 8 cm de diàmetre. Les llaunes han de tenir un pes net de 400 g i un pes net escorregut de 260 g. L'amic d'en Marc li demana ajuda per resoldre les qüestions següents:

a) Quina quantitat de paper adhesiu necessitarà per etiquetar el lot de 500 llaunes que ha adquirit?

b) Els ingredients de cada llauna són pebrot, aigua i àcid cítric. Si la densitat de la barreja d'aigua i àcid cítric és d'1,22 g/cm^3, quants litres de barreja necessitarà per omplir tot el lot?

c) L'amic d'en Marc pensa en un altre model de llauna per envasar més pebrots. Vol que la llauna sigui cilíndrica, que l'altura sigui també d'11 cm i que el volum sigui exactament el doble que la del model anterior. Aleshores, pregunta a en Marc si el diàmetre també haurà de ser el doble. Tu, què creus? Quin serà el diàmetre de les noves llaunes?

» TALLER DE MATEMÀTIQUES

» LLEGEIX, IMAGINA I COMPRÈN

Algunes maneres d'omplir l'espai

En les tasques d'embalatge, transport i distribució de mercaderies, cal tenir en compte l'aprofitament de l'espai, i això ens fa reflexionar sobre la forma dels recipients que, al magatzem, no han de deixar forats o espais buits.

QUEDEN BUITS

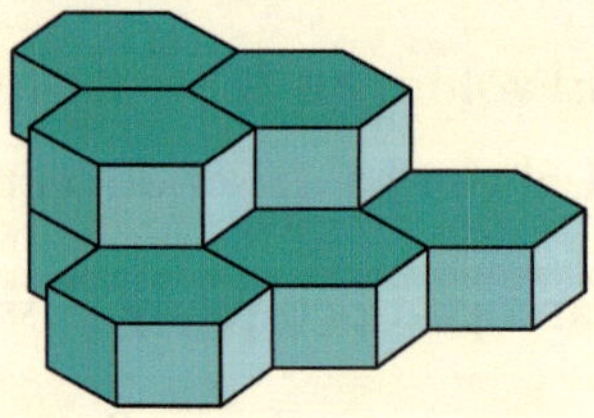
NO QUEDEN BUITS

És evident que la caixa ideal és la que té forma d'ortoedre i, en concret, la més regular: el cub. Ara, a partir d'un apilament de cubs, descobrirem altres maneres d'omplir l'espai, amb poliedres regulars o semiregulars, poc pràctiques per a la indústria, però de gran bellesa i interès en geometria.

- Suposa que tallem les cantonades d'un cub de manera que les seccions siguin triangles equilàters i les cares es converteixin en octàgons regulars.

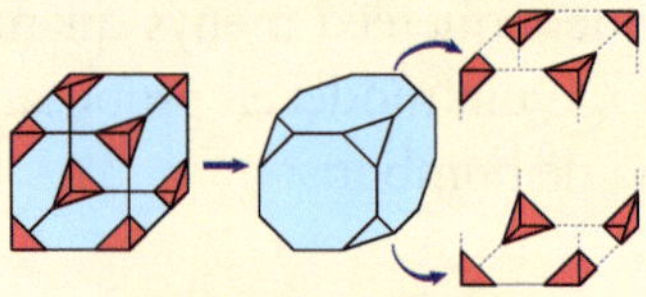

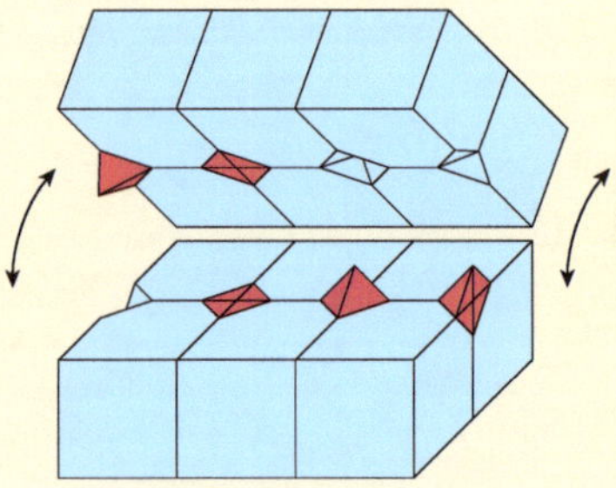

Observa que en apilar els cubs, en coincideixen vuit en cada vèrtex. També es veu que, en tallar-los, les vuit cantonades que coincideixen en un vèrtex formen un octaedre regular.

Així, hem trobat una manera d'omplir l'espai amb cubs truncats i octaedres regulars.

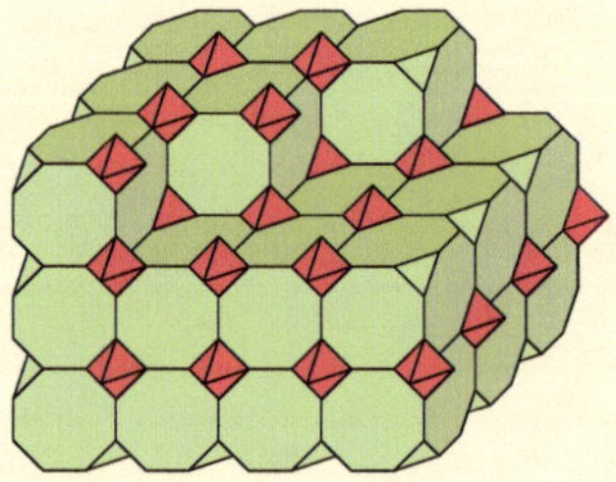

» ENTRENA'T RESOLENT ALTRES PROBLEMES

- En naufragar el seu vaixell, dos mariners i la seva mona arriben a una illa deserta. Com que no tenen res per menjar, recullen plàtans i se'n van a dormir.

  A la nit, un mariner es desperta, dona dos plàtans a la mona i es menja la meitat dels restants. Després, es desperta l'altre mariner, que també dona dos plàtans a la mona, fa tres parts amb els que queden i es menja dues d'aquestes parts.

  Al matí, es reparteixen, entre tots tres, els plàtans que queden. En cap moment no ha calgut partir cap plàtan. Quin és el nombre mínim de plàtans que podrien haver recollit? Quants plàtans s'ha menjat cada un?

- Tens aquestes cinc monedes. Quantes quantitats diferents de diners pots formar?

BARCANOVA EDITORIAL

» POSA'T A PROVA

1. Descriu el poliedre que s'obté truncant un octaedre regular mitjançant plans que tallen les arestes a un terç de la seva longitud. Es tracta d'un poliedre semiregular? Explica per què.

2. Descriu els plans de simetria de l'octaedre regular. Digues també quins són els eixos de gir i de quin ordre és cada un.

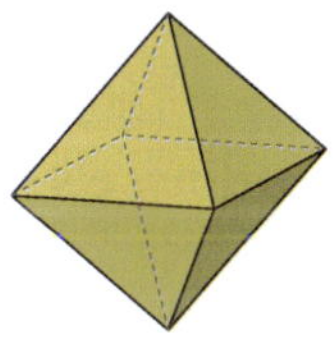

3. Calcula la superfície total d'aquests cossos:

a) Una piràmide de base quadrada en la qual l'aresta lateral i l'aresta de la base són iguals i fan 10 cm.

b) Un tronc de con en el qual els radis de les bases fan 9 m i 6 m i la generatriu fa 5 m.

4. En una esfera de 8 cm de radi es fan dos talls paral·lels a diferents costats del centre, allunyats d'aquest 2 cm i 3 cm, respectivament. Calcula la superfície de la zona esfèrica compresa entre tots dos talls.

5. Calcula el volum d'aquests cossos:

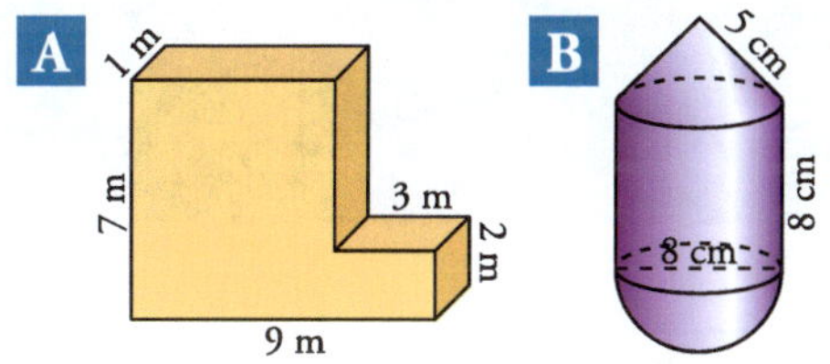

6. Amb aquest sector circular es construeix un con. Troba'n el radi de la base, l'altura i el volum.

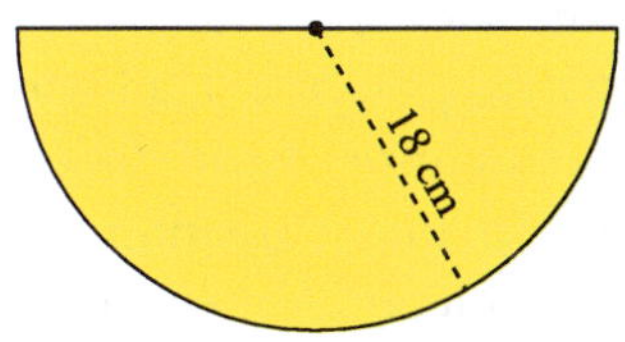

7. Dues ciutats estan situades a l'equador i les seves longituds es diferencien en 10°. Quina és la distància entre totes dues? (Radi de la Terra: 6.371 km)

UNITAT 11 TRANSFORMACIONS GEOMÈTRIQUES

RESOLUCIÓ DE PROBLEMES · RAONAMENT I PROVA
CONNEXIONS · COMUNICACIÓ I REPRESENTACIÓ · SOCIOEMOCIONAL

Art àrab...

Quan visitem l'Alhambra de Granada quedem fascinats pels jardins, els patis, les fonts, els arcs, les estances... I, sens dubte, també ens crida força l'atenció la gran varietat de mosaics que adornen parets i sostres.

Per què els àrabs van ser tan aficionats a aquest tipus d'ornaments? La religió musulmana recomanava no representar éssers vius: no tan sols persones, sinó tampoc animals o plantes. Per això, els artesans musulmans dels segles XIII i XIV es van bolcar en l'expressió de formes geomètriques per decorar els palaus.

...i geometria

Tanmateix, els mosaics àrabs són molt més que boniques filigranes. Els artistes que els van dissenyar posseïen una formació sòlida en geometria com va quedar demostrat fa unes quantes dècades, quan es va comprovar que amb uns quants elements geomètrics i unes quantes transformacions es poden dissenyar disset tipus de mosaics, exactament, els que hi ha a les parets de l'Alhambra.

Com ho feien?

Els coneixements que utilitzaven per al disseny de mosaics eren, en alguns casos, molt sofisticats. Però, alhora, no deixen de sorprendre'ns les composicions de gran bellesa que aconseguien amb manipulacions senzilles de les figures geomètriques bàsiques.

Per exemple, observa, a sota, la transformació d'un triangle equilàter per obtenir una bonica figura, que anomenarem «la corbata de llacet», base d'un dels mosaics més coneguts de l'Alhambra.

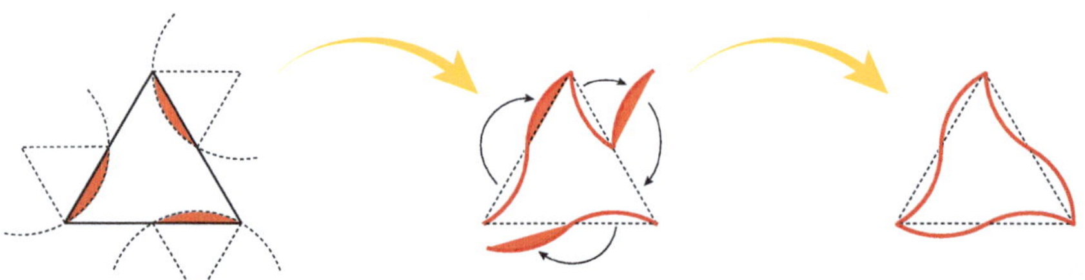

Figura A

Un mosaic amb «la corbata de llacet»

Observa com la idea de «la corbata de llacet» es plasma en tota una paret. Com pots veure, els artesans àrabs de l'Alhambra hi van afegir colors i ornaments addicionals.

Alguns moviments

Ara, observa una simplificació del mosaic. Imagina que hi poses a sobre un paper transparent i el calques (si, en comptes d'imaginar-ho, ho fas, millor!).

Estudia com has de moure el paper transparent perquè la peça P_1 se superposi sobre la peça P_2, com l'has de moure perquè P_2 coincideixi amb P_3 i com has de fer-ho perquè P_3 quedi sobre P_4.

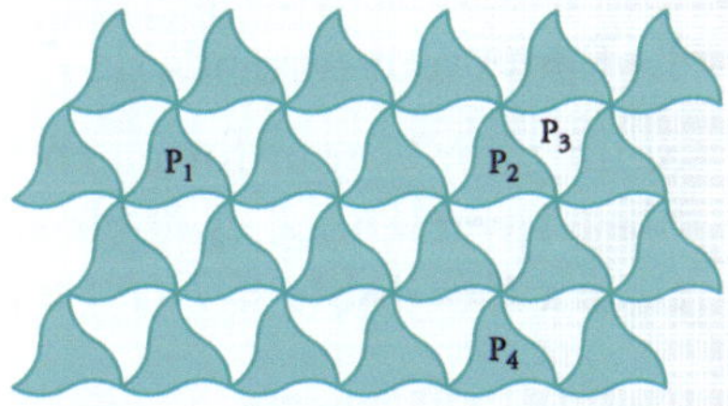

Figura B

RESOL

1. En el triangle de la figura A de la pàgina anterior, quin angle gira cada una de les peces retallades per donar lloc a la peça en forma de «corbata de llacet»?

2. Descriu els moviments que s'indiquen a dalt per col·locar bé el paper transparent i calcar la figura B.

1. TRANSFORMACIONS GEOMÈTRIQUES

- Una **transformació geomètrica** fa correspondre a cada punt d'una figura un altre punt (el seu homòleg). Les figures es transformen en altres figures.
- Si T és una transformació determinada, llavors:

– El transformat d'un punt $P \rightarrow T(P) = P'$.

– La figura transformada de $F \rightarrow T(F) = F'$.

Si un punt es transforma en si mateix, es diu que és un **punt doble** o **invariant**: A és doble si $T(A) = A$. De manera anàloga, una **figura** F és **doble** si $T(F) = F$.

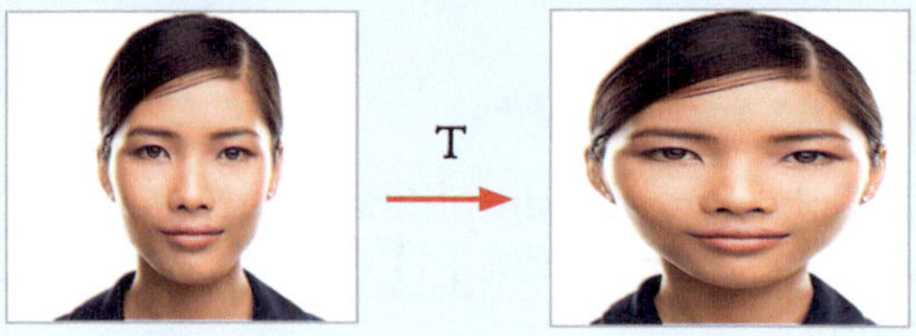

2. MOVIMENTS EN EL PLA

- Un **moviment** és una transformació del pla en la qual totes les figures mantenen la forma i la mida. En un moviment, la distància entre dos punts qualssevol es manté invariable. Hi ha dos tipus de moviments:

Moviments directes o lliscaments, que mantenen el sentit de gir, com arrossegar un dibuix sobre una superfície.

En aquesta mena de moviments les figures «llisquen» fins a la nova posició.

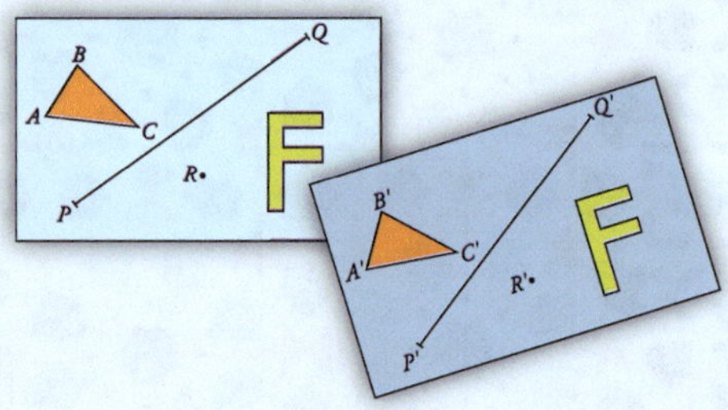

Moviments inversos, que canvien el sentit de gir, com les busques d'un rellotge reflectit en un mirall, que giren en sentit contrari a les de l'original.

En aquesta mena de moviments cal «treure del pla» cada figura per portar-la a la posició final.

» APLICA EL QUE HAS APRÈS

1.

Agafa un full i dibuixa-hi una figura en la meitat esquerra.

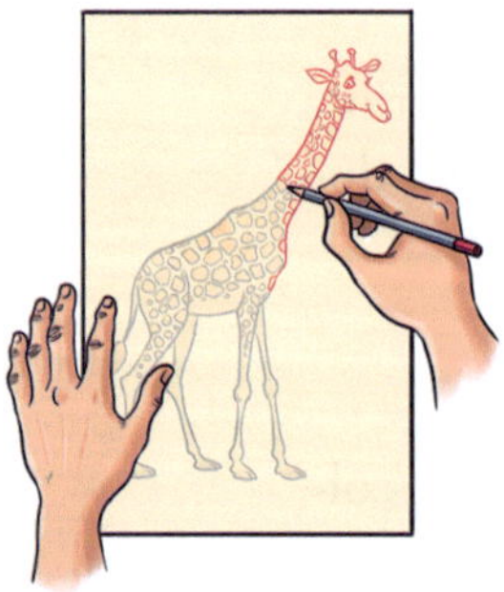

Plega'l per la meitat i calca-la (recolza't en una finestra).

Desplega'l. Observa que has fet un moviment invers.

3. TRANSLACIONS

- **Vectors.** Una fletxa, $\overrightarrow{AA'}$ s'anomena **vector**. A n'és l'**origen** i A', l'**extrem**. La longitud del vector, $\overline{AA'}$, n'és el **mòdul**.

  Dos vectors $\overrightarrow{AA'}$ i $\overrightarrow{BB'}$ són el mateix vector si tenen:

  – El mateix mòdul (és a dir, si $\overline{AA'} = \overline{BB'}$).

  – La mateixa direcció (són paral·lels o es troben sobre la mateixa recta).

  – El mateix sentit (les puntes de les fletxes van cap al mateix costat).

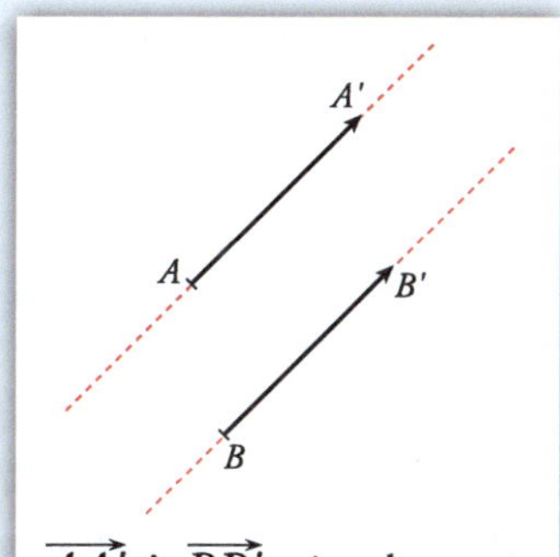

$\overrightarrow{AA'}$ i $\overrightarrow{BB'}$ són el mateix vector.

- Per **sumar dos vectors**, $\vec{t_1}$ i $\vec{t_2}$, situem l'origen del segon coincidint amb l'extrem del primer.

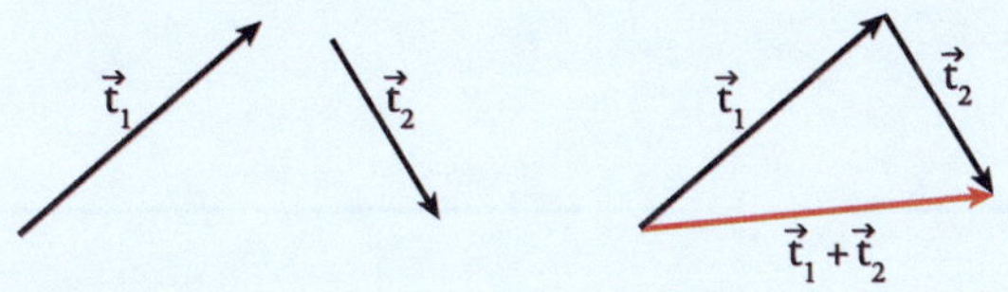

- **Concepte de translació.** Donat un vector $\vec{t}$, s'anomena **translació T**, segons el vector $\vec{t}$, una transformació que associa amb cada punt P un altre punt $P' = \mathbf{T}(P)$ tal que $\overrightarrow{PP'} = \vec{t}$.

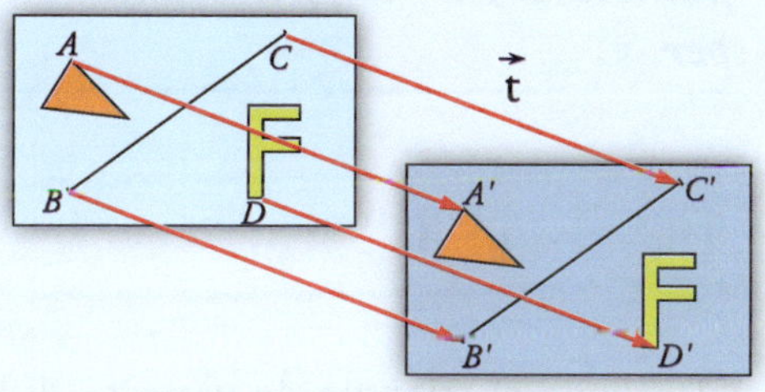

» APLICA EL QUE HAS APRÈS

2. El mosaic següent s'anomena «multiòs», ja que $\mathbf{O_1}$, $\mathbf{O_2}$, $\mathbf{O_3}$ i $\mathbf{O_4}$ són «ossos». Estudiem les transformacions per les quals es passa dels uns als altres.

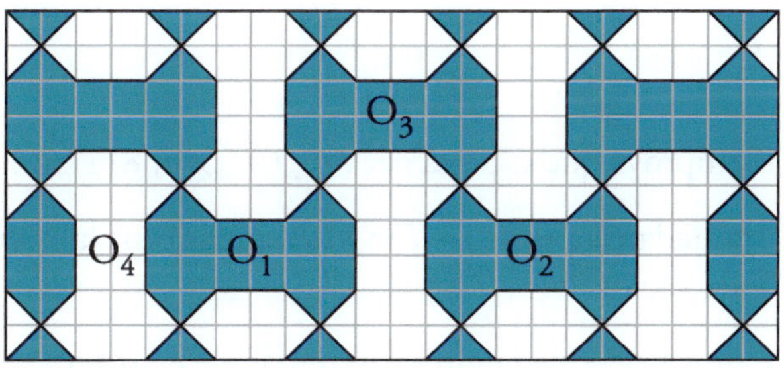

a) Quines d'aquestes transformacions són translacions?

b) El vector que transforma $\mathbf{O_1}$ en $\mathbf{O_2}$ és (8, 0); el zero significa que no hi ha cap moviment vertical i el 8, que hi ha un moviment horitzontal de 8 unitats cap a la dreta.

– Determina els vectors que transformen $\mathbf{O_2}$ en $\mathbf{O_3}$ i $\mathbf{O_3}$ en $\mathbf{O_1}$.

3. a) Trasllada la figura H mitjançant el vector $\vec{t}(6, 1)$. Anomenem H_1 la figura resultant.

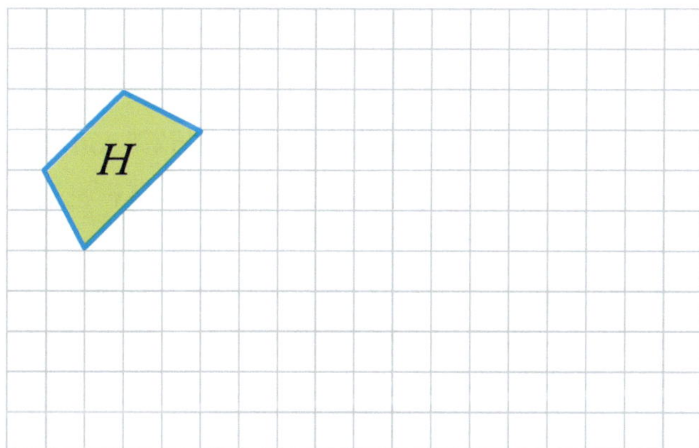

b) Dibuixa a la quadrícula anterior la figura H_2, transformada de H_1 mitjançant la translació $\vec{t_2}(3, -4)$.

c) Digues quin és el vector de translació que permet obtenir H_2 a partir de H.

d) Quina translació caldria aplicar a H_2 per obtenir H?

- **Les translacions són moviments directes.** Les translacions són lliscaments, mantenen la forma i la mida de les figures i conserven el gir de les busques d'un rellotge.
- **Elements dobles (invariants) en una translació.** En una translació **no hi ha punts dobles**, ja que tots els punts es desplacen. **Qualsevol recta paral·lela al vector translació és doble**, ja que cada punt, *P*, de la recta es transforma en un altre punt, *P'*, de la recta.

EXERCICI RESOLT

1. ***a)* Representa el quadrilàter de vèrtexs $A(-5, 3)$, $B(0, 4)$, $C(3, 2)$ i $D(2, 0)$. Després, trasllada'l pel vector $\vec{v}(3, -4)$.**

   ***b)* Dona les coordenades dels punts *A'*, *B'*, *C'* i *D'*, traslladats per $\vec{v}$.**

a)

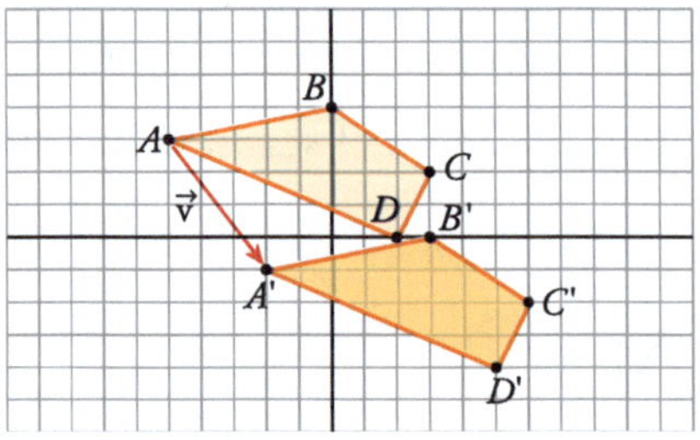

b) Els punts traslladats per $\vec{v}$ són aquests:

$A'(-2, -1)$ $B'(3, 0)$

$C'(6, -2)$ $D'(5, -4)$

» APLICA EL QUE HAS APRÈS

4. a) Trasllada el triangle de vèrtexs $A(3, 1)$, $B(4, -2)$ i $C(8, -1)$ segons el vector $\vec{t}(-1, 4)$.

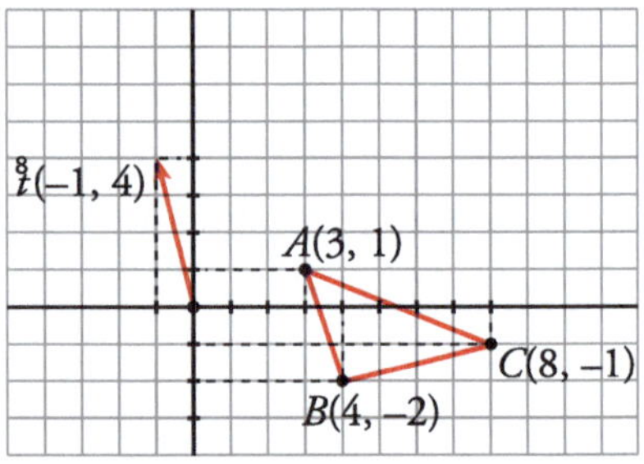

Comprova que els triangles *ABC* i *A'B'C'* són iguals.

b) Comprova que aquesta recta $r: y = 3 - 4x$ es transforma en si mateixa (és doble).

Per fer-ho, pren diversos punts de *r* –per exemple, (0, 3), (1, –1), (–2, 11)– i comprova que els transformats es troben també en *r*.

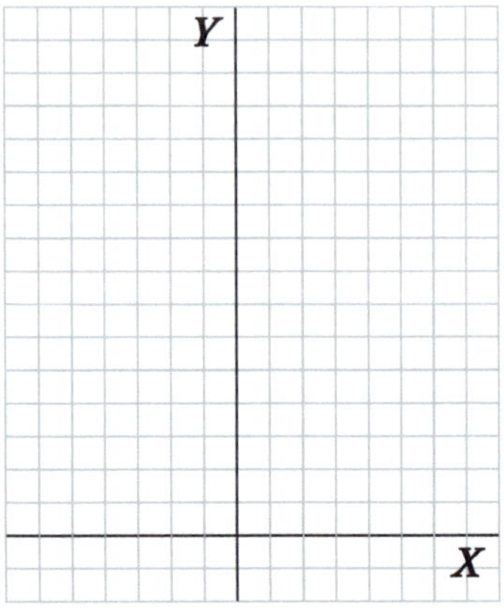

5. Observa la circumferència i respon les qüestions següents:

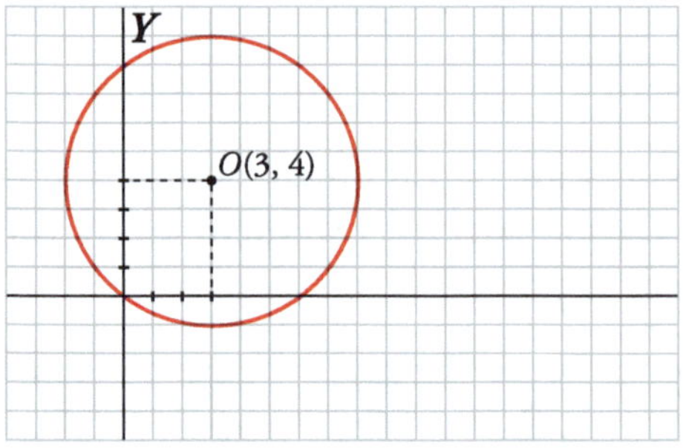

a) Comprova que *C* passa per $P(0, 0)$, $Q(6, 8)$ i $R(3, -1)$.

b) Trasllada els punts *O*, *P*, *Q* i *R* mitjançant la translació **T** de vector $\vec{t}(6, -2)$.

c) Comprova que la circumferència de centre $O' = \mathbf{T}(O)$ i radi 5 passa per *P'*, *Q'* i *R'*.

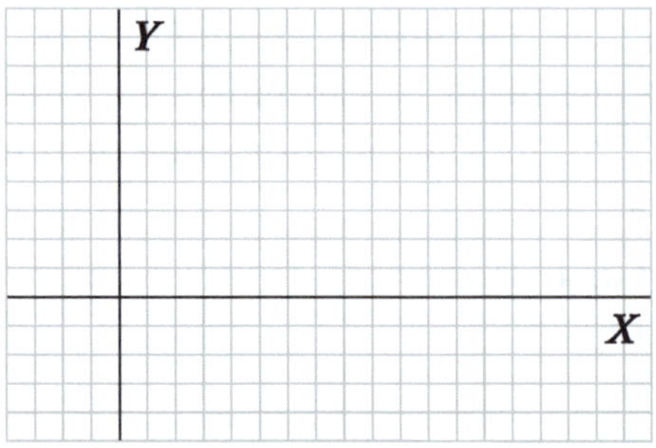

4. GIRS. FIGURES AMB CENTRE DE GIR

- Donats un punt O i un angle α, s'anomena **gir de centre O i angle α** una transformació **G** que fa correspondre a cada punt P un altre punt P' = **G**(P), de manera que:

$$\overline{OP} = \overline{OP'} \quad \text{i} \quad \widehat{POP'} = \alpha$$

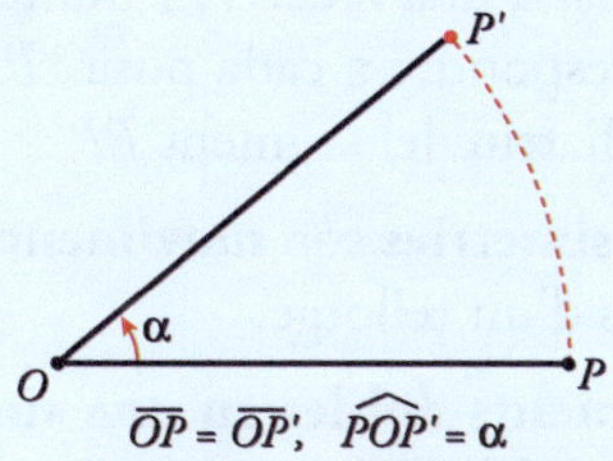

- Els **girs** són **moviments directes**, és a dir, lliscaments.
- **Elements dobles** en un **gir**. El centre de gir O és l'únic **punt doble.** Les circumferències de centre O són **figures dobles.**
- **Figures amb centre de gir.** Es diu que una figura plana té un **centre de gir O d'ordre n** quan en fer-la girar al voltant de O coincideix amb si mateixa n vegades, comptant la posició inicial. El quocient 360°: n és l'angle més petit pel qual es fa coincidir la figura amb si mateixa en girar-la amb el centre en O. La figura de la imatge té un centre de gir d'ordre 4 en el punt O.

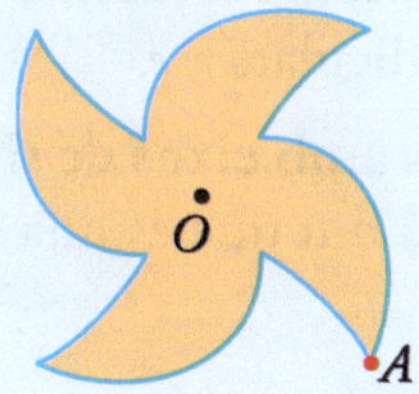

- **Simetria central.** El gir de centre O i angle 180° transforma cada punt en el simètric respecte al punt O. Per això, un gir de 180° és una simetria central i, en aquest cas, el punt O és el centre de simetria.

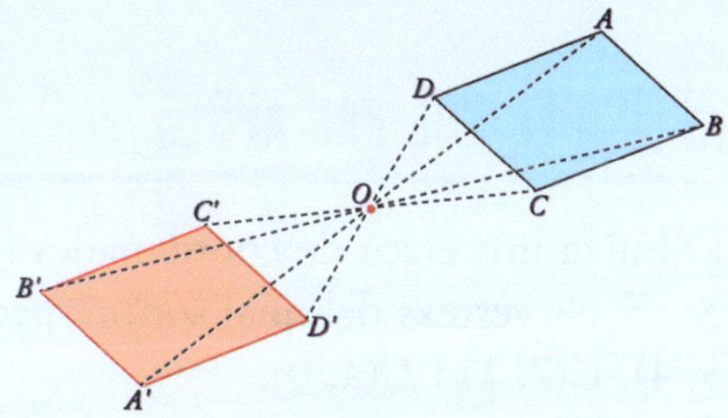

» APLICA EL QUE HAS APRÈS

6. Considera el gir **G** de centre $O(0, 0)$ i angle $\alpha = 90°$.

a) Transforma mitjançant **G** els punts $A(-5, 0)$, $B(0, 5)$ i $C(4, 3)$ i assenyala el triangle $A'B'C'$ transformat del triangle ABC.

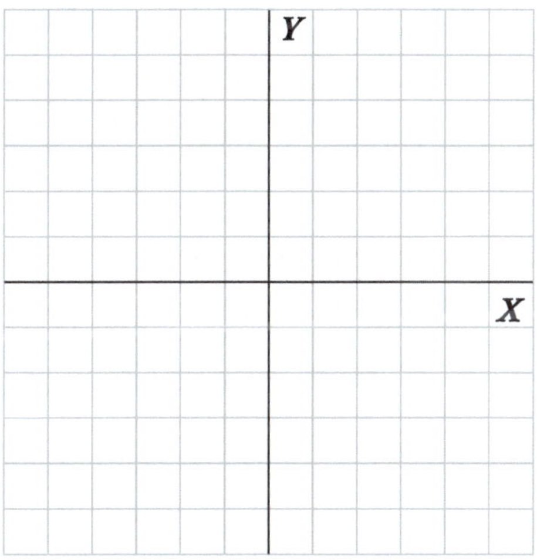

b) En què es transforma la recta que passa per A i B?

7. Les figures següents, tenen totes centre de gir? Explica per què, troba'n l'ordre en cada cas i calcula l'angle mínim de coincidència mitjançant un gir.

A

B

C

D

5. SIMETRIES AXIALS. FIGURES AMB EIXOS DE SIMETRIA

- Donada una recta *e*, s'anomena **simetria d'eix *e*** una transformació, **S**, que fa correspondre a cada punt *P* del pla un altre punt **S**(*P*) = *P'* tal que l'eix *e* és mediatriu del segment *PP'*.
- Les **simetries** són **moviments inversos** perquè canvien el sentit de gir de les busques d'un rellotge.
- **Elements dobles en una simetria.** En una simetria d'eix *e*, tots els **punts** de *e* són **dobles**. Per tant, *e* és una recta invariant. També són invariants les rectes perpendiculars a *e*.
- **Figures amb eixos de simetria.** Si una figura és invariant respecte d'una simetria axial, es diu que és una **figura simètrica** i l'eix s'anomena **eix de simetria** de la figura.

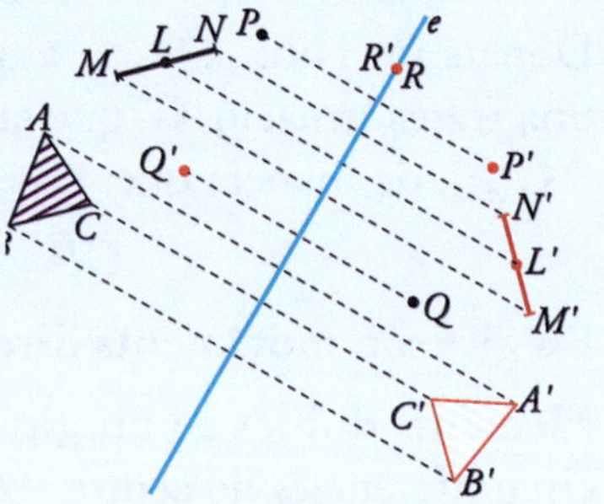

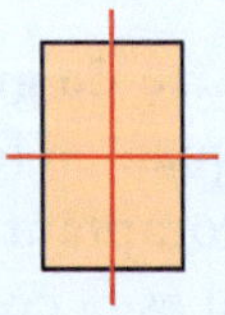

Rectangle
2 eixos de simetria

» APLICA EL QUE HAS APRÈS

8. Dibuixa uns eixos de coordenades i traça-hi el quadrilàter *F* els vèrtexs del qual són, respectivament, *A*(0, 1), *B*(3, 4), *C*(7, 1) i *D*(4, 0).

a) Dibuixa el quadrilàter transformat de *F* mitjançant la simetria d'eix *X*. Indica les coordenades dels vèrtexs.

b) Dibuixa el transformat de *F* mitjançant la simetria d'eix *Y*. Quines són les coordenades dels seus vèrtexs?

9. Considerem la simetria **S** que té com a eix la recta $y = x$. Dibuixa els transformats mitjançant **S** dels punts *A*(3, 1), *B*(4, 0), *C*(0, 4), *D*(5, 5).

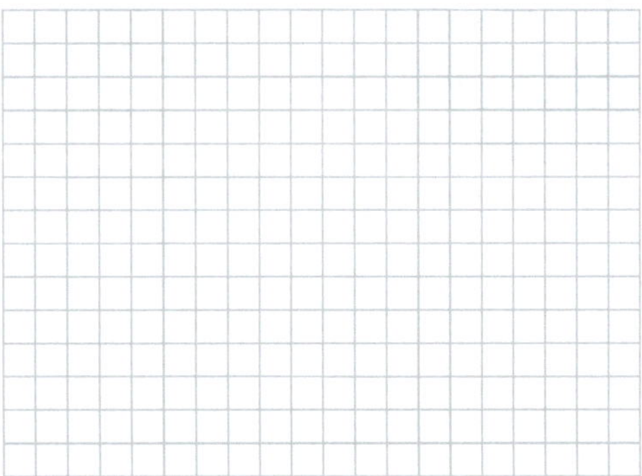

10. Assenyala, a la figura, els eixos de simetria:

11. Traça els eixos de simetria de les figures següents:

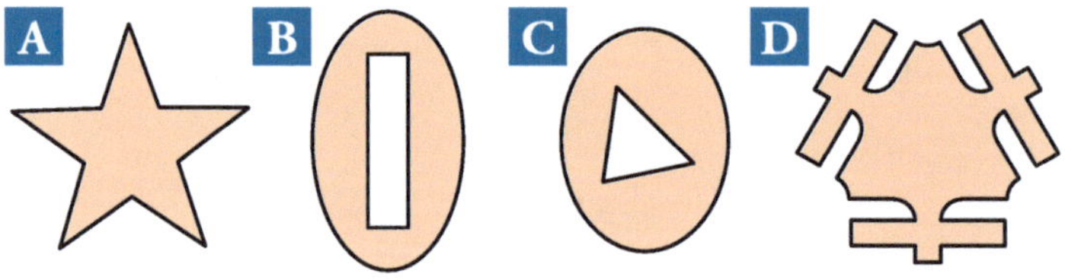

12. Dibuixa una figura amb *n* eixos de simetria que no sigui un polígon regular, en què:

a) $n = 3$ **b)** $n = 4$ **c)** $n = 1$ **d)** $n = 0$

6. COMPOSICIÓ DE MOVIMENTS

- Si una figura F se sotmet a un moviment, M_1: $F \xrightarrow{M_1} F'$ i, després, F' se sotmet a un altre moviment, M_2: $F' \xrightarrow{M_2} F''$, diem que es passa de F a F'' mitjançant la **composició dels moviments** M_1 i M_2.

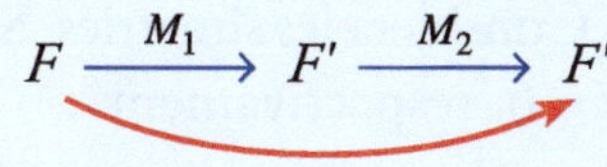

Composició de M_1 amb M_2

- **Composició de translacions.** El resultat de compondre dues translacions de vectors $\vec{u}$ i $\vec{v}$ és una altra translació de vector $\vec{u} + \vec{v}$.

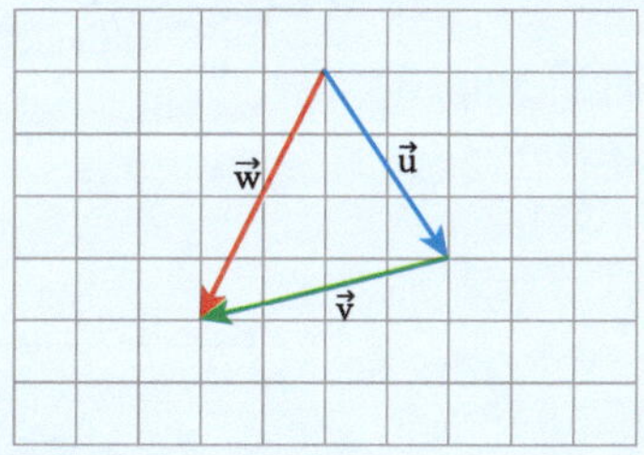

- **Composició de simetries axials.** En compondre dues simetries axials d'eixos e_1 i e_2:
  - Si e_1 és paral·lel a e_2, el resultat és una **translació**.
  - Si e_1 i e_2 es tallen, el resultat és un **gir**.

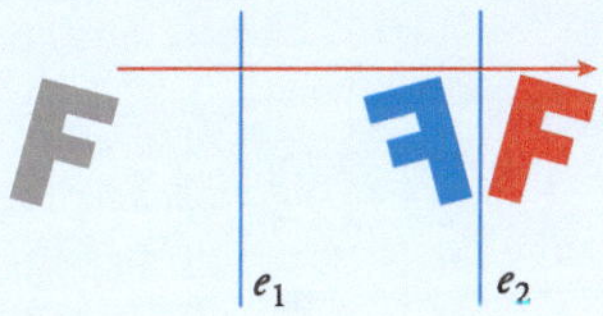

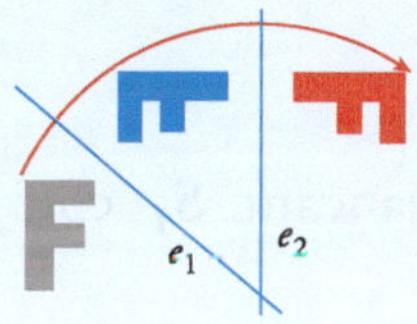

- **Recíproc d'un moviment.** M^{-1} és un moviment **recíproc** d'un altre M si la composició d'ambdós sobre una figura la deixa invariant. Es poden donar el casos següents:

Translació de vector $\vec{u}(a, b)$	Gir de centre O i angle α	Simetria d'eix e
El seu moviment recíproc és una translació de vector $\vec{u}(-a, -b)$.	El seu moviment recíproc és un altre gir amb el mateix centre i angle $-\alpha$.	El seu moviment recíproc és la mateixa simetria.

» APLICA EL QUE HAS APRÈS

13. **a)** Trasllada la figura mitjançant el vector $\vec{u}(1, 3)$ i aplica al resultat una simetria d'eix Y.

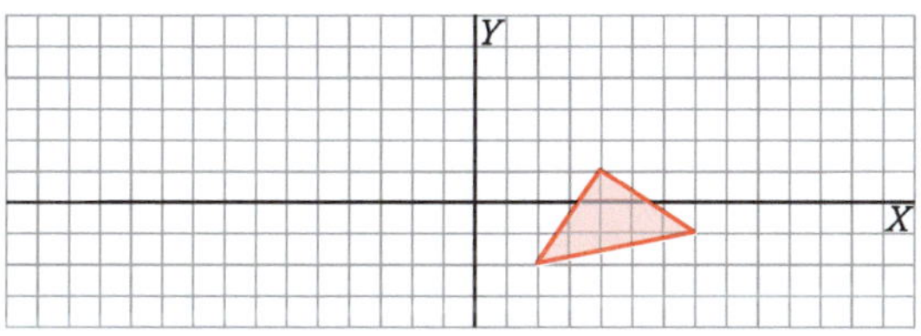

b) Realitza la composició contrària a l'apartat anterior: primer la simetria i després la translació. Obtens el mateix resultat?

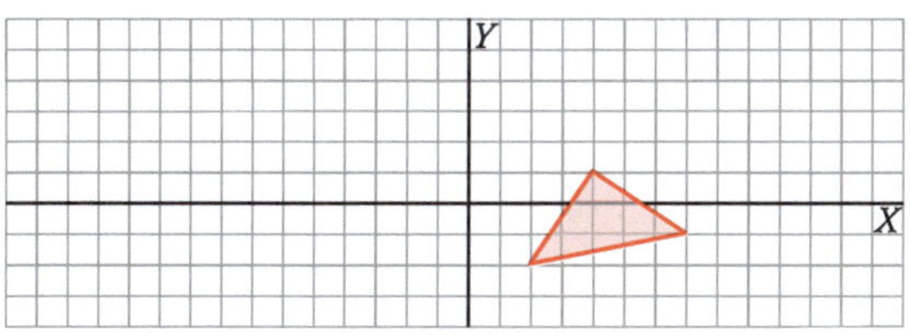

14. Dibuixa en uns eixos de coordenades el triangle Δ de vèrtexs $A(0, 0)$, $B(0, 3)$ i $C(3, 0)$. Realitza-hi una translació $\mathbf{T_1}$ de vector $\vec{u}(2, 1)$ i, després, una altra $\mathbf{T_2}$ de vector $\vec{v}(-1, 2)$. Podries haver realitzat només una translació? Quin hauria estat el seu vector?

» APLICA EL QUE HAS APRÈS

15. Considera les simetries $\mathbf{S_1}$ i $\mathbf{S_2}$ d'eixos $x = 0$ (l'eix Y) i $x = 6$, respectivament.

a) Transforma el triangle Δ de l'exercici 14 de la pàgina anterior mitjançant $\mathbf{S_1}$ compost amb $\mathbf{S_2}$.

b) Transforma Δ mitjançant $\mathbf{S_1}$ compost amb la simetria d'eix X.

16. Dibuixa en uns eixos de coordenades un quadrilàter de vèrtexs $A(1, 3)$, $B(6, 5)$, $C(7, -1)$ i $D(-1, -2)$.

a) Transforma el quadrilàter mitjançant la composició de dues simetries d'eixos X i Y.

b) La composició de les dues simetries correspon a un gir el centre del qual és l'origen de coordenades. Quin és l'angle de gir?

17. Comprova que les figures A i B són iguals:

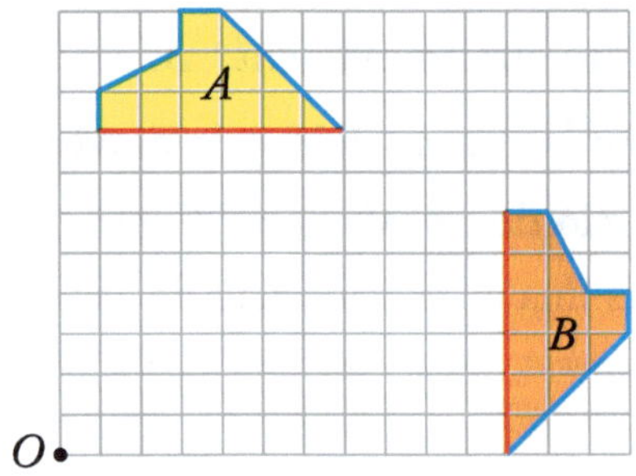

a) Porta la figura A fins a B mitjançant una translació seguida d'un gir.

b) Com trobaries el centre d'un gir mitjançant el qual es transforma directament A en B?

Busca el gir que transforma la base de A (segment vermell) en la de B.

c) Descriu les transformacions anteriors utilitzant uns eixos de coordenades amb centre en O.

 BARCANOVA EDITORIAL

7. MOSAICS, SANEFES I ROSASSES

- **Mosaics.** Són configuracions geomètriques amb les quals es pot omplir un pla. Els mosaics poden ser:
  - **Regulars**, quan són formats per un únic tipus de **polígon regular**. Només n'hi ha tres: amb triangles, amb quadrats i amb hexàgons.
  - **Semiregulars**, quan són formats per dos o més tipus de polígons regulars.

REGULARS

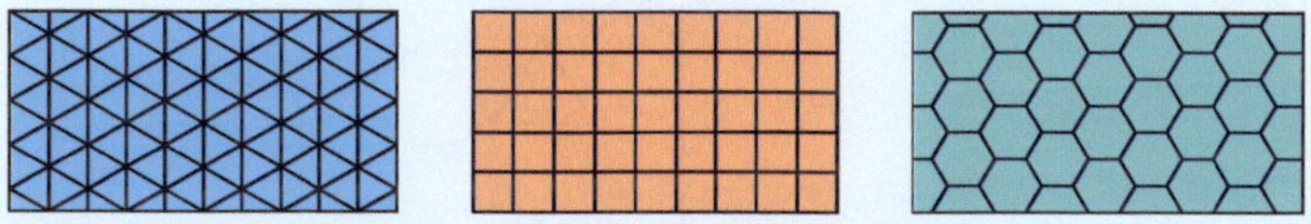

IRREREGULARS

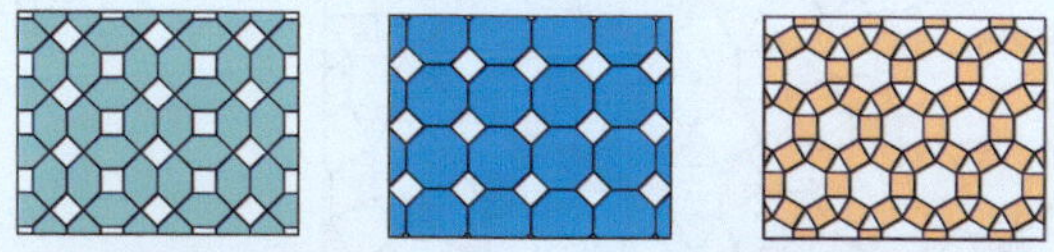

- **Frisos o sanefes.** Són ornaments longitudinals en els quals un motiu es repeteix mitjançant **translacions**.
- **Rosasses.** Són ornaments circulars en els quals un motiu es repeteix mitjançant **girs**.

I

II

III

» APLICA EL QUE HAS APRÈS

18. Completa els mosaics següents:

a)

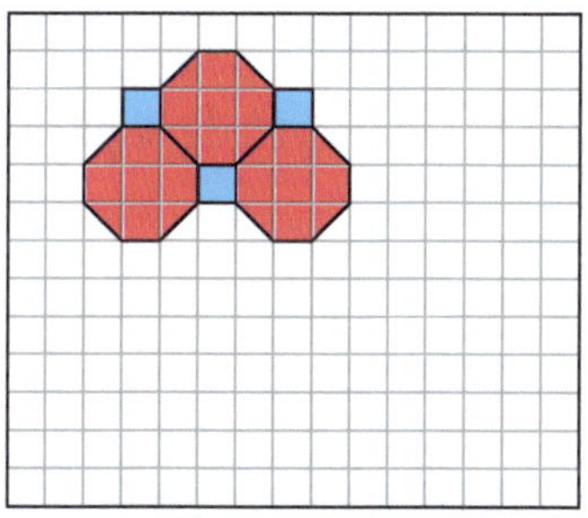

b)

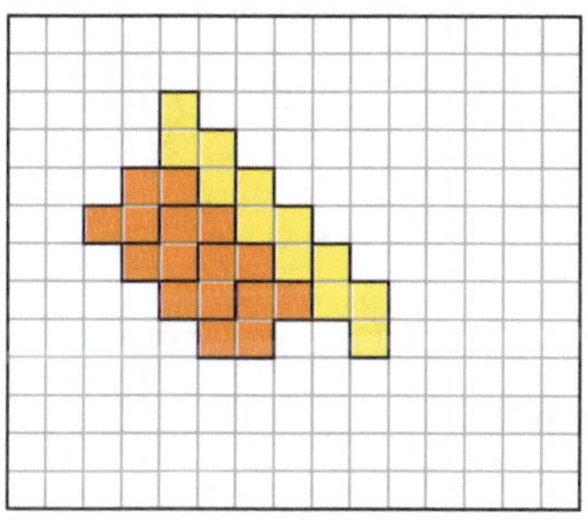

c)

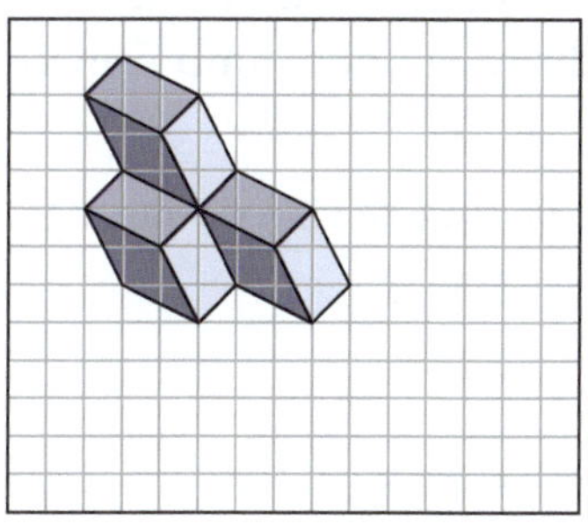

19. Completa els frisos següents.

A

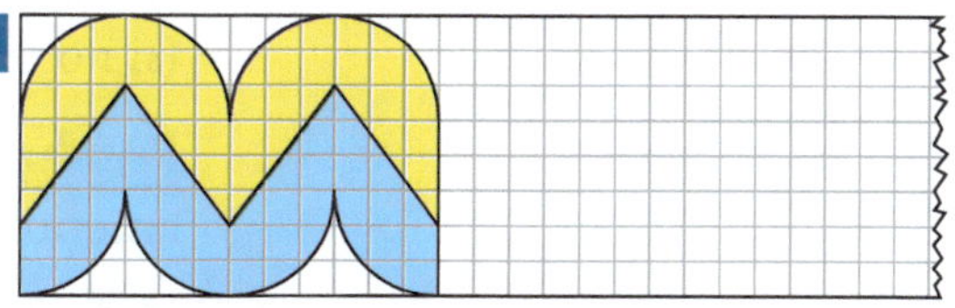

B

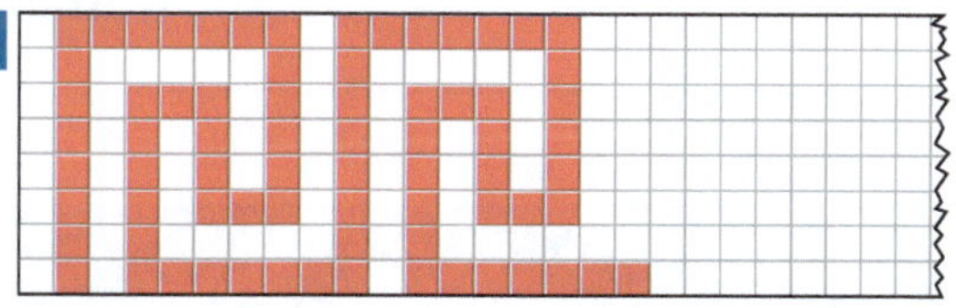

Senyala sobre el dibuix el tros més petit que es repeteix en cada cas.

20. Completa les rosasses següents.

A

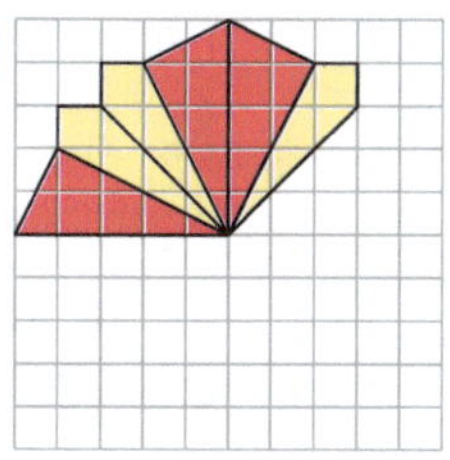

B

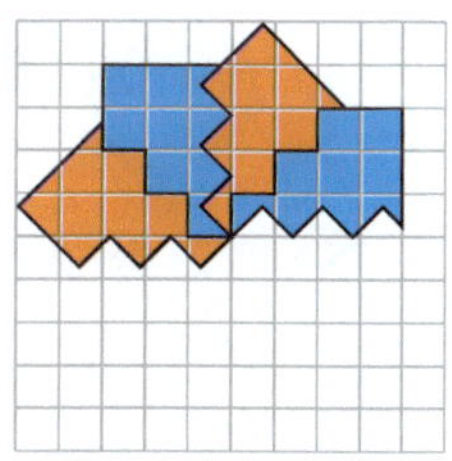

a) De quin ordre de gir és cada rosassa?

b) Senyala sobre el dibuix el tros més petit que es repeteix en cada cas.

» OBSERVA, RAONA I RESOL

1. MOSAICS

Troba diferents moviments que transformin aquest mosaic en si mateix:

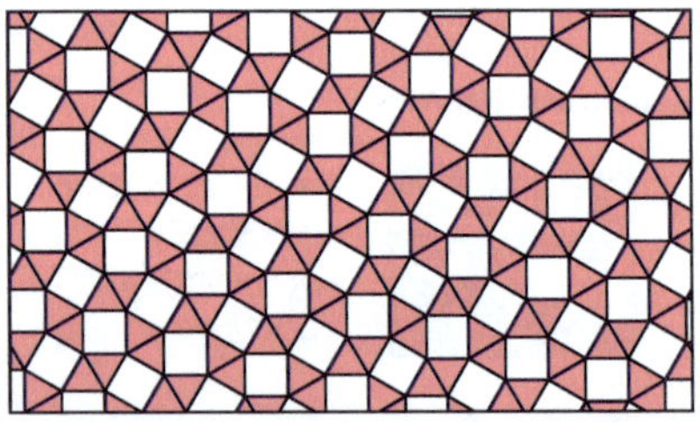

Aquest és un mosaic semiregular, és a dir, és compost de diversos polígons regulars. Hi ha molts moviments que el transformen en si mateix. Per exemple:

- La translació de vector $\vec{t}$.
- El gir de centre O i angle $\alpha = 90°$.
- La simetria d'eix e.

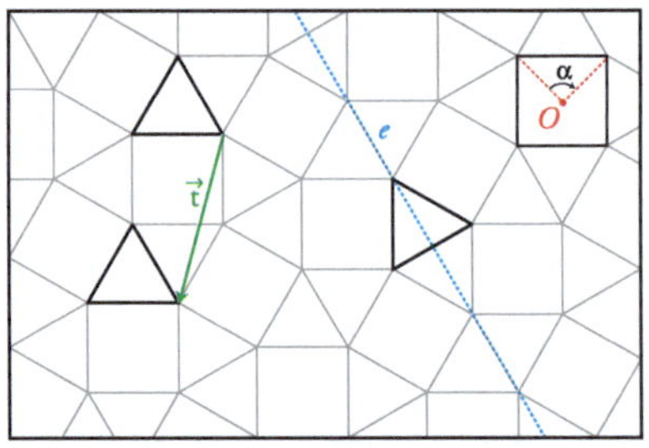

2. FRISOS

Quina és la translació que transforma la sanefa següent en si mateixa? Hi ha cap altre moviment que compleixi aquesta condició?

És evident que la translació del vector $\vec{t}$ és el moviment més clarament associat a aquesta sanefa. Però també la deixen invariant les translacions dels vectors $2\vec{t}$, $3\vec{t}$, $-\vec{t}$, $-2\vec{t}$...

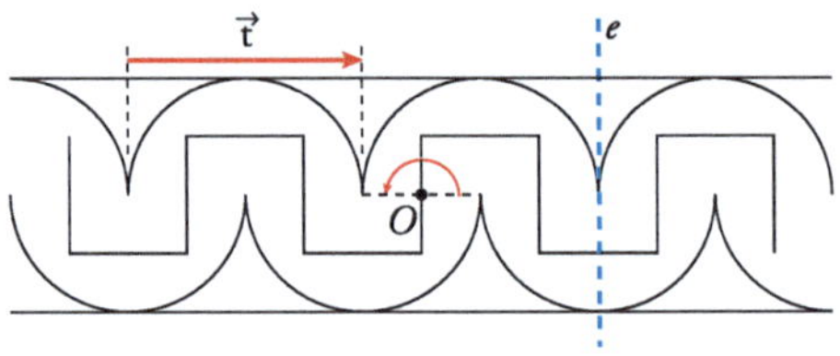

De la mateixa manera, la simetria d'eix e i el gir de centre O i angle 180° (si no tenim en compte els colors) deixen invariant la sanefa.

Fes-ho tu Troba moviments que deixin invariant la sanefa (I) de la pàgina anterior.

a) Amb color. **b)** Sense color.

3. ROSASSES

Quin és el gir que deixa invariant aquesta rosassa? Hi ha cap altre moviment que compleixi aquesta condició?

Prescindint del color, el gir associat a la rosassa és de centre O i $\alpha = 60°$.

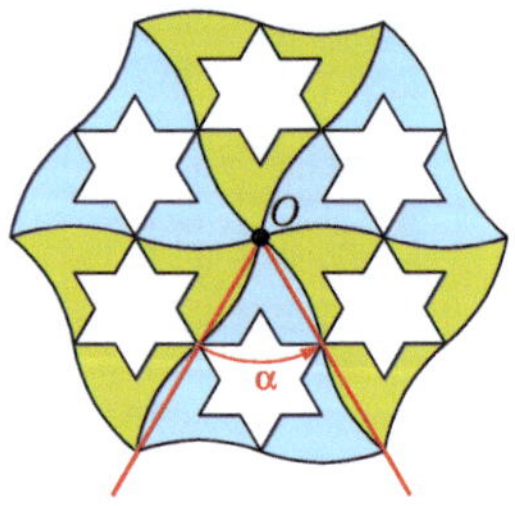

Altres girs de centre O i angles 2α, 3α, 4α i 5α també deixen invariant la figura. És a dir, O és un centre d'ordre 6.

No hi ha cap altre moviment que deixi invariant aquesta rosassa. No té eixos de simetria.

Si tenim en compte els colors, el gir associat a la rosassa és de centre O i $\alpha = 120°$, ja que és el gir més petit que fa coincidir cada figura amb si mateixa respectant els colors.

Fes-ho tu Quins moviments deixen invariant la rosassa (III) de la pàgina anterior?

» EXERCITA LES TEVES COMPETÈNCIES

Practica

Translacions. Vectors

1. **a)** Trasllada la figura H mitjançant el vector $\vec{t_1}(6, 1)$. Anomenem H_1 la figura resultant.

b) Dibuixa a la quadrícula anterior la figura H_2 transformada de H_1 mitjançant la translació $\vec{t_2}(3, -4)$.

c) Digues quin és el vector de translació que permet obtenir H_2 a partir de H.

2. Troba els vectors $\vec{t_1}$, $\vec{t_2}$, $\vec{t_3}$ i $\vec{t_4}$ que ens permeten transformar F en cada una de les altres figures.

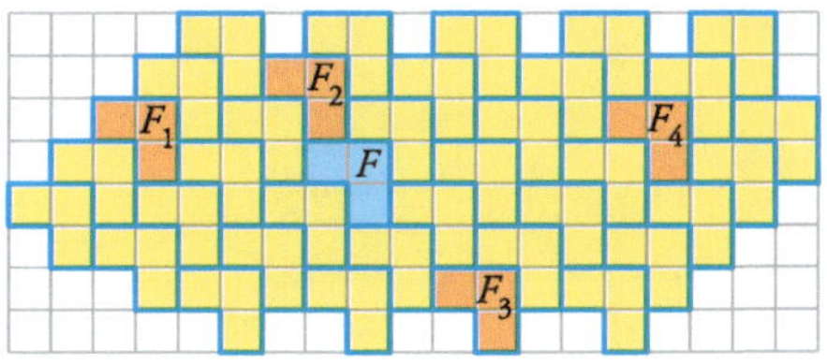

Girs

3. S'ha fet un gir de centre O que transforma A en D.

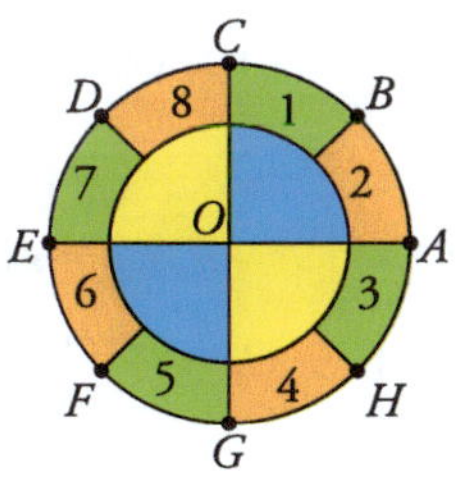

a) Indica en quins punts es transformen els punts E, G i H.

b) En què es converteixen els trapezis circulars 1, 3, 6 i 7?

c) Ha canviat la disposició de colors de la figura original?

d) Defineix el gir realitzat (centre i angle) en el cas que sigui positiu i en el cas que sigui negatiu.

e) Si ens fixem en els colors, quin és l'angle de gir més petit que fa que la figura quedi igual?

4. Indica l'angle més petit que s'ha de girar al voltant de O cada una d'aquestes figures per mantenir-se idèntiques i troba l'ordre del centre de gir de O.

a)

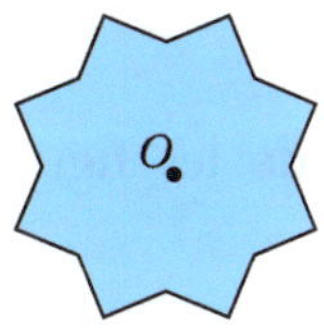

b)

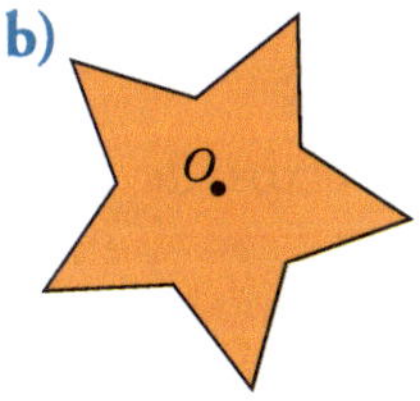

c)

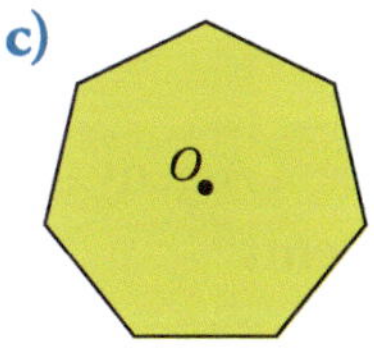

5. **a)** Assenyala el punt on tenen el centre de gir cada una de les figures següents:

A

B

C

b) Troba l'ordre de cada un d'aquests centres i calcula l'angle mínim de coincidència mitjançant el gir.

c) Quines figures tenen, a més, centre de simetria?

Simetries

6. Indica en cada cas si es tracta d'un eix de simetria o no:

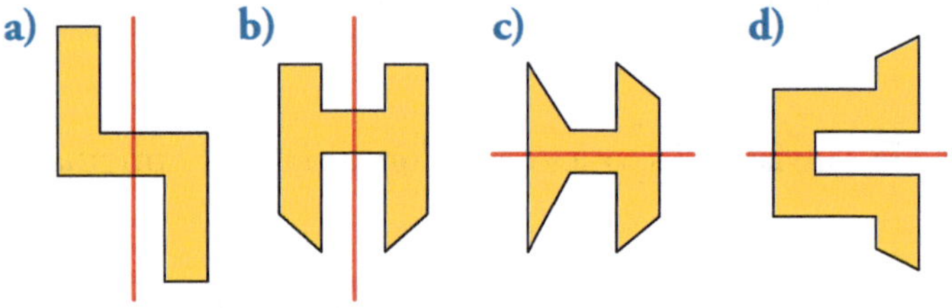

Recorda que en una simetria, les figures es reflecteixen en l'eix de simetria com si fos un mirall.

7. Indica si cada un dels punts dibuixats sobre les figures és un centre de simetria o no:

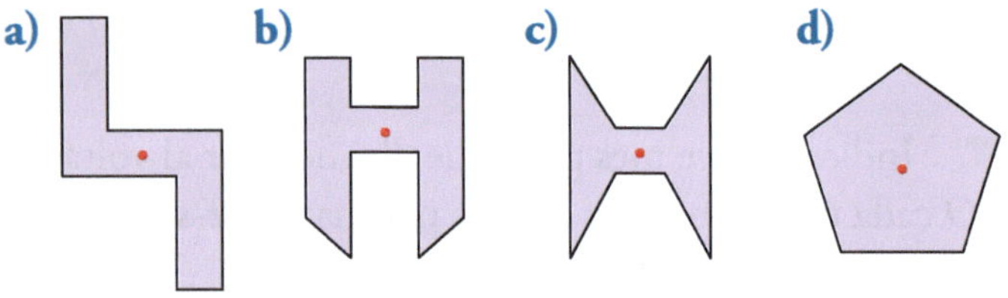

8. Assenyala els eixos de simetria de les figures següents:

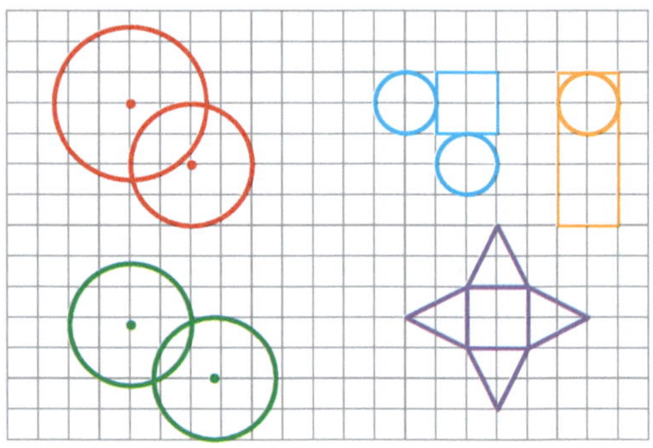

Indica quines figures tenen simetria central i assenyala-hi el centre.

9. Completa la figura perquè el punt O sigui el centre d'una simetria central.

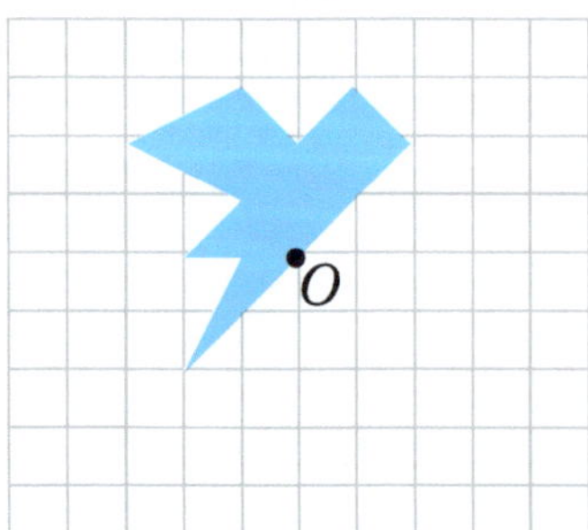

Mosaics, sanefes i rosasses

10. **a)** Completa aquests mosaics:

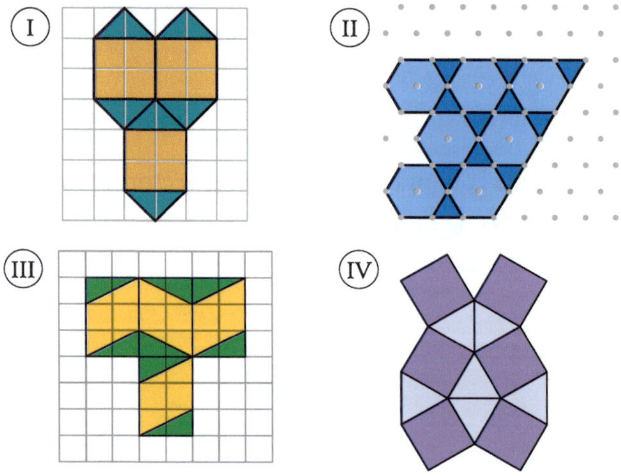

b) Identifica, en cada un, alguns moviments que el transformin en si mateix.

11. Completa els frisos següents. Quin és el tros més petit que es repeteix en cada cas? Dibuixa'ls sobre els frisos.

A

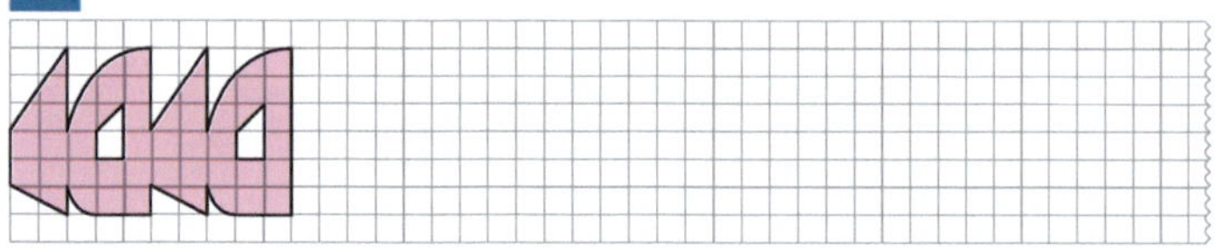

B

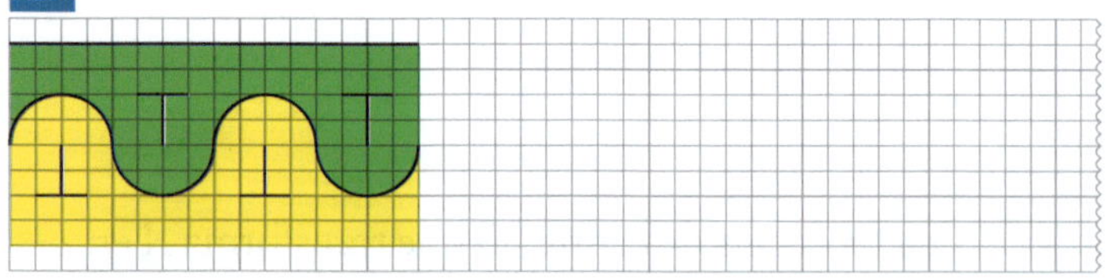

12. Completa aquestes rosasses:

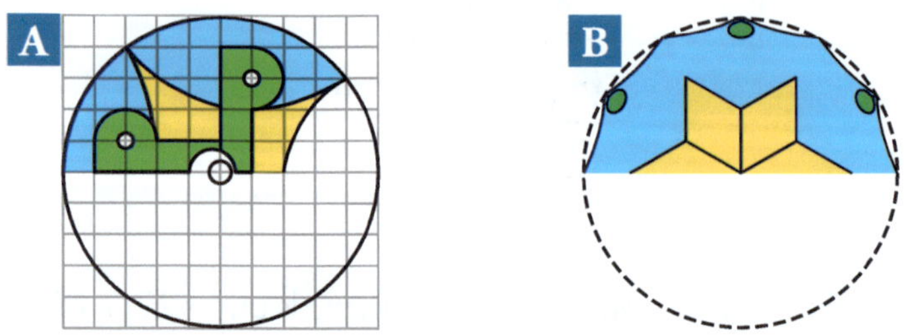

De quin ordre de gir és cada rosassa?

Resol problemes

13. **a)** Representa les transformades d'aquestes figures mitjançant la simetria l'eix de la qual és la recta $y = -x$:

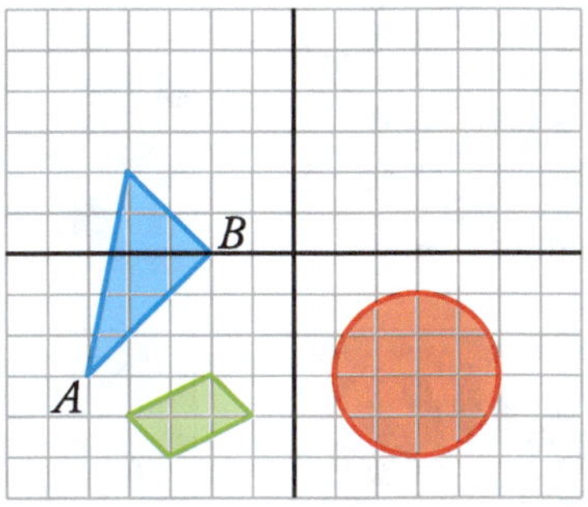

b) Quina és l'equació de la transformada de la recta que passa per A i B?

14. **a)** Dibuixa la imatge C_1 transformada de C mitjançant la simetria d'eix r.

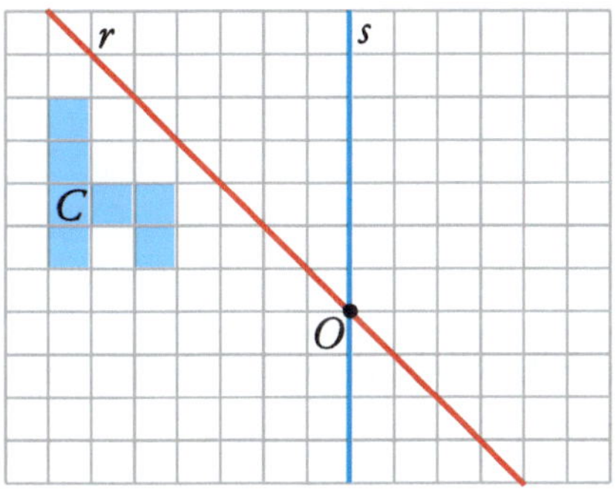

b) Dibuixa C_2, transformada de C_1 mitjançant la simetria d'eix s.

15. En uns eixos de coordenades, considera el vector $\vec{t}$ d'origen (0, 0) i extrem (3, 5). El designarem, $\vec{t}(3, 5)$.

a) Trasllada els punts $A(0, -4)$, $B(-3, -5)$, $C(0, 0)$ i $D(5, -1)$ mitjançant aquest vector.

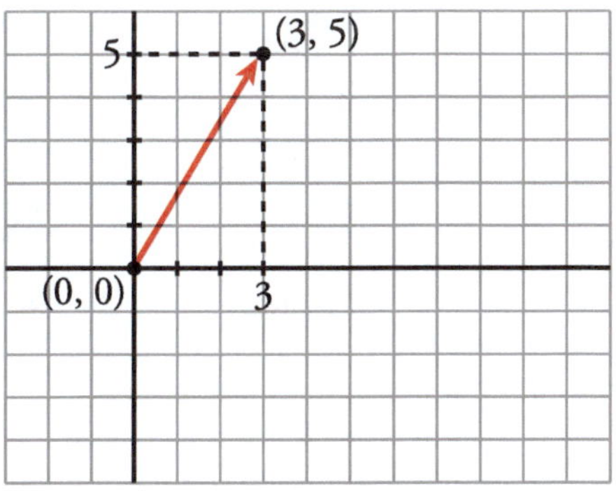

b) Comprova que els punts $M(1, 3)$, $N(7, -1)$ i $X(4, 1)$ estan alineats. Trasllada'ls mitjançant el vector $\vec{t}$ i comprova que els punts transformats també estan alineats.

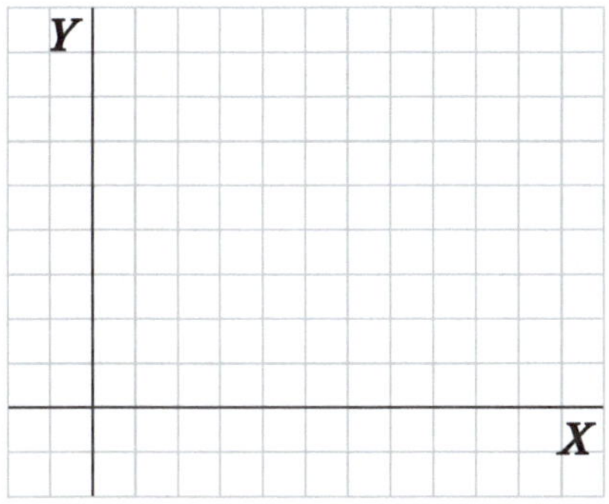

16. Observa la quadrícula. Un gir de 180° al voltant de $O(3, 3)$ transforma el punt $P(1, 1)$ en $P'(5, 5)$.

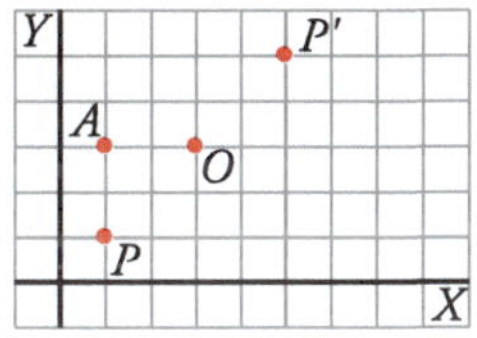

a) Identifica tres moviments més que transformin P en P'.

b) Quina és la imatge de $A(1, 3)$ en cada un?

17. Troba una translació, un gir i una simetria que transformin Δ en Δ'. Anomena, en cada cas, els vèrtexs de Δ'.

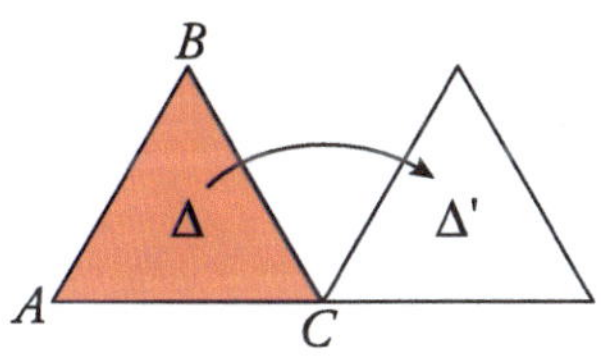

18. Determina cada un dels tres moviments que transforma Δ en Δ' i designa en cada cas els vèrtexs i els costats de Δ' tenint en compte de quins vèrtexs de Δ provenen. Per exemple:

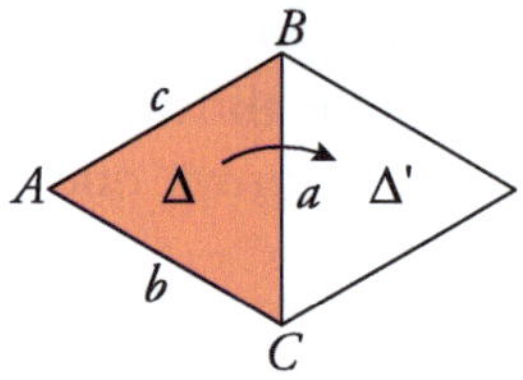

Un gir de centre C i angle –60° transforma:

$A \rightarrow B = A'$

$B \rightarrow B'$

$C \rightarrow C = C'$

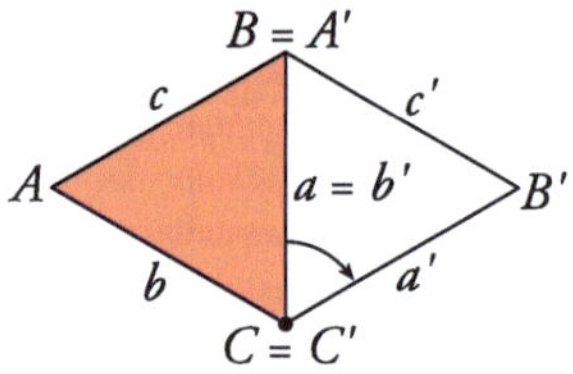

19. Volem enrajolar una paret de 4,6 m × 3 m amb rajoles quadrades de 20 cm de costat com aquestes:

a) Completa al mosaic de 7 × 7 rajoles.

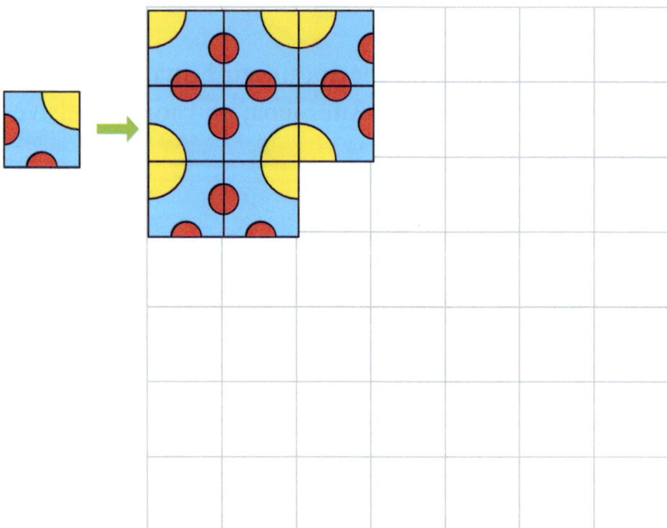

b) Esbrina quants cercles grans i quants de petits (complets) hi haurà a la paret enrajolada.

20. Les figures següents tenen centre de gir. Explica per què, troba'n l'ordre en cada cas i calcula l'angle mínim de coincidència mitjançant un gir.

a)

b)

c)

d)

21. Amb la rajola de l'esquerra, es pot fer un terra com el de la dreta.

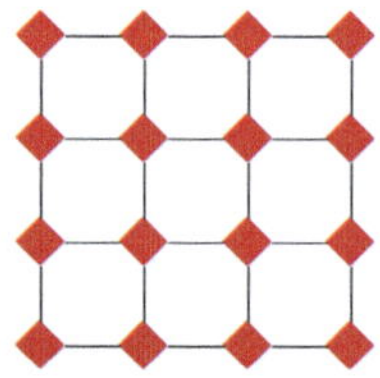

Amb quines d'aquestes altres rajoles es pot construir el mateix terra si l'únic que importa és la disposició dels quadrats vermells, i no pas les línies entre rajoles?

A

B

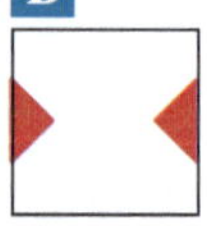

C

D

E

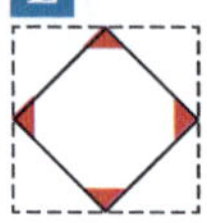

F

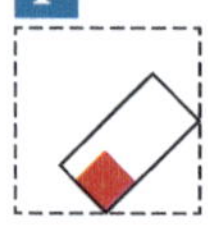

G

H

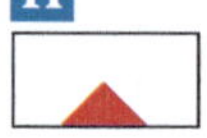

I

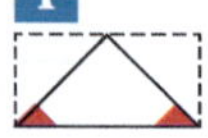

22. PROBLEMA RESOLT

Dos pobles, A i B, estan situats al mateix costat d'una autopista. Es vol construir una gasolinera, G, a l'autopista.

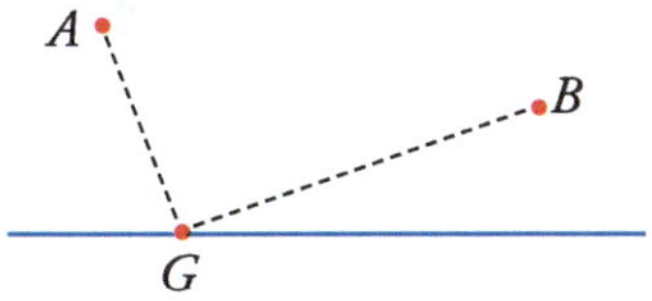

Dibuixa el punt on han de col·locar G perquè el traçat AGB sigui el més curt possible.

Per trobar el camí més curt de A a B passant per l'autopista, dibuixem el simètric de B respecte a aquesta, B', i tracem una recta de A a B'. El punt on la recta talla l'autopista és on cal col·locar la gasolinera, G.

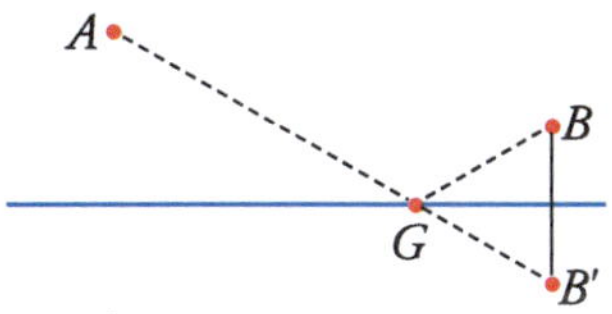

Explica per què aquest trajecte és el més curt.

23. S'anomena **motiu mínim** d'un mosaic una peça teòrica, el més petita possible, que, si es va repetint, permet reproduir tot el mosaic. Les vores d'aquesta peça «no es noten» tret que les hàgim pintat expressament.

Per exemple, si en el mosaic següent tracem eixos de simetria amb angles de 60°, descobrim la peça de la dreta com a candidata a «motiu mínim»:

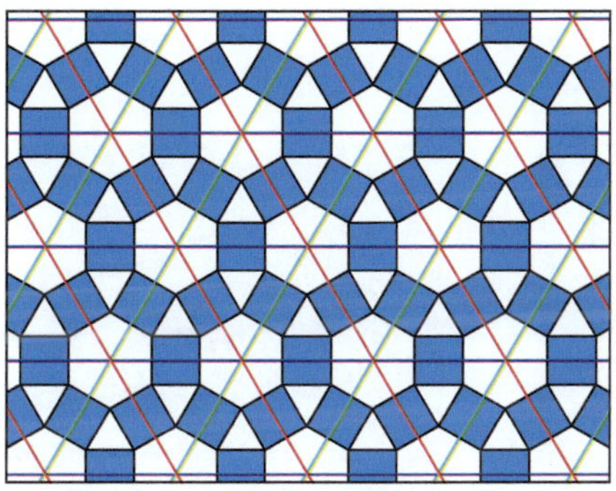

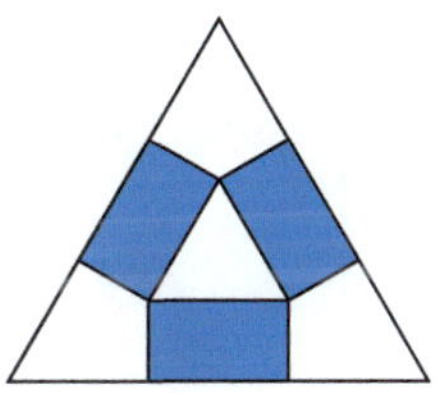

Redueix-la a la tercera part de dues maneres diferents.

Reflexiona

24. Considerem una transformació que *ho deixa tot com abans i on era abans* i l'anomenem **identitat** (I).

a) Defineix un gir que sigui equivalent a la transformació identitat.

b) Quants girs d'aquesta amplitud són equivalents a una identitat?

És el teu torn

25. Al llarg de la unitat hem vist molts motius diferents amb els quals construir un mosaic i una rosassa. Ara et toca a tu.

Dissenya una peça de mosaic amb la qual recobrir una superfície i una peça amb la qual construir una rosassa. Pots inventar-te-la tu o bé inspirar-te en llibres, fotografies de mosaics, etc.

Pots dissenyar les peces en aquestes quadrícules.

Pinta el mosaic i la rosassa en una cartolina i ensenya-les al teus companys i companyes. Les podeu penjar a la classe, en una zona visible i escollir les que us agradin més.

Entre tots, anoteu les figures més petites que es repeteixen, i en el cas de la rosassa, l'angle de gir.

» MATEMÀTIQUES EN CONTEXT

SITUACIÓ D'APRENENTATGE

ESTELS, FLORS I MOSAICS

La família de l'Ignasi s'ha traslladat aquest any a Catalunya. Abans vivien a Granada, on el seu pare treballava en una empresa aeronàutica. Per això, a ell li agraden tant els avions i qualsevol andròmina que pugui volar. Avui ha portat a l'escola un estel i vol provar de fer-lo volar al pati.

La Judit, la professora de Matemàtiques, ho aprofitarà per plantejar als seus alumnes una sèrie de problemes. El fet que l'Ignasi vingui de Granada també li ha inspirat un altre tipus d'exercicis: uns de relacionats amb l'art andalusí.

1. L'estel de l'Ignasi

Aquest estel està format per quatre peces: A, B, C i D. En el dibuix hi veiem les seves dimensions.

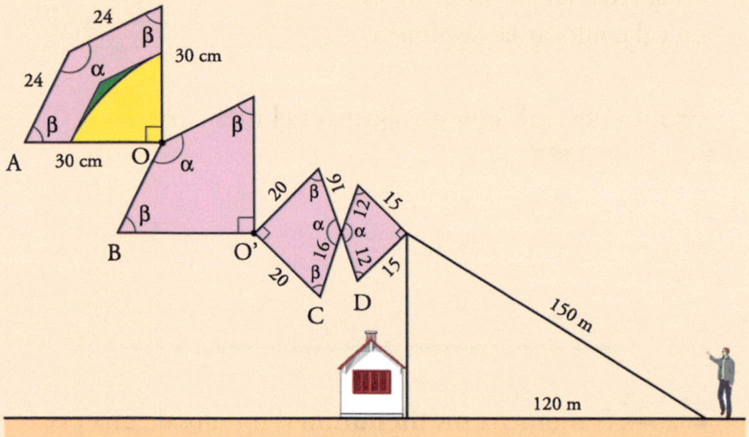

a) A és semblant a C? Justifica-ho.

b) A és semblant a D? Justifica-ho.

c) La peça C, té la mateixa superfície que la part pintada de A? Per mitjà de quins dos moviments la part pintada de A es transforma en C?

d) L'Ignasi és a 120 m de la caseta que hi ha al pati de l'escola, i el fil de l'estel, que està totalment desenrotllat, fa 150 m. Fins a quina altura s'ha enlairat l'estel?

2. Simetries

La Judit ha projectat unes imatges a la pantalla de la classe per treballar el tema de les simetries. Una d'aquestes imatges correspon a una rosassa d'una església, i l'altra, a una flor de cinc pètals. Fa una sèrie de preguntes als seus alumnes. Els ajudes a respondre?

a) Què tenen en comú les dues imatges?

b) On tenen el centre de gir la rosassa i la flor? De quin ordre és? Quin és l'angle mínim de gir perquè la figura coincideixi amb si mateixa?

c) Quants eixos de simetria té cada figura? Per on passen els eixos?

Dibuixa-ho sobre les figures.

BARCANOVA EDITORIAL

d) Formeu grups de dos o tres companys i companyes i busqueu fotografies d'objectes amb centre de gir, com la flor o la rosassa. Proveu de construir, amb cartolina, models d'aquests objectes i, amb l'ajut d'un transportador d'angles, esbrineu l'ordre de cada centre de gir i l'angle mínim de gir perquè la figura coincideixi amb si mateixa.

Elaboreu una presentació per a la resta de la classe.

3. Mosaics i sanefes

La Judit també els mostra imatges de les sanefes i els mosaics que hi ha a l'Alhambra de Granada i a l'Alcàsser de Sevilla. Observa-les amb atenció, estudia com s'han format les figures dels mosaics i fes-ne una explicació. Troba diferents moviments que transformin cada un dels mosaics en si mateix.

A

B

C

D

E

F

Prova de construir, amb cartolina, alguns d'aquests mosaics.

» TALLER DE MATEMÀTIQUES

» INFORMA-TE'N

Art nassarita

La dinastia nassarita s'inicia amb el sultà Muhammad ibn Yusuf ibn Nasr el 1237 i es consolida en el regne de Granada com a oposició a l'avanç cristià després de la batalla de les Las Navas de Tolosa. Perdura fins a la capitulació de Boabdil, davant dels Reis Catòlics, l'any 1492.

L'obra més emblemàtica és l'Alhambra (Qal'at al-Hamra, el castell vermell): palau, fortificació, jardí i lloc per al delit dels sentits.

Una característica de l'art nassarita consisteix en la utilització del mosaic com a element decoratiu. Observa l'anomenat«multiòs», la forma bàsica del qual s'obté d'una transformació del quadrat:

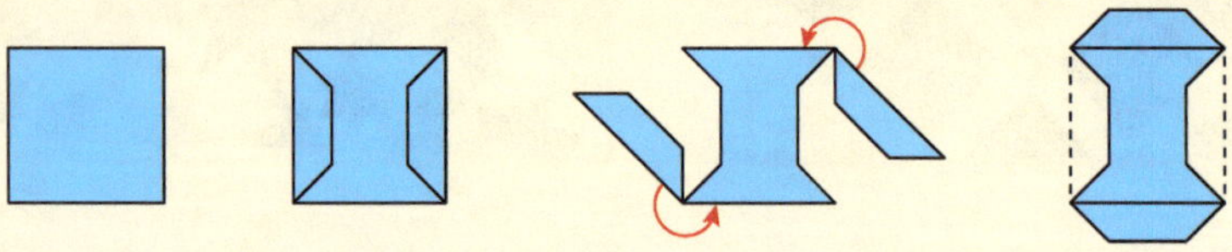

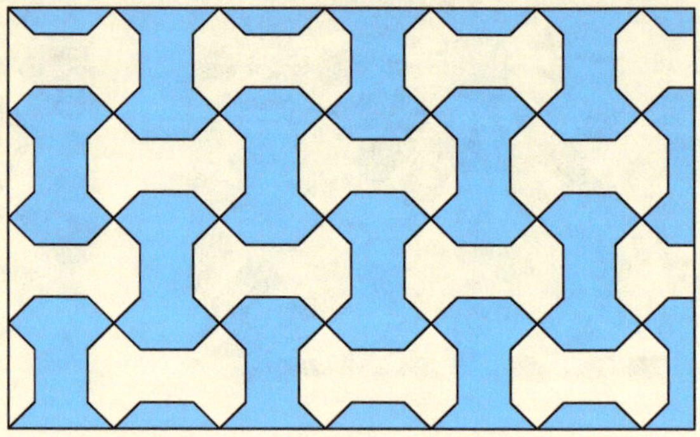

» INVESTIGA

Fabricació actual

La indústria actual copia els dissenys dels mosaics nassarites, però en comptes de construir-los peça a peça, els aconsegueix mitjançant rajoles quadrades i iguals, amb la composició de les quals s'obté el dibuix desitjat. Observa les il·lustracions:

- Sabries dir quines d'aquestes rajoles serveixen per reproduir el «multiòs»?

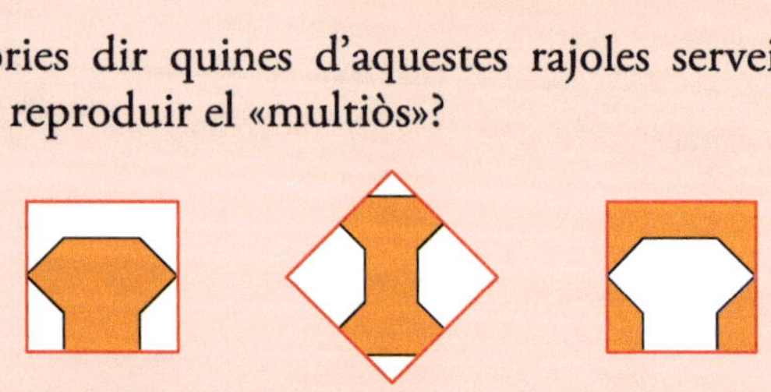

- T'atreveixes a descobrir-ne alguna pel teu compte?

» ENTRENA'T RESOLENT ALTRES PROBLEMES

Tens quatre pesos d'1 kg, 2 kg, 4 kg i 8 kg i una balança de dos platets. Comprova que hi pots fer qualsevol pesada d'un nombre enter de quilos entre 1 kg i 15 kg.

Si hi afegeixes un pes de 16 kg, fins a quina pesada pots fer? Quins pesos has de fer servir per pesar 21 kg? I per pesar-ne 29?

» POSA'T A PROVA

1. Esbrina les coordenades dels vèrtexs del triangle transformat del *ABC* mitjançant cada un dels moviments següents:

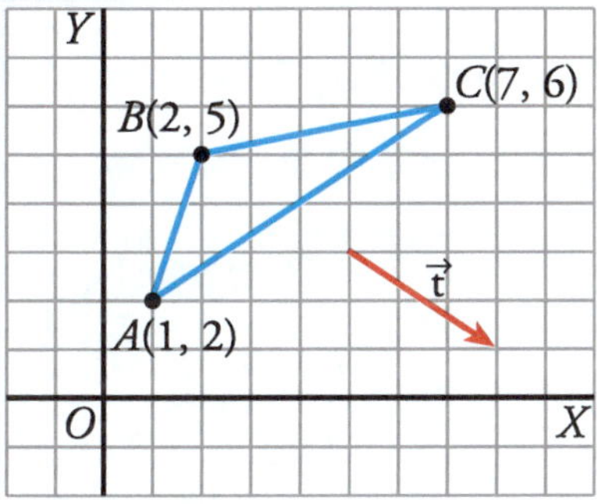

a) La translació de vector $\vec{t}$.

b) La simetria d'eix *X*.

c) La simetria d'eix *Y*.

d) El gir de centre *O* i angle –90°.

e) En algun dels moviments anteriors el punt *P*(0, 4) és doble?

2. Anomenem **S** la simetria d'eix *Y* i **T**, la translació de vector $\vec{t}(2, -5)$.

Obtén la transformada de la figura *F* mitjançant la composició de **S** amb **T**.

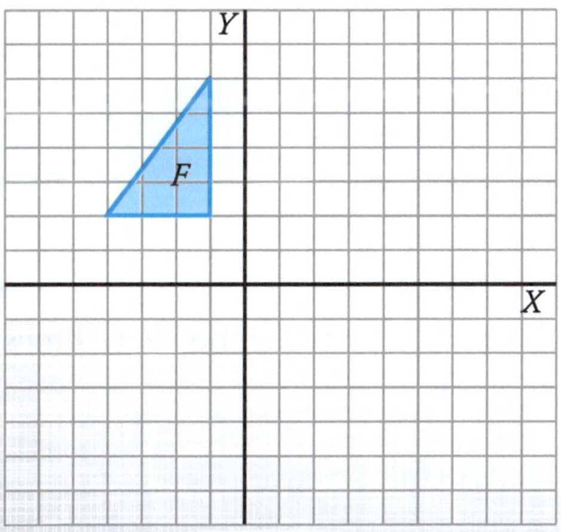

3. Considera les simetries $\mathbf{S_1}$ i $\mathbf{S_2}$ d'eixos e_1 i e_2, respectivament. Dibuixa la figura *F'* transformada de *F* mitjançant $\mathbf{S_1}$ composta amb $\mathbf{S_2}$.

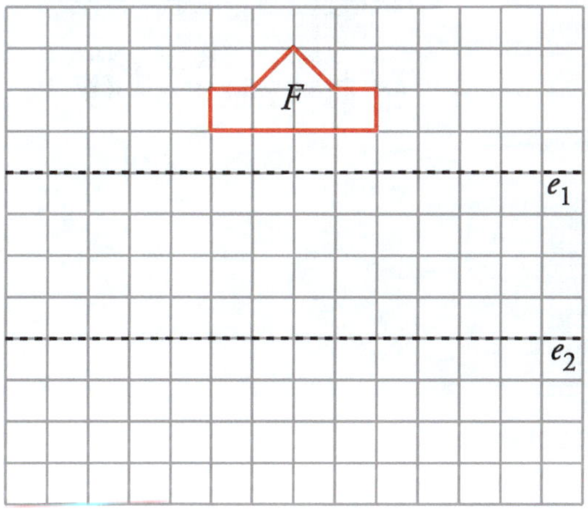

4. Dibuixa un mosaic a partir d'aquesta peça:

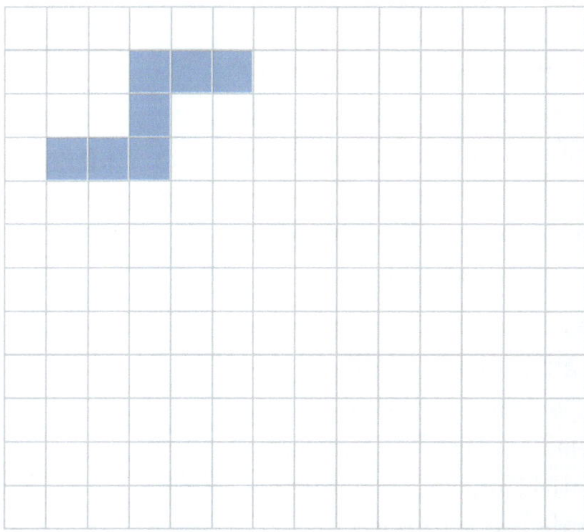

5. Assenyala els eixos de simetria i els centres de gir d'aquestes figures:

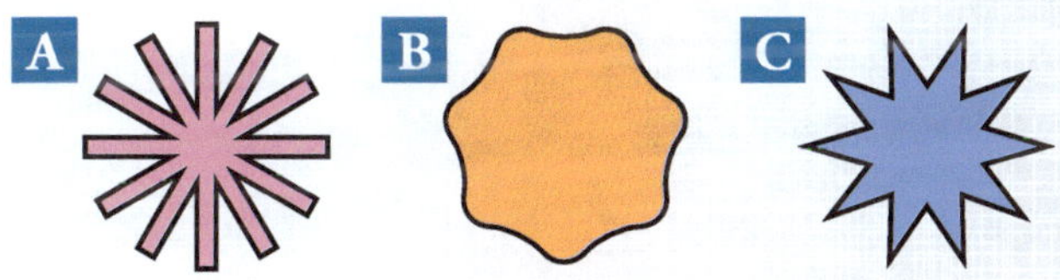

Indica l'ordre del centre de gir de cada una. Quin és l'angle mínim de coincidència?

UNITAT 12

ESTADÍSTICA

RESOLUCIÓ DE PROBLEMES · RAONAMENT I PROVA
CONNEXIONS · COMUNICACIÓ I REPRESENTACIÓ · SOCIOEMOCIONAL

Antecedents històrics

En totes les èpoques, els governants han volgut tenir controlades les seves possessions, ja fossin béns o persones. Existeixen testimoniatges escrits que, ja cap a l'any 3000 aC, els babilonis i els egipcis disposaven d'inventaris sobre collites, rendes, censos de població...

Una cosa semblant va passar en altres pobles de l'antiguitat: a Israel (1300 aC), a la Xina (2200 aC), a Grècia i a Roma (500 aC) i a Europa des de l'edat mitjana.

Un pioner en l'estadística

Fins al segle XVI, l'estadística va consistir en la recollida de dades rellevants i en la seva exposició ordenada i clara.

A mitjan segle XVII, **John Graunt**, un comerciant londinenc, va realitzar en les seves hores lliures un estudi laboriós i profund sobre els naixements i les defuncions a Londres durant 30 anys. En aquest estudi analitzava, entre altres variables, el sexe de cada nounat i les causes de les defuncions. Aquest treball és considerat pioner en els estudis d'estadística demogràfica. Pot considerar-se, així mateix, el primer treball estadístic seriós.

Un exemple actual

REPARTIMENT, SEGONS L'EDAT, DE LES VÍCTIMES MORTALS PER VIOLÈNCIA MASCLISTA EL 2017

TAULA DE FREQÜÈNCIES

EDAT	NRE. DE VÍCTIMES
1-9	7
10-19	5
20-29	14
30-39	21
40-49	19
50-59	11
60-69	9
70-79	8
80-89	2
+89	3

HISTOGRAMA

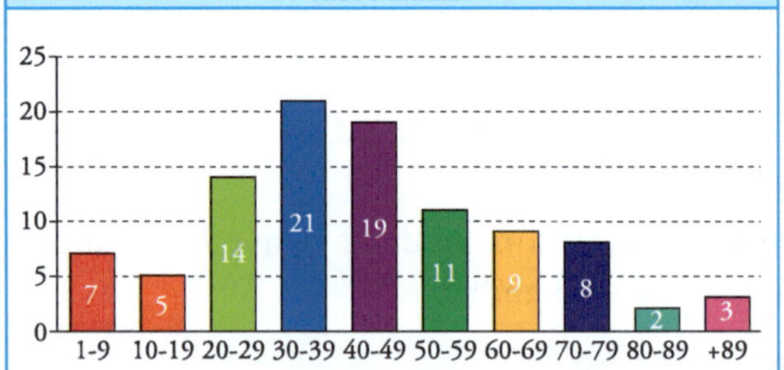

RESOL

1. Observa les dades relatives al NOMBRE DE VÍCTIMES MORTALS PER VIOLÈNCIA MASCLISTA que hi ha a la taula. Quantes víctimes hi va haver el 2017? Entre quines franges d'edat es concentra la major part de les víctimes? Com expliques aquest fet? Reflexiona sobre la necessitat de reduir l'elevat nombre de víctimes per violència masclista.

Per què els paràmetres?

En els seus inicis, l'estadística només recopilava i organitzava dades. Però quan va evolucionar cap a l'anàlisi de les dades, va sorgir la necessitat de quantificar numèricament valors capaços de condensar informació relativa al conjunt, i a aquests valors se'ls va anomenar *paràmetres estadístics de centralització* (moda, mitjana, mediana...).

Cal informar sobre la dispersió de les dades!

Per tal de no donar la idea errònia que els valors mitjans aporten tota la informació, calen paràmetres que informin sobre com de disperses estan les dades. Són els *paràmetres estadístics de dispersió* (recorregut, variància, desviació típica...).

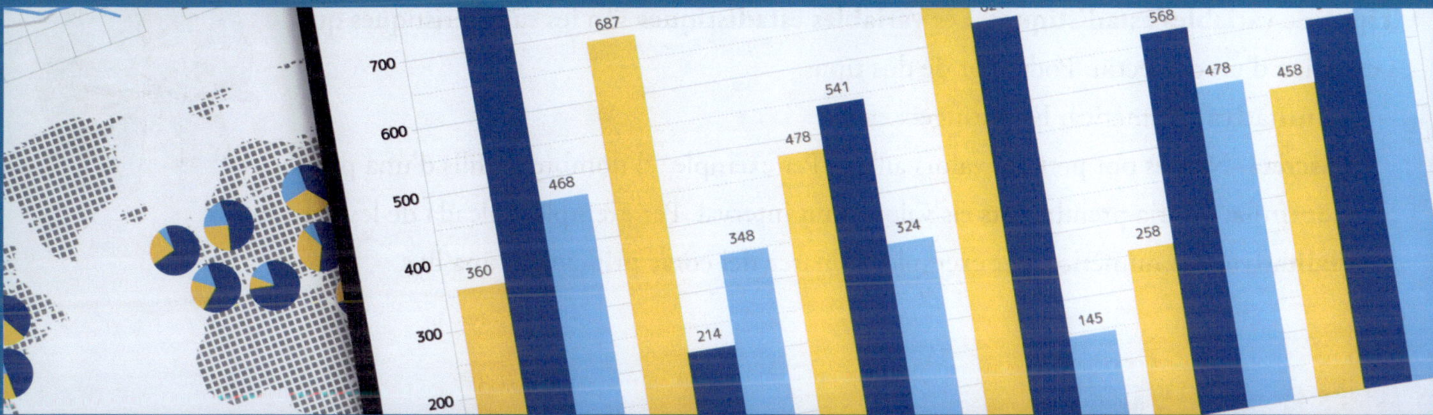

RESOL

2. Observa la informació sobre el REPARTIMENT, SEGONS EL TIPUS DE FEINA, DE 600.000 treballadors:

REPARTIMENT, SEGONS EL TIPUS DE FEINA, DE 600.000 TREBALLADORS

TAULA DE FREQÜÈNCIES

SECTOR DE PRODUCCIÓ	NRE. DE TREBALLADORS
Agricultura	50.000
Indústria	175.000
Serveis	375.000

DIAGRAMA DE SECTORS

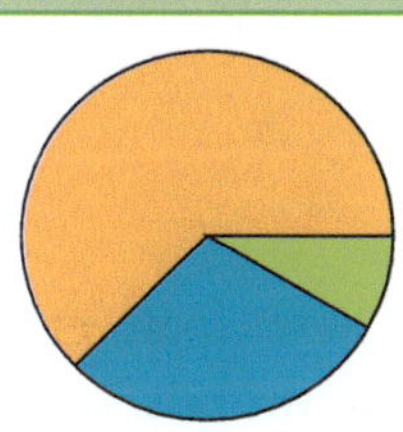

a) Sobre quants treballadors s'han recopilat dades?

b) Quin color del diagrama correspon a cada sector?

c) Calcula el percentatge de treballadors que correspon a cada sector i comprova que els sectors estan raonablement construïts.

3. El diagrama de barres següent mostra les notes de matemàtiques de dues classes:

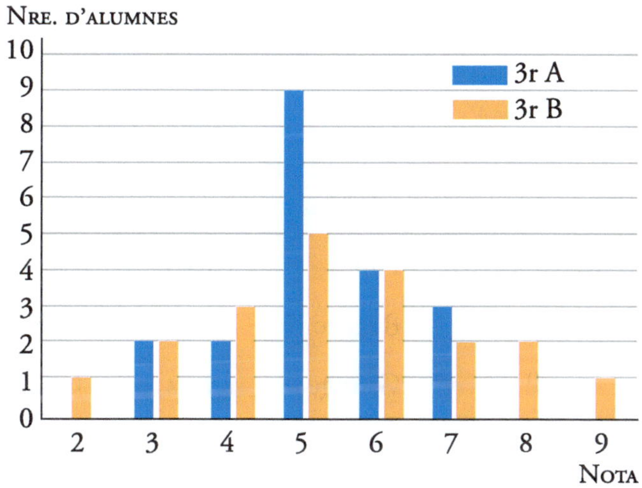

a) Et sembla que tenen la mateixa mitjana? Fes-ne una estimació.

b) Quina de les dues creus que és més dispersa? Raona-ho.

1. EL PROCÉS QUE SE SEGUEIX EN ESTADÍSTICA. VARIABLES ESTADÍSTIQUES

- La **informació estadística** que rebem mitjançant gràfics o taules és el resultat d'un llarg procés d'elaboració. Els passos principals per obtenir informació a partir de les dades són els següents:
  - 1r Plantejament d'un estudi estadístic. *Què volem estudiar? Per a què?*
  - 2n Selecció de les variables que s'analitzaran.
  - 3r Recollida de dades.
  - 4t Organització i exposició de dades.

- **Tipus de variables estadístiques.** Les **variables estadístiques** són les característiques que s'estudien d'un col·lectiu. Poden ser de dos tipus.
  - **Quantitativa.** Numèrica. Es distingeix entre:
    - **Discreta.** Només pot prendre valors aïllats. Per exemple, el nombre de fills d'una parella.
    - **Contínua.** Podria prendre tots els valors d'un interval. Per exemple, l'alçada de les persones.
  - **Qualitativa.** No numèrica. Per exemple, la marca del cotxe principal d'una llar.

» APLICA EL QUE HAS APRÈS

1. Es vol fer una enquesta per estudiar les aficions musicals dels alumnes de 3r. Digues, justificadament, si les preguntes següents et semblen raonables:

a) Quins són els teus grups musicals preferits?

b) Dels següents estils musicals, assenyala aquells que has escoltat més en l'últim mes:

• Rock	• Pop	• Rap	• Elect.
• Hip-hop	• Reggae	• Salsa	• Punk
• Metall	• Grunge	• Jazz	• Clàssic

c) Escoltes la ràdio? Si és així, quina cadena?

d) Quin és l'últim concert al qual has anat?

2. Indica si cada una d'aquestes variables és quantitativa discreta, quantitativa contínua o qualitativa:

a) Als cinemes d'un poble anoten el gènere de la pel·lícula que projecten (comèdia, acció...), la durada de la pel·lícula i el nombre d'espectadors.

b) Ens hem fixat en diverses característiques dels telèfons mòbils que tenen els estudiants d'un centre escolar: la marca, el nombre de companyies que l'ofereixen i el preu.

c) Un científic fa un estudi sobre els volcans del Pacífic: l'altura, el nombre de vegades que han entrat en erupció en els últims 100 anys i el tipus de volcà (hawaià, estrombolià, vulcanià, peleà).

2. POBLACIÓ I MOSTRA

- En un estudi estadístic es defineixen una sèrie de paràmetres:
  - **Població.** És el conjunt de tots els elements que són objecte de l'estudi. Per exemple, els alumnes que fan 3r d'ESO, els habitants d'una ciutat, etc.
  - **Mostra.** És un subconjunt, extret de la població, l'estudi del qual serveix per inferir característiques de tota la població. Un exemple d'una mostra podrien ser els alumnes de la teva escola que cursen 3r d'ESO.
  - **Individu.** Cada un dels elements que formen la població o la mostra, com ara tu.

» APLICA EL QUE HAS APRÈS

3. Indica la població, la mostra i els individus en cada un dels exemples següents:

a) Se seleccionen 50 edificis d'una ciutat per fer un estudi sobre el nombre de plantes, l'altura i la utilització dels baixos (per a habitatges, oficines, botigues, bars...).

b) S'analitzen 100 llibres d'una biblioteca: nombre de pàgines, situació a la prestatgeria i contingut (novel·la, assaig, manual...).

c) S'ha fet una enquesta a 23 dels alumnes que van al centre amb bicicleta sobre el nombre de plats i pinyons de la bicicleta, el pes i la marca.

4. Indica, per a cada cas proposat:

– Quina és la població i quins són els individus.

a) Pes dels nounats a Catalunya al llarg de l'any passat.

b) Quantitat de pluja recollida en un observatori meteorològic determinat cada any d'aquest segle.

c) Nombre de mascotes a les llars catalanes.

d) Tipus de cotxes (marca i model) que té cada veí de la teva urbanització.

e) Nombre de targetes grogues mostrades en cada partit de futbol de 1a divisió aquesta temporada.

f) El nombre de palmeres de la península Ibèrica afectades per l'escarabat barrinador.

g) Les espècies de bacteris que conviuen a l'intestí de l'ésser humà.

3. CONFECCIÓ D'UNA TAULA DE FREQÜÈNCIES

- En un estudi estadístic, una vegada recollides les dades, s'organitzen en una **taula de freqüències**. Les taules de freqüències poden ser de dos tipus:
  – **Taula amb dades aïllades.** Es fa servir si el nombre de valors que pren la variable (x_i) és reduït.
  – **Taula amb dades agrupades en intervals.** S'utilitza si el nombre de valors que pren la variable (x_i) és alt.
- **Freqüències relatives i percentatges.** La **freqüència relativa,** f_r, d'un valor és la proporció de vegades que es presenta. S'obté dividint la seva **freqüència absoluta** f_i (nombre de cops que es presenta aquest valor) pel nombre total d'individus. Si es multiplica per 100 la freqüència relativa, s'obté el **percentatge** o la **freqüència percentual.**

  Per exemple, per al nombre de problemes que ha resolt correctament cadascun dels 20 estudiants en un examen de 5 preguntes, s'obté la taula que es mostra a sobre.
- **Freqüències acumulades.** Quan els valors de la variable estan ordenats del més petit al més gran, la **freqüència acumulada** en cada valor és la suma de la seva freqüència amb les de tots els valors anteriors.

  Així, a partir de l'exemple anterior, s'obté la taula que es mostra a la dreta.

x_i	f_i	f_r	%
0	2	2/20 = 0,10	10
1	5	5/20 = 0,25	25
2	3	3/20 = 0,15	15
3	6	6/20 = 0,30	30
4	3	3/20 = 0,15	15
5	1	1/20 = 0,05	5
TOTAL	20	1,00	100

Freqüència relativa i percentatge.

x_i	f_i	FREQÜÈNCIA ACUMULADA
0	2	**2**
1	5	2 + 5 = 7
2	3	2 + 5 + 3 = **10**
3	6	2 + 5 + 3 + 6 = **16**
4	3	2 + 5 + 3 + 6 + 3 = **19**
5	1	2 + 5 + 3 + 6 + 3 + 1 = **20**

Freqüència acumulada.

» APLICA EL QUE HAS APRÈS

5. Un professor ha apuntat les faltes d'assistència que ha tingut cadascun dels seus alumnes al llarg del trimestre:

2, 3, 0, 1, 1   2, 2, 4, 3, 1   3, 0, 2, 0, 1

2, 2, 1, 2, 1   0, 3, 4, 2, 1   3, 5, 1, 1, 2

a) Confecciona una taula de freqüències absolutes.

FALTES (x_i)	RECOMPTE	f_i

b) Si es vol fer una estadística amb el nombre d'exercicis ben resolts de cada alumne al llarg de l'any, la taula de freqüències hauria de ser amb dades aïllades o agrupades en intervals?

6. S'ha pres el temps en els 100 m llisos als membres d'un club d'atletisme.

Aquests són els resultats:

11,62	12,03	12,15	11,54	10,95
11,56	11,08	11,38	12,08	11,73
12,11	11,52	11,72	11,23	11,66
10,87	11,32	11,58	12,01	11,06

Fes una taula de freqüències absolutes amb aquests intervals:

10,805 - 11,075 - 11,345 - 11,615 - 11,885 - 12,155

INTERVAL	RECOMTE	f_i

7. La taula següent mostra l'esport que prefereixen practicar 40 estudiants.

a) Calcula les freqüències relatives i percentuals d'aquesta distribució i explica per què no té sentit trobar les freqüències acumulades.

ESPORT	FREQÜÈNCIA
Bàsquet	10
Voleibol	1
Futbol	20
Tenis	5
Escacs	4

ESPORT x_i	f_i	f_r	%

b) Que la freqüència relativa de l'esport *Bàsquet* sigui 10/40 vol dir que un de cada quatre estudiants juga a bàsquet.

Explica amb les mateixes paraules les freqüències relatives dels esports *Futbol* i *Tenis* i les freqüències percentuals dels esports *Escacs* i *Bàsquet*.

8. Troba les freqüències acumulades d'aquesta distribució i digues què signifiquen $f_{\text{acumulada}}(3)$ i $f_{\text{acumulada}}(5)$.

NRE. DE SUSPENSOS	0	1	2	3	4	5	6	7
FREQÜÈNCIA	6	12	8	5	3	1	1	0

x_i	f_i	FREQÜÈNCIA ACUMULADA

9. Aquesta taula recull els mesos en què fan anys els 100 components d'un grup excursionista:

MES	G	F	M	A	M	J	J	A	S	O	N	D
FREQ.	7	9	10	6	8	8	7	9	8	9	9	10

a) Troba les freqüències acumulades.

MES	f_i	FREQÜÈNCIA ACUMULADA

b) Quantes persones van néixer abans del juny? I després de l'agost?

4. GRÀFIC ADEQUAT AL TIPUS D'INFORMACIÓ

Els **gràfics estadístics** ens permeten, amb una sola ullada, assimilar la informació relacionada amb un estudi estadístic. Els gràfics que s'utilitzen més són els següents:

- **Diagrama de barres.** Les longituds de les barres són proporcionals a les freqüències corresponents i han de tenir la mateixa amplada. S'utilitzen per a distribucions de **variables quantitatives discretes**; per això són barres estretes situades sobre els valors puntuals de la variable. També poden representar **variables qualitatives**.

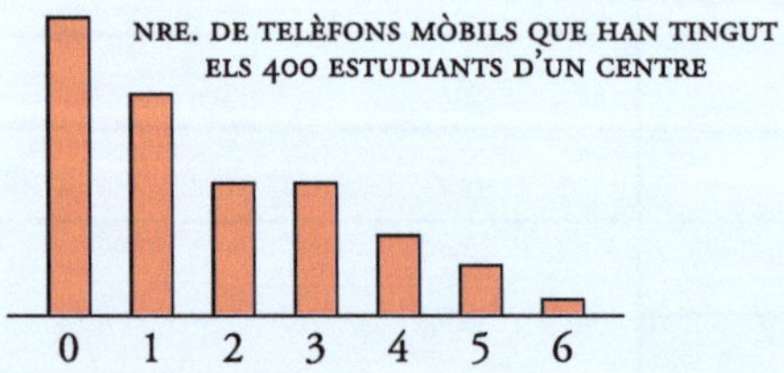

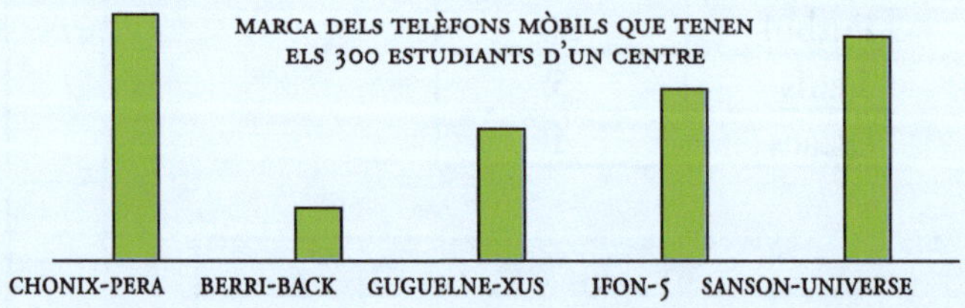

- **Histograma de freqüències.** Es fa servir per a distribucions de **variables contínues**; per això s'utilitzen rectangles les bases dels quals són de la longitud dels intervals. Si aquests intervals són tots iguals, les altures, igual que en els diagrames de barres, són proporcionals a les freqüències corresponents.

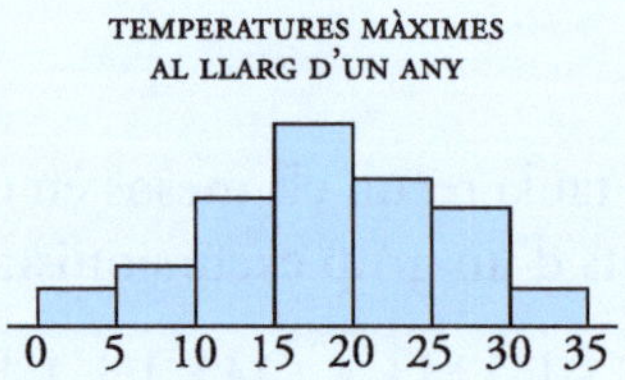

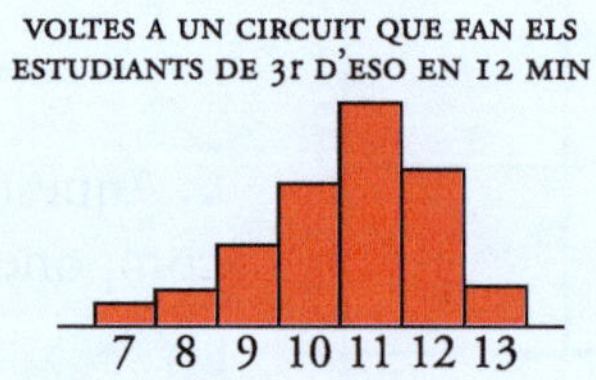

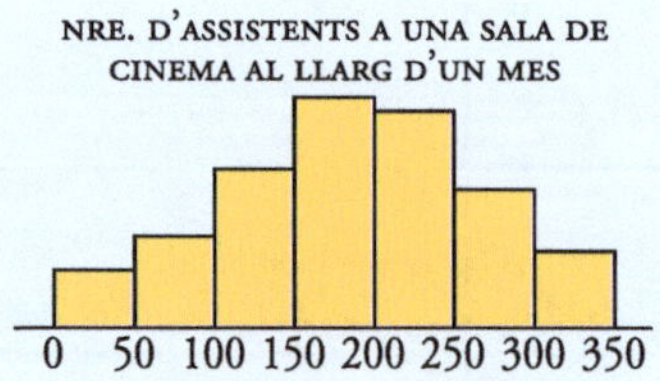

» APLICA EL QUE HAS APRÈS

10. Representa mitjançant el gràfic adequat:

a) Temperatures màximes mesurades cada 15 dies al llarg d'un any en una localitat.

TEMPERATURA (°C)	NRE. DE DIES
5-10	2
10-15	4
15-20	12
20-25	5
25-30	3

b) El nombre d'assignatures suspeses dels alumnes d'una classe.

NRE. D'ASSIGNATURES SUSPESES	NRE. D'ALUMNES
0	12
1	9
2	3
3	2
4	1
5 o més	3

- **Polígon de freqüència.** S'utilitza en els mateixos casos que l'histograma. Es construeix unint els punts mitjans dels costats superiors dels rectangles i prolongant les línies, al principi i al final, fins a arribar a l'eix. El seu sentit és suavitzar els esglaons que es produeixen en l'histograma.

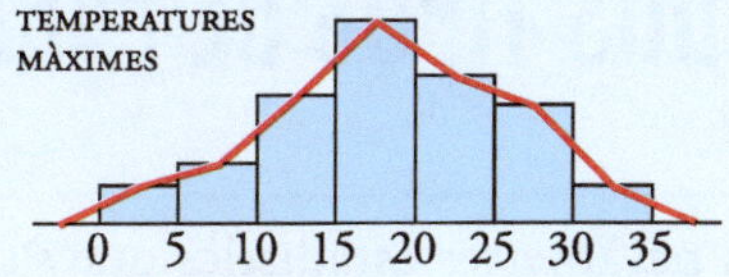

- **Diagrama de sectors.** Es tracta d'un gràfic circular en el qual l'angle de cada sector és proporcional a la freqüència corresponent. Es fa servir molt per a variables qualitatives, tot i que pot representar variables de tota mena.
  Els diagrames de sectors també permeten representar de manera molt visual l'evolució d'una característica de la població, com per exemple el nivell d'estudis, al llarg del temps.

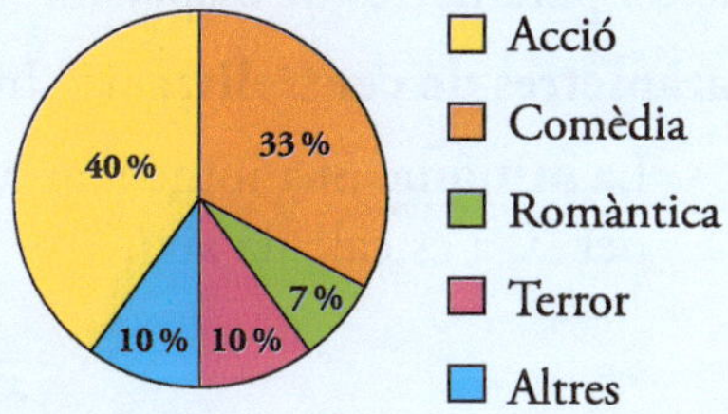

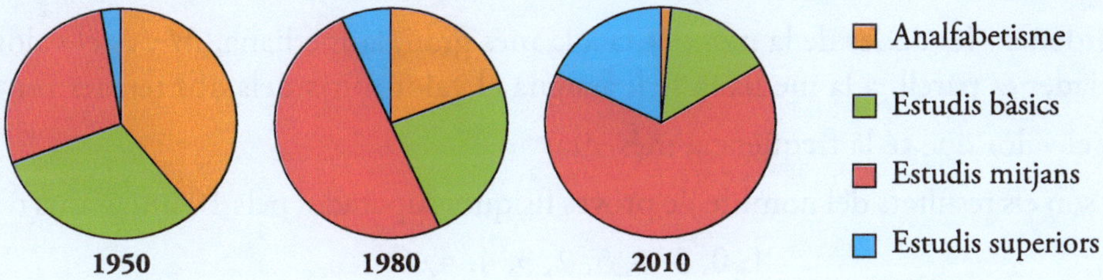

» APLICA EL QUE HAS APRÈS

11. Dibuixa, sobre l'histograma de l'activitat 10a, el polígon de freqüència.

12. Els diagrames de sectors s'utilitzen sovint per comparar la mateixa distribució en diferents països o regions.

Observa els sectors que mostren com es divideix la població treballadora de dos països: Àustria i Mauritània. A quin pertany cada un? Explica per què.

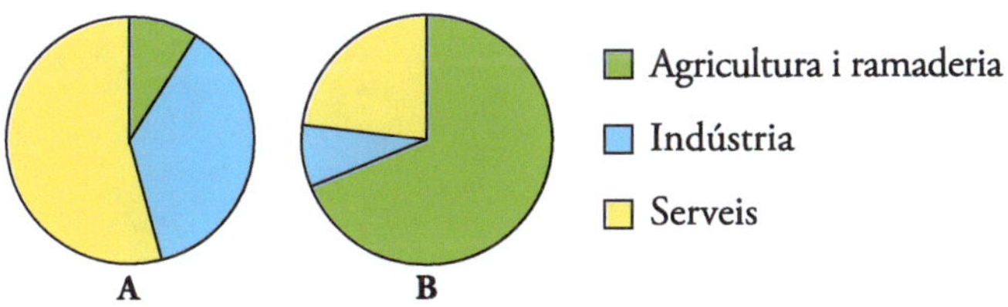

13. Observa l'evolució del consum mundial d'energies primàries per fonts energètiques:

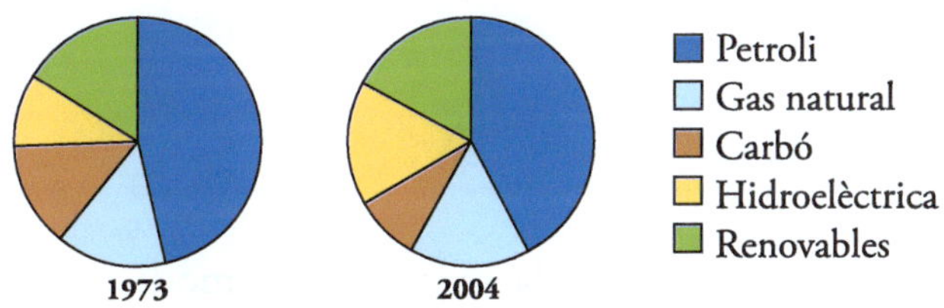

a) Indica de quines energies ha augmentat el consum i de quines ha disminuït.

b) Busca a internet el diagrama corresponent a aquest any. Dibuixa'l de manera aproximada i explica les diferències que hi veus.

5. DOS TIPUS DE PARÀMETRES ESTADÍSTICS

Els paràmetres estadístics que s'estudiaran en aquesta unitat s'agrupen en dues categories: paràmetres de centralització i paràmetres de dispersió.

Paràmetres de centralització. Indiquen al voltant de quin valor (centre) es distribueixen les dades. Inclouen:

– La **mitjana**. Si anomenem $x_1, x_2, \ldots, x_n$ els valors que pren una distribució estadística, la **mitjana** es designa per $\bar{x}$ i es calcula així:

$$\bar{x} = \frac{x_1 + x_2 + \ldots + x_n}{n} \qquad \text{Abreujadament: } \bar{x} = \frac{\sum x_i}{n}$$

– La **mediana**. Si ordenem les dades de la més petita a la més gran, la mediana, *Me*, és el valor que hi ha al mig. Si el nombre de dades és parell, a la mediana se li assigna el valor mitjà dels dos termes centrals.

– La **moda**. *Mo*, és el valor que té la freqüència més alta.

Per exemple, aquests són els resultats del nombre de proves físiques superades pels 10 integrants d'un equip esportiu:

1, 0, 3, 4, 5, 2, 3, 4, 4, 4

Per calcular la mitjana, s'aplica la fórmula següent: $\bar{x} = \frac{1+0+3+4+5+2+3+4+4+4}{10} = \frac{30}{10} = 3$

Per obtenir la mediana, s'ordenen les dades: 0, 1, 2, 3, 3, 4, 4, 4, 4, 5. Les dades centrals són 3 i 4; per tant, la mediana és 3,5.

La moda és 4, ja que és el valor amb una freqüència més alta.

» APLICA EL QUE HAS APRÈS

14. Calcula la mitjana, la mediana i la moda de cada una d'aquestes distribucions estadístiques:

a) 4, 5, 6, 6, 6, 6, 7, 11, 12, 17

b) 10, 12, 6, 9, 10, 8, 9, 10, 14, 2

c) 2, 3, 3, 3, 4, 5, 6, 6, 6, 6, 3, 7

15. Troba els paràmetres de centralització d'aquesta distribució donada pel seu diagrama de barres:

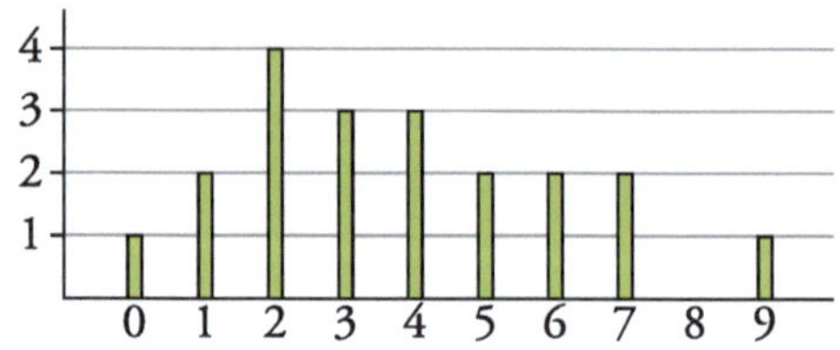

BARCANOVA EDITORIAL

Paràmetres de dispersió. Informen sobre quant s'allunyen del centre els valors de la distribució. Inclouen:

- **Rang o recorregut.** És la diferència entre la dada més gran i la més petita. És a dir, és la longitud del tram dins del qual hi ha les dades.
- **Variància.** És la mitjana dels quadrats de les distàncies de les dades a la mitjana:

$$\text{Variància: } V = \frac{(x_1 - \overline{x})^2 + (x_2 - \overline{x})^2 + \ldots + (x_n - \overline{x})^2}{n} = \frac{\sum (x_i - \overline{x})^2}{n}$$

Aquesta fórmula és equivalent a la següent:

$$\text{Variància: } V = \frac{x_1^2 + x_2^2 + \ldots + x_n^2}{n} - \overline{x}^2 = \frac{\sum x_i^2}{n} - \overline{x}^2$$

- **Desviació típica, σ.** És l'arrel quadrada de la variància: $\sigma = \sqrt{\text{variància}} = \sqrt{\frac{\sum x_i^2}{n} - \overline{x}^2}$

Per exemple, aquests gràfics mostren les edats de les jugadores de dos equips de futbol. La mitjana d'edat dels dos equips és 21 anys.

Equip vermell

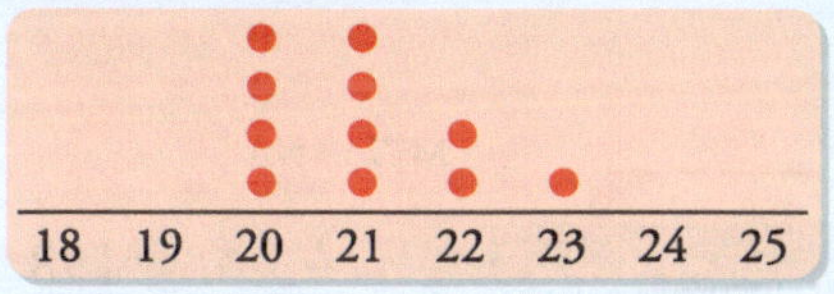

Equip blau

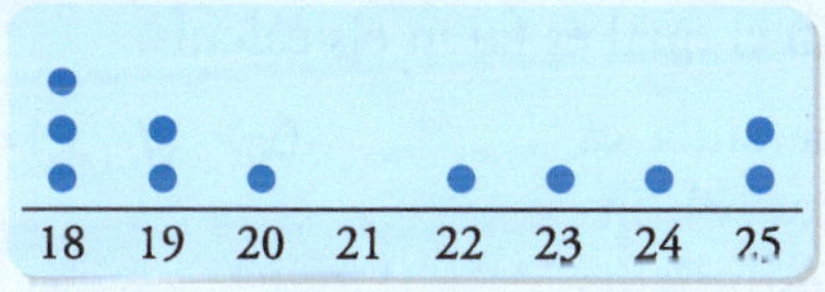

En l'equip vermell el recorregut és 23 – 20 = 3 i en el blau, 25 – 18 = 7.

La variància és:

$$V_{\text{VERMELL}} = \frac{1^2 + 1^2 + 1^2 + 1^2 + 0^2 + 0^2 + 0^2 + 0^2 + 1^2 + 1^2 + 2^2}{11} = 0{,}91$$

$$V_{\text{BLAU}} = \frac{3^2 + 3^2 + 3^2 + 2^2 + 2^2 + 1^2 + 1^2 + 2^2 + 3^2 + 4^2 + 4^2}{11} = 7{,}45$$

Cada nombre elevat al quadrat és la distància de cada dada a la mitjana. Per exemple: $(21 - 20)^2 = 1^2$

La desviació típica és: $\sigma_{\text{VERMELL}} = \sqrt{0{,}91} = 0{,}95$; $\sigma_{\text{BLAU}} = \sqrt{7{,}45} = 2{,}73$

» APLICA EL QUE HAS APRÈS

16. Troba els paràmetres de dispersió de les distribucions següents:

a) 4, 5, 6, 6, 6, 6, 7, 11, 12, 17

b) 10, 12, 6, 9, 10, 8, 9, 10, 14, 2

17. Troba de dues formes diferents la variància d'aquesta distribució: 8, 7, 11, 15, 9, 7, 13, 15.

6. CÀLCUL DE $\bar{x}$ I σ EN TAULES DE FREQÜÈNCIES

- Per trobar la **mitjana** d'una distribució donada per la seva taula de freqüències, s'afegeix a la taula la columna $f_i \cdot x_i$ i es fa aquesta operació:

$$\bar{x} = \frac{\sum f_i x_i}{\sum f_i}$$

$\sum f_i x_i = f_1 x_1 + f_2 x_2 + \ldots + f_n x_n$ és la suma de tots els valors i $\sum f_i = f_1 + f_2 + \ldots + f_n$ és el nombre de termes.

- Per calcular la **desviació típica** s'aplica qualsevol d'aquestes dues expressions equivalents:

$$\sigma = \sqrt{\frac{\sum f_i (x_i - \bar{x})^2}{\sum f_i}}$$

en què $\sum f_i (x_i - \bar{x})^2 = f_1 (x_1 - \bar{x})^2 + \ldots + f_n (x_n - \bar{x})^2$ és la suma dels quadrats de les desviacions a la mitjana.

$$\sigma = \sqrt{\frac{\sum f_i x_i^2}{\sum f_i} - \bar{x}^2}$$

en què $\sum f_i x_i^2 = f_1 x_1^2 + \ldots + f_n x_n^2$ és la suma dels quadrats de tots els valors.

- Quan les dades estan agrupades en intervals, a cada interval se li ha d'assignar una **marca de classe**, que és el seu valor central i amb el qual es faran els càlculs.

Per exemple, a la taula es mostren les notes obtingudes pels 33 estudiants d'una classe en un examen.

$(x_i) \cdot (f_i \cdot x_i)$

x_i	f_i	$f_i \cdot x_i$	$f_i \cdot x_i^2$
4	1	4	16
5	10	50	250
6	14	84	504
7	5	35	245
8	2	16	128
9	1	9	81
	33	198	1 224
	$\sum f_i$	$\sum f_i x_i$	$\sum f_i x_i^2$

MITJANA:

$$\bar{x} = \frac{\sum f_i x_i}{\sum f_i} = \frac{198}{33} = 6$$

DESVIACIÓ TÍPICA:

$$\sigma = \sqrt{\frac{\sum f_i x_i^2}{\sum f_i} - \bar{x}^2} = \sqrt{\frac{1224}{33} - 6^2} = 1{,}04$$

» APLICA EL QUE HAS APRÈS

18. Calcula la mitjana de les distribucions següents:

a) NOMBRE DE FILLS

x_i	0	1	2	3	4	5	6	7	
f_i	6	14	15	7	4	2	1	1	
$x_i \cdot f_i$									

b) NOMBRE DE SUSPENSOS EN AQUESTA AVALUACIÓ

x_i	0	1	2	3	4	
f_i	17	11	3	1	1	
$x_i \cdot f_i$						

19. Troba la mitjana i la desviació típica de la distribució:

x_i	f_i	$f_i \cdot x_i$	$f_i \cdot x_i^2$
1	12	12	12
2	15	30	60
3	24	72	216
4	19	76	304
5	10	50	250
TOTAL			

7. INTERPRETACIÓ CONJUNTA DE $\bar{x}$ I σ

- La **mitjana** d'una mostra indica on és el centre de les dades.
- La **desviació típica** ens orienta sobre com es troben d'allunyades les dades de la mitjana; és a dir, com estan de disperses les dades.
- El **coeficient de variació** permet comparar la dispersió de dues poblacions força diferents entre elles. El resultat es dona, de vegades, en tant per cent. Es calcula amb l'expressió següent: $CV = \frac{\sigma}{\bar{x}}$

EXERCICI RESOLT

1. ***Els quatre gràfics de sota informen del nombre d'hores setmanals que estudien els alumnes de quatre classes. A partir de les dades de la taula de sota, indica a quina classe correspon cada gràfic.***

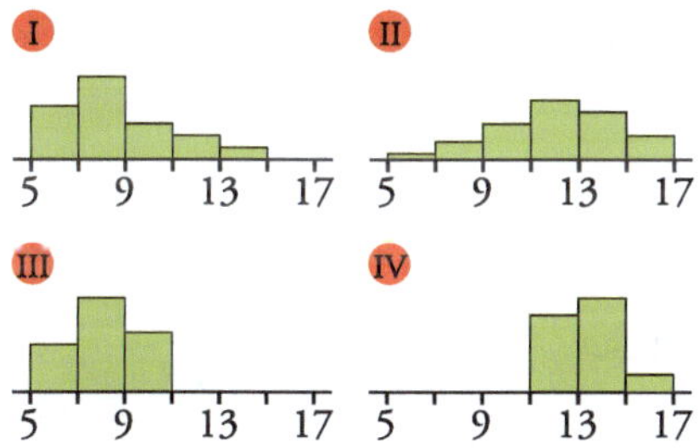

CLASSE	$\bar{x}$	σ
1r A	8,2	0,8
1r B	8	2,5
3r A	12,5	2,3
3r B	13,4	1,2

Si ens fixem en els gràfics, és fàcil veure que les mitjanes de les classes I i III es troben al voltant del 8, mentre que les mitjanes de les classes II i IV són més grans i es troben al voltant del 13. Per tant, podem associar-los d'aquesta manera:

1r A i 1r B ↔ I i III 3r A i 3r B ↔ II i IV

Per distingir entre aquelles classes les mitjanes de les quals són molt semblants, ens fixem en la dispersió de les dades.

És clar que les dades de la classe I estan molt més disperses que les de la classe III, per la qual cosa 1r A ↔ III i 1r B ↔ I.

També s'aprecia clarament que les dades de la classe II estan molt més disperses que les de la classe IV. Concloem, llavors, que: 3r A ↔ II i 3r B ↔ IV

» APLICA EL QUE HAS APRÈS

20. Els gràfics següents mostren els percentatges d'encert en el llançament a cistella dels jugadors de quatre equips de basquetbol. A partir de les dades de la taula, indica la mitjana i la desviació típica corresponents a cada equip.

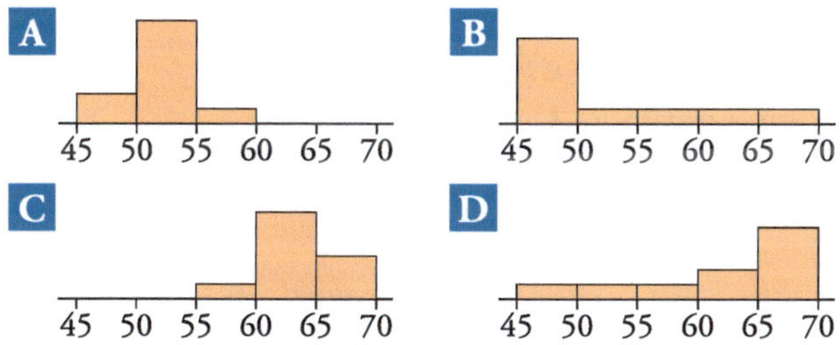

EQUIP	$\bar{x}$	σ
I	52,5	7,1
II	62	6,9
III	63,5	3
IV	52	2,7

21. Preguntem en diferents botigues d'instruments musicals el preu d'uns models concrets de piano, flauta travessera i harmònica. Els resultats obtinguts tenen les mitjanes i les desviacions típiques que hi ha en la taula:

	PIANOS	FLAUTES	HARMÒNIQUES
MITJANA	943 €	132 €	37 €
DESV. TÍPICA	148 €	22 €	12 €

Compara la dispersió relativa dels preus d'aquests tres productes.

8. OBTENCIÓ DE $\bar{x}$ I σ AMB LA CALCULADORA

Per obtenir la mitjana i la desviació típica d'una mostra amb la calculadora, cal seguir els passos següents:

① **Preparació per treballar en estadística**

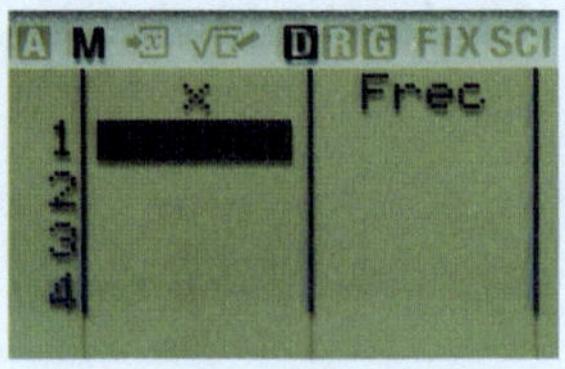

En primer lloc accedim a MENÚ i anem prement la fletxa ▸ fins a arribar a l'opció **6:Estadística**. A continuació, triem **1:1–Variable.** Ens apareix una taula buida per introduir les dades i les seves freqüències.

② **Esborrament de les dades acumulades del treball anterior**

Si en engegar la calculadora la taula conté dades que no desitgem conservar, assegura't que s'esborren totes abans d'introduir les noves. Possiblement necessitis utilitzar la tecla DEL.

x_i	151	156	161	166	171	176
f_i	1	4	9	10	4	2

③ **Introducció de dades**

El cursor es posa en negre en la primera casella de la columna dels x_i. Després d'escriure cada dada, cal prémer ⊜, amb la qual cosa el cursor baixa per introduir la dada següent. Per escriure les freqüències o corregir alguna dada, movem el cursor amb les fletxes ▸▾▴◂.

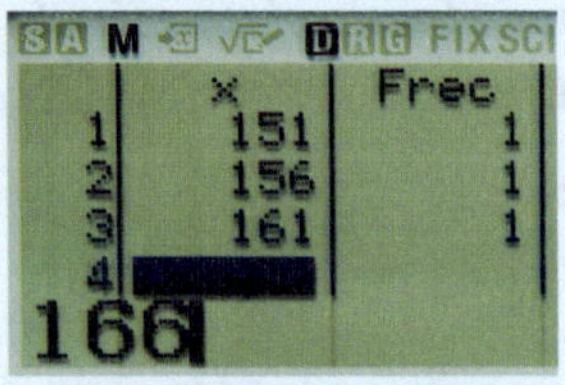

Comencem introduint en la taula tots els valors de la variable.

151 ⊜ 156 ⊜ 161 ⊜ … 166 ⊜

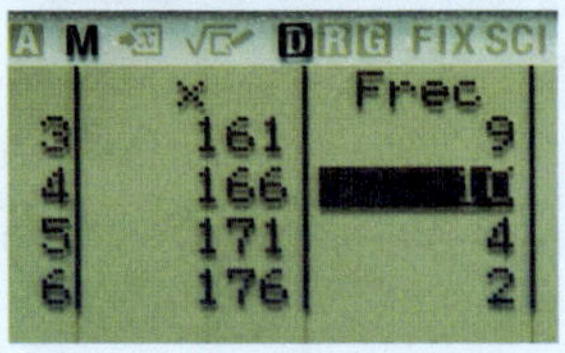

Observa que la calculadora assigna, automàticament, valors 1 en les freqüències corresponents.

Després introduïm les freqüències:

1 ⊜ 4 ⊜ 9 ⊜ 10 ⊜ 4 ⊜ 2 ⊜

④ **Correcció de les dades errònies**

Si hi ha cap error, amb el cursor ens hi situem a sobre, teclegem el valor correcte i premem ⊜.

⑤ **Resultats**

Per obtenir el resum de les dades i el valor dels paràmetres estadístics, accedim a l'opció CALC 1-VARIABLE i obtindrem una pantalla semblant a aquesta:

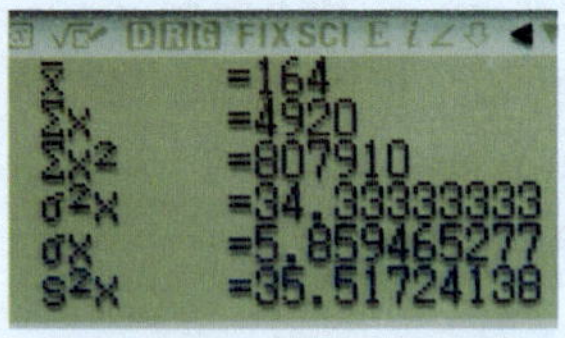

Per visualitzar tots els resultats, ens hem de moure amb el cursor amunt i avall.

Després de treballar amb les dades estadístiques, per tornar a realitzar càlculs aritmètics, has de prémer MENÚ i, a continuació, triar **1:Calcular.**

Les explicacions del text es refereixen a la calculadora CASIO CLASSWIZ. Aquests passos poden variar segons els diferents models de calculadora, per la qual cosa caldrà consultar el manual d'instruccions.

» APLICA EL QUE HAS APRÈS

22. Troba $\bar{x}$ i σ amb la calculadora en la distribució NOMBRE DE FILLS de l'activitat 18 de la pàgina 254.

23. Troba $\bar{x}$ i σ amb la calculadora en la distribució NOMBRE DE SUSPENSOS de l'activitat 18 de la pàgina 254.

» OBSERVA, RAONA I RESOL

1. OBTENCIÓ DE PARÀMETRES ESTADÍSTICS

En una excursió a la muntanya participen 25 persones amb les edats següents:

8	*10*	*10*	*11*	*12*
36	*37*	*37*	*38*	*40*
42	*43*	*43*	*44*	*45*
47	*48*	*50*	*52*	*53*
55	*58*	*61*	*63*	*67*

Fes una taula de freqüències en què classifiquis les edats en 6 intervals que comencin en 7,5 i acabin en 67,5. Troba, a partir de la taula, els paràmetres $\bar{x}$, σ ***i CV.***

Fem la comptabilitat en els 6 intervals. Després, construïm una taula prenent com a valors de la variable les marques de classe:

INTERVAL	FREQÜÈNCIA
7,5-17,5	5
17,5-27,5	0
27,5-37,5	3
37,5-47,5	8
47,5-57,5	5
57,5-67,5	4

x_i	f_i	$f_i \cdot x_i$	$f_i \cdot x_i^2$
12,5	5	62,5	781,25
22,5	0	0,0	0,00
32,5	3	97,5	3.168,75
42,5	8	340,0	14.450,00
52,5	5	262,5	13.781,25
62,5	4	250,0	15.625,00
TOTALS	25	1.012,5	47.806,25

- MITJANA: $\bar{x} = \dfrac{\sum f_i x_i}{\sum f_i} = \dfrac{1.012,5}{25} = 40,5$

- DESVIACIÓ TÍPICA: $\sigma = \sqrt{\dfrac{\sum f_i x_i^2}{\sum f_i} - \bar{x}^2} =$

$$= \sqrt{\frac{47.806,25}{25} - 40,5^2} = 16,49$$

- COEFICIENT DE VARIACIÓ: $CV = \dfrac{\sigma}{\bar{x}} = \dfrac{16,49}{40,5} = 0,407 \rightarrow 40,7\,\%$

Fes-ho tu Aquestes són les estatures, en centímetres, dels 16 membres d'un equip de bàsquet:

178	175	180	189
183	178	191	186
187	189	190	188
201	204	202	203

a) Fes una taula de freqüències amb les dades classificades en 6 intervals que comencin en 175 i acabin en 205. Troba els paràmetres $\bar{x}$, σ i CV.

b) Calcula els mateixos paràmetres introduint les dades a la calculadora, sense agrupar-les en intervals, i compara els resultats.

» EXERCITA LES TEVES COMPETÈNCIES

Practica

Població i mostra. Variables

1. Es volen realitzar els estudis següents:

I. El sexe (nen o nena) de cada nadó nascut en un hospital al llarg d'un any.

II. El diari que llegeix cada habitant d'una ciutat.

III. Les altures i els pesos de tots els alumnes i les alumnes de la classe.

IV. L'edat de les persones que han vist una obra de teatre en una ciutat.

V. Els estudis que pensen seguir els alumnes i les alumnes d'un centre escolar en acabar l'ESO.

a) Digues, en cada un d'aquests casos, quina és la població i quins són els individus.

b) Indica, en cada cas, quina és la variable que s'estudia i de quin tipus és.

c) En quins casos cal recórrer a una mostra? Per què?

2. Digues quines de les mostres següents estan «raonablement» ben preses:

a) En una fruiteria, per veure com són de durs els alvocats, toquem cinc peces.

b) Parlo amb deu dels meus amics sobre política per saber qui guanyarà aquest any les eleccions.

c) Fem una ullada a deu pàgines d'un llibre per veure si ens agraden les seves il·lustracions.

Interpretació de gràfics

3. PROBLEMA RESOLT

Les piràmides de població següents corresponen a tres països molt diferents: Mali (A), Espanya (B) i l'Argentina (C). Analitza les característiques de la piràmide de cada país i justifica les conclusions.

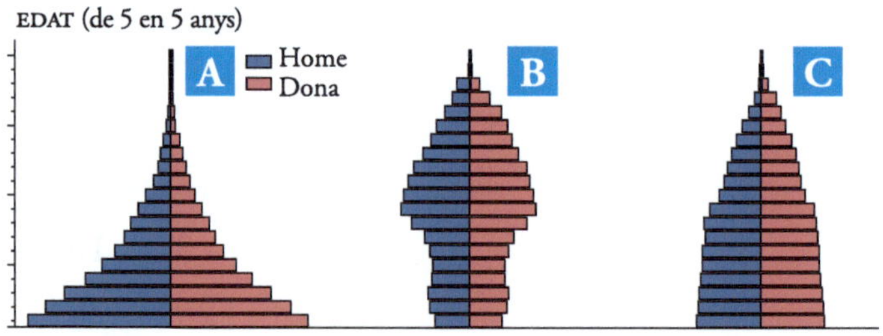

- La piràmide A (Mali) mostra que el percentatge de nens i joves és molt superior al de la resta de la població. És un país amb l'esperança de vida molt per sota dels altres dos i amb molts fills per família. Es tracta d'un país del Tercer Món.
- La piràmide B (Espanya) reflecteix que en les darreres dècades les famílies són cada vegada menys nombroses. Hi ha un alt percentatge de població gran, amb una esperança de vida alta. Podem dir que és un país desenvolupat.
- La piràmide C (Argentina) és semblant a la B; l'esperança de vida és una mica més baixa, però el percentatge de població de menys de 40 anys és alt. Això es tradueix en el fet que les famílies són més nombroses que a Espanya, però molt menys que a Mali.

4. Les següents piràmides de població mostren la distribució per edats i sexes de tres països:

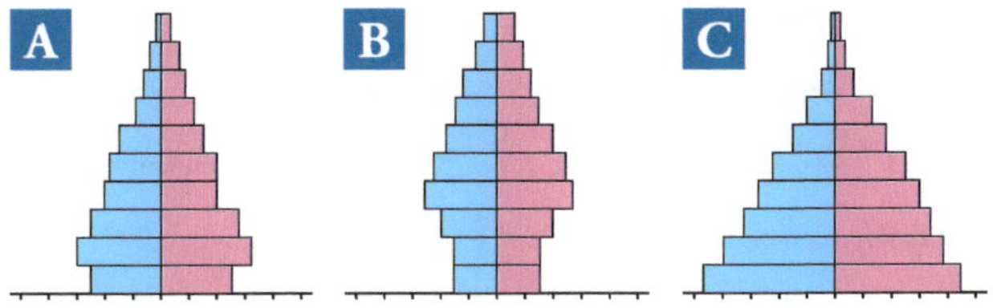

Tenint en compte el problema resolt 3 de la pàgina anterior, associa, justificadament, una gràfica a cadascun d'aquests països:

I. País del Tercer Món.
II. País en vies de desenvolupament.
III. País desenvolupat amb un sistema estable.

5. És freqüent que en un mateix gràfic es representin dues sèries de dades relatives a una mateixa variable. En aquest es mostren dades sobre la climatologia d'un indret determinat durant un any.

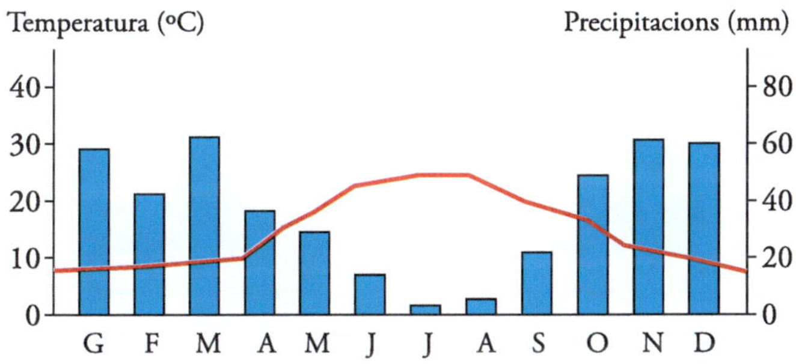

a) Què representen les barres?

b) Què representa la línia contínua?

c) Quines són les variables? De quin tipus són?

d) Descriu la relació entre les dues variables i raona per què és així.

6. Observa el gràfic relatiu a les vendes d'alguns articles en un petit comerç.

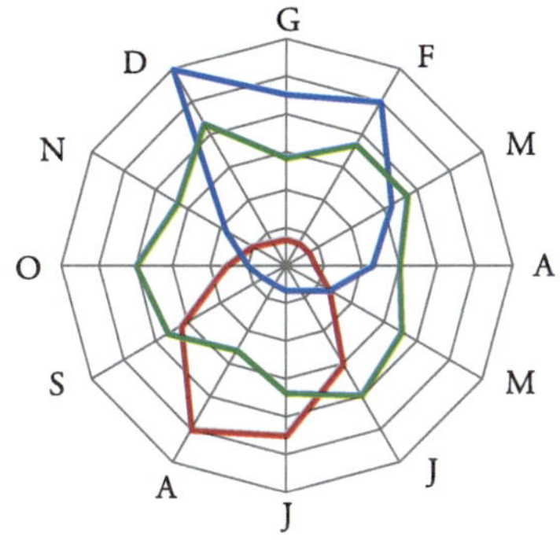

a) Quin color correspon als banyadors? I a les tovalloles? I als guants?

b) A quina estació de l'any s'han venut més banyadors? I menys? Per què?

c) Quan s'ha venut més quantitat de guants?

d) Explica com es comporta el gràfic de les tovalloles.

Elaboració de taules i gràfics

7. En preguntar als estudiants d'un grup de 3r d'ESO pel nombre de llibres que han llegit l'últim mes, hem obtingut les dades següents:

2	1	3	1	1	5	1	2	4	3
1	0	2	4	1	0	2	1	2	1
3	2	2	1	2	3	1	2	0	2

a) Fes la taula de freqüències absolutes.

x_i	f_i	f_i ACUMULADA

b) Construeix el diagrama de barres que correspon a aquestes dades.

8. Aquests són els millors temps presos en curses de 10 km als membres d'un club d'atletisme:

42.20	40.08	47.32	49.50	43.24	48.31	51.42
45.53	47.17	50.37	49.07	51.37	43.28	45.18
44.36	46.15	50.48	47.59	51.21	43.37	42.14

a) Fes una taula de freqüències absolutes i relatives amb els intervals següents:

40 - 42 - 44 - 46 - 48 - 50 - 52

INTERVAL	RECOMPTE	f_i	f_r
			0,048
			0,238
			0,143
			0,190
			0,143
			0,238
		$\Sigma f_i = 21$	$\Sigma f_r = 1$

b) Traça l'histograma corresponent a les freqüències absolutes.

9. Elabora, amb les dades següents, un diagrama de sectors amb els percentatges dels navegadors web més utilitzats al món:

Chrome: 58 %
Internet Explorer: 20 %
Firefox: 12 %
Microsoft Edge: 5 %
Safari: 4 %
Altres: 1 %

Chrome: El 58 % correspon a una freqüència relativa de 0,58. El sector que li correspon és: 360° · 0,58 ≈ 209°

Paràmetres de centralització i dispersió

10. Calcula els paràmetres mitjana, mediana, moda, recorregut, variància, desviació típica i coeficient de variació d'aquesta mostra:

11, 12, 12, 11, 10, 13, 14, 15, 14, 12

x_i	f_i	$f_i \cdot x_i$	$f_i \cdot x_i^2$
TOTALS			

11. Els números de peu dels alumnes d'una classe són els següents:

42, 40, 43, 45, 43   44, 38, 39, 40, 43
41, 42, 38, 36, 38   45, 38, 39, 42, 40
40, 39, 37, 36, 41   46, 44, 37, 42, 39

a) Fes una taula de freqüències amb els intervals següents: 35,5 - 38,5 - 40,5 - 42,5 - 44,5 - 46,5.

INTERVAL	x_i	f_i	$f_i \cdot x_i$	$f_i \cdot x_i^2$
TOTALS				

b) Troba la mitjana, la desviació típica i el CV.

12. Una fàbrica ha comptat el nombre de gots que es trenquen en cada caixa de camí a la botiga. Aquests són els resultats:

NRE. DE GOTS TRENCATS	0	1	2	3	4	5	6
NRE. DE CAIXES	51	23	11	8	4	2	1

a) Completa la taula de freqüències.

x_i	f_i	$f_i \cdot x_i$	$f_i \cdot x_i^2$
TOTAL			

b) Calcula la mitjana, la desviació típica i el coeficient de variació.

13. La taula següent mostra els llançaments de javelina que s'han realitzat en una competició esportiva:

DISTÀNCIES (m)	NRE. DE LLANÇADORS
54 a 58	4
58 a 62	11
62 a 66	24
66 a 70	9
70 a 74	2

a) Fes una taula amb les marques de classe i les freqüències.

INTERVAL	x_i	f_i	$f_i \cdot x_i$	$f_i \cdot x_i^2$
TOTALS				

b) Calcula la mitjana, la desviació típica i el coeficient de variació.

Resol problemes

14. Aquesta taula descriu la població d'un país.

A sota hi ha la seva piràmide de població, en la qual, en lloc de freqüències, s'han posat percentatges. Atenció! Hi ha una barra incorrecta en la part dels homes i una altra, en la de les dones.

GRUP D'EDAT	NRE. D'HOMES (milions)	NRE. DE DONES (milions)
0-9	2 489	2 352
10-19	2 271	2 146
20-29	2 742	2 687
30-39	4 029	3 843
40-49	3 850	3 739
50-59	3 029	3 096
60-69	2 307	2 504
70-79	1 549	1 923
80-89	823	1 355
90-99	106	279

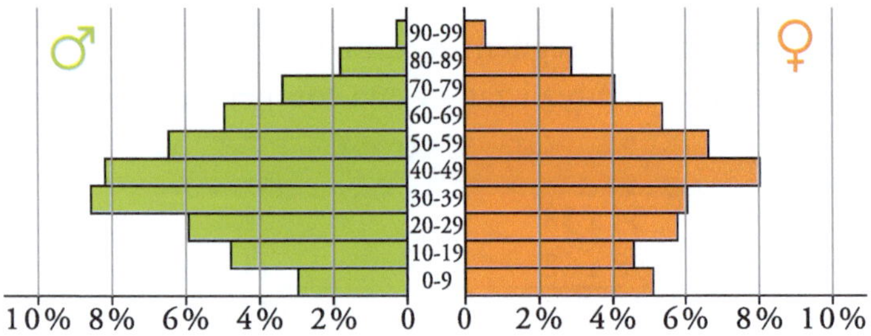

Indica a quin interval corresponen les dues barres mal dibuixades i explica en què es nota l'error.

15. Aquests gràfics corresponen a un estudi sobre preferències musicals realitzat a quatre mostres de població preses en diferents ambients:

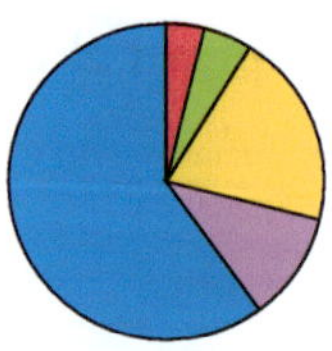

MOSTRA: A la sortida d'una discoteca.

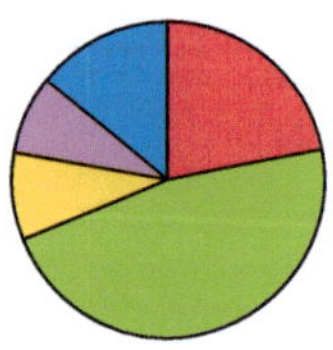

MOSTRA: A la porta del conservatori musical.

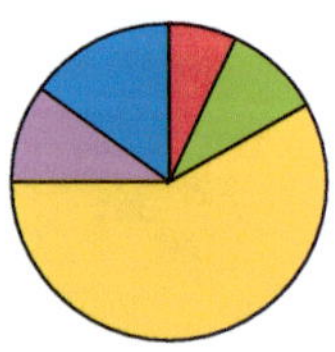

MOSTRA: En una festa a la casa de Colòmbia.

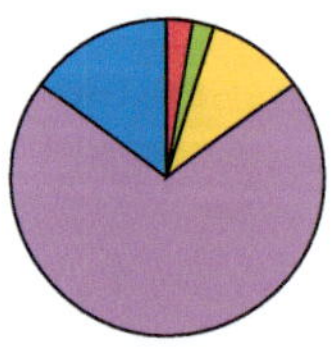

MOSTRA: En un concurs de grafiters.

a) Indica quin d'aquests cinc estils musicals representa cada color: pop-rock, clàssica, jazz, reggaeton, rap.

b) Estima, a ull, el percentatge de cada estil musical en cada una de les mostres.

16. El gràfic següent descriu l'evolució estimada dels grups de població per edats (en percentatge) a la UE per al període 1950-2050:

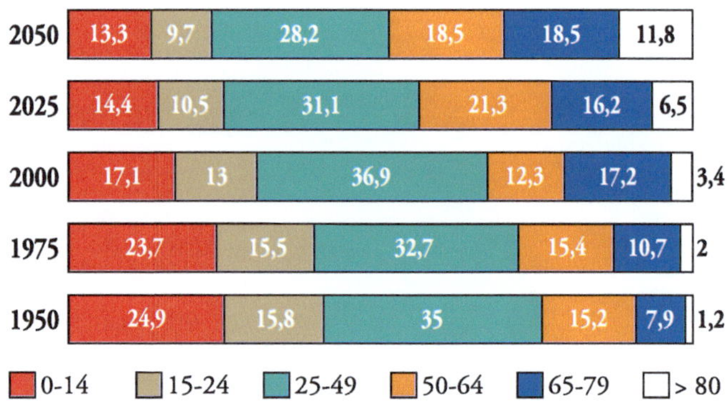

a) Quin grup disminuirà més el seu percentatge? Quin l'augmentarà més?

b) Si s'estima que hi haurà 1.000 milions d'habitants el 2050, quants corresponen a cada grup?

c) Si l'any 2000 hi havia unes 125.200.000 persones majors de 50 anys, quina població tenia la UE aquell any?

17. Aquests quatre gràfics corresponen a les estatures dels jugadors de quatre equips de bàsquet, A, B, C i D, els paràmetres dels quals apareixen en la taula. Quin és el gràfic de cada equip?

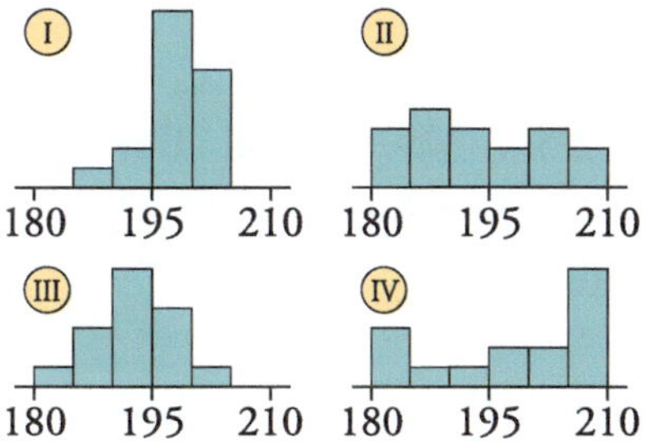

EQUIP	$\bar{x}$	σ
A	198,5	9,7
B	198,1	3,9
C	193	4,6
D	193,4	8,1

Troba el CV de cada equip i ordena'ls de menys a més regulars.

18. En Rafel és venedor ambulant sis dies a la setmana. Ahir, divendres, va calcular que durant aquesta setmana havia aconseguit un guany mitjà de 48 € diaris. En fer el mateix compte avui, dissabte, resulta una mitjana de 60 € diaris. Quants n'ha guanyat avui?

19. Per trobar la nota d'una assignatura, el segon examen val el doble que el primer, i el tercer, el triple que el primer. Quina és la nota final d'una alumna que va treure un 5, un 6 i un 4?

És el teu torn

20. L'estadística és present en tots els àmbits de la nostra vida. La major part de les dades que rebem estan elaborades amb ajuda d'estudis estadístics.

Hi ha dos estaments públics que es dediquen a la realització d'estadístiques sobre tots els aspectes de la societat: són l'Institut Nacional d'Estadística (INE) a l'estat espanyol i l'Institut d'Estadística de Catalunya (Idescat) al nostre país. Aquestes són les referències que cal tenir en compte a l'hora de recórrer a dades fiables.

INE Instituto Nacional de Estadística — Generalitat de Catalunya Institut d'Estadística de Catalunya

www.ine.es — www.idescat.cat

Els professionals de la medicina, l'ecologia, la política, la psicologia, els esports, la publicitat... recorren a l'estadística per realitzar investigacions, millorar resultats, diagnosticar problemes, pronosticar esdeveniments...

Busca a internet notícies en les quals s'hagi recorregut a l'estadística. Tria'n una i fes-ne un informe.

21. Possiblement al llarg de la vostra vida ja heu participat en alguna enquesta, ja sigui al vostre barri o a l'escola. En aquesta activitat et proposem que siguis tu l'entrevistador.

- Feu grups de quatre persones i dissenyeu una enquesta amb unes cinc preguntes d'un tema concret.

  Recordeu que les preguntes han de ser molt clares i directes. Penseu que la variable que esteu estudiant es pot analitzar més fàcilment si és qualitativa o quantitativa discreta.
- Feu l'enquesta a un grup de persones. Penseu que segons el que pregunteu, haureu de seleccionar els individus a qui enquesteu.
- Analitzeu les dades obtingudes. Calculeu les variables estadístiques que permetin les preguntes i representeu els resultats amb una gràfica.
- Expliqueu a la resta de classe les conclusions del vostre estudi estadístic.

» MATEMÀTIQUES EN CONTEXT

SITUACIÓ D'APRENENTATGE

ESTADÍSTIQUES

La Judit ha començat a treballar el tema d'estadística amb els seus alumnes de 3r d'ESO. Vol que treballin el tema d'una manera experimental: no solament a l'aula, sinó també «a peu de carrer», com diu ella. Per això ha format dos equips d'investigadors, que seran els encarregats de recollir les dades que després seran tractades matemàticament per tots els alumnes de la classe.

Un equip farà un mostratge sobre la densitat de trànsit al voltant de l'escola i un altre recollirà dades sobre els dies de més calor de l'estiu passat. Per una banda, la Judit estudia uns tests d'intel·ligència que han fet els seus alumnes de 4t i, per una altra, vol fer un estudi comparatiu entre les notes de matemàtiques de dues classes: 3r A i 3r B.

1. Densitat de trànsit

Per estudiar la densitat de trànsit, els alumnes de la Judit comptaran el nombre de vehicles per minut que passen per un punt determinat a l'hora d'entrar a classe. Han fet un mostratge durant 30 dies feiners, del qual s'han obtingut les dades que es reflecteixen en la taula.

x_i (nombre de cotxes per minut)	f_i (nombre de dies)
20	8
21	10
22	6
23	4
24	2

a) Calcula la moda, la mediana i la mitjana aritmètica d'aquesta distribució.

x_i	f_i	F_i	$x_i \cdot f_i$	$x_i^2 \cdot f_i$

b) Calcula'n la desviació típica.

c) Construeix un diagrama de barres amb les dades i marca-hi el valor aproximat de la mitjana aritmètica.

d) Volem saber si la densitat de trànsit és tal que, com a mínim, el 50 % dels valors que formen la mostra es troben dins l'interval $(\bar{x} - \sigma , \bar{x} + \sigma)$. És cert, això?

BARCANOVA EDITORIAL

2. Test d'intel·ligència de 4t d'ESO

A la classe de 4t d'ESO s'ha fet una prova per mesurar la capacitat de raonament. La puntuació mínima ha estat un 1 i la màxima, un 10. En la taula pots veure les dades enregistrades:

PUNTUACIÓ (x_i)	NOMBRE D'ESTUDIANTS (f_i)
1	3
2	2
3	2
4	4
5	6
6	3
7	5
8	2
9	2
10	1
	30

a) Troba la moda, la mediana i la mitjana.

b) Calcula la desviació típica i el coeficient de variació.

c) Calcula el percentatge d'estudiants la puntuació dels quals és superior a la mitjana en 2 punts com a mínim.

d) Quin és el percentatge d'estudiants que es troba en l'interval $(\bar{x} - \sigma, \bar{x} + \sigma)$?

e) Fes una representació dels estudiants de la classe, segons la seva capacitat, en un diagrama de sectors. Divideix la classe en quatre grups:

- Capacitat baixa (B). Nota entre 1 i 3.
- Capacitat mitjana-baixa (MB). Nota entre 4 i 6.
- Capacitat mitjana-alta (MA). Nota entre 7 i 8.
- Capacitat alta (A). Nota entre 9 i 10.

» TALLER DE MATEMÀTIQUES

» LLEGEIX I REFLEXIONA

La validesa de la mostra

Un estudi estadístic és més fiable com més gran sigui la mostra. No obstant això, no tot és qüestió de quantitat. Cal que la mostra sigui representativa.

En les eleccions presidencials dels Estats Units d'Amèrica de 1936, la revista *Literary Digest* va enquestar més de dos milions de persones i, basant-se en aquestes dades, va predir que resultaria escollit el candidat republicà Landon.

Tanmateix, un jove expert en estadística, George Horace Gallup, va enquestar només cinc mil persones i va predir que guanyaria el candidat demòcrata Roosevelt, com en realitat va succeir.

I és que la revista havia efectuat l'enquesta entre els seus lectors, és a dir, entre un determinat tipus de ciutadans. La mostra no era representativa! T'imagines els resultats si per estudiar els gustos musicals en la societat catalana només es fes l'enquesta en una residència per a la tercera edat?

» INVESTIGA

Organitza les dades

Un pare negociador fa un pacte amb el seu fill:

Després del pròxim examen de Matemàtiques, haurà de sumar, d'una banda, les notes de tots els companys i companyes que hagin tret una nota superior a la seva i, de l'altra, totes les que quedin per sota de la seva.

- Si les notes baixes superen les altes en 50 punts o més, li regalarà una moto.
- Si les notes altes superen les baixes en 20 punts o més, es quedarà a casa estudiant tots els diumenges durant un mes.
- En la resta dels casos, queden en pau.

Les notes dels seus companys i companyes han estat aquestes:

5 - 5 - 4 - 9 - 8 - 6 - 3 - 6 - 3 - 7 - 4 - 5 - 6 - 6

7 - 7 - 4 - 7 - 5 - 2 - 6 - 5 - 5 - 8 - 3 - 9 - 10 - 5

Et sembla un tracte avantatjós per al noi?

Què passa si treu un 5? I si treu un 6? Quina nota necessita per aconseguir la moto?

» UTILITZA EL TEU ENGINY

Les vuit files de quatre nombres sumen el mateix.

Quin és el valor de a, b, c i d?

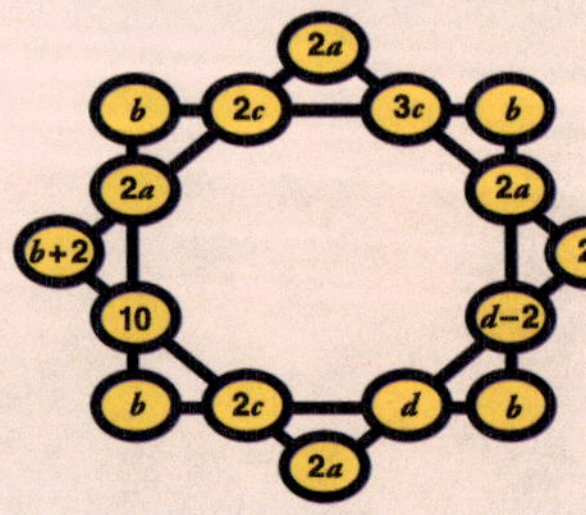

BARCANOVA EDITORIAL

» POSA'T A PROVA

1. Indica, en cada cas, quins són els individus, quina és la població, quina és la variable i de quin tipus és:

a) Nombre de vegades a l'any que ha utilitzat la seva targeta sanitària cada pacient.

b) Temps d'espera de cada pacient en una consulta d'un centre de salut.

c) Tipus d'especialista al qual acudeixen els pacients d'un centre de salut.

2. Aquest és el temps, en minuts, que van passar a la sala d'espera els pacients d'un metge un dia determinat:

28	4	12	35	2	26	45	22	6	23
27	16	18	32	8	47	8	12	34	15
28	37	7	39	15	25	18	17	27	15

a) Reparteix les dades en una taula amb els intervals següents:

INTERVAL	1–9	9–17	17–25	25–33	33–41	41–49
f_i						

b) Representa els resultats mitjançant un gràfic adequat (diagrama de barres o histograma).

c) Els pacients es classifiquen així: *No espera gaire temps*: 1-15 min; *Espera una estona*: 16-30 min; *Espera molta estona*: 31-50 min; elabora una taula amb el diagrama de sectors corresponent.

3. Calcula $\bar{x}$, σ i CV de la distribució següent:

Temps, en minuts, que van passar a la sala d'espera els pacients d'un metge un dia determinat.

TEMPS (min)	FREQÜÈNCIA
D'1 a 9	4
De 9 a 17	5
De 17 a 25	8
De 25 a 33	7
De 33 a 41	4
De 41 a 49	2

TEMPS (min)	x_i	f_i	$f_i \cdot x_i$	$f_i \cdot x_i^2$
D'1 a 9				
De 9 a 17				
De 17 a 25				
De 25 a 33				
De 33 a 41				
De 41 a 49				
	TOTALS			

UNITAT 13

ATZAR I PROBABILITAT

RESOLUCIÓ DE PROBLEMES · RAONAMENT I PROVA
CONNEXIONS · COMUNICACIÓ I REPRESENTACIÓ · SOCIOEMOCIONAL

Començament en els jocs d'atzar

Al principi, la teoria de la probabilitat va estar estretament relacionada amb els jocs i les apostes.

Els primers estudis matemàtics relatius a jocs d'atzar es deuen a alguns algebristes italians del segle XVI. Un d'ells, **Cardano**, va escriure el primer tractat mitjanament organitzat sobre aquest tema: *El llibre dels jocs d'atzar*.

Un problema de Cardano

Aquí pots veure, molt simplificat, un problema del tipus dels que apareixen en els escrits de Cardano:

«Què és més fàcil, treure un quatre en tirar un dau o sumar vuit en tirar dos daus?»

La teoria de la probabilitat

El 1654, el matemàtic francès **Blaise Pascal** va fer un viatge en companyia del seu amic el cavaller De Meré, un jugador habitual. Aquest li va proposar una sèrie de problemes d'atzar que van interessar vivament el matemàtic.

Uns dies després, Pascal els va exposar al seu amic **Pierre Fermat**, també matemàtic, i tots dos els van resoldre, encara que per camins diferents. La correspondència que es va establir entre ells intercanviant idees i nous problemes va donar lloc al naixement de la teoria de la probabilitat.

Un desafiament interromput

Un dels problemes que el cavaller De Meré va proposar a Pascal és el següent:

«Dos contrincants, A i B, es juguen 3.000 doblons (cadascú n'ha posat 1.500) a un joc d'atzar. S'emporta els diners qui guanyi tres partides. Quan A va guanyant 2 a 1, cal interrompre el joc, sense possibilitat de reprendre'l després. Com han de repartir els 3.000 doblons?»

Desenvolupament com a ciència

A partir de Pascal i Fermat, altres matemàtics van aprofundir en aquest nou camp. Els més destacats van ser el suís **Jacques Bernoulli** (1654-1705) i el francès **Laplace** (1749-1827). L'obra més destacable de J. Bernoulli, *Ars Conjectandi (Art de la conjectura)*, és el primer tractat important publicat sobre el càlcul de probabilitats. Laplace, per la seva part, va establir les bases de la teoria analítica de la probabilitat i va iniciar l'etapa moderna del càlcul de probabilitats en la seva obra *Teoria analítica de les probabilitats*. Amb aquesta obra, la teoria de la probabilitat (que considerava «el sentit comú reduït al càlcul») va experimentar un fort impuls.

A mitjans del segle XIX, el naturalista austríac Gregor Mendel va aplicar la probabilitat en l'estudi de l'herència genètica.

RESOL

1. a) Resol el problema de Cardano, enunciat en la pàgina anterior, utilitzant l'esquema següent:

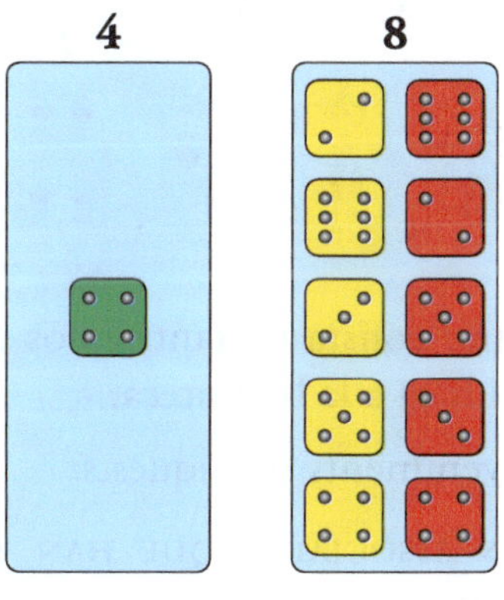

- En tirar un dau, hi ha 1 possibilitat entre 6 d'obtenir un 4:

$P[4]$ = ...

- En tirar dos daus, hi ha 5 possibilitats entre 36 d'obtenir un 8:

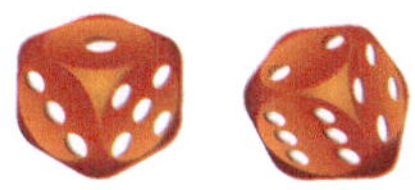

$P[8]$ = ...

b) Què és més probable, «obtenir 5» amb un dau o «sumar 7» amb dos daus?

1. ESDEVENIMENTS ALEATORIS

- Un **esdeveniment aleatori** és aquell esdeveniment la realització del qual es veu influït per l'atzar.

  Per exemple, depenen de l'atzar, llançar una moneda i que surti cara; que toqui una bitllet de la grossa de Nadal; que guanyi el teu equip favorit. No depenen de l'atzar: que demà es farà de dia; que en llançar una moneda, caigui; que a la grossa de Nadal s'escollirà un nombre.
- **Experiències aleatòries.** Una experiència és aleatòria si el resultat depèn de l'atzar.
- En una experiència aleatòria, es defineixen els conceptes següents:
  - **Cas.** És cadascun dels resultats possibles d'una experiència aleatòria. Per exemple, els casos possibles en *llançar un dau* són .
  - **Espai mostral.** És el conjunt de tots els casos possibles i es designa amb la lletra E. En el dau, l'espai mostral és:

    $E =$ 
  - **Esdeveniment.** És un subconjunts de l'espai mostral. Aquests són una mostra d'alguns esdeveniments de l'experiència *llançar un dau*:

- Els casos també són esdeveniments. Els anomenem **esdeveniments elementals** o **individuals**.
- L'espai mostral s'anomena esdeveniment total o **esdeveniment segur**.

EXERCICI RESOLT

1. ***Fixa't en els experiments aleatoris següents. Determina'n l'espai mostral i posa alguns exemples d'esdeveniments:***

***a)** Llançar dues monedes i comptar el nombre de cares.*

***b)** Extreure una carta d'una baralla espanyola i anotar quina surt.*

***c)** Agafar, a l'atzar, la fitxa d'un soci o una sòcia d'una biblioteca i analitzar-ne les dades.*

a) L'espai mostral és $E =$ {0 CARES, 1 CARA, 2 CARES}.

Un esdeveniment és
ALGUNA CARA = {1 CARA, 2 CARES}.

Un altre esdeveniment és
MENYS DE DUES CARES = {0 CARES, 1 CARA}.

b) L'espai mostral consta de 40 casos: cada una de les cartes de la baralla.

Alguns esdeveniments són aquests:

AS = 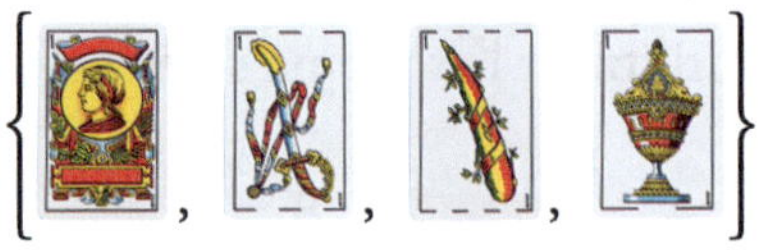

COPES = 

c) L'espai mostral consta de tants casos com persones associades hi hagi a la biblioteca.

Alguns esdeveniments són aquests:

PERSONES ASSOCIADES QUE HAN TRET MÉS DE DEU LLIBRES AQUEST ANY.

PERSONES ASSOCIADES MENORS DE QUINZE ANYS.

PERSONES ASSOCIADES AMB MÉS DE DEU ANYS D'ANTIGUITAT.

» APLICA EL QUE HAS APRÈS

1. En una urna hi ha 10 boles de quatre colors.
Traiem una bola (sense mirar) i n'anotem el color.

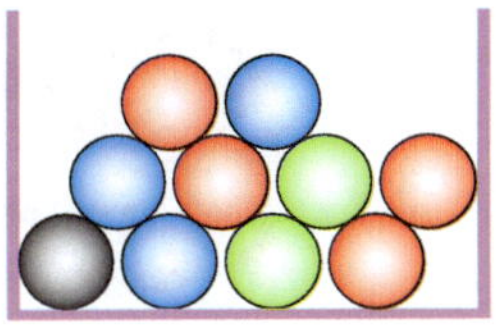

a) És una experiència aleatòria? Justifica la resposta.

b) Escriu-ne l'espai mostral.

c) Inventa cinc esdeveniments.

2. Tenim caramels de maduixa, taronja, llimona i pinya.
N'agafem un sense mirar i en comprovem el gust.

a) És una experiència aleatòria? Justifica la resposta.

b) Escriu-ne l'espai mostral.

c) Inventa dos esdeveniments que tinguin més d'un cas.

3. En una urna hi ha 10 boles numerades.
Traiem una bola i n'anotem el nombre.

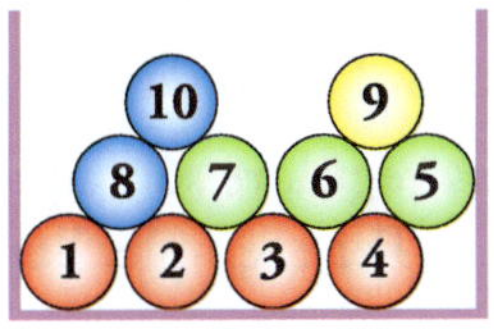

a) És una experiència aleatòria? Justifica la resposta.

b) Escriu-ne l'espai mostral.

c) Inventa cinc esdeveniments.

4. En Daniel ha regalat a la seva germana Maria una capsa de bombons de xocolata.
Treu un bombó i veu que és de xocolata.
És una experiència aleatòria?
Per què?

2. PROBABILITAT D'UN ESDEVENIMENT

- La **probabilitat** d'un esdeveniment indica el grau de confiança que podem tenir que aquest esdeveniment ocorri. S'expressa mitjançant un nombre comprès entre **0** i **1**.
- **Tipus d'experiències.** Poden ser de dos tipus:
  - Les **experiències regulars** són aquelles els casos de les quals tenen tots la mateixa probabilitat. Per exemple: llançar una moneda o un dau.
  - Les **experiències irregulars** són aquelles els casos de les quals tenen diferents probabilitats. Per exemple: llançar una xinxeta.

Experiència regular

Experiència irregular

- La **probabilitat d'un esdeveniment** depèn de si l'experiència és regular o no. Si és irregular, la probabilitat es calcula mitjançant l'experimentació. Si l'experiència és regular, s'assigna a cada cas la mateixa probabilitat.

3. PROBABILITAT EN EXPERIÈNCIES REGULARS. LLEI DE LAPLACE

Llei de Laplace. Si es fa una experiència aleatòria amb un instrument regular, l'espai mostral té n elements (casos) i, per tant, la probabilitat de cada cas és $1/n$.

S és un esdeveniment que consta de k elements. Llavors, la probabilitat de S és aquesta: $P[S] = \frac{k}{n}$

Això s'expressa de la manera següent: $P[S] = \frac{\text{nombre de casos favorables a } S}{\text{nombre total de casos possibles}}$ LLEI DE LAPLACE

EXERCICI RESOLT

2. ***En una capsa de 3.586 claus, n'hi ha 311 que són defectuosos. Si en traiem un, calcula:***

a) P[DEFECTUÓS].

b) P[CORRECTE].

a) $P[\text{DEFECTUÓS}] = \frac{\text{nombre de claus defectuosos}}{\text{nombre total de claus}} = \frac{311}{3.586} = 0,0867$

b) Hi ha 3.586 – 311 = 3.275 claus correctes.

$P[\text{CORRECTE}] = \frac{\text{nombre de claus correctes}}{\text{nombre total de claus}} = \frac{3.275}{3.586} = 0,9133$

» APLICA EL QUE HAS APRÈS

5. Extraiem una carta d'una baralla espanyola amb 40 cartes. Troba la probabilitat d'obtenir:

a) El rei de bastos.

b) Una figura (sota, cavall o rei).

c) Una copa.

6. En fer girar l'agulla, quina és la probabilitat d'obtenir un nombre parell?

7. En un campament hi ha 32 joves europeus, 13 d'americans, 15 d'africans i 23 d'asiàtics. En triem el portaveu a l'atzar. Quina probabilitat hi ha que sigui europeu?

8. Calcula la probabilitat que quan s'extregui una bola:

a) Sigui blava. **b)** No sigui verda.

4. PROBABILITAT EN EXPERIÈNCIES IRREGULARS. LLEI DELS GRANS NOMBRES

Llei dels grans nombres. Quan repetim moltes vegades, N, una experiència aleatòria, la freqüència relativa de cada esdeveniment, S, pren valors molt semblants a la seva probabilitat: $f_r(S) \approx P[S]$. Com més gran sigui N, més s'assembla $f_r(S)$ a $P[S]$.

EXERCICI RESOLT

3. ***En les estadístiques d'una jugadora de futbol, fetes al llarg del campionat, de tots els tirs a porteria s'han comptat 35 gols i 189 errors. Quina probabilitat assignem a cada un dels dos esdeveniments?***

L'única manera d'assignar una probabilitat a aquest tipus d'esdeveniments és experimentar o recórrer a l'experiència emmagatzemada.

Aquesta experiència es redueix a 35 + 189 = 224 tirs a porteria. Els resultats són aquests:

GOLS: 35 de 224 → 35/224 = 0,15625
ERRORS: 189 de 224 → 189/224 = 0,84375

Per tant, assignem:

$P[\text{GOL}] \approx 0{,}15625$ $\qquad P[\text{ERROR}] = 0{,}84375$

5. PROBABILITAT EN EXPERIÈNCIES COMPOSTES

Una **experiència composta** és aquella que és formada per més d'una experiència simple, per exemple tirar un dau i llançar una moneda. Per estudiar les experiències compostes, es disposa de:

- **Taules de doble entrada.** Són taules que recullen tots els casos possibles. Per calcular la probabilitat d'un esdeveniment compost, s'estudien els valors de la taula i es calcula la probabilitat amb la llei de Laplace. Per exemple, en llançar dues monedes, poden sortir 0 cares, 1 cara o 2 cares. No obstant això, aquests tres casos no són igual de probables:

$P[0 \text{ CARES}] = \frac{1}{4} \qquad P[1 \text{ CARA}] = \frac{2}{4} = \frac{1}{2} \qquad P[2 \text{ CARES}] = \frac{1}{4}$

NOMBRE DE CARES		
	2 CARES	1 CARA
	1 CARA	0 CARES

- **Diagrama d'arbre.** És un gràfic en el qual es representen totes les possibilitat d'una experiència composta mitjançant rutes com si fossin les branques d'un arbre. En l'experiència anterior de tirar dues monedes, el diagrama d'arbre seria el següent:

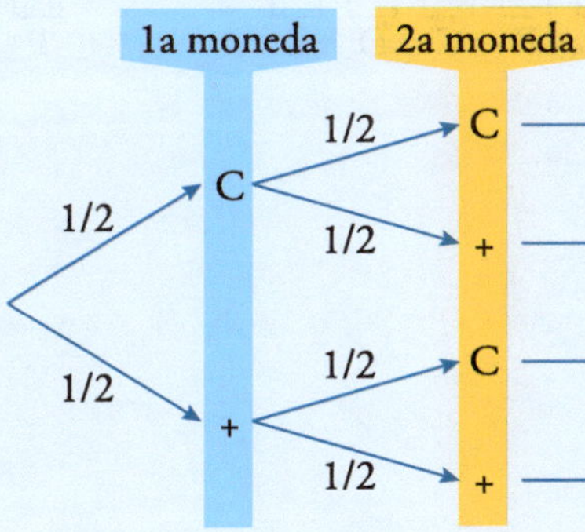

$P[\text{C i C}] = \frac{1}{2}\cdot\frac{1}{2} = \frac{1}{4} \longrightarrow P[0 \text{ cares}] = \frac{1}{4}$

$P[\text{C i +}] = \frac{1}{2}\cdot\frac{1}{2} = \frac{1}{4}$

$P[\text{+ i C}] = \frac{1}{2}\cdot\frac{1}{2} = \frac{1}{4}$

$\longrightarrow P[1 \text{ cara}] = \frac{1}{4} + \frac{1}{4} = \frac{1}{2}$

$P[\text{+ i +}] = \frac{1}{2}\cdot\frac{1}{2} = \frac{1}{4} \longrightarrow P[2 \text{ cares}] = \frac{1}{4}$

» APLICA EL QUE HAS APRÈS

9. En una capsa hi ha dos tipus de galetes: les de xocolata, X, i les normals, N. En traiem una a l'atzar i, després, la tornem a la capsa. Si hem extret 27 galetes de xocolata i 13 galetes normals, quins valors assignaries a $P[X]$ i a $P[N]$?

10. Llancem dos daus i sumem les puntuacions.

a) Completa la taula de doble entrada d'aquesta experiència composta.

+	⚀	⚁	⚂	⚃	⚄	⚅
⚀						
⚁						
⚂						
⚃						
⚄						
⚅						

b) Calcula les probabilitats de cada resultat (sumar 2, 3, 4, 5, 6, 7, 8, 9, 10, 11 i 12).

c) Quina és la probabilitat que la suma sigui més petita que 6?

d) Quina és la probabilitat que sigui més gran que 6?

e) I que es trobi entre 4 i 7, tots dos inclosos?

11. Llancem dos daus. Troba la probabilitat d'obtenir un nombre parell en el primer i un múltiple de 3 en el segon.

12. Llancem simultàniament un dau correcte i una xinxeta. Volem calcular les probabilitats de cada un dels dobles resultats. Suposa que $P[$$] = 0,7$. Omple la taula.

	⚀	⚁	⚂	⚃	⚄	⚅

13. Quina és la probabilitat que una bola que es deixa caure per l'embut caigui en cada casella?

a) En l'aparell I. **b)** En l'aparell II.

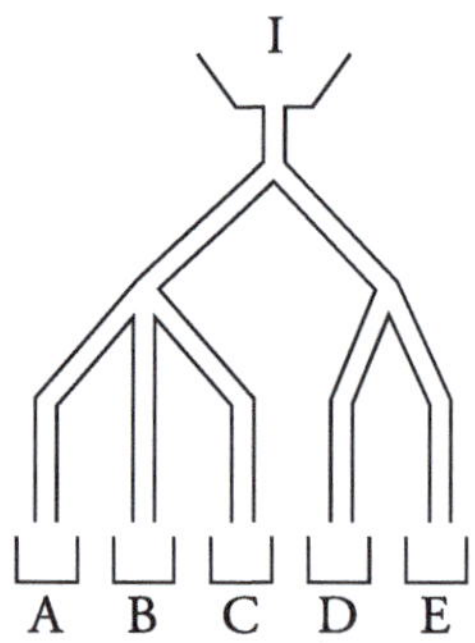

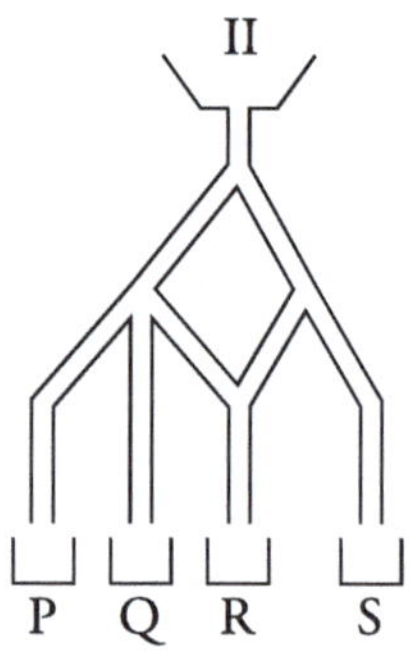

GeoGebra. Fes les activitats «Dòmino», «Dos daus» i «Loteria» per calcular probabilitats.
Fes les activitats «Els camins», «Urna» i «El ratolí» per calcular probabilitats.

» OBSERVA, RAONA I RESOL

1. EXPERIÈNCIES COMPOSTES. DIAGRAMES D'ARBRE

Extraiem una bola de la 1a urna i la posem en la 2a. Després, extraiem una bola de la 2a urna.

Calcula aquestes probabilitats:

a) P[1a 🔴 i 2a 🔴]

b) P[1a 🟢 i 2a 🔴]

c) P[2a 🔴], sense fixar-nos en el color de la primera.

d) P[2a 🟢], sense fixar-nos en el color de la primera.

Fem un diagrama d'arbre:

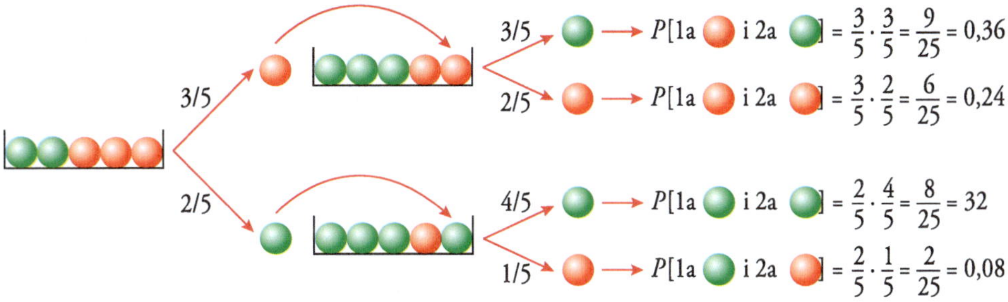

Els apartats a) i b) ja estan solucionats en aquest diagrama.

a) P[1a 🔴 i 2a 🔴] = 0,24 **b)** P[1a 🟢 i 2a 🔴] = 0,08

c) Fem el diagrama i agafem només els resultats que volem:

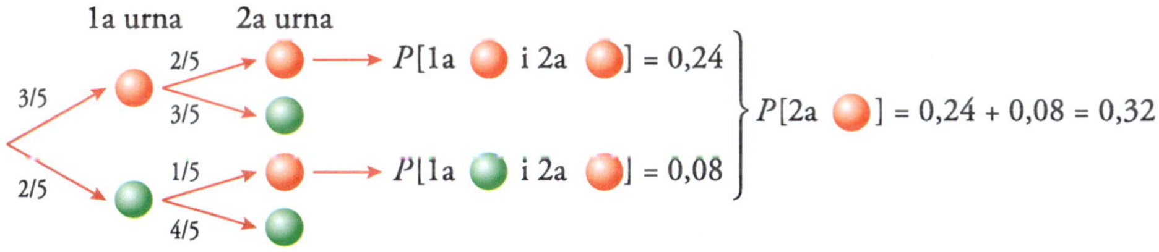

d) Fem el mateix que en l'apartat anterior:

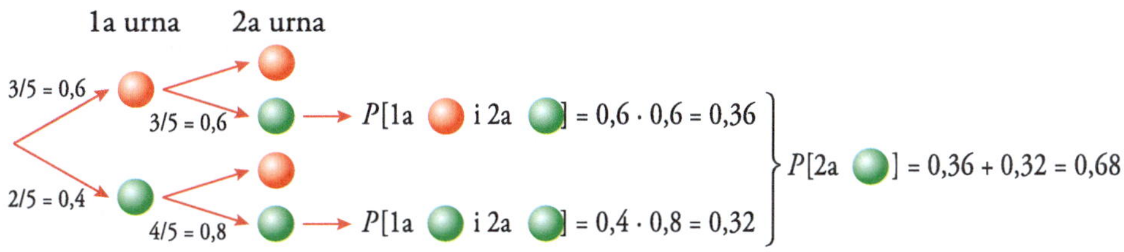

Observa que P[2a 🔴] + P[2a 🟢] = 0,32 + 0,68 = 1, la qual cosa és lògic tenint en compte que la segona bola necessàriament és vermella o és verda.

Fes-ho tu Suprimeix una bola verda de cada una de les dues urnes d'aquest exercici i calcula les mateixes probabilitats que es demanen.

» EXERCITA LES TEVES COMPETÈNCIES

Practica

Espais mostrals. Esdeveniments

1. Indica l'espai mostral de cada una de les següents experiències aleatòries:

a) Assenyalo a l'atzar un poble en un mapa de Catalunya.

b) Llanço un cub de Rubik acabat de muntar i anoto el color de la cara de dalt.

c) Assenyalo una paraula qualsevol d'un llibre triat a l'atzar i observo quina és la primera vocal que apareix.

d) Trec una carta d'una baralla espanyola i observo el coll (oros, copes, espases o bastos).

2. Llancem un dau en forma de dodecaedre, amb les cares numerades de l'1 al 12, i anotem el nombre obtingut.

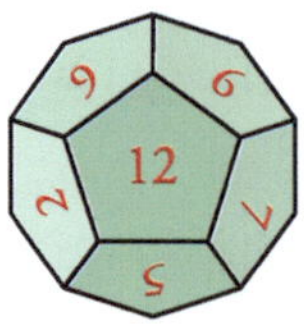

a) Quin és l'espai mostral?

b) Descriu els esdeveniments:

A = «Menys de 5» B = «Més de 7»

C = «Nombre parell» D = «No múltiple de 3»

3. Escollim a l'atzar un dia qualsevol de la setmana.

a) Quin és l'espai mostral?

b) Descriu els esdeveniments:

A = «Cap de setmana»

B = «Els que comencen amb *dim*»

C = «Els que acaben en *s*»

4. PROBLEMA RESOLT

Llancem un dau i observem el nombre que surt. Descriu el contrari de cada un dels esdeveniments següents:

a) Nombre parell. ***b) Més gran que 3.***

c) Més petit o igual que 4. ***d) Múltiple de 3.***

a) Els nombres parells són {2, 4, 6}. L'esdeveniment contrari és aquest: Nombre imparell = {1, 3, 5}.

b) Més petit o igual que 3 = {1, 2, 3}

c) Més gran que 4 = {5, 6}

d) No múltiple de 3 = {1, 2, 4, 5}

5. Descriu els esdeveniments contraris als esdeveniments A, B, C i D de l'exercici 2.

Probabilitats en experiències simples

6. EXERCICI RESOLT

Calcula les probabilitats dels esdeveniments A, B, C i D de l'activitat 2. Troba la probabilitat dels contraris.

$P[A] = P[\{1, 2, 3, 4\}] = 4/12 = 1/3$

$P[B] = P[\{8, 9, 10, 11, 12\}] = 5/12$

$P[C] = P[\{2, 4, 6, 8, 10, 12\}] = 6/12 = 1/2$

$P[D] = P[\{1, 2, 4, 5, 7, 8, 10, 11\}] = 8/12 = 2/3$

Quant als contraris, tenim en compte el següent:

$P[A] + P[\text{CONTRARI DE } A] = 1$

Així: $P[\text{CONTRARI DE } A] = 1 - P[A]$.

Per tant:

$P[\text{CONTRARI DE } A] = 1 - 1/3 = 2/3$

$P[\text{CONTRARI DE } B] = 1 - 5/12 = 7/12$

$P[\text{CONTRARI DE } C] = 1 - 1/2 = 1/2$

$P[\text{CONTRARI DE } D] = 1 - 2/3 = 1/3$

7. Troba les probabilitats dels esdeveniments A, B i C de l'activitat 3. Calcula també la dels contraris.

8. Llancem un dau «clàssic». Calcula les probabilitats que el resultat sigui:

a) 1 o 2.

b) Parell.

c) Més gran que 1.

d) Més petit que 1.

e) Més petit que 7.

9. La professora ha portat aquests llibres a classe:

TÍTOL	NOMBRE DE LLIBRES
L'illa del tresor	11
El petit príncep	8
De la Terra a la Lluna	6
El comte de Montecristo	5

Si s'assignen a l'atzar, calcula la probabilitat que el llibre que li toqui al primer de la llista:

a) Sigui *L'illa del tresor*.

b) No siguin ni *El petit príncep* ni *El comte de Montecristo*.

c) No sigui *De la Terra a la Lluna*.

Probabilitats en experiències compostes

10. Llancem un dau i fem girar la ruleta:

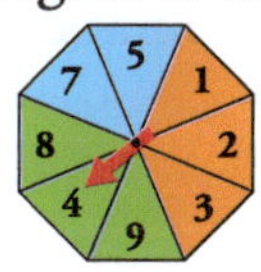

a) Quina és la probabilitat d'obtenir dos nombres parells?

b) Troba la probabilitat d'obtenir un nombre més gran que 2 amb el dau i un color que no sigui blau amb la ruleta.

c) Quina probabilitat hi ha de treure 5 o 6 amb el dau?

11. EXERCICI RESOLT

D'una urna amb 3 boles verdes i 2 de vermelles, n'extraiem dues boles. Calcula les probabilitats següents:

a) P[1a 🟢 i 2a 🟢] *b) P[1a 🔴 i 2a 🔴]*

c) P[1a 🔴 i 2a 🟢]

Extreure dues boles és igual que treure'n una primer i una altra després.

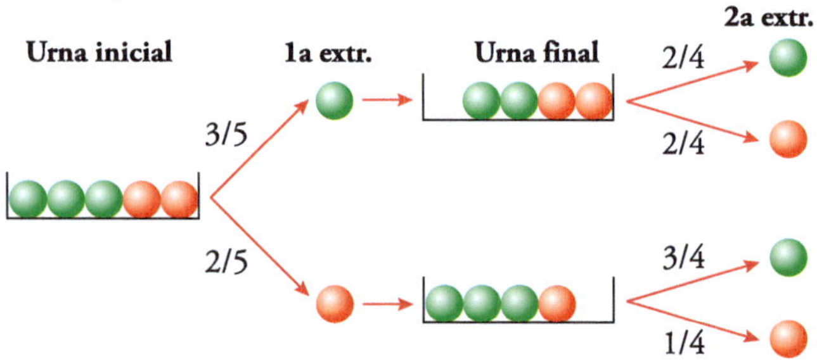

a) P[1a 🟢 i 2a 🟢] = 3/5 · 2/4 = 6/20 = 0,3

b) P[1a 🔴 i 2a 🔴] = 2/5 · 1/4 = 2/20 = 0,1

c) P[1a 🔴 i 2a 🟢] = 2/5 · 3/4 = 6/20 = 0,3

12.

Extraiem dues cartes d'una baralla espanyola. Calcula la probabilitat d'aquests esdeveniments:

a) Dos asos.

b) Un as i un rei.

c) Dos oros.

d) Cap copa (no copa i no copa).

e) Dues figures (sota, cavall o rei).

f) Una figura i una no figura.

13.

Agafem a l'atzar una bola de la 1a urna, la posem en la 2a i traiem una bola d'aquesta 2a urna.

Completa el diagrama d'arbre (N: bola negra; B: bola blanca; V: bola vermella):

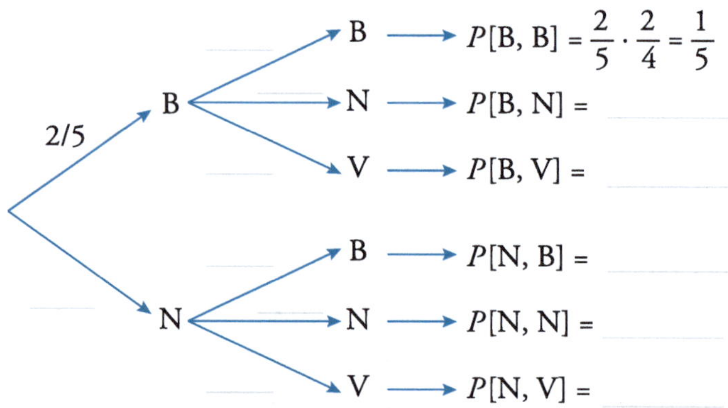

Calcula les probabilitats següents:

a) P[1a ⚫ i 2a ⚫]

b) P[1a ⚪ i 2a ⚫]

c) P[2a ⚫]

d) P[2a ⚪]

e) P[2a 🔴]

BARCANOVA EDITORIAL

Resol problemes

14. Tenim aquestes quatre cartes d'una baralla espanyola (40 cartes):

Traiem a l'atzar una altra carta de la pila:

a) Quina és la probabilitat que la suma de les puntuacions de les cinc cartes (les quatre de la taula i l'extreta de la pila) sigui 15? I 16?

b) Quina és la probabilitat d'obtenir una escala?

15. Calcula la probabilitat que la suma dels resultats del dau i la ruleta de l'exercici 10 sigui més gran que 10.

Completa la taula de doble entrada.

	1	2	3	4	5	7	8	9
1								
2								
3								
4								
5								
6								

16. Llancem dos daus. Calcula la probabilitat que el producte de les puntuacions:

a) Sigui 5.

b) Sigui 6.

c) Sigui 4.

17. Llancem dos daus. Completa la taula de doble entrada i troba la probabilitat:

	1	2	3	4	5	6
1						
2						
3						
4						
5						
6						

a) D'obtenir, com a mínim, un 6.

b) Que les dues puntuacions coincideixin.

c) Que una puntuació sigui més gran que l'altra.

18. Coneixes el dòmino? És un joc amb fitxes d'aquest tipus:

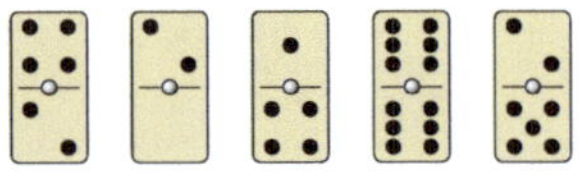

Hi ha fitxes amb totes les possibles combinacions amb els nombres 0, 1, 2, 3, 4, 5 i 6, incloent-hi les dobles.

a) Comprova amb una taula de doble entrada que hi ha 28 fitxes.

	1	2	3	4	5	6
1						
2						
3						
4						
5						
6						

Traiem una fitxa a l'atzar. Calcula aquestes probabilitats:

b) La suma dels nombres és 6.

c) La suma és un nombre imparell.

d) El producte dels dos nombres és més petit que 6.

19. En una família de 4 fills, quina és la probabilitat que tots siguin homes? Quina és la probabilitat que en una família de tres fills, siguin 2 nois i 1 noia?

20. Quina probabilitat hi ha d'obtenir dues cares llançant dues monedes? I llançant tres monedes? I si llancem quatre monedes?

21. PROBLEMA RESOLT

En un centre escolar hi ha 1.000 estudiants repartits com indica aquesta taula:

	NOIS	NOIES	TOTAL
PORTA ULLERES	187	113	300
NO PORTA ULLERES	413	287	700
TOTAL	600	400	1.000

Se n'escull un a l'atzar. Troba aquestes probabilitats:

***a)** P[NOI]*

***b)** P[NOIA]*

***c)** P[PORTA ULLERES]*

***d)** P[NOIA AMB ULLERES]*

***e)** P[PORTA ULLERES, SABENT QUE ÉS NOIA]*

a) P[NOI] = 600/1.000 = 0,6

b) P[NOIA] = 1 – 0,6 = 0,4

c) P[PORTA ULLERES] = 300/1.000 = 0,3

d) P[NOIA AMB ULLERES] = 113/1.000 = 0,113

e) Com que sabem que és noia, agafem 400 com a total. D'aquestes, 113 porten ulleres. Per tant:

P[PORTA ULLERES, SABENT QUE ÉS NOIA] = 113/400 = = 0,2825

22. En una empresa hi treballen 100 homes i 100 dones. Dels 200 treballadors, hi ha 40 homes i 35 dones que tenen alguna al·lèrgia. Completa la taula de doble entrada.

	HOMES	DONES	TOTAL
AL·LÈRGICS			
NO AL·LÈRGICS			
TOTAL			

a) Si escollim un empleat a l'atzar, calcula la probabilitat que sigui home i que no sigui al·lèrgic.

b) Si sabem que l'escollit no és al·lèrgic, quina és la probabilitat que sigui dona?

23. Avui hi ha tres partits: de bàsquet, de futbol i de tenis. D'un grup de 40 amics i amigues, 21 prefereixen el futbol i 5, el tenis. Hi ha 10 nois que volen veure bàsquet, 9 noies que volen veure futbol i 3 noies que prefereixen veure el tenis. Completa la taula de doble entrada.

	NOIS	NOIES	TOTAL
FUTBOL			
TENIS			
BÀSQUET			
TOTAL			

a) Sigui noi.

b) No vulgui veure el tenis.

c) Sigui un noi que vulgui veure el tenis.

d) Sigui una noia que vulgui veure el bàsquet.

e) Sabent que és una noia, que vulgui veure futbol.

f) Sabent que prefereix veure tenis, que sigui un noi.

És el teu torn

24. Avui, a la classe de Matemàtiques, la professora ens proposa un experiment. En una bossa de roba opaca hi ha 8 boles numerades, de l'1 al 8, i se n'extreuen dues de manera successiva.

En aquestes condicions de partida, es poden definir molts esdeveniments, per exemple "que la primera bola sigui parell i la segona no", "que la suma del valor dels dos nombres sigui més gran que 10" i molts més. Ara bé, per calcular la probabilitat d'aquests esdeveniments, cal saber si un cop extreta la primera bola, aquesta es retorna a la bossa (amb devolució) o no s'hi retorna (sense devolució).

– Descriu dos esdeveniments relacionats amb l'experiència de treure dues boles consecutives de la bossa i calcula'n la probabilitat en els dos supòsits, que hi hagi devolució i que no hi hagi devolució. Si ho necessites, pots ajudar-te d'una taula de doble entrada o d'un diagrama d'arbre.

– Escriu cada esdeveniment en un tros de paper i a l'altra cara del paper, la probabilitat que has calculat per a aquest esdeveniment si té lloc amb devolució i sense devolució.

– Intercanvia els teus esdeveniments amb altres companys de classe i esbrina si han calculat bé les probabilitats dels esdeveniments que han descrit.

» MATEMÀTIQUES EN CONTEXT

SITUACIÓ D'APRENENTATGE

CAP DE SETMANA DE PORTES OBERTES

Aquest cap de setmana, la Júlia i els seus amics visiten l'escola acompanyats de les seves famílies amb ocasió de la jornada de portes obertes. Visiten les diferents parades on han preparat activitats relacionades amb cada departament de l'escola: Ciències, Geografia, Educació física, Visual i plàstica, Matemàtiques, etc. La Judit, professora de Matemàtiques, ha preparat una sèrie d'entreteniments i jocs que tenen a veure amb les probabilitats. A tothom li han agradat molt els jocs d'atzar i s'ho han passat d'allò més bé.

1. La ruleta trucada

En la primera parada hi havia una ruleta com la del dibuix: té sis caselles parelles i tres, de senars, per la qual cosa, la probabilitat que la fletxa s'aturi en un nombre parell és el doble de la probabilitat que s'aturi en un nombre senar.

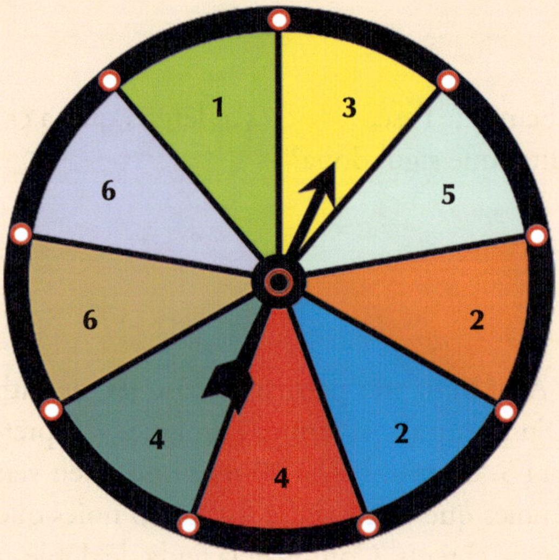

La Júlia proposa a en Xavier de fer una partida i, per tal d'equilibrar el joc, li fa la proposta següent: «Tu, Xavier, guanyes si surt un 4 o un 6. Jo guanyo si surt un nombre senar o un 2». En Xavier vol estudiar les condicions del joc abans d'acceptar de jugar-hi.

a) Indica la probabilitat de cada un d'aquests resultats: 1, 2, 3, 4, 5, 6.

b) Quina probabilitat té en Xavier de guanyar? I la Júlia? És just, el joc?

c) Després de pensar-s'ho una mica, en Xavier proposa aquest altre joc a la Júlia: «Jo guanyo si surt un nombre primer. Tu guanyes si surt un 4 o un 6. Empatem si surt un 1». És just, ara, el joc?

2. Boles i més boles

Una de les parades que han despertat més interès entre els assistents a la jornada de portes obertes ha estat la dels laberints.

En el joc hi participen 32 persones en cada un dels tres laberints. Cada jugador rep una bola numerada de l'1 al 32. Es col·loquen les 32 boles a la boca superior d'un dels laberints i es deixen caure. Les boles cauen pels canals del laberint i, quan arriben a una bifurcació, tant poden caure cap a l'esquerra com cap a la dreta. Cada laberint consta de diverses sortides en les quals hi ha una mateixa quantitat de diners com a premi. El premi de cada sortida es repartirà entre tots els jugadors la bola dels quals arribi a aquest punt.

a) Es llacen les 32 boles pel laberint I. Estima el nombre de boles que poden arribar a cada sortida del laberint I.

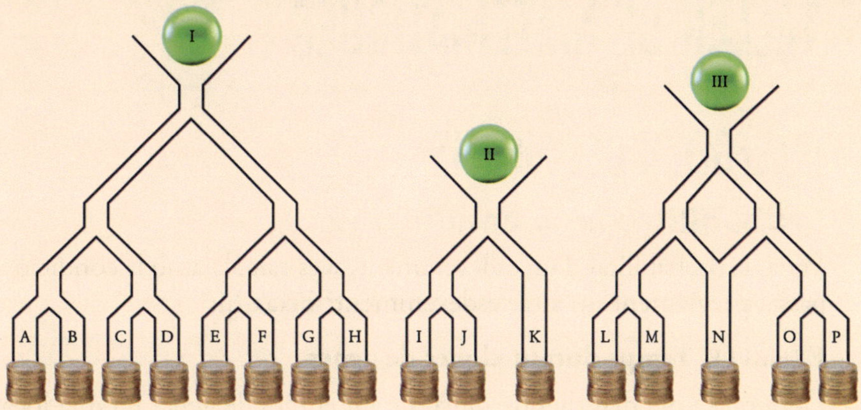

b) Repetim l'experiència amb el laberint II. Quantes boles s'esperen a cada sortida del laberint II? I si ho féssim amb el laberint III?

c) Quin dels tres laberints escolliries per obtenir un premi més gran? (Pensa que t'interessarà compartir els diners amb el mínim de jugadors possible.) I quin escolliries entre el II i el III? Per què?

3. Partida de daus

La Júlia i en Bernat decideixen passar bona part de la tarda amb un joc de taula. En aquest joc, cada jugador avança amb la seva fitxa per un tauler amb caselles numerades des de la sortida, 1, fins a la meta, 50. Faran servir un dau en forma de dodecaedre (12 cares pentagonals numerades de l'1 al 12).

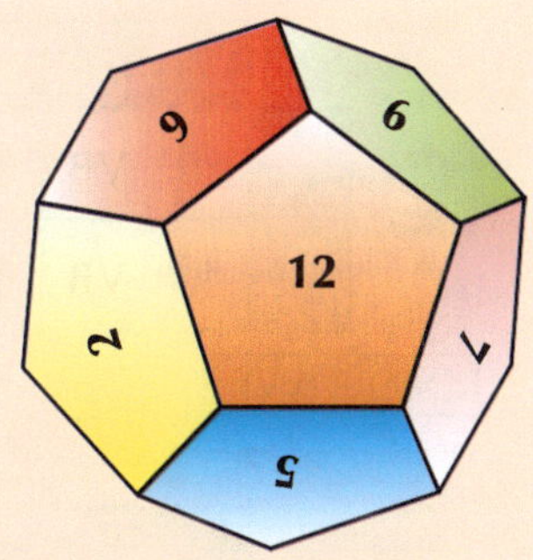

En Bernat fa la proposta següent: Si quan ell tira el dau, surt senar o múltiple de 4, farà avançar la seva fitxa dues caselles. Si surt un altre resultat, no mourà la fitxa si és a la sortida i reculará una casella en qualsevol altre cas. Si tira la Júlia i surt un nombre parell o múltiple de 3, ella farà avançar la seva fitxa dues caselles; en qualsevol altre cas, no mourà la fitxa o reculará una casella, igual que en Bernat.

a) Construeix el conjunt de resultats que afavoreixen cada un i justifica si el joc és just o no. Qui té més probabilitats de guanyar: en Bernat o la Júlia?

b) Com podríem canviar les normes del joc de manera que tots dos tinguessin les mateixes probabilitats de guanyar? Indica dues maneres de solucionar-ho.

» TALLER DE MATEMÀTIQUES

» LLEGEIX I DESCOBREIX

Probabilitat amb condicions

Varia, la probabilitat d'un esdeveniment, si es calcula amb la condició que hagi passat prèviament un altre esdeveniment? Fixa't-hi:

EXEMPLE. Temps durant el mes de gener

Hem pres nota dels dies de pluja durant el mes de gener en una localitat determinada (observa que són 18 dies). Hem assenyalat amb un punt vermell els dies de pluja després d'un altre dia de pluja (són 14).

a) *SENSE CONDICIÓ.* Si avui és un dia qualsevol, quina és la probabilitat que demà plogui?

f_r[PLUJA] = 18/31 = 0,58 ⇒ P[PLUJA] ≈ 60 %

b) *AMB CONDICIÓ.* Si avui ha plogut, quina és la probabilitat que demà torni a ploure?

f_r[PLUJA] = 14/18 = 0,78 ⇒ P[PLUJA] ≈ 80 %

Conclusió: En l'exemple, *la condició* modifica la probabilitat: si avui plou, és més probable que demà torni a ploure.

» RAONA I CALCULA

PARE (BB)

	B	B
V	VB	VB
V	VB	VB

MARE (VV)

PARE (VB)

	V	B
V	VV	VB
B	BV	BB

MARE (VB)

Encreuament de flors

El naturalista austríac Gregor Mendel va encreuar plantes de flors vermelles amb una altra varietat de la mateixa espècie de flors blanques, i totes les plantes de la segona generació (plantes filles) tenien les flors roses.

L'explicació és la següent:

- El color ve determinat per un parell de gens, un del pare i un altre de la mare.
- Els gens del pare i de la mare es combinen a l'atzar en els fills.

Així, cada planta filla té un gen vermell i un altre de blanc, amb la qual cosa les seves flors són d'un color intermedi. Tanmateix, en la tercera generació (plantes netes) es van complicar les coses. En encreuar dues plantes de flors roses, va obtenir flors blanques, vermelles i roses.

- Quina és la probabilitat que una planta de la tercera generació tingui les flors blanques? I vermelles? I de color rosa?

» ENTRENA'T RESOLENT ALTRES PROBLEMES

- En una classe de 30 alumnes:
  - 16 practiquen futbol; 14, bàsquet, i 13, tenis.
  - 6 practiquen futbol i bàsquet, 6 practiquen futbol i tenis i 5 practiquen bàsquet i tenis.
  - 3 practiquen els tres esports.

Quants no practiquen ni futbol, ni bàsquet ni tenis?

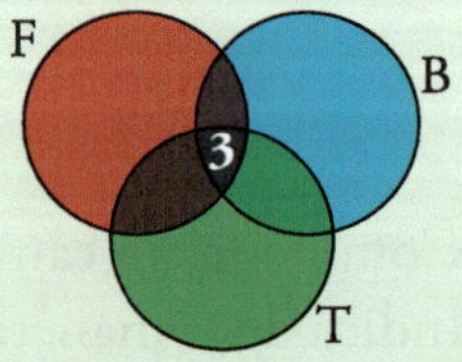

» POSA'T A PROVA

1. Escrivim cada lletra de la paraula JOC en papers diferents i els posem dins d'una bossa. Extraiem una lletra a l'atzar.

a) Descriu els esdeveniments elementals.

b) Descriu l'esdeveniment «obtenir vocal».

c) Descriu l'esdeveniment contrari a l'anterior.

d) Si la paraula triada fos PROBABILITAT, quines serien les respostes dels apartats **a)**, **b)** i **c)**?

2. Hem llançat 1.000 vegades un dau de quatre cares, numerades de l'1 al 4, i hem obtingut els resultats següents:

CARA OBTINGUDA	1	2	3	4
NRE. DE VEGADES	180	370	262	188

a) Quina probabilitat assignaries a cada un dels possibles resultats?

b) Es pot suposar que el dau és correcte?

3. Llancem dos daus successivament. Troba la probabilitat d'obtenir «senar» en el primer i «més gran que 4» en el segon.

4. Extraiem una bola de l'urna A i la posem en la B. Després, traiem una bola de B.

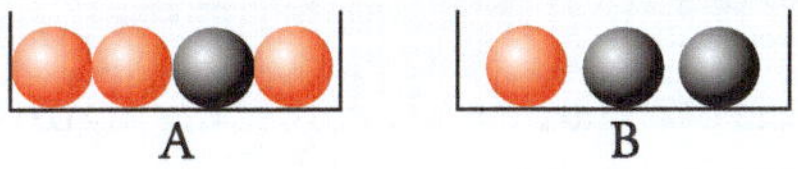

Construeix un diagrama d'arbre.

Calcula la probabilitat que:

a) Ambdues siguin vermelles.

b) Ambdues siguin negres.

c) N'hi hagi alguna de vermella.

5. S'escull a l'atzar una persona d'aquest grup:

	NOIS	NOIES	TOTAL
FA ESPORT	20	10	30
NO FA ESPORT	2	8	10
TOTAL	22	18	40

Troba la probabilitat que:

a) Sigui noia.

b) Sigui noi.

c) Faci esport.

d) Sigui noia i faci esport.

» SITUACIÓ D'APRENENTATGE. DAUS, GEOMETRIA I ATZAR

A més del clàssic dau de sis cares, en alguns jocs es fan servir daus amb altres formes geomètriques, concretament amb les formes dels anomenats *sòlids platònics*. Aquí els pots veure:

1. Descriu-los a la taula:

	VERMELL	VERD	NEGRE	BLAU	MORAT
NOM DEL POLIEDRE					
CARES					
ARESTES					
VÈRTEXS					

2. Observa aquest retallable.

- De quin color s'hauria de pintar perquè correspon-gués a un dels daus de dalt?
- Si t'hi fixes bé, veuràs que li falta una pestanya. Dibuixa-la.
- Defineix un gir que transformi el pentàgon 1 en el pentàgon 4.
- Defineix dues simetries, la composició de les quals transformi el pentagon 7 en el pentagon 1.
- Quin únic moviment equival a la composició de les dues simetries anteriors?

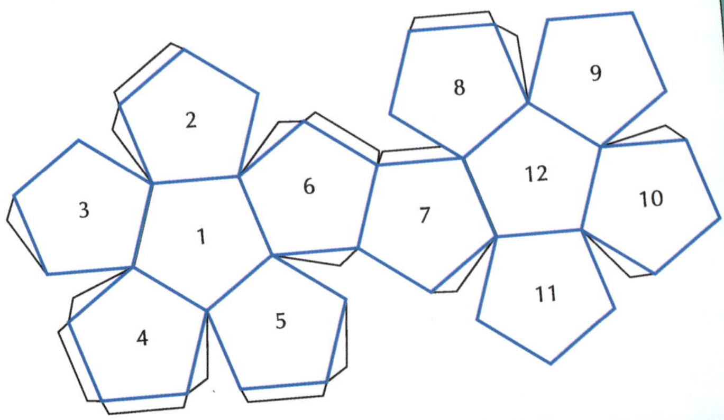

BARCANOVA EDITORIAL

3. L'aresta del dau blau és doble que la del morat i la d'aquest igual a la del vermell. Quin dels tres té una superfície més gran? I més petita?

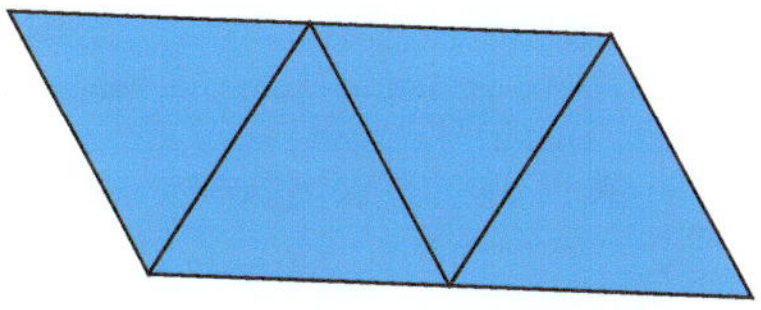

4. La diagonal de les cares del dau morat mesura $\sqrt{8}$ cm. Calcula el seu volum.

5. Imagina't que llances el dau vermell i el dau negre; en quin dels dos és més fàcil obtenir un nombre primer?

6. Hem llançat 45 vegades el dau morat i hem obtingut els resultats següents:

3	3	1	6	6	6	4	1	4	2	5	3	5	6	1
4	3	1	2	4	1	5	5	3	2	1	4	6	5	2
4	2	4	3	5	6	3	1	4	3	5	5	3	5	5

Representa les dades en un diagrama de barres i calcula:

- La mediana de la distribució.
- La mitjana dels punts obtinguts.
- La desviació típica.

Aquest projecte editorial de la matèria de Matemàtiques ha estat elaborat d'acord amb el marc competencial i normatiu descrit en el Decret d'ordenació dels ensenyaments de l'educació bàsica publicat pel Departament d'Educació de la Generalitat de Catalunya l'any 2022.

Equip editorial:

Cap del projecte editorial: Montse Ballaró
Coordinació editorial: Mario Suárez
Edició: Karakter Serveis Editorials, SL
Correcció: Immaculada Riera, M. Mercè Estévez i Karakter Serveis Editorials, SL
Documentalista: Cristina Boj

Coordinació artística i disseny: Laura R. Dengra
Coordinació tècnica: Mercedes F. Bravo i Gemma Vadillo
Adaptació del disseny d'interiors i maquetació: Karakter Serveis Editorials, SL

Coordinació tècnica digital: Montse Cascales
Edició digital: Glòria Jodar Pubill

Il·lustracions: Tatio Viana
Fotografies: 123RF, Imatges de Shutterstock.com, AGE-Fotostock, bloodua / coscaron / Nevada31 / vi0222 / Bokstaz / Gelpi Portfolio / Depositphotos / Getty Images / iStockphoto, NASA, Balaguer, T. / Canto, M. / Cosano, P. / Martín, J. A. / Martin, Joseph / Peñuela Py, E. / Pérez de Tudela, M. / Ramón Ortega, P. - Fototeca de España / Ruiz, J. B. / Sánchez, J. / Steel, M. / Arxiu Anaya, Arxiu Barcanova

Revisió i assessorament pedagògic: Laia Izquierdo i Antonio Sellas

Rosa Sensat, 9-11, 4a planta. 08005 Barcelona
Telèfon 932 172 054
barcanova@barcanova.cat
www.barcanova.cat

Primera edició: abril de 2020
Quarta impressió: juliol de 2023
ISBN: 978-84-489-5081-1
DL B 8697-2020
Printed in Spain

PAPER DE FIBRA CERTIFICADA